图书在版编目(CIP)数据

致密砂岩油藏注水提质提效关键技术：以红河油田为例/罗懿等编著.—北京：中国石化出版社，2023.6
ISBN 978-7-5114-7086-7

Ⅰ.①致… Ⅱ.①罗… Ⅲ.①致密砂岩-油藏-注水(油气田)-研究-甘肃 Ⅳ.①TE357.6

中国国家版本馆 CIP 数据核字(2023)第 094172 号

中国石化出版社出版发行
地址：北京市东城区安定门外大街 58 号
邮编：100011 电话：(010)57512500
发行部电话：(010)57512575
http://www.sinopec-press.com
E-mail：press@sinopec.com
北京柏力行彩印有限公司印刷
全国各地新华书店经销
*
787×1092 毫米 16 开本 21.25 印张 412 千字
2023 年 6 月第 1 版 2023 年 6 月第 1 次印刷
定价：230.00 元

前　言

致密油是重要的非常规油气资源，被石油工业界誉为“黑金”。近年来，美国通过对巴肯（Bakken）、鹰滩（Eagle Ford）、蒙特利（Monterey）等致密油产层的高效开发，实现了致密油产量的快速增长，2016 年产量达到 2.12 亿 t，占美国原油总产量的 52.6%。致密油高效开发，以及同期的页岩油革命，使美国从最大原油进口国转为原油出口国，证明了致密油开发的广阔前景。

中国致密油技术可采资源量达 44.8 亿 t，位居世界第 3 位，具有很大的潜力。随着陆上老油田进入高含水开发及产量快速递减阶段，致密油的增储上产成为保障国家能源安全、稳定能源供给的重要途径。

由于致密油储层渗透率低，物性发育差，难以获得自然产能，必须通过一系列技术措施才能实现经济有效开发。美国致密油藏以碳酸盐岩油藏为主，地层能量较为充足（地层压力系数 1.35～1.78，为超压储层）且油质较轻（原油密度为 0.75～0.85g/cm^3），通过大规模体积压裂，可以很好地沟通优质储集体，并形成产能。因此，美国对于致密油的开发，最有效地手段是水平井多段体积压裂技术。中国致密油藏以砂岩油藏为主，经历了较强烈的晚期构造运动，对保存条件有一定影响，地层能量往往不足，因此需要通过注水来保持地层能量。在低渗条件下，把水注足、把水注好，是实现致密油藏高效持久开发的关键。

鄂尔多斯盆地是一个在华北古生代克拉通地块上经过长期演化叠加形成的中、新生代沉积盆地，经历了 3 期构造运动。印支期，盆地主应力方向为南北向，以挤压应力为主，基本继承了前克拉通盆地西高东低、北高南低的格局。燕山期，盆地处于由左旋剪切产生的主压应力为北西—南东向的挤压应力场中，使盆地发生逆时针旋转。喜马拉雅期，盆地应力场发生根本变化，出现整体隆升、剥蚀，边缘断陷的特点，造就了鄂尔多斯盆地现今复杂的地貌格局。鄂尔多斯盆地红河油田是中国致密砂岩油藏的典型代表，需要通过高质高效的注水技术实现效益开发。本书以红河油田为例，阐述了注水过程中的提质提效关键技术，旨在为同类油藏开发提供借鉴。篇章结构如下：

第一章为致密油开发现状及红河油田基本概况。总结了国内外致密油资源分布及开发现状，概括了红河油田的储层特征和开发特点，并指出了其开发矛盾及解决方向。

第二章为致密砂岩油藏扩孔增喉技术。通过酸液体系的研发和优化，实现扩孔增喉，提高储层的吸液能力，以此解决水“注不进”的问题。

第三章为致密砂岩油藏调剖封窜技术。通过调剖体系的研发和优化，控制注入水在地层中的突进，扩大注水波及范围，以此解决水注入地层后“驱替不均匀”的问题。

第四章为致密砂岩油藏渗吸采油技术。通过高效渗吸剂的研发和优化，提高注水波及区域的油水置换效率，以此解决水对原油“驱替效率低”的问题。

需要说明的是，水平井、分支井技术，多段体积压裂技术，仍然是开发致密砂岩油藏的重要技术，但并非本书的主题和重点，因此不予详述。

本书出版得到十三五国家科技重大专项“低丰度致密低渗油气藏开发关键技术”（编号：2016ZX05048）的资助，由中国石油化工股份有限公司华北油气分公司组织编写。全书共四章，各章编撰工作分工如下：前言由魏开鹏编写，第一章由邓学峰编写，第二章由方群和刘学全编写，第三章由斯容和熊佩编写，第四章由强星和王薇编写，全书由罗懿、魏开鹏统稿定稿。

长江大学研究生院院长赵辉教授在水窜通道判别及决策技术的研究及应用中，给予了技术支持，为调剖封窜技术提供了理论基础。中国石油大学（华东）葛际江教授、刘德新教授也分别为调剖封窜、扩孔增喉等技术提供了指导和帮助。本书在编写过程中，中国石化出版社对本书进行了详细的审查和修改，谨向他们表示衷心的感谢和诚挚的敬意。

鉴于作者知识水平和研究领域的局限，书中疏漏之处在所难免，敬请读者批评指正，作者衷心感谢。

目　　录

第一章　致密油开发现状及红河油田基本概况

第一节　国内外致密油开发现状

致密油被石油工业界誉为“黑金”。美国能源信息署(EIA)预测全球致密油剩余技术可采资源量为327亿t，其中北美、亚洲、拉丁美洲分别为97亿t、70亿t和50亿t，合计占全球致密油剩余技术可采资源量的66%。美国致密油技术可采资源量为79.3亿t，2000年致密油产量仅为750万t。近年来，依靠水平井多段体积压裂技术以及最大限度降低工程作业成本，通过对巴肯(Bakken)、鹰滩(Eagle Ford)、蒙特利(Monterey)等主要致密油产层的高效开发，实现了致密油产量的快速增长，2016年产量达到2.12亿t，占美国原油总产量的52.6%。致密油高效开发，以及同期的页岩油革命，使美国从最大原油进口国转为原油出口国。除美国外，加拿大、阿根廷、厄瓜多尔、英国和俄罗斯等国家都发现了致密油。

中国致密油资源丰富，据EIA预测，中国致密油技术可采资源量达44.8亿t，位居世界第3位。近年来，中国陆相致密油勘探开发取得重要进展，形成了“甜点”预测、快速钻完井、规模改造等配套技术，在鄂尔多斯、松辽、三塘湖、渤海湾等多个盆地均实现突破。截至2016年年底，中国陆相致密油已建成产能为155.3万t；其中，鄂尔多斯盆地新安边油田探明石油地质储量为1.01亿t，三级储量为7.39亿t，初步建成年生产能力为82.9万t；松辽盆地齐家、卫星、让子井等地区新增致密油控制+预测地质储量1.84亿t，初步建成年产10万t产能规模；三塘湖盆地二叠系条湖组控制地质储量为2506万t，已建成年产10万t产能规模；渤海湾盆地的华北油田束鹿、辽河油田雷家、大港油田南皮斜坡等地区水平井钻探取得重要突破，致密油资源逐渐被纳入储量评估范围。

随着常规油气资源剩余可采储量的减少和非常规油气开发技术的进步，油气勘探开发领域从常规油气向非常规油气跨越，是石油工业发展的必然趋势。对于我国而言，由于陆上老油田普遍进入高含水开发及产量快速递减阶段，致密油的快速增储上产成为保障国家能源安全、稳定能源供给的重要途径。

第二节　致密油与致密储层特点

形成致密油需具备3个关键标志：①大面积分布的致密储层；②广覆式分布的腐泥型较高成熟度的优质生油层；③连续型分布的致密储层与生油岩紧密接触的共生层系。

致密油多表现为以下特征：①大面积源储共生，圈闭界限不明显；②非浮力聚集，水动力效应不明显；③油水分布复杂，异常压力，裂缝高产；④非达西渗流为主；⑤短距离运移为主；⑥纳米级孔喉连通体系为主。纳米级孔喉连通系统是致密油聚集机理的根本，超微观储集空间体系中强大的毛管压力限制了浮力在油气聚集中的作用，油气在源储压差的作用下就近发生层状运移，运移距离短但排烃效率高。

从地层条件来看，中国致密油主要发育致密砂岩与致密灰岩两种储层，二者均发育纳米级微观孔喉网络体系，主要存在中国陆相盆地中。致密砂岩油储层以鄂尔多斯盆地湖盆中心长6、长7油层组为代表，包括石英－长石粒内孔、黏土矿物－钠长石晶间孔及长石粒间缝，孔喉直径主体60～800nm；致密灰岩油储层以川中侏罗系大安寨段为代表，包括方解石粒内孔、粒间孔、溶蚀孔及粒间缝，孔喉直径主体50～800nm。

致密砂岩油藏覆压基质渗透率$\leqslant 0.1\times10^{-3}\mu m^2$，物性较差，单井一般无自然产能或自然产能低于工业油流下限，必须通过一系列技术措施才能实现经济有效开发。美国对于致密油的开发，最有效地手段是水平井多段体积压裂技术。这主要是由于美国致密油藏主要为碳酸盐岩油藏，地层能量较为充足(地层压力系数1.35～1.78，为超压储层)且油质较轻(原油密度为0.75～0.85g/cm^3)，通过大规模体积压裂，可以很好地沟通优质储集体，并形成产能。中国致密油藏以砂岩油藏为主，经历了较强烈的晚期构造运动，对保存条件有一定影响，地层能量往往不足，因此需要通过注水来保持地层能量。在低渗条件下，把水注足、把水注好，是实现致密油藏高效持久开发的关键。

第三节　红河油田储层结构特征

鄂尔多斯盆地红河油田是中国致密砂岩油藏的典型代表，通过高质高效的注水技术，实现了效益开发。本书以红河油田为例，阐述了注水过程中的提质提效关键技术，意在为同类油藏开发提供借鉴。本节将重点介绍红河油田的储层特征。

一、地层层序

红河油田钻井揭示本区自上而下有第四系、白垩系志丹群、侏罗系(安定组、直罗组、延安组)、上三叠统(延长组)(未穿)，见表1－1。

二、岩性及岩石学特征

储层砂岩主要由细砂和少量中砂组成，岩石类型以长石岩屑、岩屑长石砂岩为主。砂岩粒度以细粒、细－中粒为主。磨圆度以次棱角状为主；分选中－好；接触关系以点－线和线状为主，填隙物和碎屑为颗粒支撑。

碎屑组分包括石英、钾长石、斜长石、喷出岩、石英岩、云母和千枚岩等；其中石英含量一般为38%～53%，长石含量一般为20%～41%，岩屑及云母含量一般为27%～34%。pH值过高时，存在潜在碱敏伤害因素。

表 1-1 红河油田地层简表

地层						深度/m	厚度/m	岩性描述	备注
界	系	统	组	段	油层组				
新生界	第四系	全新				135	135	灰黄色黏土层与棕色砾石层呈不等厚互层	分层以红河2井为依据
中生界	白垩系	下统	罗汉洞组			330	195	棕黄、棕色细、中、粗砂岩与褐色泥岩呈不等厚互层	
			环河组			710	380	灰色泥岩、粉砂质泥岩夹灰色泥质粉砂岩、细砂岩，局部具石膏薄层	
			华池组			910	200	灰褐、灰色泥岩与棕褐色泥质粉砂岩、灰褐色中砂岩呈不等厚互层	
			洛河—宜君组			1152	242	棕、棕灰色中砂岩与褐色泥岩呈略等厚互层	
	侏罗系	中下统	安定组			1326	174	中、上部为紫褐色泥岩、褐色泥灰岩与棕灰色中砂岩呈略等厚互层；下部为棕灰色中砂岩与褐、紫褐色泥岩呈等厚互层	
			直罗组			1604	278	上部为绿灰、灰色泥岩、粉砂质泥岩与浅灰色细砂岩呈略等厚互层；下部为大套浅灰色细、粗砂岩与绿灰、紫褐色泥岩呈略等厚互层	
			延安组			1590	100	深灰、灰黑色泥岩与灰色粉、细砂岩呈略等厚互层，夹5层煤	
	三叠系	上统	延长组	第三段	长4+5	1650 -1826	65 -90	深灰色泥岩、粉砂质泥岩与浅灰色粉、细、中砂岩呈不等厚互层	分层为油田内钻井划分对比综合结果
					长6	1785 -1960	120 -140	上部深灰色泥岩、粉砂质泥岩与灰色粉、细砂岩略等厚互层；中部浅灰、灰褐色中、细砂岩与深灰色泥质岩略等厚互层；下部深灰色泥岩、粉砂质泥岩与灰色粉、细砂岩略不等厚互层	
					长7	1855	62	上部深灰色、灰黑泥岩夹灰色细砂岩；下部深灰、灰黑色泥岩、粉砂质泥岩及浅灰、灰褐色细砂岩互层；底部为黑色泥岩	
				第二段	长8	1860	100	深灰、灰黑色泥岩、粉砂质泥岩与灰、浅灰色细砂岩呈等厚互层	
					长9	2070	85	灰黑色泥岩与浅灰色细砂岩呈等厚互层	
				第一段	长10	2145		浅灰色中砂岩夹灰黑色泥岩	

胶结物成分以方解石、高岭石、绿泥石为主，水云母和石英次之，平均含量为5.43%。胶结类型以孔隙式和薄膜孔隙式为主，胶结物平均含量为5.43%。pH值过低时，存在潜在酸敏伤害因素。

三、黏土矿物成分及储层敏感性

根据ZJ9和ZJ17两口井黏土矿物分析资料，黏土矿物成分以绿泥石、伊/蒙混层和高岭石为主，绿泥石平均含量占36.3%，高岭石平均含量占28.6%，伊利石含量占6.85%，伊/蒙混层平均含量占28.3%。

依据SY/T 5358—2000石油天然气行业标准，ZJ5、ZJ18、ZJ19、HH103共4口井的岩心敏感性试验资料表明：ZJ5井区长8小层储层敏感性为中等应力敏、弱水敏、无酸敏、无速敏、弱碱敏(表1－2)。

表1－2　长8油层敏感性特征

速敏	酸敏	水敏	碱敏	应力敏	试验单位
无	无	弱	弱	中偏强－强	华北分公司
弱	弱	中偏弱	中偏弱	弱	胜利采油院

四、储层物性、孔喉特征

长8储层具低孔、特低渗特点，长8小层孔隙度为4.4%～14%，平均孔隙度为10.8%。渗透率在(0.10～0.58)×$10^{-3}\mu m^2$，平均渗透率为0.4×$10^{-3}\mu m^2$。

孔隙类型主要为原生残余粒间孔隙和溶蚀型次生孔隙，孔隙为细、中孔、小微细喉、分选差型，连通性差(表1－3)。

表1－3　铸体薄片孔隙特征参数表

层位	孔隙半径/μm	面孔率/%	分选系数	孔喉比	配位数
长8	19.84～46.57 33.09	1.64～21.10 8.07	6.95～23.48 15.29	1.00～5.22 2.96	0.17～1.27 0.59

红河101等6口井39块样品压汞分析资料见表1－3与表1－4。资料分析表明，长8小层孔隙半径在19.84～46.57μm时，平均孔隙半径为33.09μm，属大孔，平均配位数0.59，连通性差。孔喉大小分布不均，分选性较差，平均排驱压力为1.05MPa，平均中值压力为9.57MPa，孔喉组合为大孔微喉。

表1－4　微观喉道特征参数

类型	排驱压力/MPa	最大孔喉半径/μm	中值压力/MPa	中值半径/μm	分选系数	变异系数	最大进汞饱和度/%	退出效率/%
镇泾	1.05	0.77	9.57	0.21	1.40	1.65	75.97	35.73

五、渗流特征及润湿性

根据ZJ18、ZJ19、ZJ5、HH103共4口井13块样品的非稳态法相对渗透率实验数据统计，束缚水饱和度变化在21.17%～44.92%时，平均为33%；残余油饱和度变化在21.1%～34.2%时，平均为27.4%；等渗点水饱和度变化在50.3%～62.2%时，其中有4块样品<50%，平均为53.3%，由此确定其储层润湿性为亲水性，最终驱油效率为61.36%（图1-1）。

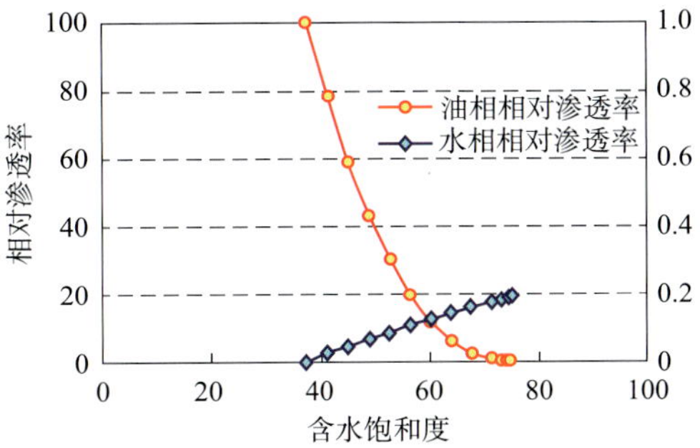

图1-1　长8_1储层油水相对渗透率曲线图

六、地层测试温度、压力

红河37井区DST测试地层压力系数平均为0.92，长8层地层温度为64.69℃，平均地温梯度为2.86℃/100m（表1-5）。

表1-5　红河37井区DST测试结果统计表

井号	层位	油层中部深度/m	地层压力系数	地温梯度/(℃/100m)
ZJ22	长8	1830.50	1.02	3.00
ZJ27	长8	2196.00	0.96	2.63
红河24	长8	1799.80	0.98	3.11
红河26	长8	2120.50	0.89	2.72
红河105	长8	2250.00	0.90	2.76
ZJ5-5	长8	2114.00	0.59	3.06
ZJ5-9	长8	2101.90	0.99	2.83
红河108	长8	2050.50	0.98	2.82
红河111	长8	2037.50	0.89	2.78
红河1053	长8	2261.50	0.87	2.76
红河373	长8	1987.50	0.94	2.95
均值		2068.15	0.92	2.86

七、流体性质

地面原油性质：原油密度0.818～0.83g/cm^3，原油黏度6.40 mPa·s，含硫量0.07%～0.08%，初馏点56.8～58℃，低硫、轻质原油。

地层原油性质：根据高压物性分析测试资料，地层原油密度0.79g/cm^3，地层原油黏度3.2mPa·s，饱和压力为6.5MPa，地层原油体积系数为1.122，气油比39.9m^3/m^3，压缩系数 37.1 × 10^{-4} MPa^{-1}。

地层水性质：地层水分析结果表明，地层水矿化度 79622.72mg/L，水型为氯化钙型。其中 Cl^- 含量 49355.62mg/L、HCO_3^{2-} 含量 209.19mg/L，阴离子含量 49564.81mg/L；K^+、Na^+ 含量 21703.86mg/L、Ca^{2+} 含量 8057.72mg/L、Mg^{2+} 含量 296.33mg/L，阳离子含量 30057.91mg/L。

八、储层岩石力学参数

2010 年对红河油田长 8 层岩石力学参数进行了实验测试，实验结果表明，储层与隔层杨氏模量、泊松比的差值较大(表 1－6)。

表 1－6　岩石力学参数测试结果

井号	深度/m	岩性	杨氏模量/MPa	泊松比
红河 12	2093.3～2094.3	中砂岩	24870	0.20
镇泾 21	2144.3～2149.7	细－中砂岩	26690	0.20
红河 21	1781.4～1783.5	中砂岩	35180	0.19
中砂岩平均			28913	0.2
红河 103	2036.7～2038.3	细砂岩	32720	0.21
镇泾 5	2142.4～2143.4	细砂岩	36530	0.23
镇泾 9	2167.0～2169.3	细砂岩	32280	0.19
细砂岩平均			33843	0.21
红河 21	1792.75～792.89	泥岩	53600	0.237
ZJ5	2152.46～152.79	砂质泥岩	55337	0.243
泥岩平均			54468	0.24

杨氏模量和泊松比随岩石粒度的减小而增加，且储层小于隔层，在压裂时有利于缝高控制。

九、微裂缝发育特征

通过取心和红河 26 井 EMI 成像测井结果可以看出储层存在微裂缝(图 1－2、图 1－3)。

图 1－2　取心状况

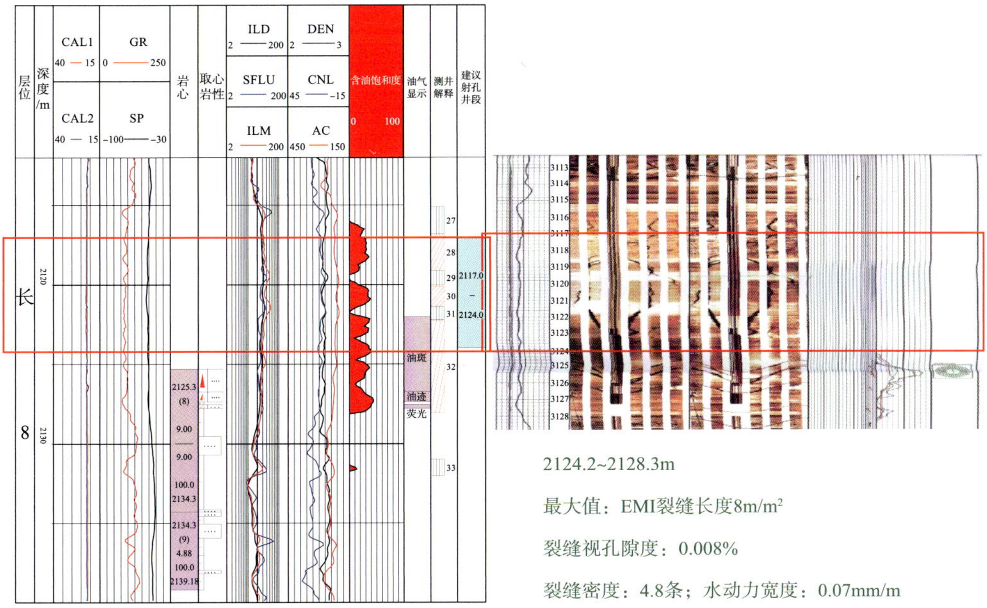

图1－3　红河26井EMI成像测井解释

第四节　红河油田水驱开发动态特征

一、红河油田长8油藏注水试验跟踪分析

(一)注水试验井组概况

长8油藏注水增能试验开始于2014年5月，共有6个试验井组(图1－4)，其中HH12P18、HH37P12为2个“平注平采”井组，HH37P26、ZJ23～24、HH46和HH36P65为4个“直注平采”井组。6个井组共计有油井25口，注水井14口，注采井数比为0.56(表1－7)。

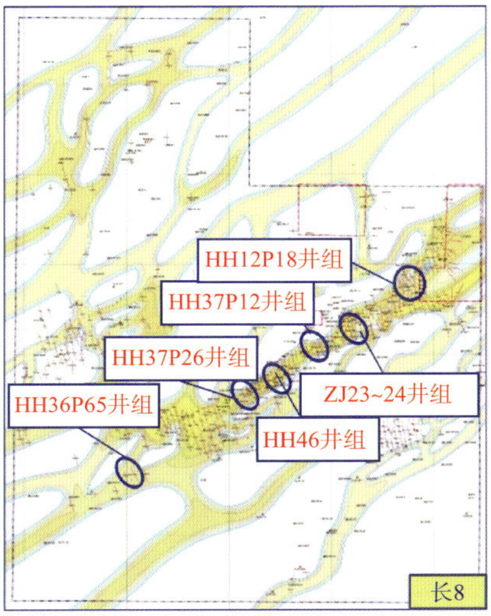

图1－4　红河油田长8注水试验井组分布图

表 1－7　长 8 注水试验井组油水井统计表

序号	类型	井组	注水井数/口	油井数/口
1	平注平采	HH12P18	4	7
2		HH37P12	1	3
3	直注平采	HH37P26	4	3
4		HH36P65	2	2
5	端点注水(直注平采)	HH46	1	4
6		ZJ23～24	2	6
合计			14	25

(二)见效特征

长 8 油藏注水试验井组对应油井 25 口，其中见效增油井 12 口，占比 48%，水窜井 13 口，占比 52%(表 1－8)。平注平采井组对应油井 10 口，见效井 5 口，占比 50%；直注平采井组对应油井 15 口，见效井 7 口，占比 46.7%；平注平采井组的见效比例要高于直注平采井组。长 8 油藏由于天然裂缝发育，且井之间压窜现象严重，因此主向受效当前仍以驱替裂缝油为主，油井表现为见效快、失效快的特征(表 1－9)。

表 1－8　长 8 油藏注水试验见效情况统计表

注入方式	井区	井组	总井数/口	投注时间	见效增油井	见效增油井井数/口	见效增油井比例/%	受效增水井	增水井井数/口	增水井比例/%
直注平采	HH37	HH37P26	3	2014/1/1	HH37P26、HH37P27、HH37P24	3	100	0	0	0
		ZJ23～24	6	2014/7/12	HH37P65、HH37P68、HH37P70	3	50	HH37P67、HH37P66、HH37P71	3	50
		HH46	4	2014/7/20	HH37P25	1	25	HH37P21、HH37P22、HH37P23	3	75
	HH36	HH36P65	2	2014/1/9	—	0	0	HH36P68、HH36P65	2	100
小计			15			7	46.7		8	53.3
平注平采	HH37	HH37P12	3	2014/5/3	HH37P14	1	33.3	HH37P13、HH37P39	2	66.7
	HH12	HH12P18 HH12P7 HH12P9 HH12P133	7	2014/5/14 2015/2/3	HH12P134 HH12P8、HH12P11、HH12P132	4	57.1	HH12P12、HH12P135、HH12P6	3	42.9
小计			10			5	50		5	50
合计			25			12	48		13	52

表 1-9　长 8 油藏平注平采注水试验油井见效情况表

序号	井组	层位	井数/口	井号	注水后见效时间/d	持续时间/d	备注
1	HH12P18	长 8	4	HH12P134	20	47	平注平采
				HH12P11	30	80	
				HH12P8	13	48	
				HH12P132	32	70	
2	HH37P12	长 8	3	HH37P38	47	326	
				HH37P39	165	120	
				HH37P13	4	7	
小计/平均			7		45	100	

平注平采井组见效快，初期增油幅度大，累计增油 1756t(图 1-5)；直注平采井组注水后产量一直持续递减，采取周期注水后产量上升，累计增油量 1332t(图 1-6)。

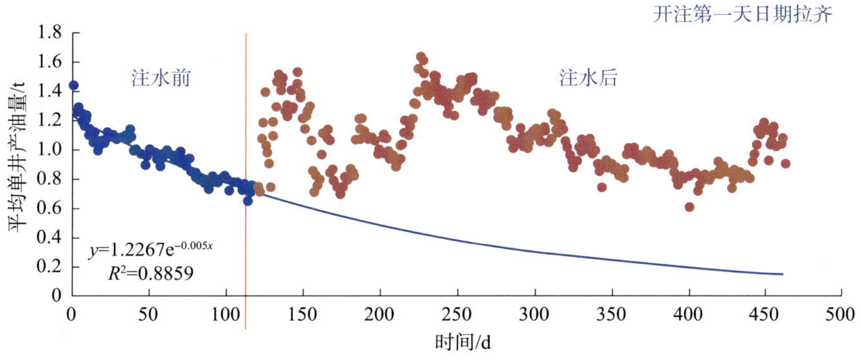

图 1-5　长 8 平注平采开发曲线

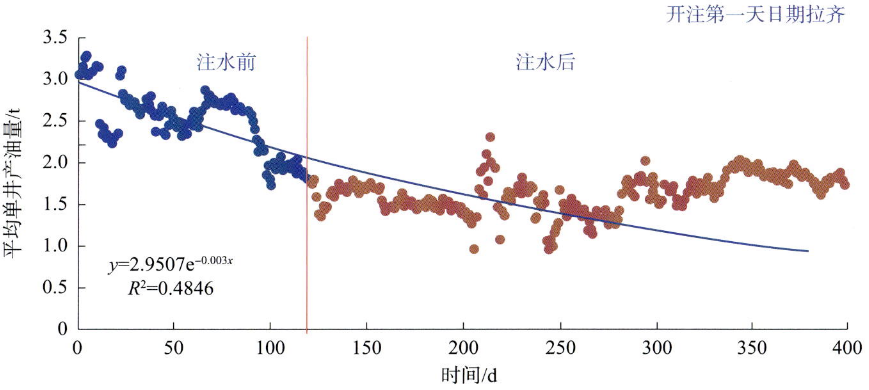

图 1-6　长 8 直注平采开发曲线

(三)注水井组分析

HH12P18 井组中的第一口注水井 HH12P18 于 2014 年 5 月转注开始“平注平采”试验。

2015 年 2 月扩大注水 3 口井，分别为 HH12P9、HH12P7、HH12P133，形成“井组面积井网补充能量”试验。目前为四注七采井网，井组面积 4.3km^2，储层厚度 12.7m，平均孔隙度为 8.5%，渗透率 $0.36 \times 10^{-3} \mu m^2$，水驱控制储量为 181 万 t，水驱可采储量 21.9 万 t。2016 年 6 月日均注水 60m^3，目前累计注水 36628m^3，井组累计采油 1.35 万 t，累计注采比 0.95（图 1－7、图 1－8）。

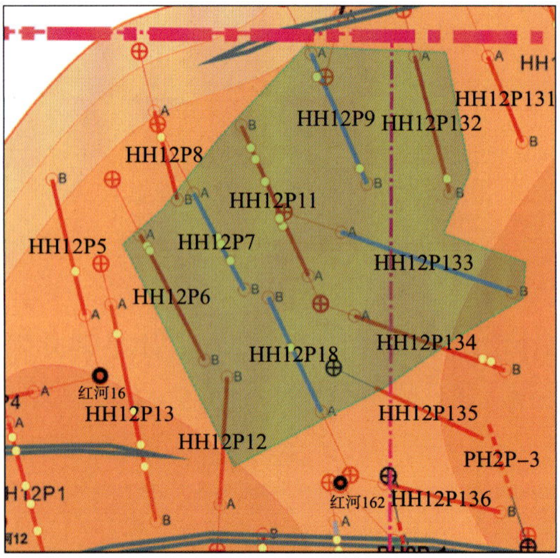

图 1－7　HH12P18 井组井位图

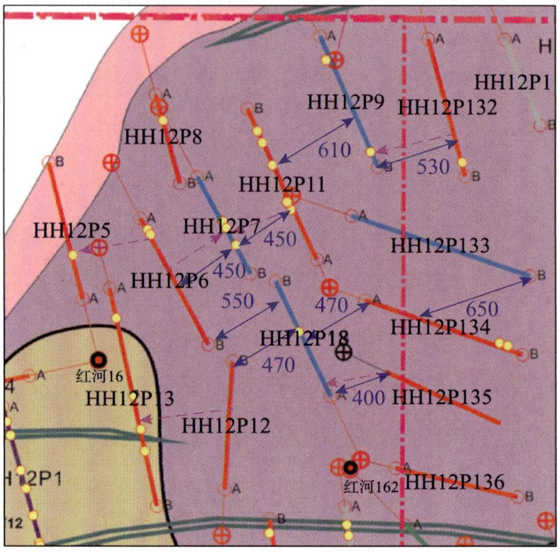

图 1－8　HH12P18 井组压窜关系示意图

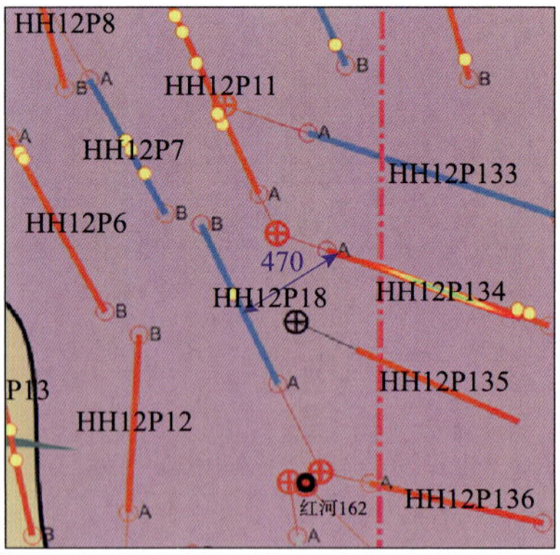

图 1－9　HH12P134 井井位图

该井组位于 HH12 井区的Ⅱ类储层微裂缝发育，基质区为主，平均渗透率为 $0.36 \times 10^{-3} \mu m^2$。井组井网不规则，有压窜关系，井距 400 ~ 610m，平均 509m。

HH12P134 井在 HH12P18 井注水 20 天后即见效，持续 47 天后失效，动态特征为产液量上升、产油量上升、失效快。具体见效特征：日产液量由 2.5t 上升至 4.3t，上涨 72%，日产油量由 1.2t 上升至 2.1t，上涨 75%，注水 20 天即见效，持续 47 天失效（图 1－9、图 1－10）。

HH12P135 井与注水井 HH12P18 井有压窜关系，当注水井压力上升至临界 14.8MPa 时，裂缝开启，发生水窜，水窜特征为产液量上升、含水上升、液面上升、氯根下降。具体水窜特征：日产液量由 2.4t 上升至 6.1t，涨幅 154%，含水率由 71% 上升至 100%，涨幅 41%，动液面由 1658m 下降至 858m，降幅 48%，氯离子由 42524ppm（$1ppm = 10^{-6}$）下降至 12762ppm（图 1－11、图 1－12）。

HH37P12 井组位于河道中部（图 1－13），油藏埋深 2286m，储层厚度 16.3m，平均孔隙度为 8.9%，平均渗透率 $0.49 \times 10^{-3} \mu m^2$。井网为一注三采平注平采井网，注采井网为 130 ~ 490m，水驱控制储量为 21.4 万 t，油藏类型属于低孔超低渗透油藏。

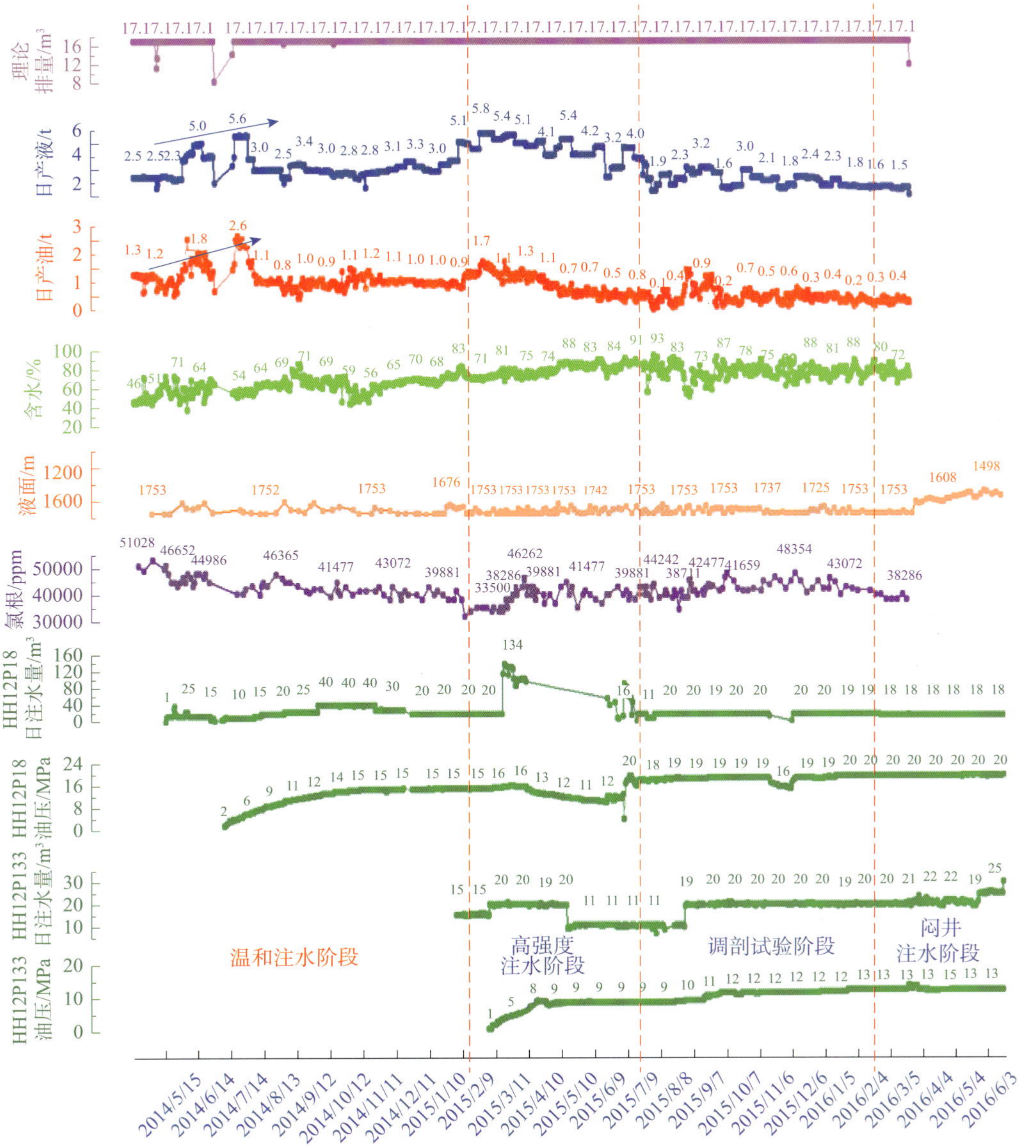

图 1－10　HH12P134 井日度注采曲线图

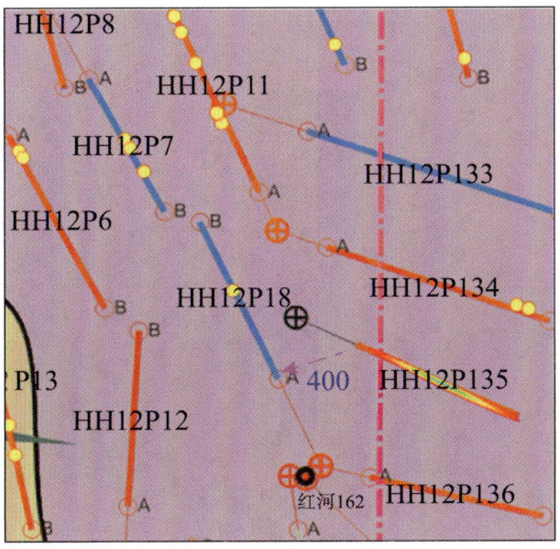

图 1－11　HH12P135 井井位图

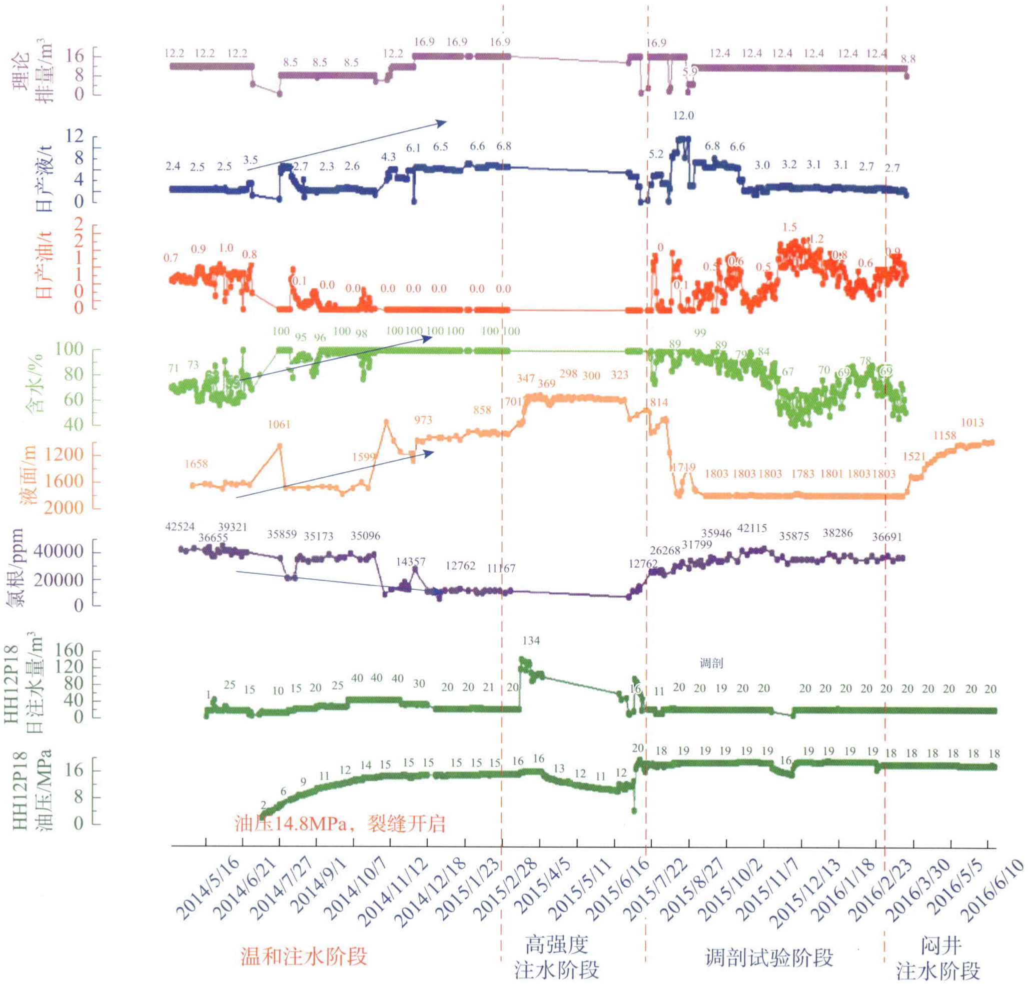

图1－12　HH12P135井日度注采曲线图

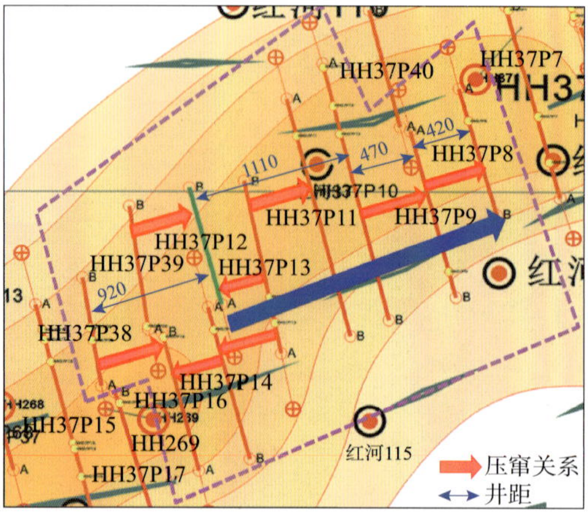

图1－13　HH37P12井组井位图

HH37P39井位于HH37P12注水井左侧，井距480m，2014年10月22日见效（HH37P12井注水165天），2015年2月16日（持续120天）失效，表现为地层供液不足，含水上升，关井（图1－14）。

HH37P13井位于注水井HH37P12井右侧，HH37P12井注水一周后，HH37P13井见水，水线推进速度达52m/d，之后HH37P13井水窜，日产液量由2.2t上升至5.9t，含水率由56%上升至86%，日产油量由1t下降至0.6t（图1－15）。

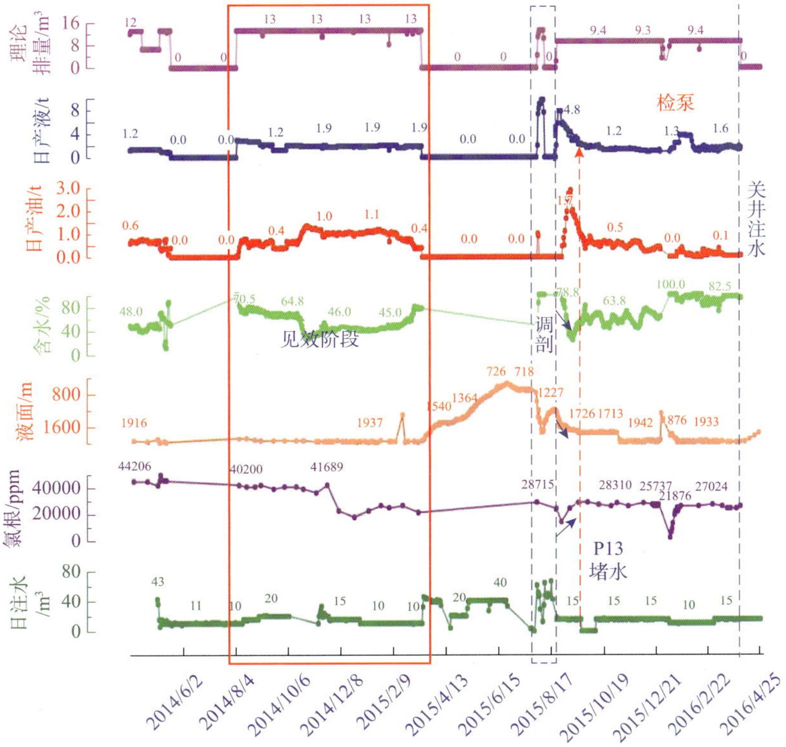

图 1－14　HH37P39 井生产曲线图

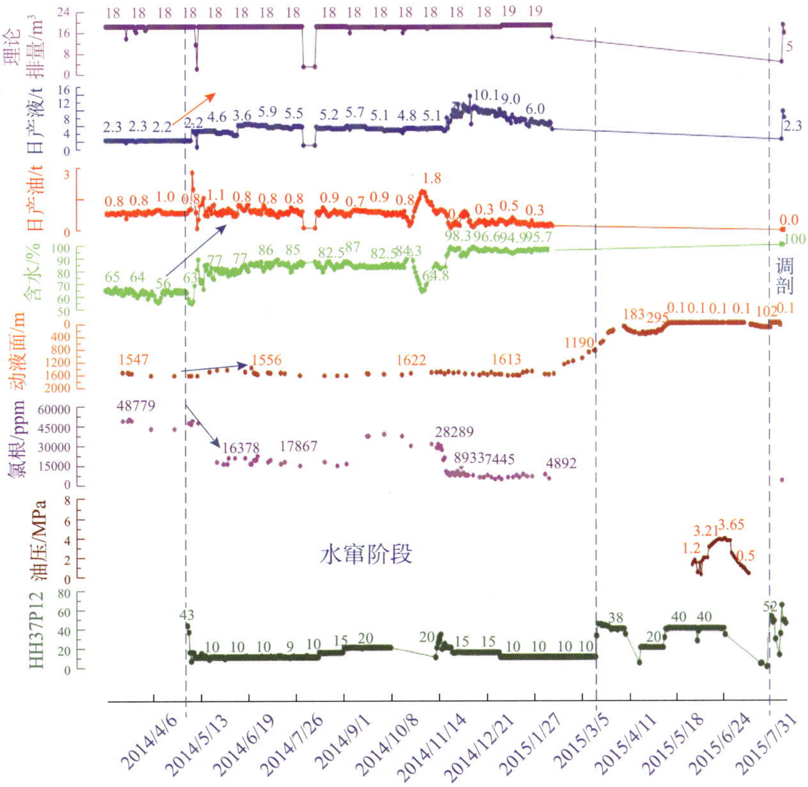

图 1－15　HH37P13 井生产曲线图

HH37P26 井组位于河道中部，油藏埋深 2246m，储层厚度 15.6m，平均孔隙度 10.1%，平均渗透率为 $0.48\times10^{-3}\mu m^2$（图 1－16）。

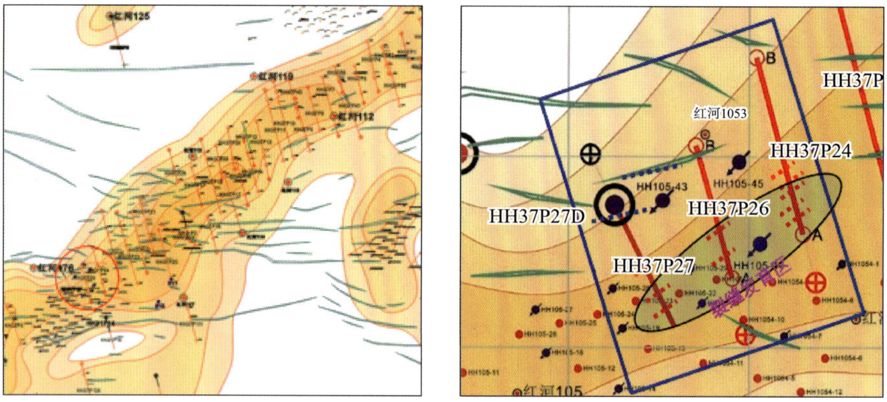

图 1－16　HH37P26 井组注采井位图

HH37P26 井组共开展两期周期注水，第一期周期注水时长 242 天，包括注水时间 40 天，油井生产时间 184 天，阶段累计注水 $2000m^3$，累计产水 $3806m^3$，累计产油 932t，分析认为周期注水能有效补充基质能量，水驱油效果得到改善。对前期试验进行分析总结，归纳井组地质特征、开发动态，针对其他裂缝水窜井组，开展周期性脉冲注水试验适应性评价，为进一步开展脉冲注水提供依据（图 1－17、表 1－10）。

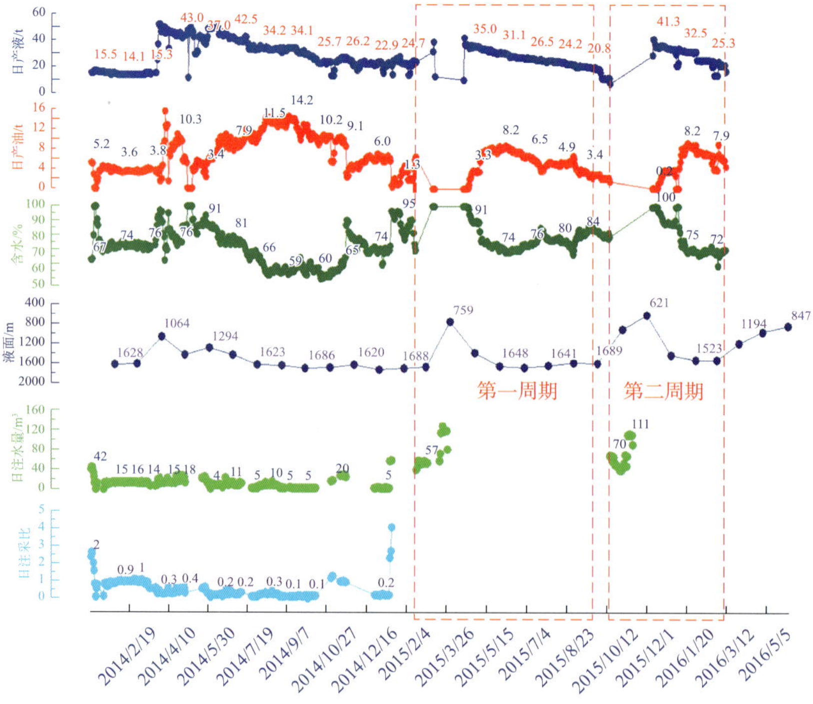

图 1－17　HH37P26 井组生产曲线图

表 1－10　HH37P26 井组周期注水情况表

生产阶段	总周期/d	注水周期/d	油水井同时关井周期/d	油井开井周期/d	阶段累计注水/m^3	阶段累计产水/m^3	阶段累计产油/t	阶段存水率/%
第一期	242	40	18	184	2000	3806	932	－90.3
第二期	128＋	29	22	77＋	1967	1989＋	400＋	

（四）注水认识

（1）长 8 油藏天然裂缝发育，压窜关系复杂，注水水窜现象严重，水窜速度达到 100m/d，最大水窜距离 2000m。

（2）注水见效快，平均注水 45 天油井即见效，受效方向以驱替裂缝剩余油为主，失效快，平均持续 100 天即失效。

（3）“直注平采”水窜井组进行周期注水试验取得较好地效果，两期试验累计增油大于 1300t，但是随着期次增多，对应油井增油效果有所减弱。

二、红河油田长 9 油藏注水试验跟踪分析

（一）注水试验井组概况

红河油田长 9 油藏注水增能试验开始于 2014 年 1 月，新钻 4 口直井投注，开始“直注平采”试验，6～7 月转注 4 口水平井，开始“平注平采”试验，后期转注两批水平井注水井，井网完善后，工区共有注水井 18 口，对应油井 26 口，形成面积注采井网（图 1－18）。

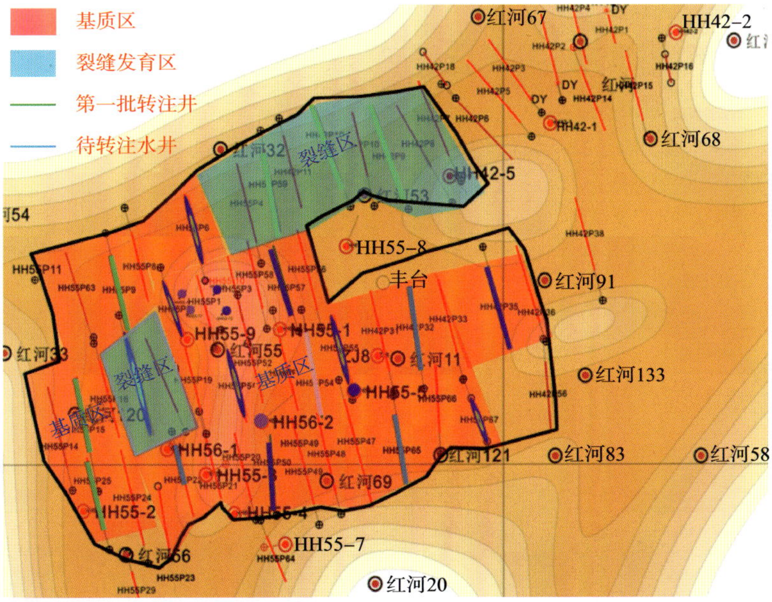

图 1－18　注水增能试验井网图

(二)注水效果评价

水平井注水受效明显，26 口注采对应油井中受效增油的油井达到 20 口，占比达到 76.92%，另外有 3 口油井处于裂缝发育区，出现明显水窜，水窜井数比例为 11.54%；3 口油井目前未见注水效果，未见效井数比例 11.54%，详细统计各井组对应油井的见效情况(表 1－11)。

表 1－11　长 9 注水试验井组见效水淹情况统计表

注入方式	井区	井组	总井数/口	见效增油井	见效增油井井数/口	见效增油比例/%	水窜或水淹井号	水窜或水淹井数/口	占比/%	备注
直注平采	HH55	HH55P1	2	HH55P3	1	50				
		HH55－5	5	HH42P32/HH55P65/HH55P48/HH55P47	4	80				
平注平采	HH55	HH55P57	2	HH55P56、HH55P58	2	100				
		HH55P50	2							
		HH42P35	2	HH42P36、HH42P33	2	100	HH42P35	1	50	调剖后水窜
		HH55P9	2	HH55P63、HH55P8	2	100				
		HH55P15	2	HH55P14、HH55P16	2	100				
		HH55P25	1	HH55P24	1	100				
		HH55P59	2	HH42P11	1	50	HH55P4	1	50	
		HH42P12	2				HH42P10	1	50	
		HH42P9	2							水窜封堵有效
		HH55P55	2	HH55P53	1	50				
		HH55P17	2							
		HH55P51	2	HH55P52、HH55P19	2	100				
		HH55P67	2	HH55P66	1	50				
		HH55P6	2							大井距
		HH55P2	2	HH55P1	1	50				
总计			26		20	76.92		3	11.54	

第二章　致密砂岩油藏扩孔增喉技术

第一节　致密低渗油藏扩孔增喉机理

一、致密低渗油藏扩孔增喉必要性

由于机械压实作用、自生矿物充填、胶结作用及石英次生，致密低渗油藏孔隙细小，孔喉半径小于10μm甚至在纳米级，非有效孔隙体积所占比例也很大，严重影响了储层的孔隙度和渗透率。由于孔喉半径狭窄且连通性差，致密低渗油藏表现出一些与中高渗油藏不同的特点。

1. 束缚水饱和度高，含油饱和度低

对于低渗透油藏而言，孔隙喉道极为狭窄是其主要特征。分子力的作用在这细微孔隙中表现得更为突出，矿物颗粒表面在分子力作用下会吸附一层不可流动的水膜，虽然其厚度较小，却会进一步使低渗储层中的有效孔隙变小，使得这些孔隙变为束缚水孔隙，从而导致含油饱和度降低。

2. 边界层影响大，导致启动压力高

中高渗储层中，边界流体占比很小，对渗流影响小；特低渗透油藏、致密油藏由于孔喉细小，边界层体积占比大，边界层厚度越大，渗流能力越差，并体现出非达西渗流的特点，存在启动压力，即克服一定的附加压力后继续加压，流体才开始流动(图2－1)。

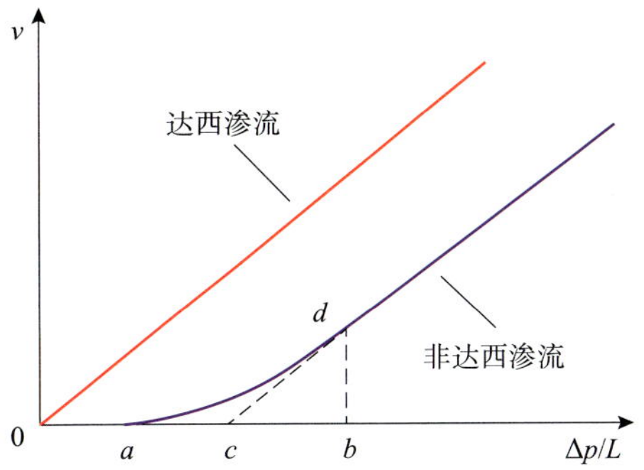

图2－1　驱替速度－驱替压力梯度关系曲线

启动压力梯度主要受孔喉结构(孔喉大小)和黏滞阻力(流体黏度、渗流速度和边界层)影响。孔喉半径越小，渗透率越低，启动压力梯度越大；流体黏度越大、渗流速度越快，启动压力梯度越大；特低渗透油藏孔喉细小，边界层厚度越大，流体渗流能力越差，启动压力梯度越大。随驱替压力梯度的增大，边界层流体可以参与流动。

3. 贾敏效应影响大，导致驱替压力损耗大

液－液或气－液两相渗流中的珠泡(液珠或气泡)通过孔隙喉道或孔隙窄口时，产生的附加阻力效应，叫作贾敏效应。在这个效应中由于珠泡的半径大于孔隙喉道或孔隙窄口的

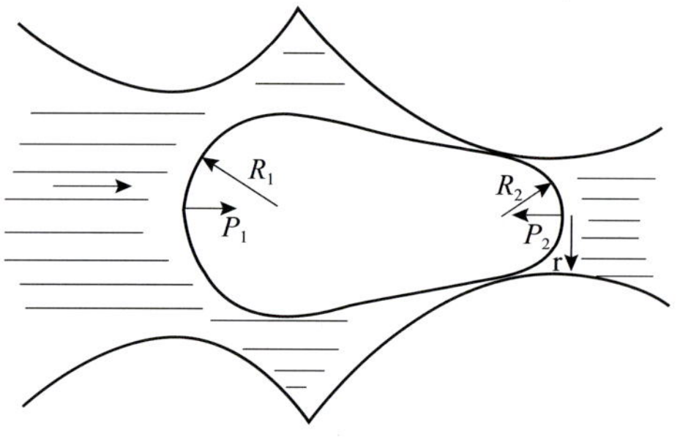

图 2－2　贾敏效应示意图

半径，珠泡必须变形才能通过（图 2－2）。而珠泡变形需要额外的力，这个力的大小相当于为了通过孔隙喉道或孔隙窄口，珠泡变形后的半径产生的毛管力减去珠泡变形前的半径产生的毛管力。

贾敏效应附加阻力计算公式如下：

$$\Delta P_{\text{Jamin}} = 2\sigma\left(\frac{1}{R_2} - \frac{1}{R_1}\right) \qquad (2-1)$$

式中，ΔP_{Jamin} 为贾敏效应附加阻力，MPa；σ 为油水界面张力，N/m；R_2 为前端液柱曲率半径，μm；R_1 为后端液柱曲率半径，μm。

假设低渗致密油藏中，前端液柱曲率半径为 1μm，后端液柱曲率半径为 4μm，油水界面张力为 10mN/m，则计算得到的贾敏效应附加阻力为 1.5×10^{-2}MPa，即仅仅通过一个狭窄孔喉，就需要额外克服 1.5×10^{-2}MPa 的阻力；开发过程中，注采井距一般为几百米，贾敏效应累加的阻力可以达到几兆帕甚至几十兆帕。

通过计算公式（2－1）可以得出，使用表面活性剂将界面张力降到超低，或增大孔喉半径，有利于减小贾敏效应。

4. 低渗致密储层敏感性强

低渗油藏泥质含量高，大都存在水敏现象。水敏是指与储层不配伍的外来流体进入储层后，引起黏土矿物膨胀、分散、迁移、堵塞，从而导致储层渗透率下降的现象。地层吸水膨胀、失水收缩的原因是某些亲水性较强的黏土矿物，层间结合水的吸入或析出，如蒙脱石、伊利石等矿物的晶胞之间，可以吸附大量水分子，当进入硅氧四面体和铝氧八面体的“层间结合水”增加时，使结晶格架膨胀，引起黏土体积膨胀。

有些低渗油藏还存在酸敏现象，因此酸化解堵过程中还要注意酸与地层的配伍性。

5. 注入水质影响大，水质差导致渗透率进一步降低

我国油田注水开发过程中的水源主要来自地表水体以及采出液污水回注，受处理成本影响，固体悬浮物（或称机械杂质）大小和含量难以控制在很低水平。据统计，我国各注水水源中悬浮物包含直径微米级的石英和长石，与低渗油藏的孔喉半径在同一尺寸级别上，甚至大于孔喉半径，这些粒径较大的颗粒难以进入孔隙内部，因此在岩石端面或浅表部位附着、桥堵，并且在岩石表面形成一层滤饼，造成岩石渗透率降低。注入水还可能含有黏土矿物，这些微小的固体颗粒会随着注入水进入地层较深部位，随着流速下降而沉积，从而堵塞孔隙；或者在运移过程中堵塞狭窄喉道，导致岩石渗透率下降，造成深部伤害。

此外，采出污水经过处理后仍会存在分散或乳化油滴，这些油滴会黏附悬浮颗粒从而增加堵塞作用，额外增加悬浮物质对储层的伤害，而且分散或乳化油滴需经过变形才能通过储层微小的喉道，会加剧贾敏效应，造成注水压力的升高。

6. 低渗油藏水驱易“卡断”，驱替不均匀

Nguyen 等人把水驱油的微观过程分为活塞式驱替、孔隙体充填和水膜膨胀三种驱替机

制，卡断是水膜膨胀到一定程度的自然结果。根据孔喉级微观网络模拟理论，只有当驱替相前缘压力克服目标孔喉的门限阻力，驱替相流体才能进入孔喉中对被驱替相流体进行轴向驱替，否则只能通过角隅处的同相流体进入孔喉，通过侧向的膨胀挤压驱替少量流体。轴向活塞式驱替的门限阻力为：

$$P_{\text{piston}}=\frac{\sigma\cos\theta(1+2\sqrt{\pi G})}{r}F_{\text{d}}(\theta, G, \beta) \tag{2-2}$$

式中，θ 为润湿角；r 为孔喉半径；G 为形状因子，孔喉的截面积与孔喉周长平方的比值；$F_d(\theta, G, \beta)$为无因次矫正因子，与润湿角、形状因子等有关。

从式(2-2)可以看出，当孔喉半径很小时，需要克服的门限阻力很大，在驱替前缘压力无法克服该阻力的情况下，驱替相只能通过角隅处的同相流体进入孔喉，通过侧向的膨胀挤压驱替少量流体。

进入孔喉角落处的水相膨胀到一定程度时，不同角落里的水相汇合，发生卡断。以三角形截面的喉道为例(图2-3)，L_{ws}为孔喉壁面与水膜的接触长度；水膜膨胀并引起 L_{ws} 的值变大。当两个角落处的水膜接触时，油相不再稳定，发生卡断现象，此时相邻两个角落的 L_{ws}之和为三角形的一个边长。

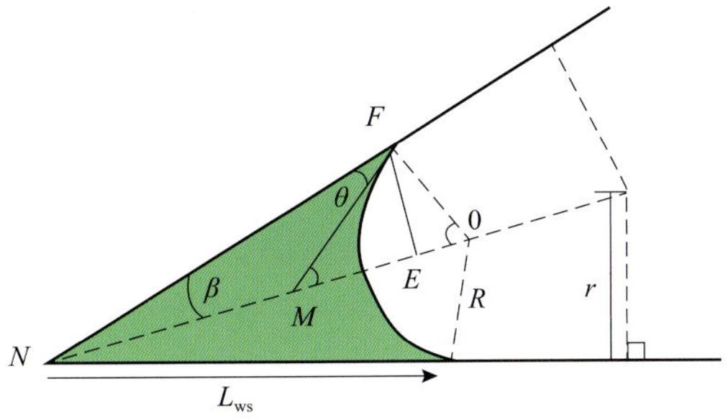

图2-3 水膜膨胀卡断示意图

根据几何关系，可知：

$L_{\text{ws}}=\frac{FE}{\sin\beta}$，$\cos(\theta+\beta)=\frac{ME}{MF}=\frac{FE}{R}$，因此有：

$$L_{\text{ws}}=R\frac{\cos(\theta+\beta)}{\sin\beta} \tag{2-3}$$

此时，得到临界卡断压力的表达式为：

$$P_{\text{snap}}=\frac{\sigma\cos(\theta+\beta)}{L_{\text{ws}}\times\sin\beta} \tag{2-4}$$

对于内切圆半径为 r 的正方形截面，$\beta=\frac{\pi}{4}$，发生卡断时 $2\times L_{\text{ws}}=2\times r$。化简式(2-4)，得到临界卡断压力的表达式为：

$$P_{\text{c,snap}}=\frac{\sigma(\cos\theta-\sin\theta)}{r} \tag{2-5}$$

需要特别指明的是，临界卡断压力是指元素侧向上油水两相的压力差，而活塞式驱替门限压力为元素轴向上油水两相的压力差。在实际处理中，认为驱替前缘处驱替流体的压力即为孔喉入口处水膜的压力。对于低渗致密油藏，驱替前缘的有效驱替压力仅能克服少部分孔喉的活塞式驱替门限阻力，发生“卡断”的孔喉占据较大比例，驱油效率较低。

从上述低渗致密油藏的特殊性可以看出，孔喉狭窄导致了一系列的问题。采用扩孔增喉技术，可以增加孔喉过流面积，改善连通性，缓解开发矛盾。

二、常用扩孔增喉技术及机理

酸化措施是扩孔增喉、解除堵塞、实现注水井增注的重要技术手段，目前在油田上得到广泛应用，并逐渐形成了自生酸、缓速酸、多氢酸等体系。

(一)常规酸液体系

常规酸液体系主要指盐酸、氢氟酸和土酸。砂岩地层中盐酸溶解度较高的矿物主要是碳酸盐和部分黏土，土酸是砂岩储层比较经济有效地增产处理液，它具有较强的酸岩反应能力，可溶解地层中的多种硅酸盐矿物。

砂岩地层酸化的基础是氢氟酸与二氧化硅和硅酸盐矿物的化学反应。氢氟酸与砂岩中的矿物(二氧化硅、黏土或长石)接触时，存在复杂的化学反应。

与石英反应：

$$SiO_2 + 6HF = H_2SiF_6 + 2H_2O$$

与长石反应：

$$KSi_3AlO_8 + 25HF = 3H_2SiF_6 + H_3AlF_6 + KF + 8H_2O$$

$$NaSi_3AO_8 + 25HF = 3H_2SiF_6 + H_3AlF_6 + NaF + 8H_2O$$

$$CaAlSi_2O_8 + 26HF = 2H_2SiF_6 + 2H_3AlF_6 + CaF_2\downarrow + 8H_2O$$

与黏土反应：

$$AlSi_4O_{10}(OH)_2 + 36HF = 4H_2SiF_6 + 2H_3AlF_6 + 12H_2O$$

与方解石反应：

$$CaCO_3 + 2HF = CaF_2\downarrow + CO_2\uparrow + H_2O$$

与白云石反应：

$$CaMg(CO_3)_2 + 4HF = MgF_2\downarrow + CaF_2\downarrow + 2CO_2\uparrow + H_2O$$

土酸与砂岩矿物反应后的一次沉淀主要为 MgF_2 和 CaF_2 等简单氟化物，这种沉淀结构比较松软，具有一定的溶解度，原始方法是通过土酸作业前盐酸预处理，可在一定程度上抑制这类沉淀。

上述反应的生成物之间的二次反应将导致二次沉淀，其主要反应为：

$$H_2SiF_6 + 4H_2O = Si(OH)_4\downarrow + 6HF$$

$$H_2SiF_6 + 2K^+ = K_2SiF_6\downarrow + 2H^+$$

$$H_3AlF_6 + 3H_2O = Al(OH)_3\downarrow + 6HF$$

$$H_3AlF_6 + 3Na^+ = Na_3AlF_6\downarrow + 3H^+$$

$$H_3AlF_6 + 3K^+ = K_3AlF_6\downarrow + 3H^+$$

$$H_2AlF_6 + 2Na^+ = Na_2AlF_6\downarrow + 2H^+$$

二次沉淀物为氟硅酸盐、氟铝酸盐、简单氟化物和无机垢，当残酸 pH 值上升时，还可能生成胶状 $Fe(OH)_3$ 和 $Al(OH)_3$。化学沉淀或凝胶，会导致严重的地层损害。因此，目前在土酸酸液配方体系基础上，一般会添加络合剂、缓释剂和有机酸盐，使酸液体系具有较好地溶蚀性、缓速性、络合性和低伤害性。

(二)自生酸体系

自生酸是指在地面无明显的强酸特征，但地层混合后在温度或诱导剂的催化作用下缓慢反应形成盐酸或土酸的体系。其缓速酸化原理是利用其慢反应的特点，实现活性 H^+ 的缓慢释放，在较长时间内保持酸液的低 pH 值，从而确保体系中活性酸分子与岩石具有较长的反应时间，穿透距离较长，实现深部解堵。

对于自生酸体系的选择需要考虑以下因素：①在水或盐水中溶解性好；②释酸速度缓慢使之安全进入目的层；③母体具有高浓度的释酸能力；④酸母体具有尽可能低的相对分子质量，以便单位产酸浓度高。常见自生酸体系有以下三种。

1. 卤化铵—自生酸

铵盐在加入醛、羧酸盐的情况下，醛同铵盐缓慢反应生成活性酸，如甲醛、氟化铵、有机羧酸盐的组成体系，该体系中的甲醛与氟化铵在一定条件下经多级反应形成氢氟酸和六次甲基四胺。氢氟酸在地层中消耗后促使该多级反应以正方向进行，从而不断提供氢氟酸以保持酸液的活性，达到深部酸化目的。

2. 单一酸或盐

在砂岩地层采用氟硼酸、氟磺酸及其盐等，可与水发生水解反应产生氢氟酸：

$$HBF_4 + 3H_2O \longrightarrow 4HF + H_3BO_3$$

3. 卤代烃

主要是四氯化碳、氯仿、四氯乙烷等，它们在 121～371℃ 的地层温度下水解产生卤酸。以滴定的方法优选酸液，滴定过程中 pH 值缓慢上升，表明 H^+ 释放是一个缓慢过程。

(三)胶凝酸体系

主要是加入缓速剂，降低酸液与岩石的反应速率，给酸液留有充足的时间来深入地层，提高酸化的效果。胶凝剂主要有：

(1)2－丙烯酰胺－2－甲基丙烷磺酸和丙烯酰胺的共聚物。其抗剪切性、减阻性和抗酸性都比较好，能够较好地与酸盐复配使用，且有比较强的增稠能力，可以延缓酸盐反应，即使在温度较高的地层中也可以使用。此外，还可与锆和钛的有机物交联使用，利用所形成冻胶的良好黏弹性来起到延缓反应等作用，由于其破胶后没有其他残渣，所以对地层的损害小，有利于保护油气层。

(2)聚两性电解质，由 2－丙烯酰胺－2－甲基丙烷磺酸盐、丙烯酰胺和甲基丙烯酰胺基丙基二甲基二羟丙基磺酸铵聚合而成。其凝胶液经锆、钛交联可在低于 200℃ 的条件下用于压裂。

(3)适度交联的吡咯烷酮/聚乙烯的聚合物。该聚合物可与各种不同的酸复配使用。

(4)丙烯酰胺与乙烯基吡咯烷酮的共聚物。这种胶凝剂需要 40%～60% 丙烯酰胺的单体单元，相对分子质量从十万到一千万；一般还要在酸液中加入适量的液态烃和表面活性剂，以提高并稳定酸液的黏度。此类胶凝剂可用于浓度在 3%～28% 的各种酸。

(5)聚乙烯甲基醚。这种胶凝剂可以使酸液的黏度随温度的升高而增大，减缓酸液在地层中的渗流速度，防止其进入高渗区，从而起到自动调节作用，所配酸液在油、气井中均可使用。

（四）缓速酸体系

缓速酸体系的基本原理主要是控制离子释放，将两种不同的盐相复合或使用新型酸液，使其在地下发生反应，产生反应酸。其种类主要有：

（1）TiF_6^{2-}缓速酸：这种酸液适合在黏土含量高的地层使用，特别是酸敏性的地层，可用在温度为50～140℃的地层。其原理是用金属钛与氟离子络合，产生的TiF_6^{2-}会缓慢水解并释放出氢氟酸，当产生的氢氟酸开始溶解黏土等岩石矿物时，水解平衡会受到破坏，为维持该平衡就会不断继续释放出新的氢氟酸，使其能够在较长时间内持续不断地酸化地层，从而达到缓速的目的。

（2）氟硅酸体系：地层中的石英等矿物都会与氢氟酸发生反应，造成氢氟酸无谓的损耗，缩短了其酸化的距离，虽然增大酸液用量也能够在一定程度上延长酸化距离，但同样也会造成负面的影响，如会使地层疏松、出砂等。与氟化氢不同的是，氟硅酸不会和石英反应，但可以溶解砂岩中的黏土，即使大排量使用也不会破坏岩石的骨架颗粒，因此，它可用于清除地层深处的黏土伤害；而且在反应后不会有沉淀产生，采取措施后水井的吸水能力都会有所提高，且作用效果持续时间长。要注意的是，黏土与氟硅酸的反应受温度的影响较大，用该体系处理近井温度高于55℃的油藏效果更好。

（五）多氢酸体系

多氢酸是一种有效地缓速酸，也称为$HV-5H^+$酸，主要通过磷酸络合物与可溶性氟盐发生化学反应生成磷酸铵与氢氟酸。

多氢酸酸液体系中，实质上与砂岩储层反应的物质仍然是氢氟酸。首先，多氢酸可以逐步电离出氢离子与氟盐，缓慢生成磷酸盐。氟盐为溶液提供足够的氟离子，氢氟酸的生成需氢离子和氟离子的结合。由于多氢酸可以逐渐电离出氢离子，因此控制了与氟盐反应生成氢氟酸的速度。在低pH值环境下，多氢酸电离出的氢离子的浓度将保持较低的水平，因此，氢氟酸的浓度也就保持较低的水平。并且，多氢酸和氟盐形成了一个缓冲调节体系。当氢氟酸与岩石矿物反应消耗掉一部分时，平衡被打破，溶液中的氢离子浓度降低，多氢酸将释放出部分氢离子，一直到溶液重新建立新的平衡。因此，只要溶液的浓度足够大，酸液中氢氟酸的浓度基本保持恒定，酸液与岩石矿物的反应速度是常数。可以看出，由于磷酸酯类化合物的电离是分步进行的，可以保证多氢酸体系持续向地层深部推进，延长与地层有效作用时间和有效作用距离，从而实现储层深部酸化的目的。

多氢酸还具备较强的络合能力，能和Ca^{2+}、Mg^{2+}、Fe^{2+}、Fe^{3+}等多种金属离子产生稳定的络合物从而分散在水中，阻止了Ca^{2+}、Mg^{2+}、Fe^{2+}、Fe^{3+}的二次沉淀污染。由于多氢酸的相对分子质量较大，还具备一定的防乳化、抗酸渣的功能。

总的来说，过去在土酸酸化过程中容易出现的穿透距离较短、产生沉淀等相关问题，多氢酸体系能够很好地解决，是砂岩油藏基质酸化的新选择。

第二节　长 8 油藏储层流体条件概况

一、长 8 油藏地质条件分析

(一)长 8 岩性与岩石学特征

长 8 储层砂岩岩性主要由细砂和中砂组成，储集层砂岩的岩石类型以灰色、深灰色长石岩屑砂岩、岩屑长石砂岩为主。砂岩碎屑组分成分以石英、长石为主，岩屑次之，岩屑以火成岩岩屑和变质岩岩屑为主，少量沉积岩岩屑，云母也占一定比例。岩石各组分及含量见表 2 - 1。

表 2 - 1　长 8 岩样组分含量

成分	石英	长石	岩屑	云母
含量/%	39.01	32.07	23.83	3.76

根据扫描电镜分析胶结物成分可知，以方解石、高岭石、绿泥石为主，伊/蒙混层为主、伊利石次之，相对含量绿泥石占 36.3%，高岭石平均 28.55%，伊/蒙混层平均 28.3%。岩石颗粒多被绿泥石呈薄膜状包裹，粒间孔、填隙物微孔部分相互连通。部分岩样含有少量铁白云岩。胶结类型以孔隙式和薄膜孔隙式为主。长 8_1^2 胶结物含量平均 5.5%；长 8_1^3 胶结物含量平均 8.1%(图 2 - 4)，填隙物含量见表 2 - 2。

图 2 - 4　红河 73 井(长 8_1^3)，×800

表 2 - 2　长 8 储层填隙物各组分含量占比　　%

层位	填隙物									
	方解石	自生石英	高岭石	绿泥石	黄铁矿	自生黏土	白云石	沸石	沥青质	含量
长 8_1^2	3.1	<0.5	1.4	1.3			<1	0.3	<1	5.5
长 8_1^3	4.2	1.1	1.3	0.8	0.08	0.08	0.2			8.1

要实现扩孔增喉，需把填隙物溶蚀掉。主要以方解石、绿泥石、高岭石为主，方解石含量在 50% 左右。而黏土矿物的相对含量分析显示，长 8 油藏的黏土主要是绿泥石(层状硅铝酸盐，含铁、镁、铝离子等)，占黏土总量的 40% ~50% 不等，平均值是 43.32%，具体数据见表 2 - 3。

表 2-3 长 8 储层黏土矿物相对含量占比

井区	层位	黏土总量/%	黏土矿物相对含量/%				间层比/%(S)
			伊利石(I)	高岭石(K)	绿泥石(C)	伊/蒙混层(I/S)	
红河 73-74	长 8_1^2	12.6	11.9	20.9	40.7	26.5	13.8
	长 8_1^3	12.3	11	21.5	40.5	27	12.1
红河 36	长 8_1^2	11.8	19.3	20.9	43.3	16.5	21.1
红河 37	长 8_1^2	11.1	25.1	17.5	42.9	14.4	13.4
红河 12	长 8_1^2	10.2	19.5	14.8	49.2	16.5	15.6
长 8 平均		11.6	17.36	19.12	43.32	20.2	15.2

(二)长 8 储层孔渗物性特征

长 8 储层孔隙度主要分布在 4.3%~14%，平均孔隙度为 10.8%；渗透率主要分布在 $(0.1 \sim 0.64) \times 10^{-3}\mu m^2$，平均渗透率为 $0.4 \times 10^{-3}\mu m^2$，属于低孔特低渗储层。孔隙半径在 19.8~46.57μm，平均孔隙半径 33.09μm，喉道中值半径 0.21μm，喉道类型以缩颈型、片状和弯片状为主，孔喉组合为中孔微喉，配位数 0.59，连通性差。储层的非均质程度一般在中等—较强。

(三)储层温度与压力

长 8 储层原始地层压力为 18.84~20.61MPa，压力系数为 0.91，属于正常压力系统；地层温度为 64.8~71.73℃，地温梯度为 2.65℃/100m，属于正常温度系统。

(四)流体性质(水油气)

地层水矿化度较高，平均矿化度达 65010mg/L。Ca^{2+} 含量主要为 12587.12mg/L，属 $CaCl_2$ 型。具体离子数据及含量见表 2-4。

表 2-4 红河长 8 地层水及注入水质分析数据

水样来源	地层水组分							总矿化度	pH 值	水型
	K^+	Na^+	Ca^{2+}	Mg^{2+}	SO_4^{2-}	HCO_3^-	Cl^-			
	mg/L	mg/L	mg/L	mg/L	mg/L	mg/L	mg/L	mg/L		
长 8 地层水	82.69	11638.69	12587.12	114.52	452.51	173.24	40179.42	65010	7.55	$CaCl_2$
注入水	2	221	0	4	169	317	81	794	7.00	$NaHCO_3$

地层原油密度为 $0.79g/cm^3$，地层原油黏度为 3.1mPa·s，泡点压力为 6.5MPa，地层油体积系数 1.122，气油比 $39.9m^3/m^3$。

(五)敏感性分析

储层敏感性包括速敏性、水敏性、酸敏性、盐敏性等。各种储层矿物的潜在伤害与敏感性见表 2-5。

表 2-5　敏感性矿物组成及潜在伤害

敏感性矿物	敏感性程度	潜在敏感性	产生敏感性的条件	抑制敏感性的方法
绿泥石	最大	$Fe(OH)_3$ 沉淀	富氧系统，酸化后	除氧剂
	中等	氟化镁沉淀	高 pH 值氢氟酸酸化	酸敏抑制剂
	最小	速敏	高流速、高 pH 值	低流速
伊利石	最大	速敏	高流速	低流速
	中等	显微孔隙被堵塞	淡水系统	高盐度流体，防膨剂
	最小	K_2SiF_6 沉淀	氢氟酸酸化	酸敏抑制剂
伊/蒙间层	最大	速敏	高流速	低流速
	中等	水敏	淡水系统	高盐度流体，防膨剂
	最小	酸敏	酸化作业	酸敏抑制剂
高岭石	中等	速敏	高流速	低流速
	中等	$Al(OH)_3$ 沉淀	酸化作业	酸敏抑制剂
	中等	碱敏	化学驱	抑制剂

因为扩孔增喉涉及酸液，且储层中的矿物主要的敏感性来自酸敏，则着重考虑酸敏感性分析。酸敏是酸液与储层矿物或流体接触发生，产生沉淀或释放出颗粒，导致储层受到伤害，产生堵塞使岩石渗透率下降的现象。

酸敏导致地层损害的形式主要有两种，一是产生化学沉淀或凝胶，二是破坏岩石现有结构产生或加剧速敏性。酸与岩石或地层和井筒中的其他物质发生化学反应的直接产物称为酸反应的一次产物，反应产生的沉淀被称为一次沉淀。酸与反应产物或反应产物之间的化学反应称为二次反应，其沉淀称为二次沉淀，砂岩地层中盐酸溶解度较高的矿物主要是碳酸盐和部分黏土，土酸是砂岩储层比较经济有效地增产处理液，它具有较强的酸岩反应能力可溶解地层中的多种硅酸盐矿物。但土酸与砂岩矿物将产生二次沉淀物，导致严重的、难于解除的地层损害。砂岩地层酸化的基础是氢氟酸与二氧化硅和硅酸盐矿物的化学反应。氢氟酸与砂岩中的矿物(二氧化硅、黏土或长石)接触时，存在复杂的化学反应。

另外，酸液与储层矿物发生反应的过程中，由于某些胶结物的溶解可导致部分微粒释放并运移，堵塞孔喉，导致储层渗透率下降。表 2-6 总结了砂岩与氢氟酸反应可能产生的沉淀。

表 2-6　砂岩中氢氟酸的伤害反应

反应	沉淀
HF + 醋酸盐(方解石、白云石)	氟化钙、氟化镁(CaF_2、MgF_2)
HF + 黏土、硅酸盐	无定形硅(原硅酸、H_4SiH_4)
HF + 长石	氟硅酸钠、氟硅酸钾($NaSiF_6$、K_2SiF_6)
HF + 黏土、长石	氢氧化铝、氟化铝(AlF_3)
HF + 伊利石黏土	$NaSiF_6$，K_2SiF_6
HF + 残地层盐水、海水	$NaSiF_6$，K_2SiF_6
HCl + HF + 氧化铁和铁矿物	铁化合物
HF + 方解石(碳酸钙)	氟硅酸钙

(3)反应1h后，取出烧杯，过滤，用自来水冲洗，直至滤液呈中性。

把残样连同滤纸放入干燥箱于80℃干燥至恒重，称重，记录并计算岩样溶蚀率。

酸液对岩样的溶蚀结果及分析评价见表2－7。

表2－7　红河长8岩心溶蚀率与滤液分析测试结果

序号	酸液体系	溶蚀率/%	原溶蚀液	调节pH值至中性	混浊	分层	选用
1	20%盐酸	9.45	混浊黄色	白绿色沉淀	混浊	否	×
2	6%柠檬酸	6.23	澄清透明	澄清透明	否	否	√
3	6%丙二酸	7.76	澄清透明	无色略混浊	否	否	×
4	6%氯乙酸	6.60	澄清透明	澄清	混浊	否	×
5	10% EDTA	4.70	澄清透明	澄清透明	否	否	√
6	10%亚磷酸	6.78	澄清透明	大量沉淀	否	是	×
7	10%甲酸	10.63	澄清透明	少量沉淀	否	是	×
8	10%乙酸	5.39	澄清透明	淡黄色浊液	否	是	×
9	10%聚环氧琥珀酸	3.27	澄清透明	透明无色	否	否	√
10	10%羟基乙叉二磷酸	3.57	澄清透明	褐色沉淀	混浊	否	×
11	10%羧乙基硫代乙二酸	10.82	白色沉淀	淡黄色透明	否	否	×
12	10%盐酸+3%柠檬酸	8.44	澄清透明	无色透明	否	否	√
13	10%盐酸+3% EDTA	12.13	澄清透明	淡黄色透明	否	否	√
14	10%盐酸+3%甲酸	8.94	澄清透明	黄色沉淀分层	否	是	×
15	10%盐酸+3%乙酸	11.20	澄清透明	淡黄色透明	否	否	×
16	10%盐酸+3%丙二酸	9.46	澄清透明	少许沉淀	否	是	×
17	10%盐酸+3%氯乙酸	10.21	澄清透明	大量沉淀	混浊	否	×
18	10%盐酸+3%聚环氧琥珀酸	8.91	澄清透明	淡黄色	否	否	×
19	10%盐酸+3%羟基乙叉二磷酸	10.26	澄清透明	无色透明	否	否	√
20	3%硼酸+5%氟化氢铵	9.74	澄清透明	蓝绿色沉淀	混浊	否	×
21	3%氟硼酸+10%甲酸	15.94	澄清透明	蓝绿色沉淀	否	是	×
22	3%氢氟酸+10%亚磷酸	4.44	澄清透明	淡黄色沉淀	混浊	否	×
23	3%氢氟酸+10%氯乙酸	10.62	澄清透明	大量沉淀	混浊	否	×
24	3%氢氟酸+10%甲酸	11.12	澄清透明	大量沉淀	混浊	否	×
25	3%氟硼酸+10%乙酸	9.42	澄清透明	蓝绿色沉淀	否	是	×
26	3%氢氟酸+10%乙酸	10.00	澄清透明	大量绿色沉淀	否	是	×

经过对溶蚀率的计算和溶蚀滤液的分析，筛选出盐酸和柠檬酸、盐酸和乙酸的配方比较合适。但是考虑到盐酸比较便宜，且需要溶蚀的物质主要是方解石，所以后续将对配方进行优化，选择以盐酸为主剂的酸液主剂体系。

2. 溶蚀主剂的优化

对所筛选的酸液主剂进行最佳浓度的优化，筛选出最适合的配方，所进行的溶蚀实验及离子分析见表 2－8。

表 2－8 红河长 8 岩心溶蚀率与滤液分析测试结果

序号	酸液体系	溶蚀率/%	原溶蚀液	铁离子含量/(mg/L)	pH 值中性	混浊	分层	选用
1	1% 盐酸	8.53	澄清透明	500	白绿色沉淀	是	是	×
2	3% 盐酸	12.78	澄清透明	2680	蓝绿色沉淀	是	是	×
3	5% 盐酸	14.45	澄清透明	2520	蓝绿色沉淀	是	是	×
4	7% 盐酸	14.28	澄清透明	2560	蓝绿色沉淀	是	是	×
5	9% 盐酸	14.71	澄清透明	2720	蓝绿色沉淀	是	是	×
6	10% 盐酸	14.07	澄清透明	3600	蓝绿色沉淀	是	是	×
7	2% 柠檬酸 + 1% 盐酸	9.15	澄清透明	1880	淡黄色透明	否	否	√
8	2% 柠檬酸 + 3% 盐酸	13.45	澄清透明	3160	淡黄色透明	否	否	√
9	2% 柠檬酸 + 5% 盐酸	14.23	澄清透明	4080	淡黄色透明	否	否	√
10	2% 柠檬酸 + 7% 盐酸	14.70	澄清透明	4560	淡黄色透明	否	否	√
11	2% 柠檬酸 + 9% 盐酸	13.80	澄清透明	4120	淡黄色透明	否	否	√
12	2% 柠檬酸 + 10% 盐酸	13.74	澄清透明	4200	淡黄色透明	否	否	√
13	1% 柠檬酸 + 5% 盐酸	9.52	澄清透明	3280	无色透明	否	否	√
14	2% 柠檬酸 + 5% 盐酸	13.23	澄清透明	3860	无色透明	否	否	√
15	3% 柠檬酸 + 5% 盐酸	13.46	澄清透明	3800	无色透明	否	否	√
16	4% 柠檬酸 + 5% 盐酸	14.51	澄清透明	3910	无色透明	否	否	√
17	5% 柠檬酸 + 5% 盐酸	14.82	澄清透明	3640	无色透明	否	否	√
18	6% 柠檬酸 + 5% 盐酸	14.86	澄清透明	3710	无色透明	否	否	√
19	5% 盐酸 + 2% 有机酸(柠：乙 = 1：1)	11.45	澄清透明	4220	无色透明	否	否	√
20	5% 盐酸 + 2% 有机酸(柠：乙 = 1：2)	11.51	澄清透明	3760	无色透明	否	否	√
21	5% 盐酸 + 2% 有机酸(柠：乙 = 1：3)	11.45	澄清透明	3520	无色透明	否	否	√
22	5% 盐酸 + 2% 有机酸(柠：乙 = 1：4)	11.00	澄清透明	3440	无色透明	否	否	√
23	5% 盐酸 + 2% 有机酸(柠：乙 = 1：5)	11.36	澄清透明	3320	无色透明	否	否	√
24	5% 盐酸 + 2% 有机酸(柠：乙 = 2：1)	11.20	澄清透明	3360	无色透明	否	否	√
25	5% 盐酸 + 2% 有机酸(柠：乙 = 3：1)	11.33	澄清透明	3680	无色透明	否	否	√
26	5% 盐酸 + 2% 有机酸(柠：乙 = 4：1)	11.31	澄清透明	4960	无色透明	否	否	√
27	5% 盐酸 + 2% 有机酸(柠：乙 = 5：1)	13.20	澄清透明	5280	无色透明	否	否	√

盐酸的用量大于 1% 时，滤液中有较多酸液剩余，pH 值显强酸性(pH < 1)。

对于长 8 油藏，盐酸的用量在 3% 时，即可接近最大溶蚀率，溶液中的铁离子含量也较高。在与柠檬酸复配时，5% 的盐酸即可使溶液中的铁离子含量接近最大值，证明绿泥石的溶解情况较好。结合溶蚀率考虑到酸液向地层深处推进时，随着岩样与酸液的反应，酸液 pH 值降低，后期可能相当于注水，注入量增大，且不一定达到理想效果；所以最后选定长 8 的盐酸用量是 5%。

根据滤液调节 pH 值产生沉淀的分析，2% 浓度的柠檬酸即可保证溶蚀率在 pH 值等于 5～6 时不产生沉淀；而且前期很多实验都证明了柠檬酸对于铁离子的络合能力较强，在用量较低的情况下可以实现返排过程中不产生沉淀，用量高时可以把残液中的铁离子较好地络合，然后推入地层深部，实现良好的扩孔增喉效果。不同浓度的柠檬酸与盐酸复配的酸液与岩样的溶蚀率都相差不大，因为盐酸过剩后，岩样中的方解石都可溶解完毕，岩样中的黏土矿物占总矿物的 10% 左右，绿泥石的含量占黏土矿物的 50% 左右，所以绿泥石的含量较少，且是部分溶解，所以对溶蚀率的贡献量不大，主要是体现在溶液中的铁离子含量上，铁离子含量越高，绿泥石的溶解越多。对于长 8 油藏，2% 的柠檬酸即可使溶液中的铁离子达到最大值。

柠檬酸与乙酸共用时稳定铁离子的量远多于其单独使用时稳定铁离子的量，与乙酸和柠檬酸的配方对储层增渗率效果较好相对应。所以在选定了柠檬酸的用量后，选择柠檬酸和乙酸的不同比例相同的用量，再测量溶蚀滤液中的铁离子含量。乙酸用量高时，溶液中的铁离子含量较低；柠檬酸用量高时，溶液中的铁离子含量较高，与相同浓度只使用柠檬酸的溶液相比相差不大。柠檬酸和乙酸的具体比例结合铁离子稳定剂评价试验中对铁离子的稳定能力决定酸液主剂的配方为 5% 盐酸 +1.6% 柠檬酸 +0.4% 乙酸。

(二)驱替实验

驱替实验同样根据标准 SY/T 5358—2010《储层敏感性流动实验评价方法》进行。实验步骤：①用与地层水相同矿化度的氯化钾溶液测定岩样酸处理前的液体渗透率。②砂岩样品反向注入 0.5～1.0 倍孔隙体积酸液。停止驱替，关闭夹持器进出口阀门，砂岩样品与酸反应时间为 1h。③酸岩反应后正向驱替与地层水矿化度相同的氯化钾溶液，测定岩样酸处理后的液体渗透率。酸敏损害率计算公式如下：

$$D_{\mathrm{w}} = \frac{K_i - K_{wi}}{K_i} \times 100\% \qquad (2-7)$$

式中，D_{w} 为酸敏损害率($D_{\mathrm{w}} \leqslant 5$ 为无损害)；K_i 为原始渗透率；K_{wi} 为酸后渗透率。

通过驱替实验，先进行水驱确定岩样的液测渗透率，再进行酸液驱替、憋压、后续水驱来确定酸蚀的增渗率和降压情况。驱替实验见表 2-9。

表 2-9　岩心驱替实验分析

岩样	原始 K/ $10^{-3}\mu m^2$	溶蚀主剂	驱替速度/(mL/min)	最高 P/MPa	稳定 P/MPa	终 K/ $10^{-3}\mu m^2$	增渗率/倍
100-8	0.0053	10% 盐酸 +3% 羟基乙叉二磷酸	0.1	18.5	—	失败	—
100-8	0.0053	10% 盐酸 +3% 柠檬酸	1	16.8	0.92	1.22	234

续表

岩样	原始 K/ $10^{-3}\mu m^2$	溶蚀主剂	驱替速度/ (mL/min)	最高 P/ MPa	稳定 P/ MPa	终 K/ $10^{-3}\mu m^2$	增渗率/ 倍
153－4	0.0052	10%乙酸＋3%柠檬酸＋2%盐酸	1	15	0.20	19.70	3788
113－13	0.0074	10%乙酸＋3%柠檬酸＋2%盐酸	1	18.5	0.75	2.96	400

对驱替产出液进行调节中性观察沉淀处理，如图2－5、图2－6所示。

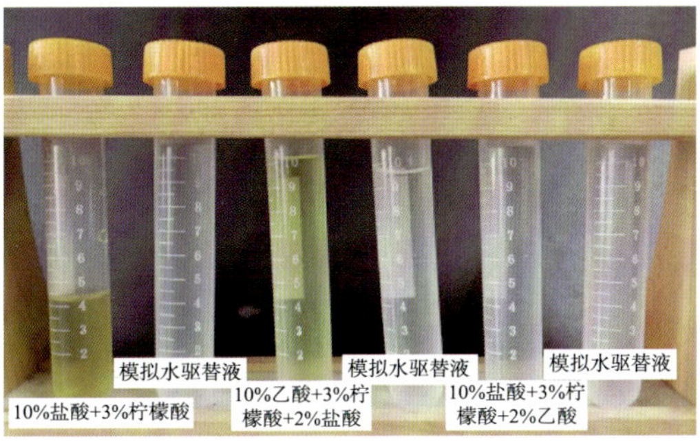

图2－5 驱替产出液

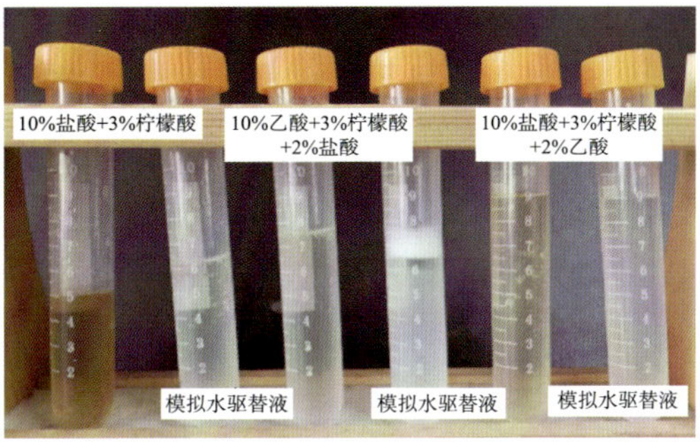

图2－6 驱替产出液调pH值至中性

在只使用酸液驱替的情况下，增渗在两个数量级以上，且后续水驱产出液在驱至产出液为中性时，渗透率也未降低，产出液依旧澄清没有沉淀。由文献调研得，乙酸使用量超过8%之后会造成黏土矿物的膨胀，因此初步选定长8的溶蚀主剂为：7%乙酸＋3%柠檬酸＋2%盐酸。

由于前期选用的岩心不能代表储层渗透率，因此后续选择渗透率较高的岩样进行驱替实验，验证是否能在只添加酸液的情况下，实现较好地降压增渗，具体结果见表2－10。

表2－10 岩心驱替实验分析

岩样	原始 K/ $10^{-3}\mu m^2$	溶蚀主剂	驱替速度/ (mL/min)	稳定 P/ MPa	终 K/ $10^{-3}\mu m^2$	增渗率/ %
44－1	0.0534	7%乙酸＋3%柠檬酸＋1%盐酸	1	1.52	0.269	404
113－3	0.0314	5%盐酸＋1.6%柠檬酸＋0.4%乙酸	1	3.76	0.125	298

选用较高渗透率的岩样进行驱替实验后，确定酸液对储层没有伤害。岩样的增渗率没有之前超低渗的岩样增渗率高，但是增渗率仍然能达到项目要求，有良好的降压增渗效果；且配方5%盐酸＋1.6%柠檬酸＋0.4%乙酸以盐酸为主，价格较便宜，大概在100元/m^3，而以有机酸为主剂的配方成本大概为400元/m^3。所以选定配方：5%盐酸＋1.6%柠檬酸＋0.4%乙酸为本储层的酸液主剂。

二、辅剂的筛选

(一)缓蚀剂的筛选

1. 常压静态吊片法

1)实验条件

(1)腐蚀试片的酸液为筛选出来的主剂5%盐酸+1.6%柠檬酸+0.4%乙酸；

缓蚀剂：实验室筛选的福瑞达2号和TY－1两种工业品为现场用缓蚀剂。

(2)实验温度为71.2℃。

(3)实验器材：电子天平(精确到0.1mg)、恒温水浴、游标卡尺(精度0.02mm)、反应容器(玻璃瓶、塑料瓶)、干燥器、吸耳球、移液管。

2)实验步骤

(1)试片的清洗和称量：

①将试片用镊子夹持，在丙酮或石油醚中用软毛刷清洗且除去油垢。

②在无水乙醇中浸泡约1min后取出用冷风吹干或者晾干，放入干燥器内待称重。

③放入干燥器中20min后称量(精确到0.0001g)并做记录，待用。

(2)酸液按照扩孔增喉体系配方进行配制(缓蚀剂最后加入)。

(3)试片标记：取已制备的试片用游标卡尺测量其尺寸，将塑料线系在试片孔上，以塑料线打结数或者在放置酸液的瓶身标记编号，并记录其尺寸、质量。

(4)将反应容器放入恒温水浴，打开水浴加热电源，使反应容器中的酸液升温至地层温度。将试片放入酸液中，保证试片全部表面与酸液相接触，记录反应开始时间。

(5)反应到预定时间，切断电源取出试片，观察腐蚀情况并做详细记录。

(6)观察后将试片用水冲洗，再用软毛刷刷洗；剪断塑料线，同时将编号记在干净的滤纸上；最后用丙酮、无水乙醇清洗干净，将试片放在有编号的滤纸上。

(7)试片称量：用冷风吹干、放在干燥器内20min后称量，精确到0.0001g。

腐蚀速率按以下公式计算：

$$V_i = \frac{10^6 \Delta m_i}{A_i \cdot \Delta t} \tag{2-8}$$

式中，V_i为单片的腐蚀速率，g/(m^2·h)；Δt为反应时间，h；Δm_i为试片腐蚀失量，g；A_i为试片表面积，mm^2。

3)实验结果及数据分析

将三种钢片按照步骤置于添加了三种缓蚀剂的酸液中(图2－7)，于常压地层温度下，所得实验结果见表2－11。

福瑞达2号

缓蚀剂TY-1

图2－7　钢片腐蚀程度(从左至右依次为：J55、P110、N80)

表 2-11 腐蚀速率实验结果

钢片	缓蚀剂	腐蚀速率/[g/(m² · h)]
J55	空白	8.979
	0.5% TY-1	1.712
	0.5% 福瑞达 2 号	1.078
	2% 样品	1.859
P110	空白	9.718
	0.5% TY-1	1.617
	0.5% 福瑞达 2 号	1.183
	2% 样品	1.765
N80	空白	6.753
	0.5% TY-1	1.459
	0.5% 福瑞达 2 号	1.128
	2% 样品	1.694

钢片在加入缓蚀剂的酸液中腐蚀速率较低，钢片表面光滑有金属光泽，只有少量锈迹；而未添加缓蚀剂的钢片普遍整体颜色发黑，腐蚀程度较严重。由表 2-11 可知，缓蚀剂福瑞达 2 号和 TY-1 在加量为 0.5% 的情况下，钢片的腐蚀速率均在一级标准以内；所邮寄样品用量在 2% 的情况下，也可达到一级标准要求（样品由于稀释可能存在误差，1.5% 也可达到缓蚀要求，可结合现场所用量确定）。

2. 高温高压缓蚀实验

1）实验条件

（1）腐蚀试片的酸液为筛选出来的主剂 5% 盐酸 +1.6% 柠檬酸 +0.4% 乙酸。

（2）实验温度为 71.2℃，实验压力为地层压力 18MPa（充入氮气加压至 18MPa，加完压力后进行加热腐蚀实验，加热会使压力升高，所以预处理压力比地层最高压力 20.61MPa 低）。

（3）实验器材：电子天平（精确到 0.1mg）、恒温箱、游标卡尺（精度 0.02mm）、高压反应釜、干燥器、吸耳球、移液管。

2）实验步骤

（1）装置试片：根据每平方厘米试片表面积酸用量 20cm³，即每片钢片 270mL 酸液。把定量的酸倒入高压反应釜内，将试片吊挂在挂片器上，安装搅拌、密封、挂片组件并拧紧，接好管线，开启测定仪电源，以仪器最快升温速率设置加热程序及所需测定温度。

（2）打开高压氮气阀门，调节气压阀，启动泵，使釜内压力略低于测定压力。

（3）当温度达到测定温度。通过卸压阀调节反应容器压力为测定所需压力，启动搅拌马达，调节到测定转速，记录开始时间。

（4）反应到达预定时间，切断电源，卸去酸液，迅速取出试片，观察腐蚀情况并做详细记录。

均匀腐蚀速率按 GB/T 35509—2017《油气田缓蚀剂的应用和评价》进行计算，公式如下：

$$\gamma_c = \frac{8.76 \times 10^4 \times (m - m_1)}{S \cdot t \cdot \rho} \tag{2-9}$$

式中，γ_c 为均匀腐蚀速率，mm/a；m 为试验前试片质量，g；m_1 为试验后试片质量，g；S 为试片表面积，cm^2；ρ 为试片材料密度，g/cm^3；t 为反应时间，h。

3）实验结果及数据分析

高温高压下的钢片缓蚀实验数据及分析见表 2-12。

钢片在低浓度的缓蚀剂溶液中，肉眼可见钢片表面显灰色，有一层薄薄的锈迹；高浓度下的缓蚀情况较好。所寄缓蚀剂样品在用量 1.5% 和 2% 时均能达到 SY/T 5405—1996《酸化用缓蚀剂性能试验方法及评价指标》要求，腐蚀速率在 $2g/(m^2 \cdot h)$（60℃ 的要求，实验温度为 71.2℃，高于标准温度）以内，且静态均匀缓蚀率大于 70%。

表 2-12　不同浓度缓蚀剂中钢片的腐蚀速率

钢片	缓蚀剂浓度/%	腐蚀速率/[g/(m² · h)]	均匀腐蚀速率/(mm/a)
N80	空白	5.826	6.501
	0.5	2.227	2.486
	1	2.054	2.292
	1.5	1.725	1.925
	2	1.694	1.890
P110	空白	8.866	9.869
	0.5	2.798	3.115
	1	2.195	2.443
	1.5	1.892	2.106
	2	1.765	1.964
J55	空白	9.234	10.370
	0.5	2.761	3.101
	1	2.467	2.771
	1.5	1.972	2.215
	2	1.859	2.088

3. 缓蚀剂分散性评价试验

1）实验条件

地层温度（71.2℃），常压。

2）实验步骤

（1）配制一定体积的所需质量分数的酸液。

(2)接通恒温水浴电源，升温至地层温度(精度±0.1℃)。

(3)将已配制好的酸液倒入具塞试管中，用移液管向具塞试管中加入质量分数为酸化设计1.2倍的缓蚀剂(0.6%的TY－1、福瑞达2号和2.4%的样品缓蚀剂)，盖上瓶塞，摇5min混合均匀(手动摇匀)。

(4)将混合好的含缓蚀剂的酸液瓶放入恒温水浴中，并保持酸液液面低于恒温水浴水平面。

(5)在测定温度下，定时观察酸液外观变化情况，定性描述变化情况并记录。

3)实验数据及结果分析

缓蚀剂的分散性质记录情况见表2－13。

由实验结果可知，缓蚀剂TY－1、福瑞达2号和样品缓蚀剂在酸液中的溶解分散性都很好，一直保持透明清亮状态，无液/液相分层，无固液相分层。

表2－13　缓蚀剂分散性实验记录表

编号		1	2	3
缓蚀剂名称及浓度	名称	TY－1	福瑞达2号	样品
	浓度/%	0.6	0.6	2.4
酸液类型及浓度		5%盐酸+1.6%柠檬酸+0.4%乙酸		
实验温度/℃	地层温度63℃、71.2℃			
溶解分散性描述	0h	淡黄色透明	淡黄色透明	淡黄色透明
	1h	淡黄色透明	淡黄色透明	淡黄色透明
	2h	淡黄色透明	淡黄色透明	淡黄色透明
	4h	淡黄色透明	淡黄色透明	淡黄色透明
	8h	淡黄色透明	淡黄色透明	淡黄色透明
	12h	淡黄色透明	淡黄色透明	淡黄色透明
	24h	淡黄色透明	淡黄色透明	淡黄色透明
	48h	淡黄色透明	淡黄色透明	淡黄色透明

4. 缓蚀剂对岩心渗透率损害实验

由于最开始筛选缓蚀剂时考虑到长8渗透率高的岩心较少，所以选用长9岩样进行了缓蚀剂的伤害实验。因为长8、长9储层地层流体、地质特征均相似，所以所筛选的缓蚀剂TY－1和福瑞达2号均适合长8储层。样品缓蚀剂是现场所用缓蚀剂，不存在不配伍的问题，所以未进行伤害实验。后续工艺评价部分选用的均为现场样品缓蚀剂。

(二)铁离子稳定剂的筛选

油田常用的铁离子稳定剂有乙酸、柠檬酸、EDTA钠盐和异维C钠。乙酸对于铁离子的络合能力较低，在86mg/g左右，而且乙酸的适合温度为65℃以下。柠檬酸对铁离子的络合能力大于130mg/g，最佳使用温度为80℃；柠檬酸在弱酸环境中效果最好，适用于酸液与地层反应后的弱酸环境，所以在残酸液中效果更好。EDTA钠盐等氨基聚羧酸类的效果好，但是溶解性差，成本比较高。异维C钠适用于高温油藏，价格昂贵。

目前市场上成品的铁离子稳定剂普遍是有机多元酸、络合稳定剂等复配的配方，比单一的酸液或者络合剂等价格偏高。

所以对于本油藏选择添加价格较便宜的柠檬酸，直接将其添加在主剂中，既可以溶蚀矿物成分，又起到稳定铁离子的作用。

1. 实验原理

酸化过程中均有一定量的铁离子(Fe^{2+}、Fe^{3+})产生。地层中产生的铁沉淀包括管线上的金属氧化物，酸腐蚀后的产物、酸液中所含的铁，地层中以矿物状态存在的铁。这些化合物都以溶解状态存在于残酸中，当酸液的pH值上升到2.2时，三价铁离子便开始产生絮状$Fe(OH)_2$沉淀；当酸液的pH值上升到3.2时，如果不使用有效地铁离子稳定剂，溶解的三价铁便会全部沉淀下来。本试验方法就是通过不断加入标准铁离子溶液，并使碳酸钠调节体系的pH值达到4.0~5.0。这时不能被铁离子稳定剂稳定的铁离子就会沉淀出来，根据其产生沉淀时所消耗的铁离子标准溶液的量，便可计算铁离子稳定剂稳定铁离子的能力。

2. 实验步骤

1)碳酸钠溶液配制

称取25.0g碳酸钠(准确至0.001g)，置于盛有蒸馏水的烧杯中，搅拌均匀，全部溶解后，完全移入500mL容量瓶中，用蒸馏水稀释至刻度，摇匀，配制成质量分数为5%的碳酸钠水溶液500mL备用。

2)EDTA标准溶液配制

EDTA标准溶液：$c=0.01$mol/L，按GB/T 601的规定配制。

3)盐酸溶液配制

配制5%盐酸溶液1000mL，盐酸溶液配制按SY/T 5405—1996中3.4.1的规定执行。

4)铁离子标准溶液配制

称取三氯化铁($FeCl_3 \cdot 6H_2O$) 2.41g(准确至0.001g)，置于盛有一定量3)中配制的5%(质量分数)盐酸溶液烧杯中，搅拌均匀，全部溶解后，完全移入1000mL容量瓶中。用5%盐酸溶液稀释至刻度，摇匀，配制成铁离子(Fe^{3+})标准溶液1000mL备用。

实验实际配制：因为稳定剂的效果较好，溶液中铁离子浓度较低，按照标准配制的溶液添加到200mL仍然不会产生沉淀。所以后面配制的铁离子溶液浓度为20mg/mL(算上了结晶水的质量，具体铁离子的浓度将根据标准溶液确定)。

5)铁离子稳定剂溶液的配制

用分析天平称取10.00g铁离子稳定剂样品(准确至0.001g)，置于盛蒸馏水的烧杯中，搅拌均匀，全部溶解后，完全移入1000mL容量瓶中，用蒸馏水稀释至刻度。

6)铁离子标准溶液中铁离子含量的测定及计算

吸取Fe^{3+}标准溶液5mL于250mL锥形瓶中，加适量蒸馏水冲洗瓶壁，加1%(质量分数)磺基水杨酸3滴，用50%(体积分数)氨水溶液及50%(体积分数)盐酸溶液调pH值至1.8~2.0后加热至60~70℃；再补加7滴1%磺基水杨酸指示液后立即用0.01mol/L ED-

TA 标准溶液滴至由紫红色转变为亮黄色时即停止。按公式(2－10)计算出未加铁离子稳定剂的铁标准溶液中铁离子浓度。

$$\rho_{Fe^{3+}} = \frac{55.85c \cdot V}{V_o} \tag{2-10}$$

式中，$\rho_{Fe^{3+}}$ 为铁标准溶液中 Fe^{3+} 的浓度，mg/mL；c 为 EDTA 标准溶液的浓度，mol/L；V 为滴定时消耗的 EDTA 标准溶液的体积，mL；V_o 为所取铁标准溶液的体积，mL；55.85 为铁的摩尔质量，g/mol。

7)稳定铁离子(Fe^{3+})能力测定

(1)用移液管吸取配制好的铁离子稳定剂试样各 10mL 置于三个干净的玻璃烧杯中。向烧杯中各加入 5mL Fe^{3+} 标准溶液，用蒸馏水冲洗杯壁，搅拌均匀。

(2)用碳酸钠溶液将上述混合液的 pH 值调至 4.0～5.0，观察溶液是否澄清透亮。

(3)若溶液混浊时，停止实验；若溶液澄清透亮，继续用移液管移取 0.1～1.0mL 的铁离子标准溶液，加入烧杯中。

(4)重复(2)和(3)直至溶液混浊时，停止实验，记录混浊前烧杯中加入的铁离子标准溶液总用量。

(5)若(2)的溶液澄清但不透亮，把烧杯中的溶液加热至沸腾，取下，停止沸腾后，观察溶液是否有沉淀；若无沉淀继续用移液管移取 0.1～1.0mL 的铁离子标准溶液，加入烧杯中，用 5% 的碳酸钠溶液调 pH 值至 4.0～5.0，加热直至溶液出现沉淀时，停止试验，记录出现沉淀前烧杯中加入的铁离子标准溶液总用量。

3. 实验结果及数据分析

配制样品稳定剂的标准溶液，评价它稳定铁离子的能力和相同浓度下的柠檬酸、乙酸的差异。稳定铁离子的能力见表 2－14。

表 2－14　相同浓度不同试剂的铁离子稳定能力

恒温温度(20℃)		pH 值(酸性)		Fe^{3+} 浓度(1.98mg/mL)	1% 稳定剂溶液稳铁能力/(g/L)
所给铁稳定剂	Fe^{3+} 溶液加量/mL	试样浓度/(mg/mL)	试样加量/mL	稳定 Fe^{3+} 能力/(mg/g)	
	14.6	10	10	289.08	2890.8
柠檬酸：乙酸＝5：1	12.9	10	10	255.42	2554.2
柠檬酸：乙酸＝4：1	14.8	10	10	293.04	2930.4
柠檬酸：乙酸＝3：1	15.5	10	10	306.9	3069.0
柠檬酸：乙酸＝2：1	13.8	10	10	273.24	2732.4
柠檬酸：乙酸＝1：1	12.9	10	10	255.42	2554.2

由实验结果可知，样品稳定剂和柠檬酸、乙酸的混合物对铁离子的稳定能力与上次测量结果相差不大，且稳定铁离子的能力都在 200mg/g 以上，性质优良，可以满足现场施工要求。

对前期残酸液中铁离子含量(岩样粉末与酸液完全反应)的测量，长 8 铁离子含量最高在4960mg/L。以长8为例，4900mg铁离子需要(4960/293.04)16.926g铁离子稳定剂来络合，即需要的稳定剂浓度为16.926/1000mL×100=1.69%。配方中的柠檬酸和乙酸的浓度为2%，所以可以满足现场施工需要。

若柠檬酸和乙酸的长期稳定性较好，则可不需要添加其他铁离子稳定剂。现场若返排，也可达到要求。

(三)黏土稳定剂的筛选

按SY/T 5971—2016《油气田压裂酸化及注水用黏土稳定剂性能评价方法》，评价酸液体系对岩样的膨胀率，是否需要添加黏土稳定剂；如果需要，确定添加的种类和量，并对其进行性能评价。

1. 实验原理

通过测定岩样矿物的粉末在黏土稳定剂中的体积膨胀增长量来评价防膨性能。

2. 实验条件

常温、常压。

3. 实验方法

膨胀率的测量——黏土膨胀仪。

步骤：

①将岩样碾碎，并过筛；然后压制成泥饼。

②在黏土膨胀仪测量筒底部垫一层定性滤纸，将泥饼放置在黏土膨胀仪中，倒入测试液体。

③记录泥饼膨胀体积并计算膨胀率。

计算防膨率公式如下：

$$B=\frac{H_2-H_1}{H_2-H_0}\times100\% \tag{2-11}$$

式中，B为防膨率,%；H_2为岩心在实验用水中的膨胀高度，mm；H_1为岩心在黏土稳定剂溶液中的膨胀高度，mm；H_0为岩心在煤油中的膨胀高度，mm。

4. 实验结果及数据分析

对长8岩样泥饼进行稳定剂评价实验，实验结果如表2-15、表2-16、图2-8所示。

表2-15 长8岩样泥饼在不同稳定剂中的膨胀率(2%试剂浓度)

溶液	时间/min	1	3	5	10	15	30	60	120	180	240
蒸馏水	膨胀高度/mm	0.09	0.3	0.51	0.665	0.709	0.74	0.75	0.75	0.75	0.75
	膨胀率/%	1.071	3.571	6.071	7.917	8.440	8.809	8.929	8.929	8.929	8.929
KCl	膨胀高度/mm	0.01	0.12	0.20	0.325	0.46	0.55	0.62	0.62	0.62	0.62
	膨胀率/%	0.119	1.429	2.381	3.869	5.476	6.548	7.381	7.381	7.381	7.381
样品	膨胀高度/mm	0.061	0.113	0.258	0.345	0.464	0.519	0.519	0.519	0.519	0.519
	膨胀率/%	0.740	1.357	3.083	4.132	5.551	6.217	6.217	6.217	6.217	6.217

表 2－16 长 8 岩样泥饼在 2% 不同稳定剂中的膨胀率及防膨率

稳定剂	蒸馏水	煤油	KCl	样品
膨胀高度/mm	0.75	0.01	0.62	0.519
膨胀率/%	8.929	0.12	7.381	6.217
防膨率/%	—	—	17.57	31.22

黏土矿物中吸水膨胀的矿物主要是伊利石，长 8 储层的黏土矿物含量以高岭石和绿泥石为主，理论上讲吸水膨胀率并不高。实验得到长 8 储层岩样泥饼在蒸馏水中的膨胀率为 8.9%，膨胀率较低（黏土矿物的膨胀可达 45%）；利用离心法无法测量泥饼的自由膨胀率也从侧面证明了岩样的吸水膨胀性较低。2% KCl 的防膨效果与 2% 所给样品的防膨效果相差不大，样品防膨剂的效果稍好一点。

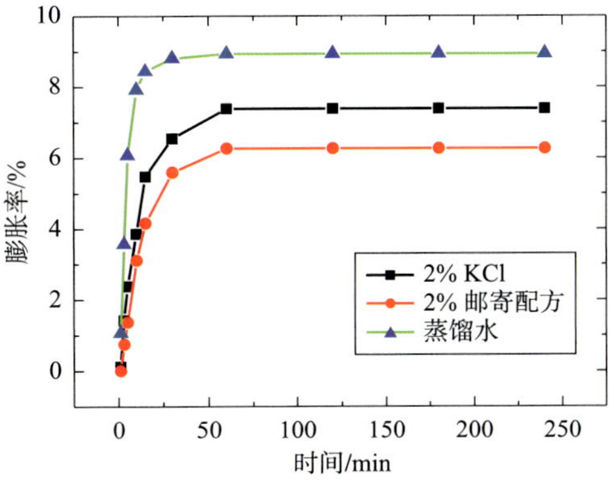

图 2－8 长 8 岩样泥饼在 2% 不同稳定剂中的膨胀率

结合驱替实验和性价比，现场可不选用黏土稳定剂。若选用，可添加 KCl 作为黏土稳定剂，性价比较高。

（四）助排剂的筛选

返排是酸化工艺中重要的一部分，是酸化施工工作的最后收尾阶段，将地层中的残酸液排出地层，防止因残酸中的离子或颗粒造成沉淀堵塞地层，弱化酸化效果。尤其是低渗透储层，注酸后增渗效果不好的主要原因是残酸不能实现有效地返排。帮助排酸的方法有很多，如注入二氧化碳、雾化酸酸化、加互溶剂酸化。互溶剂既有利于酸液进入储层，也能将残酸有效排除，对提高和保证酸化效果，有重要的作用。互溶剂能起到助排作用，主要是能降低油水界面张力。考虑到本储层的目标主要是降压增注，所以选择表面活性剂作为助排剂添加到酸液中进行评价实验。

初期为了达到筛选的配方不返排，使用的有机酸量较高，成本高。后续进行了配方浓度的优化，在保证络合溶蚀产生的二次沉淀离子的情况下，同时进行了助排剂筛选实验，可根据现场实际情况选择是否添加。

实验方法：依据标准 SY/T 5755—1995，先测定 20℃ 下不同表面活性剂质量分数为 0.3% 的水溶液的表面张力，优选表面张力值在 30mN/m 以下的试样。

表面张力测定原理：Wilhelmy 吊片法又称吊板法，采用铂金平板插入液体，使其底边与液体接触，测定吊片脱离液体所需与表面张力相抗衡的最大拉力 F，也可将液面缓慢上升，刚好与吊片接触，由此可知：

$$F = G + 2(l + t)\gamma\cos\theta \tag{2-12}$$

式中，F 为砝码的质量，mg；G 为吊片的质量，mg；l 为吊片的宽度，cm；t 为吊片的厚度，cm；θ 为接触角，（°）。

为保证测定准确，应当把铂箔放在蒸馏水中认真地清洗，经过灼烧才能使用。

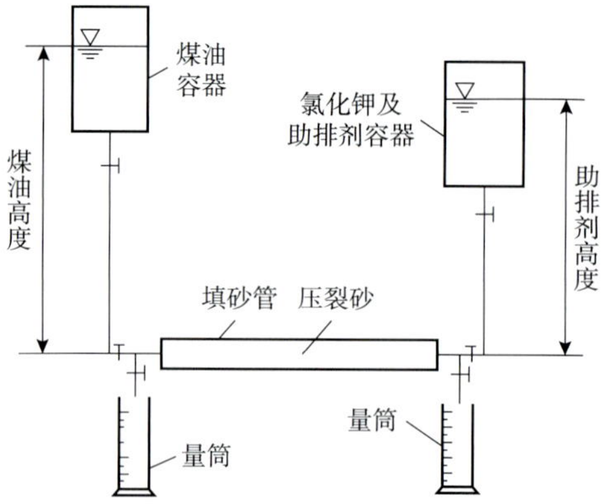

图2-9　助排剂性能试验流程示意图

返排实验步骤(图2-9)：

(1)用石英砂充满填砂管，控制液位，保持恒定的静液压头(助排剂高度为700mm，煤油高度为900mm)；通2%的氯化钾水溶液使填砂管饱和，根据填砂管质量的变化求出孔隙体积 V。

(2)向填砂管内通煤油，记录煤油刚开始流出那一时刻的氯化钾水溶液的排出量 Q_1。

(3)把2%氯化钾水溶液通到填砂管内，记录其刚开始流出那一时刻煤油的排出量 Q_2。

(4)再向填砂管通入煤油，记录煤油刚开始流出的那一时刻氯化钾水溶液的排出量 Q_3。

(5)按下式计算排出效率：

$$B_0 = \frac{Q_3}{V - Q_1 + Q_2} \times 100\% \tag{2-13}$$

式中，B_0为排出效率,%；V为孔隙体积，mL；Q_1为氯化钾水溶液排出量，mL；Q_2为煤油的排出量，mL；Q_3为氯化钾水溶液的排出量，mL。

(6)用质量分数为添加了0.3%助排剂的2%氯化钾水溶液代替之前什么都没有添加的2%氯化钾水溶液，重复(1)~(5)的实验步骤，计算添加助排剂之后的排出效率 B。

(7)返排性能的提高率按下式计算：

$$E = \frac{B - B_0}{B_0} \times 100\% \tag{2-14}$$

式中，E为助排率,%；B_0为空白试样的排出效率,%；B为含助排剂试样的排出效率,%。

测定的不同助排剂的界面张力如表2-17所示。

表2-17　不同助排剂的表面张力

表面活性剂	表面张力/(mN/m)	残酸表面张力/(mN/m)
样品1	28.5	28.8
样品2(起泡、推荐)	22.4	22.5
AOS	21.9	22.3
新DP	23.5	24.0
十二烷基二甲基氯化铵	31.9	32.1
十二烷基磺酸钠	30.6	31.5
月桂酰胺丙基羟磺基甜菜碱	31.3	31.9
有机硅表面活性剂FY-4903	22.1	22.4
氟碳表面活性剂FY-F501	18.5	18.6
氨基三亚甲基叉磷酸	31.9	32.2

由于助排剂的一个主要原理是低表面张力机理，所以主要选择表面张力低于30mN/m

的表面活性剂进行助排评价实验。包括样品 1、样品 2、AOS、新 DP、有机硅、含氟表面活性剂这六种。分别进行助排实验，所得实验数据及分析见表 2－18。

表 2－18　不同助排剂的返排率

	无	1% 样品 1	1% 样品 2	0.3% FY－4903	0.3% AOS	0.3% FY－F501
V/mL	8.18	8.85	9.05	9.47	8.71	8.29
Q_1/mL	1.5	4.0	4.3	4.0	4.1	4.4
Q_2/mL	1	1.45	1.6	1	1.9	1.75
Q_3/mL	2.1	2.35	2.6	2.5	2.4	2.65
返排率 B/%	27.3	37.30	40.95	38	36	46
返排提高率 E/%	—	36.63	50.00	39.19	31.87	68.5

效果较好地是现场提供的样品 2 和实验室所筛选的 FY－F501。含氟的表面活性剂价格可能偏高，对这两种助排剂分别进行了不同浓度的助排实验，具体数据见表 2－19、表 2－20。

表 2－19　不同浓度 FY－F501 的返排率

浓度	0.02%	0.04%	0.06%	0.08%	0.10%
V/mL	8.50	8.24	9.24	8.6	9.12
Q_1/mL	3.2	3.5	4.2	4.6	4.2
Q_2/mL	1	1.2	1.85	1.65	1.7
Q_3/mL	2.4	2.38	2.85	2.55	2.98
返排率 B/%	39.65	40.06	41.36	45.13	45.01

表 2－20　不同浓度样品 2 的返排率

浓度	0.6%	0.8%	1.0%	1.2%	1.4%
V/mL	9.28	8.75	9.05	9.15	8.86
Q_1/mL	3.4	3.7	4.1	4.7	4.8
Q_2/mL	1.1	1.25	1.7	1.88	1.65
Q_3/mL	2.5	2.47	2.8	2.85	2.77
返排率 B/%	35.82	39.21	42.11	45.02	48.51

经过返排实验，筛选出 FY－F501 作为助排剂所需的浓度为 0.08%，所给样品 2 号的在用量为 1.2% 时达到与 0.08% FY－F501 接近的助排效果。所以经过室内实验的筛选，选出 FY－F501 和样品 2 号作为助排剂供现场施工选择。

(五) 活性剂的筛选

实验目的：表面活性剂的优选评价，测试活性剂的增溶参数，扩孔增喉体系用的表面活性剂不一定非得达到超低界面张力，主要目的是清洗岩石表面的油，让酸液刚好与岩石接触，更好地酸化。根据实验，筛选出乳化性能好且价格低廉的表面活性剂。

1. 实验原理

表面活性剂在油水界面上的吸附可以形成稳定的 O/W 乳状液，由于表面活性剂的吸附使油滴带有负电荷，不易重新黏附回岩石表面，可提高洗油效率；同时，乳化后的原油在高渗透层可产生叠加的 J_{amin} 效应，使水较均匀地向地层推进，提高波及系数。在众多的表面活性剂驱油机理中，作用较为显著的一般为降低油水界面张力、乳化的原油等。

对于原油乳化而言，一般认为乳化效果越好，越有利于驱油，但是油水乳化效果太好，也会为后期油水分离和污水处理带来新的困难。根据文献调研，不同研究团队针对乳化的评价指标都不太统一，大多自行定义标准，其中比较常用的评价方法为震荡乳化或采用高速搅拌剪切乳化，根据乳状液是否容易形成及乳状液稳定性进行评价，评价指标一般有乳状液析水情况、下层颜色透明度、乳状液分散度、粒径等。本次实验采用震荡乳化的方法，从析水情况方面进行评价。

2. 实验药品及仪器

(1)长 8 酸：5% HCl +1.6% 柠檬酸 +0.4% 乙酸；

(2)长 8 地层油；

(3)表面活性剂：SDP、TX-10、OP-13、APG、十二烷基二苯醚二磺酸钠、十六烷基磺酸钠；

(4)仪器：比色管(25mL)、滴管(2mL)、移液管(1-10mL)、吸耳球、针管(1mL)、恒温水浴。

3. 实验步骤

(1)在长 8 地层油下，配制加入不同表面活性剂(浓度为 0.30%)的酸溶液各 5mL，按油酸比为 1:1 加入 5mL 原油，在比色管中混合均匀，置于 71.2℃水浴锅中加热半小时，取出震荡，重新置于 71.2℃水浴锅中保温静置，观察静置 12h 后结果，观察分层破乳效果(考虑到采出油后要进行破乳)。

(2)若单一的表面活性剂确定不了，可先筛选出几种效果较好地活性剂，然后 1:1 两两复配，重复上述实验，观察复配后活性剂乳化和破乳效果是否增强。

(3)震荡乳化乳状液结构分析：将上一步筛选复配的体系与原油 1:1 混合加热半小时后震荡乳化，取乳状液 1 滴(2mL 胶头滴管，1 滴约 0.02mL)于显微镜下观察其粒径、分散度。

4. 实验结果与数据分析

(1)震荡后，水浴锅中加热静置 12h 后结果如图 2-10、图 2-11、表 2-21 所示。

图 2-10　震荡 12h 后析水情况图

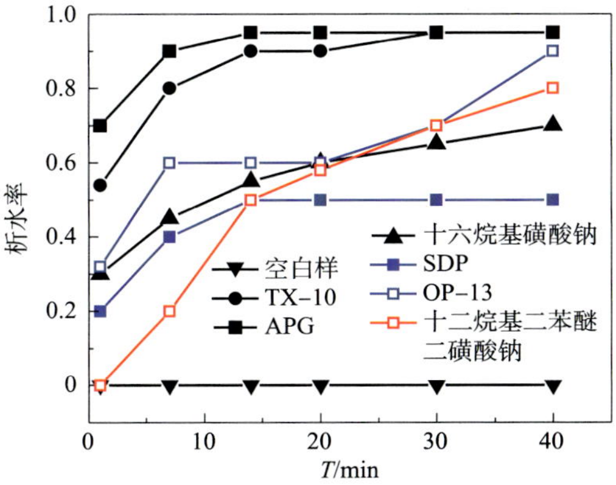

图 2-11 长 8 油乳化后析水率变化图

表 2-21 长 8 油乳化析水分析表

长 8 地层油		
表面活性剂类别	下层清液/mL	析出液描述
空白样	0	无下层析出液
SDP	4	析出液颜色最深且有少量油滴
TX-10	4.75	颜色较浅
OP-13	4.75	颜色较深
APG	4.75	颜色较浅
十二烷基二苯醚二磺酸钠	4.75	颜色较透明且内壁沾有大量油滴
十六烷基磺酸钠	3.75	析出液较少，颜色透明且有极少量油滴

由上述实验结果对比分析可知，震荡乳化 12h 后，各乳状液析水都较为明显。由于我们想要筛选的是运动时乳化性能好、静置破乳效果好的表面活性剂，实验中表现为油酸体系中加入表面活性剂，震荡后体系混合好，静置后分层迅速且明显，下层析出液明亮无油滴。

对于长 8 地层油来说，SDP 体系析水较明显且最后析出液颜色较深，但下层析出液并不清晰透亮。符合要求下层分层明显，下层析出液明亮无油滴的是 TX-10、OP-13、APG 三种表面活性剂，且从析水率变化中（图 2-12）也可以看出这三种表面活性剂析水率变化较快，也就是分层破乳较快，因此 TX-10、OP-13、APG 三种表面活性剂待选。

（2）将首次实验筛选出来的三种表面活性剂两两复配（按照 1∶1 的比例），重新进行乳化实验，观察乳化及破乳过程和最后的分层

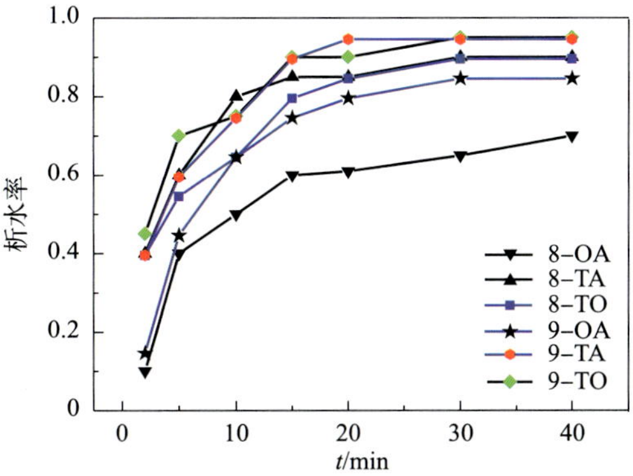

图 2-12 复配活性剂中长 8 油乳化后析水率变化图

情况(图2-13、表2-22)。

图2-13　复配震荡12h后析水情况图

表2-22　复配体系乳化析水分析表

复配表面活性剂(12h后)		
表面活性剂类别	下层清液/mL	析出液描述
8-OA	4.5	分层界面较模糊，下层透亮无油滴
8-TO	4.5	分层较明显，下层透亮无油滴
8-TA	4.75	分层较不明显，但下层黑暗

根据图2-12的复配后析水率变化曲线来看，加入复配的表面活性剂之后，析水率达到80%~90%的时间明显比单一表面活性剂所用时间短，也就是说在乳化后静置，分层变快，破乳效果变好。

根据12h后的效果图来看，分层明显且下层透亮无油滴较好地是TX-10和OP-13的复配体系，而从析水率变化曲线中也可以看出TO体系析水较快，分层破乳效果较好。

综上所述，筛选出的运动时乳化效果好，静置后破乳迅速的体系为TX-10和OP-13的复配体系。

(3)将上一步筛选的复配体系(TX-10与OP-13体系，OP-13与APG体系，TX-10与APG体系)分别与原油1:1混合加热半小时后震荡乳化，取乳状液1滴(2mL胶头滴管，1滴约0.02mL)于显微镜下观察其粒径、分散度。

显微镜图如图2-14所示，不同复配体系乳状液乳化后粒径和分散度不同，其中TX-10和OP-13的复配体系分散性好、乳状液粒径最小且更加均匀，说明乳状液的乳化性能最好。所以从震荡乳化乳状液结构分析来看，同样说明根据震荡析水实验筛选出的TX-10和OP-13的复配体系乳化效果最好。

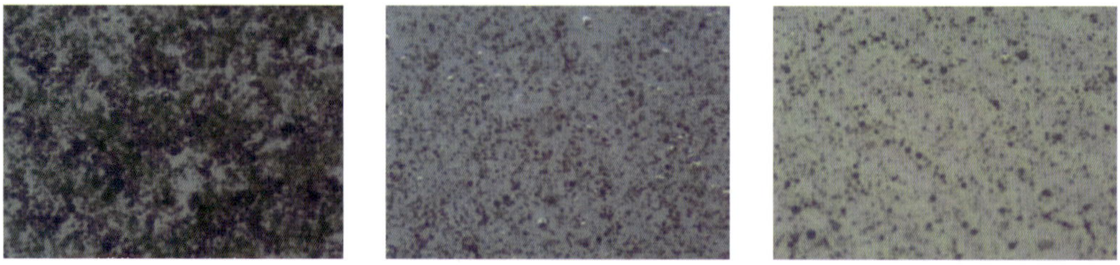

TX-10与OP-13体系　　OP-13与APG体系　　TX-10与APG体系

图2-14　三种复配体系显微镜图

（六）增溶剂的筛选

（1）实验目的：测定所选互溶剂互溶性能。

（2）实验原理：互溶剂是非常重要的酸化添加剂，既能在水中溶解，又能在油中溶解，当其超过一定浓度，就可使油与水互溶。

（3）实验药品及仪器：

实验药品：异丙醇，蒸馏水，煤油。

实验仪器：25mL 酸式滴定管，250mL 锥形瓶，刻度移液管。

（4）实验步骤：根据 SY/T 5754—2016《油田酸化互溶剂性能评价方法》，用移液管取煤油 2mL 放入 250mL 锥形瓶中，加水 0.1mL，并用滴定管滴加互溶剂至体系恰好由浊变清，记录所加互溶剂的用量；再加入互溶剂 0.5mL，用水滴定至体系由清返浊，记录所用水的量；继续加水，再用互溶剂滴定至清，反复操作并绘制出三组分体系相图。

互溶区面积百分数的确定：将所得的三组分体系相图剪下，称其质量；再将其上的互溶区剪下，称其质量。由于纸的质量正比于其面积，所以可按下式计算出三组分体系相图中的互溶区面积分数作互溶剂互溶能力对比。

$$X = \frac{m_2}{m_1} \times 100\% \qquad (2-15)$$

式中，X 为三组分体系相图互溶区面积分数，%；m_1 为三组分体系相图质量，g；m_2 为互溶区相图质量，g。

（5）实验结果及数据分析：所得异丙醇、煤油、水的三相图如图 2－15 所示。

按照公式计算得出异丙醇的互溶能力为 15.19%。根据所调研文献，与其他互溶剂相比，异丙醇有较强的互溶能力，推荐用量为 3%～6%。

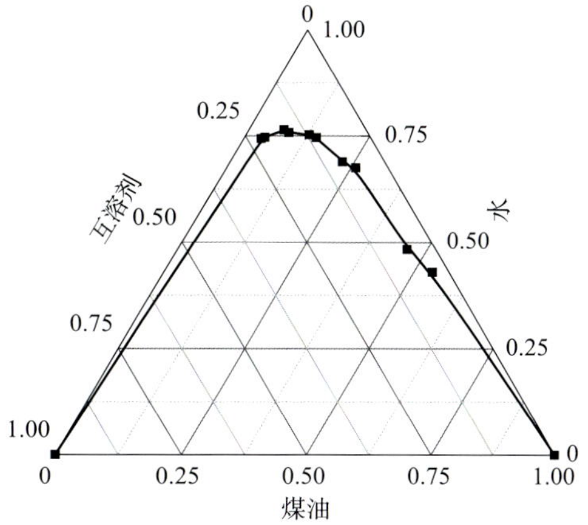

图 2－15　三组分体系相图

（七）转向剂的筛选

酸化过程中，当酸液进入地层后，酸液一定是先进入渗透率较高的层位，而渗透率较低的层位以及被伤害的储层就只会有少部分酸液进入，这样酸化后就不能很好地实现扩孔增喉。为了酸化过程中酸液能进入低渗透层，从而改善酸化效果，但又不使用机械的方式进行分层酸化，可以在酸液中加入酸化分流剂。

化学微粒解堵酸化就是利用酸液优先进入最小阻力的高渗层，在酸液中加入适当的化学微粒，随着注酸过程的进行，高渗井段吸酸多，化学微粒进入量也多，对高渗井段的堵塞也较大，从而逐步改变进入井段各部位的酸量分布；最后达到井段各部位均匀进酸的目的。这样让酸液充分进入渗透率较低或伤害严重的井段，可获得较好地解堵酸化效果。显然，采用分流酸化技术，达到解堵所需酸量低于非分流酸化技术，并且可减轻措施工作强度，是一项较好地砂岩储层解堵酸化技术。

1. 溶解性实验分析

利用实验室现有油溶转向剂进行油和酸液中的溶解性实验评价，数据结果见表2－23和表2－24。

表2－23　转向剂油溶解性评价

编号	介质	转向剂质量/g	颜色	悬浮物	溶解后质量/g	溶解率/%
1	煤油	5	浅茶色	无	0	100
2	汽油	5	茶色	无	0	100
3	柴油	5	浅茶色	无	0	100
4	长8模拟油	5	黑色	无	0	100
5	长8原油	5	黑色	无	0	100

表2－24　转向剂酸溶解性评价

编号	介质	转向剂质量/g	浸泡后质量/g	柴油溶解后质量/g	溶解率/%
1	HCl	2.5121	2.5120	0	98
2	HF	2.5213	2.5213	0	100
3	土酸	2.5003	2.5000	0	100
4	柠檬酸	2.5077	2.5025	0	100
5	乙酸	2.5236	2.5229	0	100
6	氟硼酸	2.5355	2.5389	0	100
7	多氢酸	2.5227	2.5228	0	100
8	蒸馏水	2.5143	2.4955	0	100
9	自来水	2.5067	2.5047	0	100
10	注入水	2.5001	2.4998	0	100
11	模拟水	2.5107	2.5099	0	100
12	长8配方	2.5079	2.5057	0	100

实验证明，所筛选转向剂可以实现在长8地层油中良好溶解，在酸液中保持一定的稳定性，适合酸化解堵。

2. 注入性实验评价

评价过程中发现，实验室所用的暂堵剂粒径主要分布在12～48μm，且有部分较大颗粒。而长8储层孔隙半径在19.8～46.57μm，平均孔隙半径为33.09μm，喉道中值半径为0.21μm。但是实验室所用的岩心渗透率较低，大部分孔隙半径主要分布在0.1～1μm、1～10μm，储层半径与所筛选暂堵转向剂颗粒不符合，室内试验注入效果不理想。

所用转向剂是其余油田所给现场用品，考虑到长8储层比较致密，建议结合现场所用转向剂进行评价，或后续可单独开展转向剂研究。

三、小结

通过对各种添加剂的筛选，优选出酸液主剂配方为5%盐酸+1.6%柠檬酸+0.4%乙酸，缓蚀剂是0.5%的福瑞达2号和1.5%的所给样品缓蚀剂；铁离子稳定剂的稳铁能力和酸液中添加的柠檬酸和乙酸的效果相差不大，且柠檬酸和乙酸相对价格较低，可以不添加铁离子稳定剂即可达到稳定铁离子的目的；由于三个储层的岩样组分中膨胀性黏土矿物含量较低，黏土本身的膨胀性也不高，可以添加2% KCl作为黏土稳定剂，性价比较高；助排剂考虑到含氟助排剂价格较高，但是实验所筛选的用量较低，而样品助排剂是现场成熟的试剂，所以优先推荐现场使用样品2号助排剂；活性剂经过乳化和析水实验选择TX－10和OP－13的复配体系，推荐用量为0.3%，增溶剂选择异丙醇，推荐用量为3%～6%；转向剂由于实验室没有合适粒径的暂堵转向剂，所以暂时没有合适的转向剂，考虑到酸液波及的区域可以均匀溶蚀，所以转向剂可以先不添加。

第四节 扩孔增喉体系性能评价

一、配伍性评价

1. 实验原理

按QSY XJ0040—2001《油田用酸化液性能评价方法》将配制好的酸液加热至地层温度，恒温10h后，观察酸液无明显变化，无絮状沉淀、无分层。取酸液、残酸液与地层水以3∶1、3∶2、1∶1的比例混合，观察无絮状沉淀、无分层(图2－16)。

2. 实验结果及数据分析

将所筛选的所有试剂按照比例配制在模拟地层水中，放置在比色管中置于地层温度下，溶液一直保持澄清透明，无沉淀产生；将残酸液与红河长8模拟地层水按照不同比例稀释，放置于地层温度下，半个月内保持澄清透明、无沉淀产生(图2－17)。

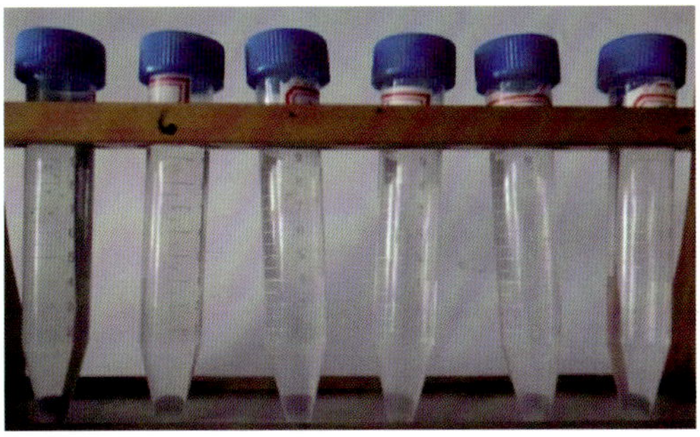

图2－16 酸液与地层水按不同比例配制

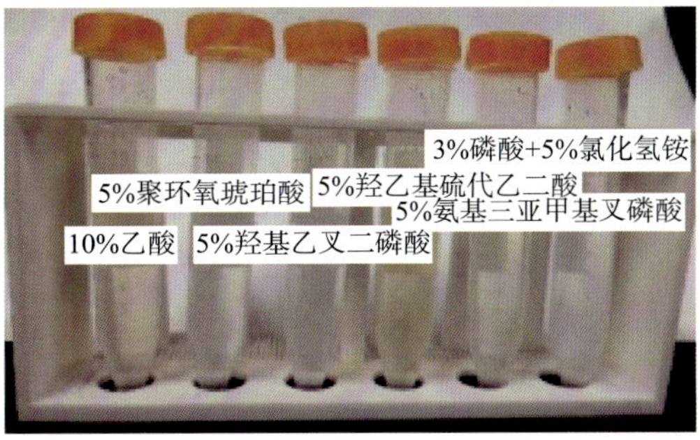

图2－17 残酸液与地层水按不同比例配制

二、增渗率和降压增注评价

1. 实验方法

降压增渗实验按照 QSY XJ0040—2001《油田用酸化液性能评价方法》进行，考察所筛选的配方能不能实现要求的降压增渗率。

(1)用与地层水相同矿化度的氯化钾溶液测定岩样酸处理前的液体渗透率。

(2)砂岩样品反向注入 0.5 倍、1.0 倍孔隙体积酸液。停止驱替，关闭夹持器进出口阀门，砂岩样品与酸反应时间为 1h。

(3)酸岩反应后正向驱替与地层水矿化度相同的氯化钾溶液，测定岩样酸处理后的液体渗透率。

2. 实验结果及数据分析

对岩样 113－3 按照步骤进行驱替实验，所得实验结果见表 2－25。

表 2－25　岩样 113－3 驱替实验分析

岩样	驱替液	稳定 P/MPa	驱替体积/PV	液测渗透率/$10^{-3}\mu m^2$	增渗率/%	降压率/%
113－3	模拟水	9.80	10	0.0314	—	—
	5%盐酸＋2%有机酸(柠檬酸：乙酸＝4：1)	5.40	2	—	—	—
	后续模拟水驱	4.76	30	0.125	298	51.43

酸液体系可以有效地实现降压增渗，渗透率最高可以提高 3 倍，可以实现储层的降压增注的目标。

三、沉淀抑制性评价

在酸化作业中，阳离子由于 pH 值的升高会产生二次沉淀，堵塞地层，弱化酸化效果，阳离子含量过高会带来许多负面影响。QSY XJ0040—2001《油田用酸化液性能评价方法》中要求的酸液体系络合铁离子的能力要≥60g/L；还包括产生的镁离子、铝离子和少量硅离子等。

(一)稳铁能力分析

实验按照标准进行，提前配制好实验所用到的试剂溶液，在地层温度下进行。表 2－26 是相同浓度不同试剂对铁离子的稳定能力评价结果，由表 2－26 可知，成品稳定剂和柠檬酸、乙酸的混合物对铁离子的稳定能力与上次测量结果相差不大，且稳定铁离子的能力都在 200mg/g 以上，性质优良，可以满足现场施工要求。

我们选用的配方中柠檬酸和乙酸的用量长 8 为 2%，当这两种酸用量在 2%时络合铁离子能力大概在 49～60g/L(1%的络合量见表 2－26)，且注酸所用的酸液是过量的，可以达到标准要求。对前期残酸液中铁离子含量(岩样粉末与酸液完全反应)的测量，长 8 铁离子含量最高在4960mg/L，4900mg铁离子需要15.93g铁离子稳定剂来络合，即需要的稳定剂浓度为1.69%。配方中的柠檬酸和乙酸的浓度为2%，所以可以满足现场施工需要。

表2-26 相同浓度不同试剂的铁离子稳定能力

恒温温度：20℃		pH：强酸性		Fe^{3+}浓度：1.98mg/mL	1%的稳定剂溶液稳铁能力/(g/L)
药品	Fe^{3+}溶液加量/mL	试样浓度/(mg/mL)	试样加量/mL	稳定Fe^{3+}能力/(mg/g)	
成品稳定剂	14.6	10	10	289.08	28.908
柠檬酸：乙酸=5：1	12.9	10	10	254.42	24.542
柠檬酸：乙酸=4：1	14.8	10	10	293.04	29.304
柠檬酸：乙酸=3：1	14.5	10	10	305.9	30.69
柠檬酸：乙酸=2：1	13.8	10	10	273.24	27.324
柠檬酸：乙酸=1：1	12.9	10	10	254.42	24.542

(二)金属阳离子含量随时间变化分析

实验目的：通过测量残酸液中的阳离子含量评价所筛选酸液的沉淀抑制能力。

实验药品：5%盐酸+2%有机酸(柠檬酸：乙酸=4：1)。

实验仪器：驱替装置，等离子发射光谱仪型号为ICPS-1000IV(图2-18)。

实验步骤：①首先对岩样进行饱和水，饱和水后进行酸驱实验；②随着酸液的注入，对出口端产出液进行收集取样，分别在酸液驱替量为1PV、2PV、4PV、5PV、6PV、7PV、8PV、9PV、10PV时进行取样；③取样后利用等离子发射光谱仪测量产出液中的离子含量(由于实验室没有仪器，是取样完毕后一起送样检测的；酸液的pH值较低，显强酸性)。

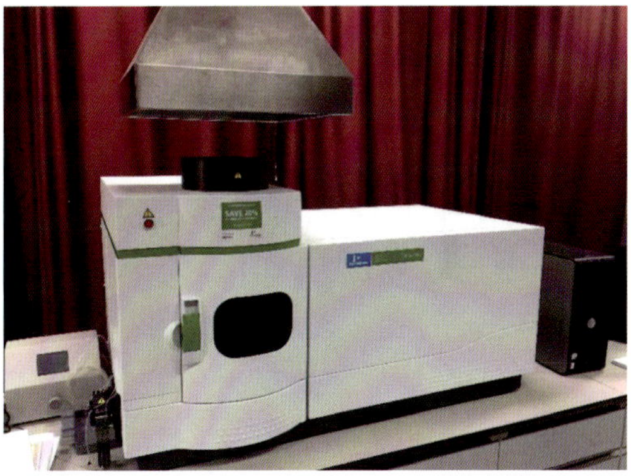

图2-18 等离子发射光谱仪

室内进行了岩心流动实验模拟酸化后残酸中金属离子的变化情况如图2-19所示，从此图可以看出，随着出口端收集的注酸量增加，残酸中Al^{3+}、Fe^{3+}、Ca^{2+}、Mg^{2+}酸敏性离子含量都是先增加后降低，最后逐渐降低，降低幅度较小，降低趋势呈现一定规律；Al^{3+}、Fe^{3+}的含量变化最大，Ca^{2+}、Mg^{2+}次之，Si^{4+}含量随注酸量增加而逐渐平稳增加至稳定。说明螯合酸先与孔隙中含Al^{3+}、Fe^{3+}的矿物和碳酸盐矿物反应，再与硅酸盐矿物反应。后期酸液反应结束后，酸敏性离子含量一直保持平稳，说明所筛选的酸液可以有效络合酸敏性离子，形成的络合物较稳定，避免了二三次沉淀生成，为酸液不返排提供了依据。

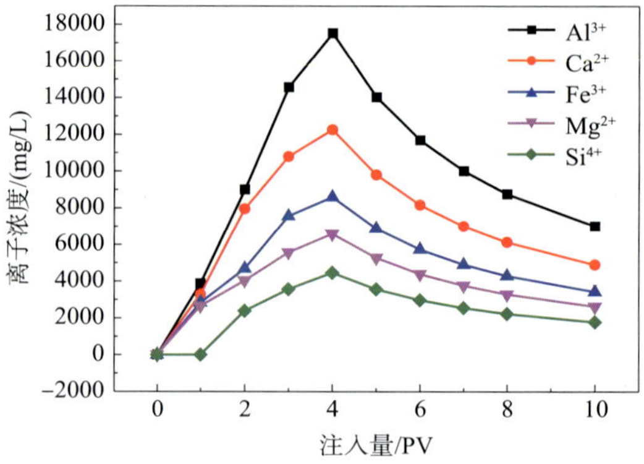

图 2－19　溶液中离子含量随注入介质体积变化

四、扩孔增喉评价

针对储层中的填隙物和孔隙内表面的黏土矿物薄膜筛选的酸液体系是否对目标组分实现了有效溶蚀，在宏观上可以通过渗透率的变化确定。性能评价中的岩心流动实验证明储层岩样经过酸液处理后可以实现不同程度的增渗。但想明确储层的溶蚀具体成分和孔隙喉道的增大情况，需通过组分分析、数字成像或者表面分析技术等从微观上进行分析。孔隙喉道前后变化情况目前用的比较多的是岩石薄片分析、压汞曲线分析或者核磁共振明确储层的孔隙大小和 CT 扫描数字成像；组分分析手段一般为 XRD 全岩组分分析、岩石薄片分析和 EDS 能谱仪微区元素分析等。通过以上多种技术手段可以明确酸液对储层的溶蚀情况。

（一）孔隙的数量及大小变化

岩石薄片显微技术通过在显微镜下对岩心的观察，可以确定岩石的形态构成、组分等，可以明确储层中的孔隙结构关系，是成本低廉且比较简单、直观的方法。在对储层的分析中起到了很重要的作用。

利用所选的主剂配方，选择长 8 岩样 113－3 进行驱替，原始渗透率为 $0.0314\times10^{-3}\mu m^2$，驱替后的渗透率为 $0.125\times10^{-3}\mu m^2$。对该岩样进行岩石薄片处理，岩石薄片如图 2－20 所示，由左至右依次为未溶蚀的岩样、驱替入口、驱替中段和驱替出口。对比分析反应前后的矿物成分和溶蚀孔隙的情况。

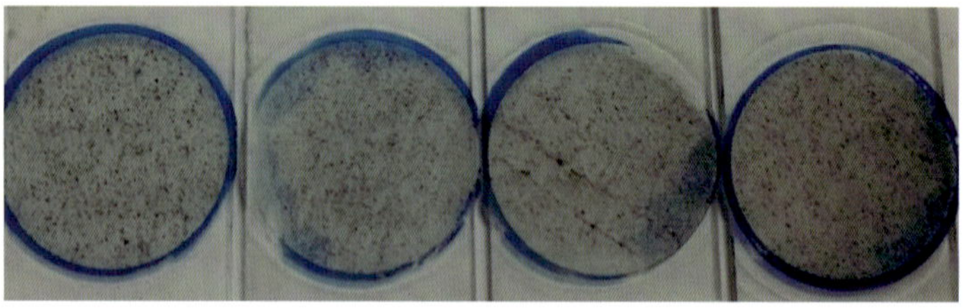

图 2－20　长 8 储层 113－3 岩石薄片

未被溶蚀的岩样岩石薄片几乎没有被染色，只有极少量孔隙被染色，代表原始岩样几乎没有孔隙，十分致密；被溶蚀的岩样有较大面积被染色的地方，证明酸蚀产生了孔隙，扩大了孔隙喉道。但是溶蚀不能全面溶蚀整块岩样，推测与岩样的致密性和重力有关。前期驱替及评价实验用的岩心都比油藏平均渗透率低两个数量级左右；注入速度较低的情况下酸液因为重力作用优先溶蚀下部的岩样。未被溶蚀岩样岩石薄片如图 2－21 所示。

图 2－21 未被溶蚀岩样岩石薄片

清晰地观察到岩样十分致密，放大 160 倍的情况下，孔隙极少，连通性差，是分选性中等的细砂岩，磨圆度为棱角或次棱；支撑类型为颗粒支撑型；接触方式为点接触和线接触；胶结类型为孔隙型胶结。溶蚀后岩石薄片如图 2－22 所示。

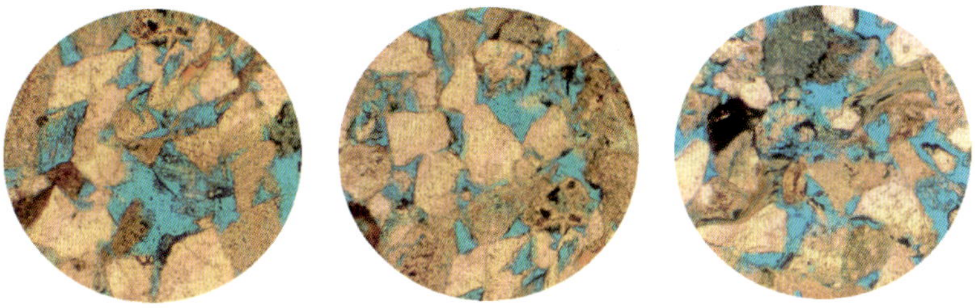

图 2－22 被溶蚀岩样岩石薄片

孔隙显蓝色，所以溶蚀后的岩样孔隙喉道大大增加，且连通性较好。孔隙大小在 0.002～0.005mm，属大孔。在只有酸液溶蚀的情况下，大大提高了渗透率，无酸敏现象产生。由图片分析可知，被溶蚀的主要是胶结物，长石和石英可以清晰地看到轮廓。

（二）孔隙的连通性变化

X 射线 CT 成像技术在石油工程领域的主要应用是精确测定岩样的孔隙结构和分布、准确计算岩心的多种特征参数，如孔隙度、粒度等，并能够通过获取的信号转化建立实际岩心的三维模型，即数字岩心三维孔隙网络模型，为微观尺度上进行多孔介质渗流理论的深入研究提供基础和平台。本实验所用仪器是美国 Xradia 公司的高分辨 3DX 射线显微镜，型号为 MicroXCT－400，空间分辨率小于 1.0μm，利用 Avizo Fire 岩心样品 3D 分析软件处理数字岩心。

岩样 113－3 的渗透率有较大的提高，对其进行 CT 扫描和岩石薄片分析，从微观的角度来明确孔隙喉道的变化。

CT 扫描岩样后，经分析处理得到如下结果：对反应前后的岩样进行 CT 扫描，处理后可得到岩石各横截面的孔隙分布情况，二维图像如图 2－23 所示。由图可知，原始储层较致密，孔隙欠发育，与储层中碳酸盐胶结物含量高有关，孔渗性较差。而处理后的岩样酸液波及的区域孔隙增多增大，极大地增加了储层的渗透率。孔渗性的提升，证明酸处理溶蚀了储层中的填隙物，产生了新的孔隙。

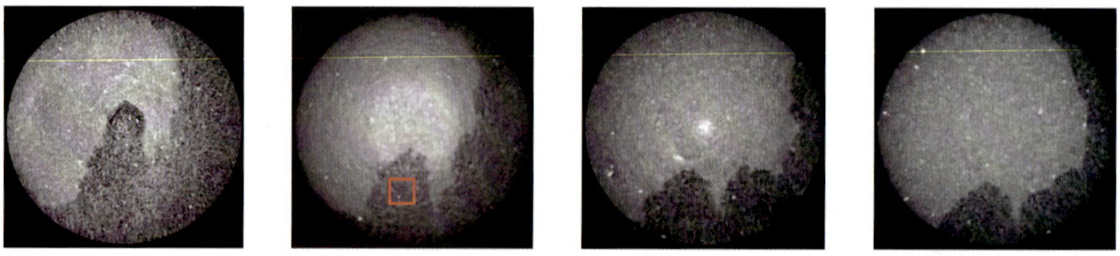

驱替入口　　3/10处　　6/10处　　驱替末端

图2－23　岩样的二维图像

通过 Avizo 分析软件对扫描的结果进行分析，在处理后的岩样中选取一个 300 像素的正方体，所取位置标注见图2－23，边长通过换算大概为5mm。对岩样的孔隙相进行分析和重构得到的岩石骨架和孔隙如图2－24、图2－25 所示。酸液未波及的区域岩心孔隙较少，可以看出孔隙呈孤立的分散状态，连通性差，极为致密的区块几乎不存在孔隙；酸液处理后的区域孔隙较多，孔隙截面表面储层连通性较好，形成一个喉道剖面。岩心 CT 扫描三维成像分析与前面岩石薄片分析相对应，证明酸液是通过对填隙物进行溶蚀增加孔隙，来实现储层渗透率的提高。

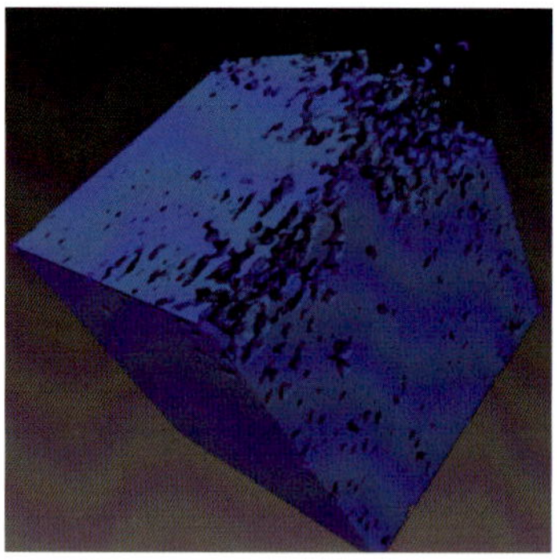

图2－24　岩石骨架

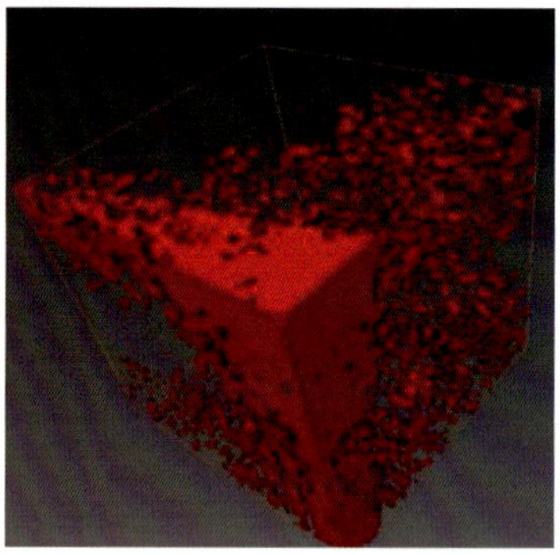

图2－25　岩石孔隙

由上图可以清晰地看到酸液溶蚀的部分，孔隙较多，并且连通性较好；而未处理到的部分，孔隙极少，连通性较差。酸液溶蚀情况较好，但存在的较大问题是岩样非均质溶蚀不均匀。

(三)孔隙喉道的级别变化

考虑到表面活性剂实验对岩样44－6进行了核磁和压汞实验，所以选取岩样44－6进行酸液驱替后的对比实验。利用核磁共振后的半块岩样进行酸化后的压汞和核磁共振实验，保证对比实验的两块岩心的物性比较接近(表2－27)。

表2－27　岩样44－6酸化前后数据变化

岩样	原始 $K/10^{-3}\mu m^2$	溶蚀主剂	稳定 P/MPa	终 $K/10^{-3}\mu m^2$	增渗率/%
44－6	0.0678	5%盐酸＋1.6%柠檬酸＋0.4%乙酸	2.51	0.163	140

1. 压汞实验

孔隙大小分布目前可以用多种方法进行测定，例如核磁共振可以根据声波的弛豫时间确定孔隙大小的分布，但是只是通过经验的方法将弛豫时间与孔隙大小对应。压汞是比较简单便捷的方法，由于汞不会润湿岩石孔隙表面，靠外力可以将汞压入岩石孔隙中，汞随着压力增加可以进入更细小的孔隙中。利用压汞压力和汞在孔隙中的表面张力相平衡的原理，可以计算孔隙直径和明确储层中的孔喉分布情况。酸岩反应后，岩样的孔喉是如何变化的，不同孔隙喉道的变化量可以通过压汞实验明确（图2－26）。

图2－27是由压汞实验得到的孔隙半径分布频率曲线，各级别孔隙都得到差不多的增加，可能由于储层渗透率较低，岩样致密，酸蚀时不会引起较强的非均质溶蚀，酸液可以波及更多的孔隙喉道。

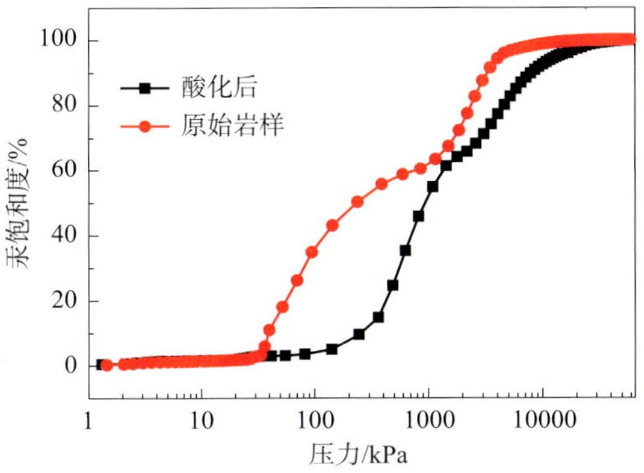

图2－26　酸处理前后岩心压汞曲线图

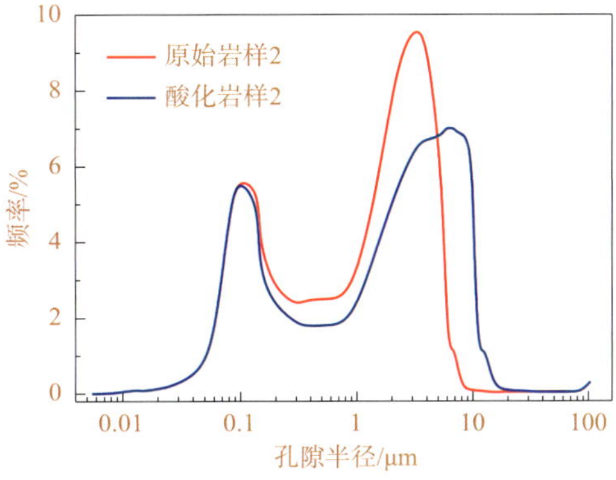

图2－27　酸化前后岩心孔隙半径分布频率曲线图

2. 核磁共振

选取一块岩样进行饱和水后利用核磁共振测量岩样孔隙内氢元素的分布，从而得到岩样的弛豫时间分布，根据经验的方法将弛豫时间转化为孔隙半径的大小，得到酸化前的孔隙分布图，孔隙半径主要集中在0.1～1μm；酸化后的岩样进行相同的测定，所得孔隙半径分布图显示，酸化后的岩样孔隙半径得到了有效扩大，尤其是0.1μm以上的孔隙；0.1μm以下的孔隙效果不明显；酸化后孔隙半径主要集中在0.5～5μm。所得结果和压汞实验大致相同，及其细小的孔隙效果不明显。推测与反应时间和压力有关，室内实验所进行的驱替主要是在1～2h，且所用岩心较短，注入压力较低，无法与实际的储层情况相比较，酸液与岩样可能未得到充分反应（图2－28）。

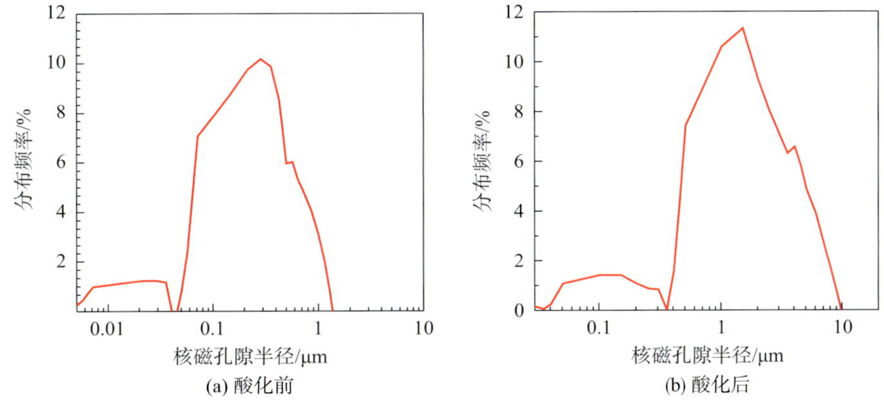

图2－28　酸化前后岩心孔隙半径分布频率

(四)岩样截面及孔隙喉道内表面变化

能谱仪结合扫描电子显微镜可以对物质微区进行元素种类和含量的分析。可以清晰地看见岩石表面的溶蚀状态和形貌，酸液是否会对岩样造成溶蚀过度的情况；还可以分析微区元素组成，确定酸液所溶蚀的物质。因此，能谱分析对岩石酸化成分确定具有重要的作用。

对酸化前后的岩样进行 EDS 能谱分析，所用仪器是布鲁克 XSense WDS 波谱仪。

实验条件：常温，抽真空，由于砂岩表面性质需进行喷金处理。

1. 反应前后截面表面形态分析

图 2－29 是原始岩样不同部位在电镜扫描下的表面形态，表面存在较多的碎屑颗粒，颗粒可能由于端面切割造成。岩石表面孔隙较少，较为致密，孔隙内填充着部分黏土矿物，在扫描电镜下可以看到高岭石、伊利石和绿泥石等，这些黏土矿物附着在岩石表面，降低了孔隙喉道半径。图 2－30 是岩样经过所筛选的酸液体系处理后在扫描电镜下的表面形态图片，岩石表面由于溶蚀变得比较平坦，杂质颗粒大大减少，降低了孔隙喉道的堵塞。填隙物得到了有效溶蚀，且产生了许多裂缝，扩大了孔隙喉道，使储层的渗透率得到提高。由于酸液不会溶蚀骨架中的石英和长石，不会产生过度溶蚀的情况，电镜扫描下虽然产生了许多孔隙裂缝，但是岩心端面在宏观观察下依旧保持完整。驱替实验也未出砂，证明所筛选的酸液体系可以增大储层的渗透率并不造成伤害。

(a) (b) (c)

图 2－29　原始岩样端面电镜扫描图片

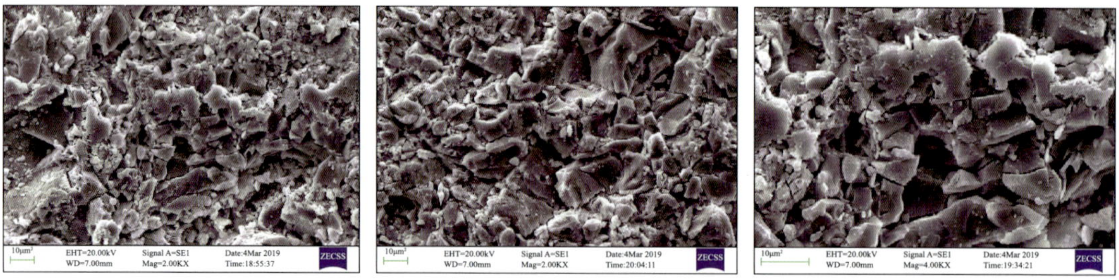

(a) (b) (c)

图 2－30　酸液驱替岩样端面电镜扫描图片

2. 反应前后表面微区元素分析

利用 EDS 能谱仪对反应前后的岩样表面微区进行分析，能谱分析如图 2－31、图 2－

32 所示。表面检测到的金元素是由于表面喷金导致，反应后原子计数率升高，代表残余组分占比升高，相对应地证明了其余物质的溶蚀。通过监测处的元素，原始岩样所选取的微区包含石英、长石、绿泥石、碳酸盐等矿物；在处理后的岩样表面选择微区进行元素分析，不含有钙元素和碳元素，表明酸液将方解石和白云石溶蚀；反映后的表面仍有铁元素存在，铁元素存在的原因可能是绿泥石未得到充分溶蚀或者是溶蚀产生的铁离子残留在岩样表面未冲洗干净；镁元素则是由白云石溶解产生的残留；氯元素是盐酸中驱替后残留的元素(表 2－28、表 2－29)。

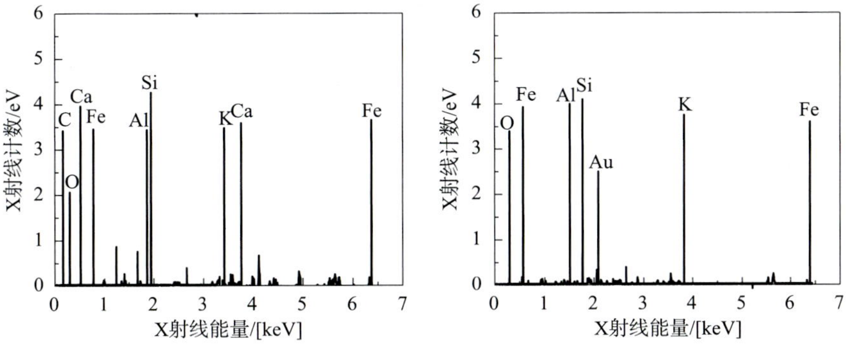

图 2－31　原始岩样端面的 EDS 能谱

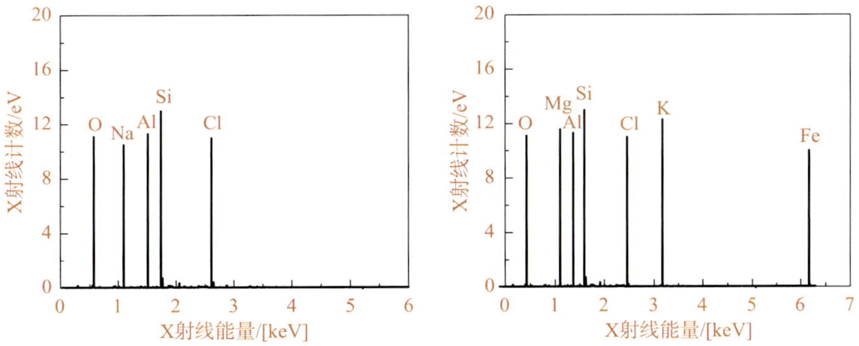

图 2－32　酸处理后岩样端面的 EDS 能谱

表 2－28　原始岩样 EDS 元素分析表

元素	原子数	净值	质量/%	归一化质量/%	原子/%
O	8	23138	8. 94	47. 15	59. 77
Si	14	120427	7. 46	39. 33	28. 40
C	6	493	0. 84	4. 44	7. 50
Fe	26	1184	0. 83	4. 37	1. 59
Ca	20	1033	0. 42	2. 23	1. 13
Al	13	4229	0. 27	1. 45	1. 09
K	19	536	0. 19	1. 02	0. 53
总计	—	—	18. 96	100	100

表 2－29　酸后岩样 EDS 元素分析表

元素	原子数	净值	质量/%	归一化质量/%	原子/%
O	8	21060	15.77	41.98	55.78
Na	11	6093	0.46	1.22	1.12
Si	14	96785	16.18	43.07	32.60
Al	13	28679	4.50	12.00	9.45
Cl	17	1969	0.65	1.73	1.04
总计	—	—	18.96	100	100

3. 孔隙内表面分析

利用电镜扫描找到孔隙裂缝，观察裂缝孔隙的形态如图 2－33 所示，并对孔隙内表面进行微区元素分析，明确酸液是否将岩石颗粒内表面的黏土矿物薄膜进行了溶蚀。所得孔隙内表面的能谱分析如图 2－34 所示，孔隙内表面只有硅离子和氧离子，证明黏土矿物得到了有效溶蚀，扩大了孔隙喉道。但是孔隙内表面还残留少许石英碎屑，是黏土矿物溶蚀后的残留石英晶体。酸化前绿泥石膜上伸出的绿泥石晶片十分发育，孔喉的迂曲度较大；酸敏试验后绿泥石膜表面平滑，孔喉的迂曲度较低。

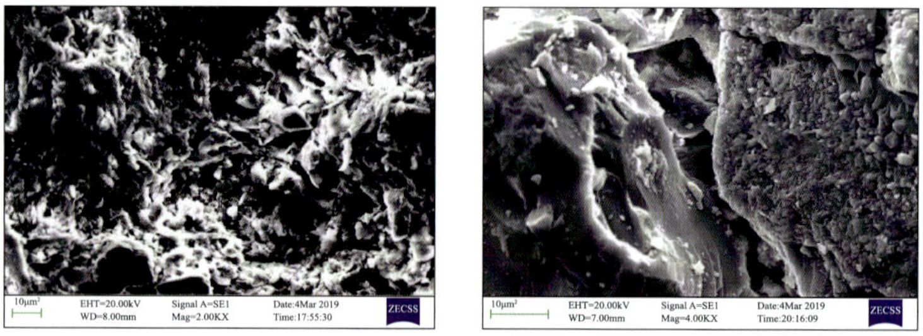

(a)反应前　(b)反应后

图 2－33　溶蚀后岩石孔隙内表面 SEM 图片

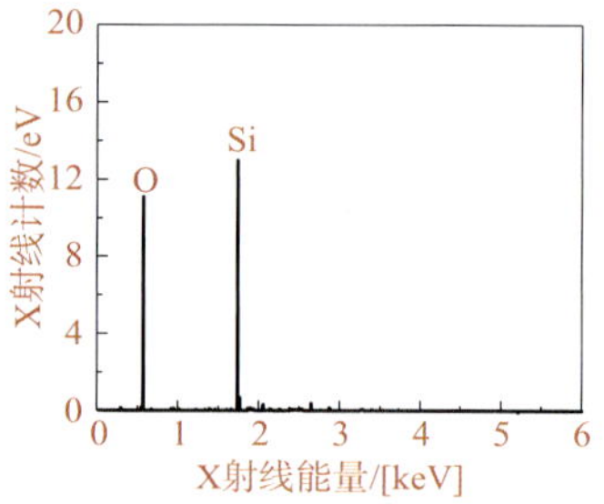

图 2－34　孔隙内表面 EDS 能谱

五、小结

岩石薄片分析储层酸化后产生了新的孔隙喉道，原本的孔隙喉道也有不同程度的增大，溶蚀骨架依旧保持完整，石英和长石的轮廓完整清晰。CT 扫描 3D 成像表明岩样的孔隙喉道的连通性大大增强。压汞实验表明渗透率较低的储层酸化均匀，不同尺寸的孔喉都得到了一定程度的增加；而渗透率较高的储层酸液进行的主要是大孔道，对微小孔隙尤其是低于 0.13μm 的孔隙增渗效果较差。XRD 全岩组分表面溶蚀的主要成分是碳酸盐和高岭石、绿泥石。孔隙内表面的扫描电镜和能谱分析表明填隙物得到了有效地去除。

第五节　扩孔增喉体系段塞组合设计

本节首先是对长 8 扩孔增喉体系中的酸液主剂组成进行优化，来提高扩孔增喉体系的增渗效果，并降低使用成本；然后优选出最佳酸液主剂中各组分的浓度；最后进行不同工艺参数下的酸蚀驱替实验，开展扩孔增喉性能评价。

一、主剂的优化

1. 主剂酸液浓度的确定

根据酸液溶蚀实验确定适合油藏溶蚀性好的酸液主剂，并分析滤液是否能实现在线酸化。实验根据 SY/T 5358—2010《储层敏感性流动实验评价方法》进行。

溶蚀率的计算是利用反应前后砂岩(粉碎，过 0.175mm 孔径标准筛)的质量变化来计算的。

计算公式如下：

$$\eta = \frac{m_1 - m_2}{m_1} \times 100\% \tag{2-16}$$

式中，η 为岩样溶蚀率,%；m_1 为试验前岩样质量，g；m_2 为试验后岩样质量，g。

岩样溶蚀率的测定步骤：

(1)固液比为 1.58g 长 8 岩样/10mL 酸液，酸液体积不超过 30mL，称量滤纸和空称量瓶。

(2)将岩样放入酸液中，记录放入时间；快速搅拌至岩样全部被酸液润湿；将锥形瓶放入 70℃水浴中。

(3)反应 1h 后，取出烧杯，过滤，用自来水冲洗，直至滤液呈中性。

(4)把残样连同滤纸放入干燥箱于 80℃干燥至恒重，称重，记录并计算岩样溶蚀率。

对所筛选的酸液主剂进行最佳浓度的优化，筛选出最适合的配方，所进行的溶蚀实验及离子分析见表 2-30。

由于液固比较大，酸液用量多。当盐酸用量大于 1% 时，滤液中有较多酸液剩余，滤液的 pH 值显强酸性(pH<1)。

表 2-30　红河长 8 岩心溶蚀率与滤液分析测试结果

序号	酸液体系	溶蚀率/%	原溶蚀液	铁离子含量/(mg/L)	pH 值至中性	混浊	分层	选用
1	1% 盐酸	8.53	澄清透明	500	白绿色沉淀	是	是	×
2	3% 盐酸	12.78	澄清透明	2680	蓝绿色沉淀	是	是	×
3	5% 盐酸	14.45	澄清透明	2520	蓝绿色沉淀	是	是	×
4	7% 盐酸	14.28	澄清透明	2560	蓝绿色沉淀	是	是	×
5	9% 盐酸	14.71	澄清透明	2720	蓝绿色沉淀	是	是	×
6	10% 盐酸	14.07	澄清透明	3600	蓝绿色沉淀	是	是	×
7	2% 柠檬酸 +1% 盐酸	9.15	澄清透明	1880	淡黄色透明	否	否	√
8	2% 柠檬酸 +3% 盐酸	13.45	澄清透明	3160	淡黄色透明	否	否	√

续表

序号	酸液体系	溶蚀率/%	原溶蚀液	铁离子含量/(mg/L)	pH 值至中性	混浊	分层	选用
9	2%柠檬酸+5%盐酸	14.23	澄清透明	4080	淡黄色透明	否	否	√
10	2%柠檬酸+7%盐酸	14.70	澄清透明	4560	淡黄色透明	否	否	√
11	2%柠檬酸+9%盐酸	13.80	澄清透明	4120	淡黄色透明	否	否	√
12	2%柠檬酸+10%盐酸	13.74	澄清透明	4200	淡黄色透明	否	否	√
13	1%柠檬酸+5%盐酸	9.52	澄清透明	3280	无色透明	否	否	√
14	2%柠檬酸+5%盐酸	13.23	澄清透明	3860	无色透明	否	否	√
15	3%柠檬酸+5%盐酸	13.46	澄清透明	3800	无色透明	否	否	√
16	4%柠檬酸+5%盐酸	14.51	澄清透明	3910	无色透明	否	否	√
17	5%柠檬酸+5%盐酸	14.82	澄清透明	3640	无色透明	否	否	√
18	6%柠檬酸+5%盐酸	14.86	澄清透明	3710	无色透明	否	否	√
19	5%盐酸+2%(柠檬酸：乙酸=1：1)	11.45	澄清透明	4220	无色透明	否	否	√
20	5%盐酸+2%(柠檬酸：乙酸=1：2)	11.51	澄清透明	3760	无色透明	否	否	√
21	5%盐酸+2%(柠檬酸：乙酸=1：3)	11.45	澄清透明	3520	无色透明	否	否	√
22	5%盐酸+2%(柠檬酸：乙酸=1：4)	11.00	澄清透明	3440	无色透明	否	否	√
23	5%盐酸+2%(柠檬酸：乙酸=1：5)	11.36	澄清透明	3320	无色透明	否	否	√
24	5%盐酸+2%(柠檬酸：乙酸=2：1)	11.20	澄清透明	3360	无色透明	否	否	√
25	5%盐酸+2%(柠檬酸：乙酸=3：1)	11.33	澄清透明	3680	无色透明	否	否	√
26	5%盐酸+2%(柠檬酸：乙酸=4：1)	11.31	澄清透明	4960	无色透明	否	否	√
27	5%盐酸+2%(柠檬酸：乙酸=5：1)	13.20	澄清透明	5280	无色透明	否	否	√

对于长 8 油藏，当盐酸用量为 3% 时，岩石的溶蚀率接近最大值，溶液中铁离子含量也较高。当盐酸与柠檬酸复配时，5% 的盐酸即可使溶液中的铁离子含量接近最大值，证明绿泥石在盐酸中的溶解情况好。

调节滤液的 pH 值，可观察到不同酸蚀体系滤液产生沉淀的情况(表 2－30)。当盐酸中添加 2% 的柠檬酸时，既可保证填隙物较高的溶蚀率，且当 pH 值升高至 7 时，滤液不产生沉淀，而且前期很多实验都证明了柠檬酸对于铁离子的络合能力较强，用量较低的情况下可以实现返排过程中不产生沉淀，用量高时可以把残液中的铁离子较好地络合，然后推入地层深部，实现良好的扩孔增喉效果。对于长 8 油藏，2% 的柠檬酸即可使溶液中的铁离子达到最大值。

杨建等人发现柠檬酸与乙酸共存时，稳定铁离子的量远多于其单独使用时稳定铁离子的量。这与之前乙酸和柠檬酸的配方对储层增渗率效果较好相对应。所以在选定了柠檬酸的用量后，又开展了相同用量下不同比例的柠檬酸和乙酸的酸蚀效果，再次测量溶蚀滤液中的铁离子含量，实验结果表明，乙酸用量高时，溶液中的铁离子含量较低；柠檬酸用量高时，溶液中的铁离子含量较高，与相同浓度下只使用柠檬酸溶液的效果相差不大。柠檬酸和乙酸的具体比例依据铁离子稳定剂评价试验得到，因此酸液主剂的配方为5%盐酸+1.6%柠檬酸+0.4%乙酸。

2. 残酸液离子分析

（1）对优化的配方：5%盐酸+2%有机酸（柠檬酸：乙酸=4：1），使用等离子发射光谱仪（型号：ICPS－1000IV）测定固定酸液与固定岩样反应的溶蚀滤液中离子浓度随时间的变化情况。通过离子浓度变化确定滤液是否会产生沉淀，离子含量如图2－35所示。

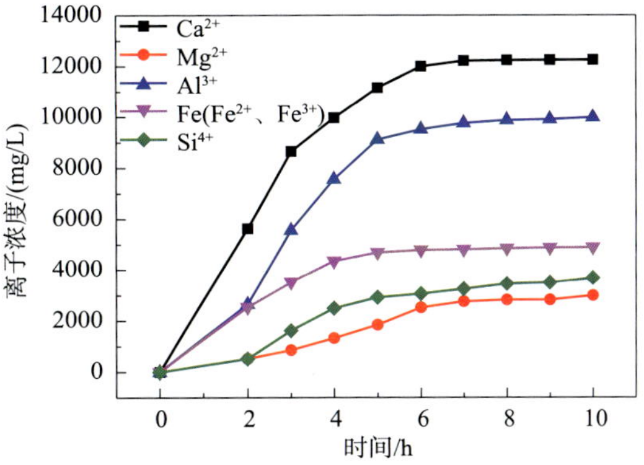

图2－35 溶蚀滤液中离子浓度随时间的变化曲线

残酸中Al^{3+}、Fe^{3+}、Ca^{2+}、Mg^{2+}、Si^{2+}含量都是先增加然后逐渐趋于稳定；后期酸岩反应结束后，酸敏性离子含量在10h内一直保持平稳，说明酸液体系在返排之前可以有效地络合二次沉淀离子。表2－31为不同离子产生沉淀时的pH值。

表2－31 不同离子的沉淀pH值

离子	Al^{3+}	Fe^{3+}	Fe^{2+}	Mg^{2+}	Ca^{2+}
产生沉淀pH值	3.30	2.30	7.60	8.10	9～10
完全沉淀pH值	5.37	4.10	9.60	12.4	

地层水是$CaCl_2$型，选用的酸中不含有氟离子，所以不会产生氟化钙沉淀。由于酸驱后地层的pH值不会显碱性，所以不会产生二价铁、镁和钙的沉淀。柠檬酸可以络合铁离子和铝离子，故该体系对储层的二次伤害问题可以得到有效控制。

（2）对优化的配方：5%盐酸+2%有机酸（柠檬酸：乙酸=4：1）与岩样的溶蚀滤液，进行加碱调节pH值，再使用等离子发射光谱仪（型号：ICPS－1000IV）测定溶蚀滤液中离子浓度随时间变化的情况，如图2－36至图2－39所示。

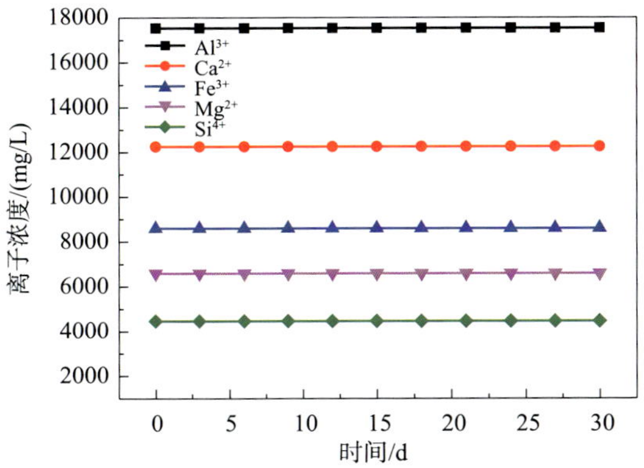

图2－36 原始滤液离子浓度随时间的变化曲线

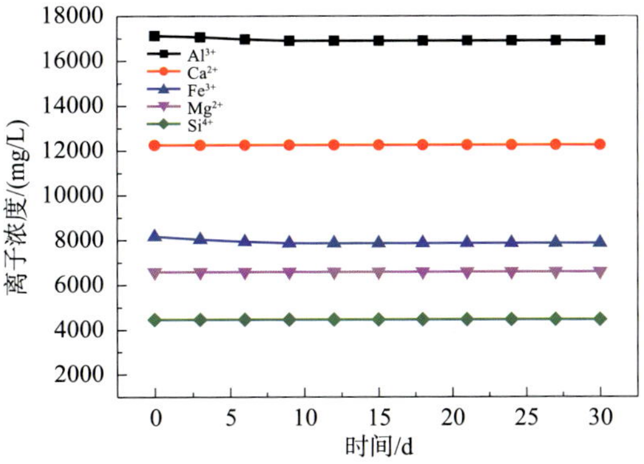

图2－37 pH=3时离子浓度随时间的变化曲线

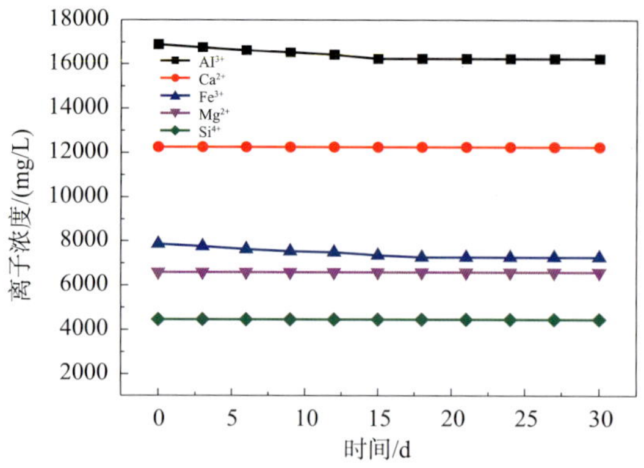

图2-38 pH=5时离子浓度随时间的变化曲线

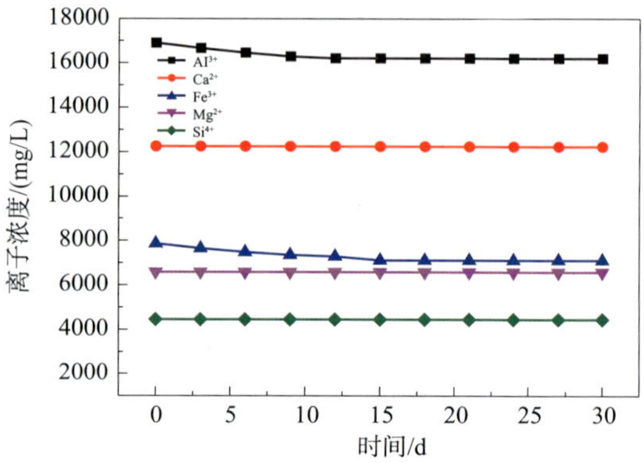

图2-39 pH=7时离子浓度随时间的变化曲线

将滤液的碱性提高(pH值分别为1、3、5、7)，考察30天内滤液中Al^{3+}、Fe^{3+}、Ca^{2+}、Mg^{2+}、Si^{2+}浓度的变化，发现这些离子浓度基本处于稳定状态，说明酸液主剂中的柠檬酸和乙酸具有良好的稳定二次沉降离子的作用。

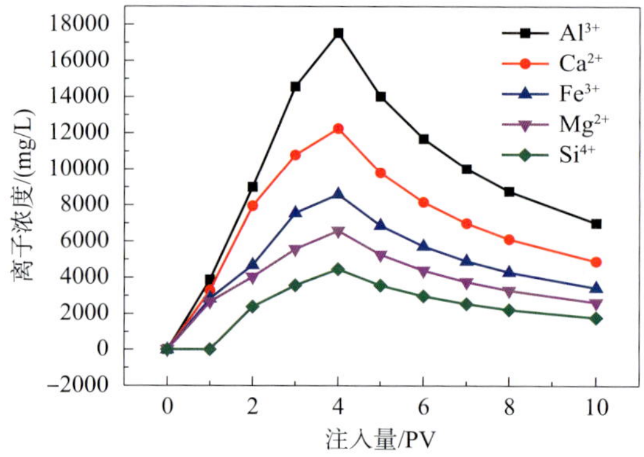

图2-40 溶液中离子浓度随注入介质体积的变化曲线

(3)对优化的配方：5%盐酸+2%有机酸(柠檬酸：乙酸=4：1)与岩样进行驱替实验，随着注入量的增大，出口收集液体中离子浓度的变化如图2-40所示。

从图2-40中可以看出，当注入量为4PV时，对应的采出液中离子浓度达到最大值，随后离子浓度下降，这主要是岩心内填隙物溶蚀基本完全，收集液体中离子总含量基本不变，但总液体体积增加，故检测到的离子浓度下降。另外，在整个驱替过程中，收集到的采出液中未见沉淀物。

3. 扩孔增喉评价

1)溶蚀端面形态及元素变化

图2-41是原始岩样不同部位在电镜扫描下的表面形态，表面存在较多的碎屑颗粒。岩石表面孔隙较少，较为致密，孔隙内填充着部分黏土矿物，在扫描电镜下可以看到高岭石、伊利石和绿泥石等，这些黏土矿物附着在岩石表面，降低了孔隙喉道半径。图2-42是岩样经过所筛选的酸液体系处理后在扫描电镜下的表面形态图片，岩石表面由于溶蚀变得比较平坦，杂质颗粒大大减少，降低了孔隙喉道的堵塞。填隙物得到了有效溶蚀，且产生了许多裂缝，扩大了孔隙喉道，使储层的渗透率得到提高。由于酸液不会溶蚀骨架中的石英和长石，不会产生过度溶蚀的情况，电镜扫描下虽然产生了许多孔隙裂缝，但是岩心端面在宏观观察下依旧保持完整，证明所筛选的酸液体系对储层无过度溶蚀伤害。

图 2-41 原始岩样端面电镜扫描图片

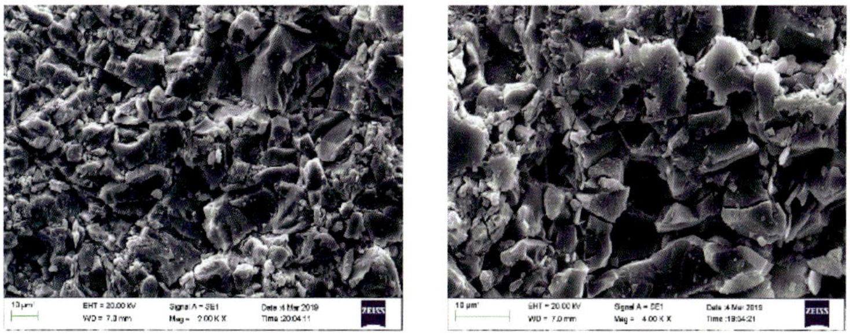

图 2-42 酸液驱替岩样端面电镜扫描图片

利用 EDS 能谱仪对反应前后的岩样表面微区进行分析，能谱分析如图 2-43、图 2-44 所示。表面检测到的金元素是由于表面喷金导致，反应后原子计数率升高，代表残余组分占比升高，也可以证明其余物质的溶蚀。通过对监测处的元素分析，原始岩样所选取的微区包含石英、长石、绿泥石、碳酸盐等矿物；但酸处理后的岩样表面选择微区不含有钙元素和碳元素，表明酸液将方解石和白云石溶蚀；有个别处理后的岩样表面仍有铁元素存在，铁元素存在的原因可能是绿泥石未得到充分溶蚀或者是溶蚀产生的铁离子残留在岩样表面未冲洗干净；氯元素是盐酸中驱替后残留的元素。

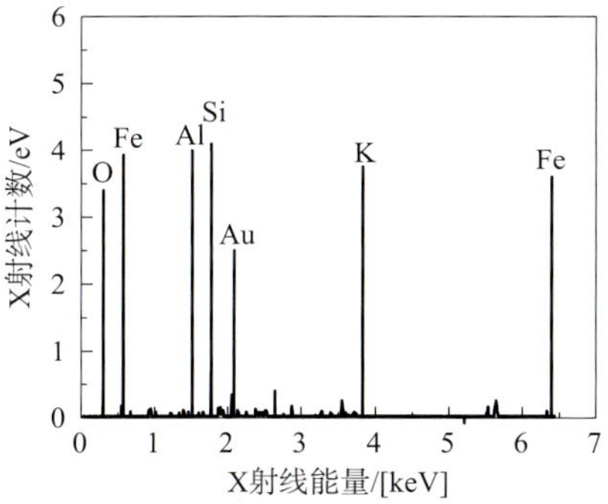

图 2-43 原始岩样端面的 EDS 能谱

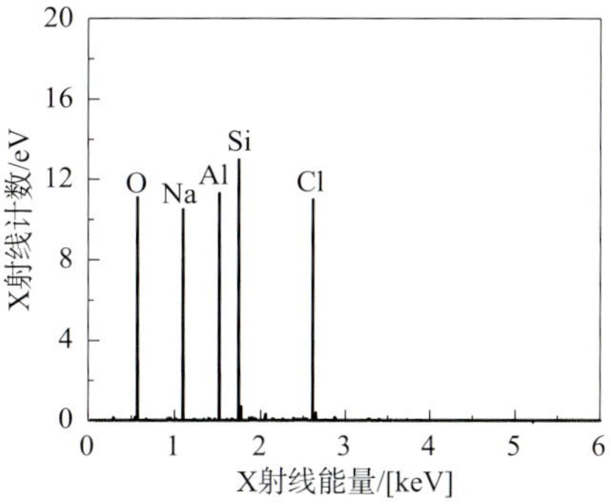

图 2-44 酸处理后岩样端面的 EDS 能谱

2）孔隙内表面

利用电镜扫描找到孔隙裂缝，观察裂缝孔隙的形态如图 2-45 所示，并对孔隙内表面进行微区元素分析，明确酸液是否将岩石颗粒内表面的黏土矿物薄膜进行了溶蚀。所得孔隙内表面的能谱分析如图 2-46 所示，孔隙内表面只有硅离子和氧离子，证明黏土矿物得到了有效溶蚀，扩大了孔隙喉道。但是孔隙内表面还残留少许石英碎屑，是黏土矿物溶蚀后残留的石英晶体。酸化前绿泥石膜上伸出的绿泥石晶片十分发育，酸敏实验后裂缝表面平滑，填隙物得到有效溶蚀。

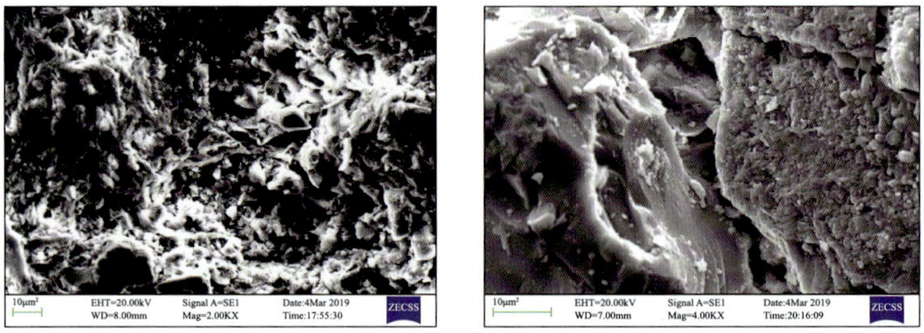

(a)原始　　(b)酸化后

图 2－45　溶蚀后岩石孔隙内表面 SEM 图片

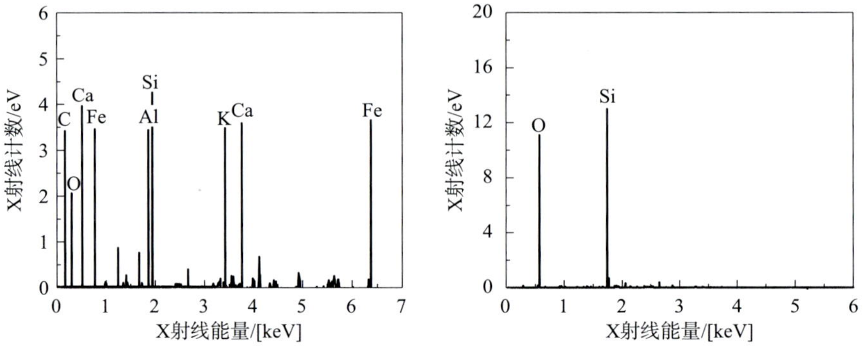

(a)原始　　(b)酸化后

图 2－46　孔隙内表面 EDS 能谱

3)孔隙的数量及大小变化

岩石薄片显微技术是通过在显微镜下对岩心的观察，确定岩石的形态构成、组分等，进一步明确储层中的孔隙结构关系，是成本低廉且比较简单、直观的方法。在对储层的分析中起到了很重要的作用。

利用所优选的主剂配方，选择长 8 岩样 113－3 进行驱替，原始渗透率为 $0.0314 \times 10^{-3}\mu m^2$，驱替后的渗透率为 $0.125 \times 10^{-3}\mu m^2$。对该岩样进行岩石薄片处理，岩石薄片如图 2－47 所示，由左至右依次为未溶蚀的岩样、驱替入口、驱替中段和驱替出口。对比分析反应前后的矿物成分和溶蚀孔隙的情况。

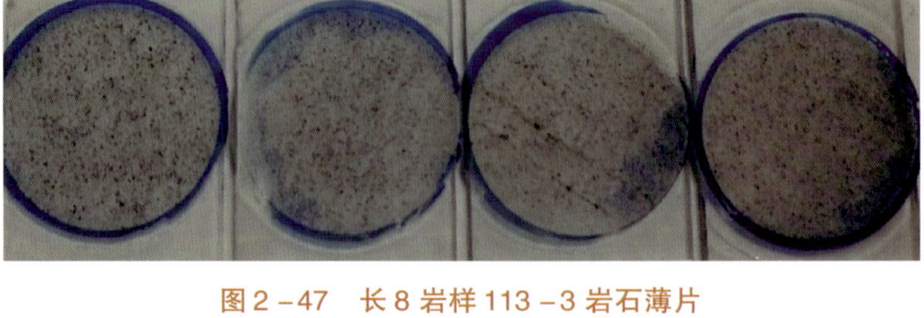

图 2－47　长 8 岩样 113－3 岩石薄片

未被溶蚀的岩样岩石薄片几乎没有被染色(图 2－48)，只有极少量孔隙被染色，代表原始岩样几乎没有孔隙，十分致密；被溶蚀的岩样有较大面积被染色的地方(图 2－49)，证明酸蚀产生了孔隙，扩大了孔隙喉道。但是溶蚀不能触及整块岩样，这可能与岩样的致密性和重力差异有关。前期驱替及评价实验用的岩心都比油藏平均渗透率低两个数量级左右；注入速度较低的情况下酸液因为重力作用优先溶蚀下部的岩样。

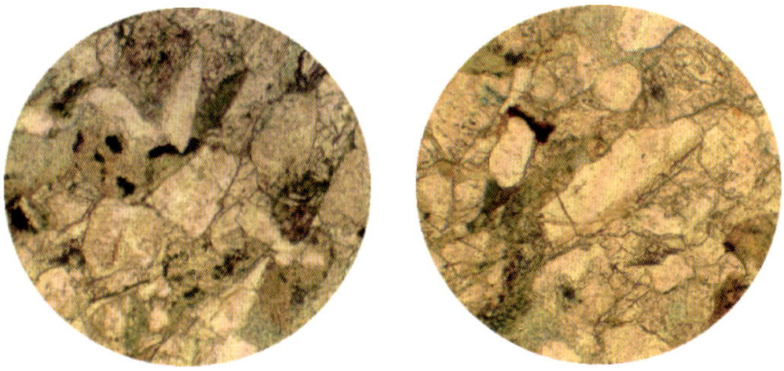

图 2－48　未被溶蚀岩样岩石薄片

从图 2－48 中可清晰地观察到岩样十分致密，在放大 160 倍的情况下，孔隙极少，连通性差。是分选性中等的细砂岩，磨圆度为棱角或次棱；支撑类型为颗粒支撑型；接触方式为点接触和线接触；胶结类型为孔隙型胶结。

图 2－49　被溶蚀岩样岩石薄片

图 2－49 中有大量的蓝色块(孔隙显蓝色)，所以溶蚀后的岩样孔隙喉道大大增加，且连通性较好。孔隙大小在 0.002～0.005mm，属大孔。在只有酸液溶蚀的情况下，可大大提高渗透率。由图片分析可知，被溶蚀的主要是胶结物，长石和石英可以清晰地看到轮廓。

4)孔隙喉道的级别变化

首先选取一块岩样进行饱和水，然后利用核磁共振测量岩样孔隙内氢元素的分布，从而得到岩样的弛豫时间分布，根据经验的方法将弛豫时间转化为孔隙半径的大小，酸化前的孔隙分布如图 2－50(a)所示，孔隙半径主要集中在 0.1～1μm。酸化后的岩样进行相同的测定，所得孔隙半径分布如图 2－50(b)所示，酸化后的岩样孔隙半径得到了有效扩大，尤其是 0.1μm 以上的孔隙；0.1μm 以下的孔隙效果不明显；酸化后孔隙半径主要集中在 0.5～5μm。推测反应时间与压力有关，室内实验所进行的驱替主要是在 1～2h，且所用岩

田模拟地层水(HH12P39)；长8模拟地层温度为71.2℃。

2. 实验步骤

参见本小节岩心驱替实验思路，驱替速度为0.05mL/min。选取一块岩心分次进行累积15PV下的注入实验；选取4块物性相近的岩心，分别注入0.2PV、0.5PV、0.7PV、1.0PV、2.0PV、5.0PV、7.0PV、9.0PV、10.0PV、15.0PV。

3. 实验结果与讨论

利用一块岩心进行不同注入量下的驱替实验，得到的结果见表2-34。

表2-34 一块岩样不同注入量下驱替结果分析

岩心	原始渗透率/$10^{-3}\mu m^2$	注入量/PV	总注入量/PV	稳定压力/MPa	酸后渗透率/$10^{-3}\mu m^2$	增渗率/%
HH59-6-1	0.0225	0.2	0.2	6.3	0.0780	246.7
	0.0780	0.3	0.5	6.1	0.0804	257.4
	0.0804	0.2	0.7	6.0	0.0818	263.5
	0.0818	0.3	1.0	5.9	0.0835	271.2
	0.0835	1.0	2.0	5.2	0.0946	320.5
	0.0946	3.0	5.0	5.1	0.0971	331.6
	0.0971	5.0	10	4.7	0.1051	367.1
	0.1051	5.0	15	4.3	0.1133	403.5

选取一块岩心进行实验，后续增加注入量时，要保证注入量是所设定的注入量，只有在注入2.0PV时，整块岩心才能被驱替到。因为注入量在未达到此注入量之前只与岩样前半部分反应，后续模拟水驱直接把残酸液驱出地层，未能与后半部分岩心充分反应。

利用4块渗透率相近的岩心，进行不同注入量下的驱替实验，得到数据结果见表2-35。

表2-35 长8岩心不同注入量下驱替结果分析

岩心	直径/cm	长度/cm	孔隙度/%	原始渗透率/$10^{-3}\mu m^2$	注入量/PV	稳定压力/MPa	酸后渗透率/$10^{-3}\mu m^2$	增渗率/%
HH59-6-1	2.490	3.802	7.2	0.0225	0.3	6.3	0.078	246.7
HH59-6-2	2.490	3.120	6.8	0.0225	0.5	6.2	0.087	286.7
HH59-7-1	2.512	3.850	6.5	0.0217	0.7	7.1	0.0935	331.1
HH59-7-2	2.512	2.864	7.0	0.0217	1.0	2.6	0.187	761.8
HH59-8-1	2.518	2.560	5.8	0.0208	2.0	3.1	0.155	645.2
HH59-8-2	2.518	3.200	6.0	0.0208	5.0	2.9	0.190	813.5
HH59-2-1	2.516	3.661	6.2	0.0215	7	3	0.184	756.3
HH59-2-2	2.516	3.661	6.1	0.0215	9	3.2	0.194	803.6
HH59-9-1	2.480	2.740	6.5	0.0212	10	2.4	0.196	824.5
HH59-9-2	2.480	3.180	6.9	0.0212	15	3.0	0.183	763.2

由注入结果可知，注入量在达到1PV后，增渗率基本上达到最大值；随着注入量的增大，岩心渗透率基本上稳定在$0.2\times10^{-3}\mu m^2$左右。可见，酸液用量的设计基本上一倍孔隙体积酸液可以充分溶蚀本段岩样填隙物；酸液注入量增多后，注入量在达到15PV后，岩样的渗透率也没有提高很多，由此也可以推断出在实际地层酸液注入过程中近井地带储层不会被掏空。因此推荐合适的酸液注入量为1~2PV，后续实验均选择1PV。

四、不同段塞的优化

由于配方最开始设计的是一段式注入地层，所以一开始未考虑段塞注入情况。

基于McLeod 2011年的砂岩基质酸化指导规则，渗透率小于$10\times10^{-3}\mu m^2$或更低时，且黏土矿物总含量大于10%，可使用3% HCl和0.5% HF作为主酸化剂，5%的乙酸作为前置液。前期项目研究优化出长8储层扩孔增喉主剂的主要组成就是乙酸，且酸后起到了良好的降压增渗效果。考虑到成本问题，本实验选取3%的乙酸作为前置液。

实验过程中选取长8区块典型的低渗天然岩心两块，设计以乙酸为前置液的段塞注入，通过对比不同注入方式注入酸前后渗透率的变化，明确加入前置段塞后。

1. 实验条件

本次实验所用两块岩心为红河长8地层岩心，渗透率为洗油后渗透率，在$0.02\times10^{-3}\mu m^2$左右，孔隙度为6.0%~7.0%。由于驱替所用岩心渗透率较大的不多，故所用标准岩心均截断成两块分两次使用，同一块岩心截断便于做对比实验，岩心编号上会有对应的(1)(2)标记。本实验酸液体系为5%盐酸+1.6%柠檬酸+0.4%乙酸，所用水质为红河油田模拟地层水(HH12P39)；模拟长8地层温度为71.2℃。

2. 实验步骤

参见本小节岩心驱替实验思路，驱替速度为0.05mL/min，注入总量为1PV，段塞注入组合见表2-36。

表2-36　长8段塞组合

段塞组合	前置液	前置液体积/PV	主段塞	主段塞体积/PV	后置液
1	3%乙酸	0.3	5%盐酸+1.6%柠檬酸+0.4%乙酸	0.7	模拟水
2		0.5		0.5	模拟水
3		0.75		0.75	模拟水

3. 实验结果与讨论

对实验数据进行分析，计算得到不同段塞组合下的驱替效果，见表2-37。对比不同段塞下的增渗率，可以明显看出：对于长8储层，加入乙酸的前置液段塞后，使用渗透率较低的岩样酸驱效果最好的是0.5PV的3%乙酸和0.5PV的主剂段塞组合，但是其增渗效果和一段式注入相比，不存在明显优势。所以对于长8储层不推荐使用多段塞注入，一段式注入更简便，效果更好。

表 2－37　长 8 岩样不同段塞组合下驱替结果分析

岩样	液测渗透率/$10^{-3}\mu m^2$	段塞组合	稳定压力/MPa	酸后渗透率/$10^{-3}\mu m^2$	增渗率/%
HH59－2－1	0.0215	1	6.7	0.093	333
HH59－2－2	0.0195	2	4.5	0.102	420
HH157－11－1	0.0284	3	5.1	0.120	323
361－8－1	0.0335	一段式	4.43	0.177	406

第六节　扩孔增喉技术现场应用效果

扩孔增喉技术在红河油田现场应用了 55 井次，累计增油 9638.47t，其中直/定向井 26 井次，累计增油量 3539.11t，平均单井增油量 136.12t；水平井 29 井次，累计增油量 6099.36t，平均单井增油量 210.32t(表 2－38、图 2－51)。

表 2－38　红河油田扩孔增喉现场应用效果统计表

序号	井型	实施井次/井次	累计增油量/t	平均单井增油量/t
1	直/定向井	26	3539.11	136.12
2	水平井	29	6099.36	210.32
合计		55	9638.47	175.24

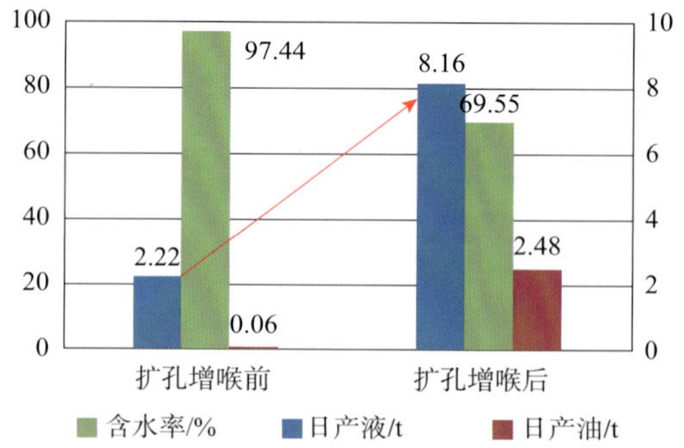

图 2－51　HH37P36 井扩孔增喉现场试验效果图

第三章　致密砂岩油藏调剖封窜技术

第一节　水窜通道判别及决策技术

一、裂缝性油藏井间连通性动态预测模型建立

(一) 连通单元划分和特征参数赋值

为了刻画井间的连接程度大小，并且也能够计算井点生产动态数据，本章节以井与井之间的连接单元体为研究基础，依据油藏流体物质平衡方程、贝克莱驱油方程得到能够快速模拟井间油水生产动态的井间连接关系模型。

第一步是对油藏井网体系进行化繁为简。为显现井与井之间的影响并同时简化表征井间储层，根据储层流体和岩石物性的特征把油藏视为由井与井之间的连接单元体所构成，如图 3－1 所示。连接单元体由两个特征参数来进行表征，即井间的传导率和井间的连接单元体体积，传导率体现了井间连接单元体内流体的渗流强弱，连接单元体体积表示井间连接单元体的有效孔隙体积，直观反映流体多少。在井间压力差数值一样的情况之下，单元体体积越小，传导率越大的时候，油井见水时间越短，否则见水时间相应越长。

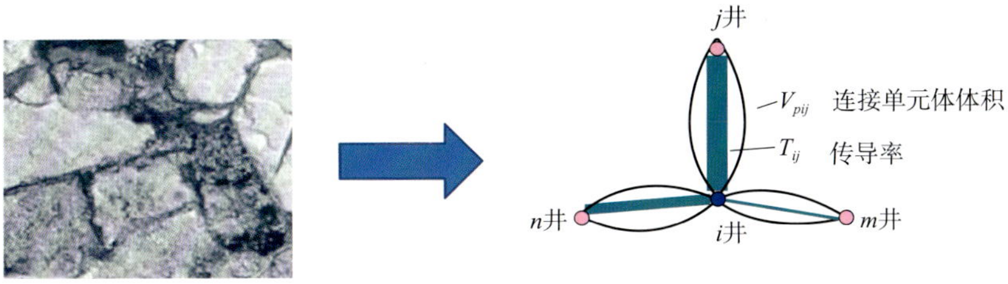

图 3－1　井间单元体表征示意图

第二步是进行井点压力计算和贝克莱驱油方程(上游权法)进行饱和度前缘追踪求解。将井间连接单元体作为研究基础建立物质平衡方程，通过对方程进行隐式差分处理，然后进行分离合并得到压力求解方程组，解得井底压力，利用贝克莱水驱油理论研究连接单元体内饱和度分布规律。

第三步是计算各井点处的动态生产数据。依据各井压力和饱和度前缘追踪计算，在此基础之上就可以计算出各油井处的产液速度、产油速度以及全区的产油速度和含水率等动态生产数据。

油气藏是情况特别复杂的油气储集体，平面渗透率、纵向渗透率和孔隙度等岩石物性

分布不均匀，以及孔道、孔隙、裂缝、微裂缝等多种复杂的构造，将油藏井间体系进行有效化繁为简时具有一定的难度。井间油水生产动态计算模型的研究基础是井间连接单元体，要将油藏体有效地化繁为简，判别两口井之间是否存在一定的连接关系是其核心内容，下面依次介绍2种化繁为简的处理方案：直接相连法、井点加密法。

1. 直接相连法

油田每口井的作用区域是有一定局限的，两口井之间的距离如果较近，并且处于同一水动力学系统的情况下，两口井连通的可能性也就越高，该两口井之间产生流体渗流的可能性就越大。2010年，Kaviani等人提出通过井与井之间距离来判断这两口井之间的连接关系，设置一个距离限制值，即两口井的井距大于距离限制值时，则表示这两口井之间不连通。

井间连接单元体的划分与距离限制值直接相关，如图3－2(b)所示，井点位置如图3－2(a)所示；由图3－2(b)到图3－2(d)可知，通过加大距离限制值，连接单元体越来越多。连接单元体数量过少则不能对储层中流体渗流规律进行很好的描述；连接单元体数量过多的时候则比较耗时。经过对五点井网、反七点井网以及井排类型的井网等多种井网分析可知，通过将目前井及其周围各井的距离进行排序之后，距离限制值选择第二个值比较合理，如图3－2(c)所示。

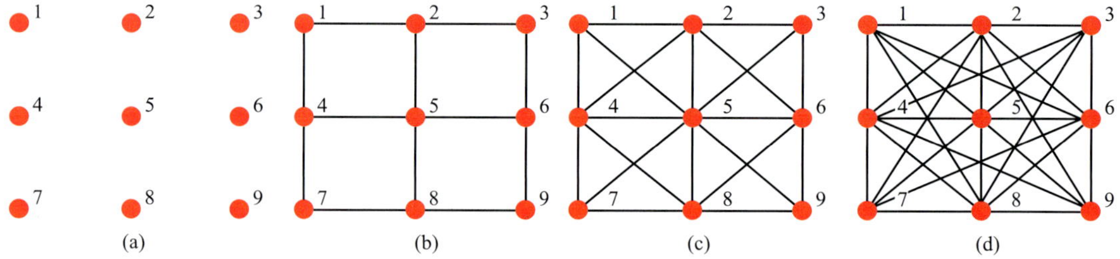

图3－2　不同距离阀值下连接单元体的划分

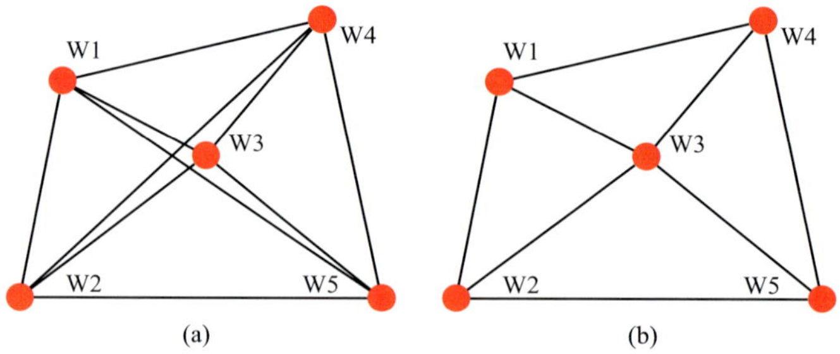

图3－3　连接单元体删减示意图

在此值得关注的地方是，当有几口井几乎位于同一条直线上时，应当削减连接数，如图3－3所示。一般情形下连接单元体的连线上的压力梯度是相对较大的，连接单元体内流体的渗流主要集中在连接单元体的连线上，所以W2与W3之间的连接单元体和W3与W4之间的连接单元体的连接方式可以替代W2与W4之间的连接单元体渗流效果。

除此之外，由于储层有厚度值，平面上连接单元体间相交处在地层中连接单元体可能并未相交，储层岩石特性有很强的非均质性，连接单元体一般呈曲线分布，故连接单元体在平面上虽然相交，但在纵向可能并未相交。

通过井与井之间相距的远近来分析井间连接关系，虽然能够方便快速计算，但没有与孔隙度和渗透率等地层物性数据和单井产油、产水速度等生产动态数据相结合，这种方案评价井间连接关系是不充足的，一是没有考虑井间连通性模型井点间的连通交叉产生物质不守恒，二是没有考虑实际油藏存在不完善区域，没有井点控制问题。针对该问题，这里提出了一种对连接单元体进行加密处理的方法。

2. 井点加密法

1) 不规则加密法

油藏规则井网中井距少则两百米，多则近千米，如果井间只划分一个连通单元，可能不能有效反映油藏特征，因此，为完善连接方式和流动关系，通过添加源汇项产量为 0 的井点对连通单元进行加密。通过对井点未控制区和断裂及边界，考虑水平井的开发情况，进行不规则加密后的效果如图 3－4 所示。

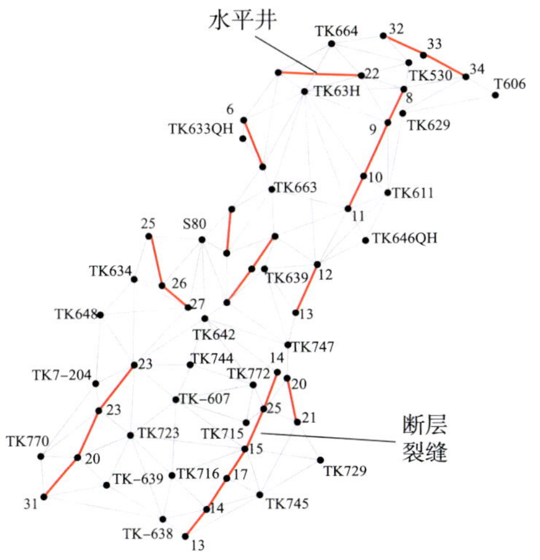

图 3－4　不规则虚拟井点加密

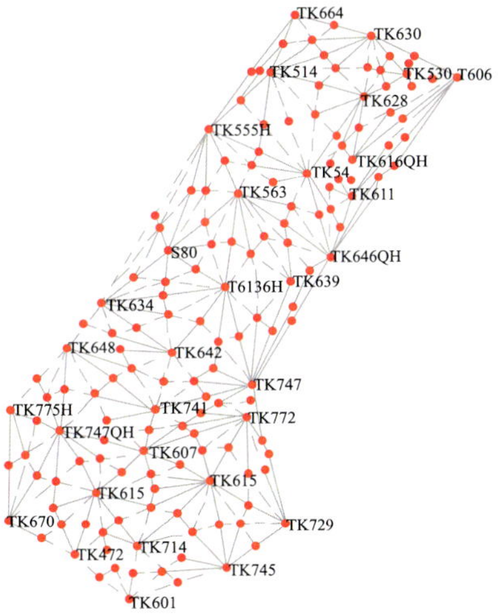

图 3－5　三角规则虚拟井点加密

由于不规则加密方法没有考虑井点加密交叉处存在物质不守恒的问题，在这里又提出了一种新型的加密方法，叫作 Delaunay 三角剖分，规则加密法。这种方法与不规则加密法存在一定的区别。

2) 规则加密法

Delaunay 三角剖分方法在地理信息系统、地学分析、计算机视觉、表面对象重建、有限元分析等领域有着广泛的应用，相关算法比较成熟。Delaunay 三角剖分方法可以以散点为目标，生成一系列互不交叉的三角形，具有唯一性。当目标为油藏井点时，可以生成一系列互不交叉的连通单元，更符合实际渗流特征。

三角剖分法划分连通单元以一注四采概念模型进行说明，井位分布图如图 3－6(a) 所示。首先以井点为目标，进行三角剖分，生成 4 个三角形和 8 个连通单元，如图 3－6(b) 所示；其次在生成的 4 个三角形的中点及重心处插入虚拟节点，如图 3－6(c) 中的黑色小方形所示，这些虚拟节点除了注采量为零，其他与正常井一样；最后以井点和虚拟节点为目标，进行三角剖分，生成加密的连通单元，如图3-6(d)所示。

第一次三角剖分，连通单元划分结果和井间距离法一致，连通单元数为8；第二次三角剖分，连通单元数变为40，如果继续加密，连通单元数将大幅增加。三角剖分法划分的连通单元能够更细致地刻画油藏渗流特征，但计算代价将会增大，尤其是实际大规模油藏，如图3-5所示。

在建立了连接单元体之后，就要对连接单元体的传导率和连接单元体体积赋予初始值。有单井储层物性法和网格参数法两个方案对连接单元体特征参数赋予初始值。一般油田中，井与井之间的距离在百米之上，井间连接单元体包含的区域很大，采取精细刻画是较难的。所以在满足基本的油藏渗流特性条件下，用一维线性渗流规律代替连接单元体中流体渗流规律。传导率是体现井间连接单元体流体渗流能力的特征值，连接单元体积是有效孔隙体积(描述了井间连接单元体的物质基础)。对于实际油田要分为两种情况进行分析，在已经开展了油藏数值模拟的油田，要充分运用该油田的孔隙度、渗透率、饱和度等油藏参数；未开展过油藏数值模拟的油田，油藏整体的物性参数无法获取，只有井点油藏参数时，将井点处的参数视为井间的平均储层参数，从而给连通性模型连接单元体特征值赋予初始值。

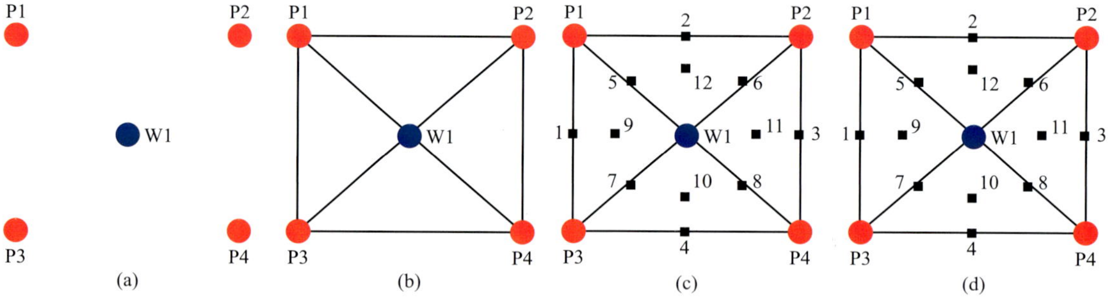

图3-6　三角剖分法划分井间连通单元示意图

3)单井储层物性法

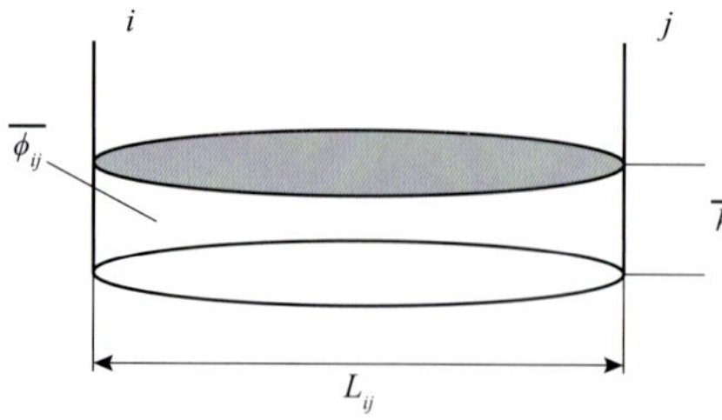

图3-7　连接单元体示意图

井间单元体的示意图如图3-7所示，连接单元体孔隙体积的表达式为：

$$V_{pij} \propto L_{ij} h_{ij} \phi_{ij} \tag{3-1}$$

式中，i、j指的是井标记；L_{ij}、h_{ij}和ϕ_{ij}依次指的是i井与j井之间的距离(m)、井间储层的平均厚度值(m)、井间储层的平均孔隙度值(小数)。

所以，连接单元体的连接单元孔隙体积计算表达式为：

$$V_{pij} = \frac{L_{ij} h_{ij} \phi_{ij}}{\sum_{l=k+1}^{N_w} \sum_{k=1}^{N_w} L_{kl} h_{kl} \phi_{kl}} V_F \tag{3-2}$$

式中，V_F 指的是储层总的孔隙体积，m^3；N_w 指的是油田的注水井和产油井总井数。

由传导率的内涵可知，连接单元体的平均传导率的计算表达式(3－3)为：

$$T_{ij}=\alpha\frac{K_{ij}A_{ij}h_{ij}}{\mu_o L_{ij}} \tag{3－3}$$

式中，T_{ij}指的是连接单元体的平均传导率，$m^3/(d \cdot MPa)$；K_{ij}、A_{ij}依次指的是 i 井与 j 井之间的储层平均渗透率值和储层平均横截面积，$10^{-3}\ \mu m^2$、m^2；α 为单位换算系数，为 0.0864。

孔隙体积近似计算表达式为：

$$V_{pij}\approx L_{ij}h_{ij}A_{ij}\phi_{ij} \tag{3－4}$$

结合式(3－3)、式(3－4)可以计算传导率值：

$$T_{ij}=\alpha\frac{K_{ij}\dfrac{V_{pij}}{L_{ij}h_{ij}\phi_{ij}}h_{ij}}{\mu_o L_{ij}}\approx\alpha\frac{K_{ij}V_{pij}}{\phi_{ij}\mu_o L_{ij}^2} \tag{3－5}$$

以上计算传导率和连接单元体体积中仅使用了油藏静态数据，若同动态生产数据结合分析将提高分析的准确程度。前面一节中运用实际生产数据分析法对井间连接关系实行等级划分，根据此等级可以对体现储层流体渗流能力的传导率初始值进行改正：

$$T_{ij}=Level_{ij}\times T_{ij} \tag{3－6}$$

式中，$Level_{ij}$指的是实际生产数据分析法分析出的井间连接关系等级，对于井间连接关系判定较好地连接单元体，$Level_{ij}$取值可以为 3～5；对于井间连接关系判定较差的连接单元体，$Level_{ij}$取值在 1 左右。这样使得传导率赋值更加合理化。

(二)压力分布求解及井间流量分布

井间连通性动态模型示意图如图 3－8 所示，其中虚线圆圈区域为单井泄油区，灰色区域为井间连通单元。考虑油、水、岩石压缩性，忽略毛细管力、重力作用，以第 i 口井为对象，其油藏条件下物质平衡方程为：

$$\sum_{j=1}^{N_w}T_{ij}(t)[p_j(t)-p_i(t)]-q_i(t)=\frac{dp_i(t)}{dt}C_{ti}V_{pi}(t) \tag{3－7}$$

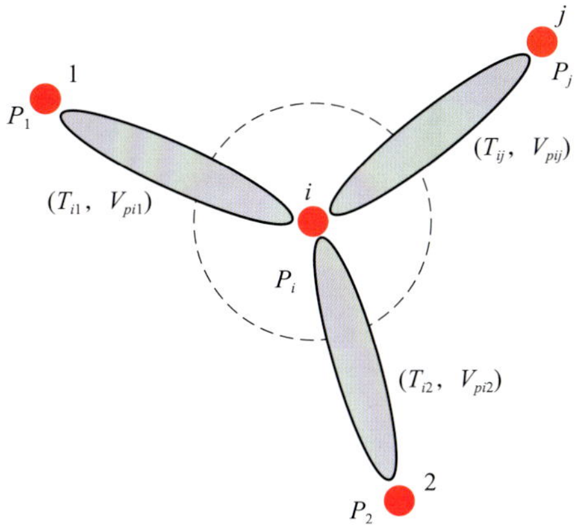

图 3－8　油藏井间连通单元示意图

式中，N_w 为井数；i 和 j 为井下标；t 为生产时间，d；T_{ij}为第 i 井和第 j 井间的平均传导率，$m^3/d \cdot MPa$；p 为单井泄油区的平均压力，MPa；q 为单井产液量或注入量，产液为正，注入为负，m^3/d；C_{ti}为单井泄油区的综合压缩系数，MPa^{-1}；V_{pi}为单井泄油区体积，m^3。

式(3－7)经过整理和离散得：

$$\sum_{j=1}^{N_w}T_{ij}^n p_j^n-p_i^n\sum_{j=1}^{N_w}T_{ij}^n-q_i^n=\frac{p_i^n-p_i^{n-1}}{\Delta t^n}C_{ti}^n V_{pi}^n \tag{3－8}$$

式中，n 为时间步。根据渗流理论，传导率、连通体积和压缩系数随时间而改变，其可根据上一时刻压力或饱和度进行估算：

$$T_{ij}^{n}=11.57\frac{A_{ij}\lambda_{ij}^{n-1}}{L_{ij}}=T_{ij}^{0}\frac{\lambda_{ij}^{n-1}}{\lambda_{ij}^{0}} \tag{3-9}$$

$$V_{\mathrm{p}i}^{n}=V_{\mathrm{p}i}^{0}\left[1+C_{\mathrm{t}i}\left(p_{i}^{n-1}-p_{i}^{0}\right)\right] \tag{3-10}$$

$$C_{\mathrm{t}i}^{n}=C_{\mathrm{r}}+S_{\mathrm{w}i}^{n-1}C_{\mathrm{w}}+S_{\mathrm{o}i}^{n-1}C_{\mathrm{o}} \tag{3-11}$$

式中，A_{ij}和L_{ij}分别为第i井和第j井间的平均渗流截面积和距离，m^2、m；T_{ij}^0、T_{ij}^n分别为初始时刻和n时刻的第i井和第j井间传导率，$\mathrm{m}^3/(\mathrm{d}\cdot\mathrm{MPa})$；$V_{\mathrm{p}i}^0$、$V_{\mathrm{p}i}^n$分别为初始时刻和$n$时刻第$i$井的控制体积，$\mathrm{m}^3$；$\lambda_{ij}^0$、$\lambda_{ij}^n$分别为初始时刻和$n$时刻第$i$井和第$j$井间的流度，$10^{-3}\mu\mathrm{m}^2/(\mathrm{mPa}\cdot\mathrm{s})$；$C_\mathrm{r}$、$C_\mathrm{w}$和$C_\mathrm{o}$分别为岩石、油、水的压缩系数，$\mathrm{MPa}^{-1}$；$S_{\mathrm{w}i}$、$S_{\mathrm{o}i}$分别为第$i$井处的含水和含油饱和度。$\lambda_{ij}^n$可采用数值模拟中上游权法由井点处的流度计算，即：

$$\lambda_{ij}^{n}=\begin{cases}\lambda_{i}^{n-1}=K_{ij}\left[\dfrac{k_{\mathrm{ro}}\left(S_{\mathrm{w}i}^{n-1}\right)}{u_{\mathrm{o}k}}+\dfrac{k_{\mathrm{rw}}\left(S_{\mathrm{w}i}^{n-1}\right)}{u_{\mathrm{w}k}}\right], & p_{i}^{n-1}\geqslant p_{j}^{n-1}\\ \lambda_{j}^{n-1}=K_{ij}\left[\dfrac{k_{\mathrm{ro}}\left(S_{\mathrm{w}j}^{n-1}\right)}{u_{\mathrm{o}}}+\dfrac{k_{\mathrm{rw}}\left(S_{\mathrm{w}j}^{n-1}\right)}{u_{\mathrm{w}}}\right], & p_{i}^{n-1}<p_{j}^{n-1}\end{cases} \tag{3-12}$$

式中，K_{ij}为第i井和第j井间平均渗透率，$10^{-3}\mu\mathrm{m}^2$；λ_i、λ_j分别为第i井和第j井的流度，$10^{-3}\mu\mathrm{m}^2/(\mathrm{mPa}\cdot\mathrm{s})$；$S_{\mathrm{w}i}$、$S_{\mathrm{w}j}$分别为第$i$井和第$j$井的含水饱和度；$k_\mathrm{ro}$、$k_\mathrm{rw}$分别为油、水的相对渗透率，$10^{-3}\mu\mathrm{m}^2$；$u_\mathrm{o}$、$u_\mathrm{w}$分别为油、水黏度，mPa·s。

1. 定液生产求解

定液生产即q_i^n为已知常数，式(3-8)可以整理成：

$$p_{i}^{n}-p_{i}^{n-1}=\omega_{i}\sum_{j=1}^{N_{w}}T_{ij}^{n}p_{j}^{n}-p_{i}^{n}\psi_{i}+\zeta_{i} \tag{3-13}$$

其中，$\omega_{i}=\dfrac{\Delta t^{n}}{\sum\limits_{k=1}^{N_{1}}C_{\mathrm{t}k}V_{ik}^{n}}$；$\eta_{ij}^{n}=\sum\limits_{k=1}^{N_{1}}T_{ijk}^{n}$；$\psi_{i}=\omega_{i}\sum\limits_{j=1}^{N_{\mathrm{w}}}\eta_{ij}^{n}$；$\zeta_{i}=\omega_{i}q_{i}^{n}$。

n时刻与$n-1$时刻压力关系可表示为：

$$\begin{pmatrix}p_{1}^{n-1}\\ p_{2}^{n-1}\\ \vdots\\ p_{N_{\mathrm{w}}}^{n-1}\end{pmatrix}=\begin{pmatrix}\psi_{1}+1 & -\omega_{1}\eta_{12}^{n} & \cdots & -\omega_{1}\eta_{1N_{\mathrm{w}}}^{n}\\ -\omega_{2}\eta_{21}^{n} & \psi_{2}+1 & \cdots & -\omega_{2}\eta_{2N_{\mathrm{w}}}^{n}\\ \vdots & \vdots & \vdots & \vdots\\ -\omega_{N_{\mathrm{w}}}\eta_{N_{\mathrm{w}}1}^{n} & -\omega_{N_{\mathrm{w}}}\eta_{N_{\mathrm{w}}2}^{n} & \cdots & \psi_{N_{\mathrm{w}}}+1\end{pmatrix}\begin{pmatrix}p_{1}^{n}\\ p_{2}^{n}\\ \vdots\\ p_{N_{\mathrm{w}}}^{n}\end{pmatrix}-\begin{pmatrix}\zeta_{1}\\ \zeta_{2}\\ \vdots\\ \zeta_{N_{\mathrm{w}}}\end{pmatrix} \tag{3-14}$$

通过求解式(3-14)即可获得n时刻各单井泄油区的平均压力，进而可以得出各井间连通单元内流体流动方向及流量：

$$q_{ijk}^{n}=T_{ijk}^{n}\left(p_{j}^{n}-p_{i}^{n}\right) \tag{3-15}$$

式中，q_{ijk}^n为第k层、n时刻的第i井和第j井间的流速，m^3/d。

2. 定压生产求解

定压生产即井底流压为已知常数，此时需要求得各井的生产(或注水)指数，其可通过各连通方向的生产指数叠加算得，加密后可引入产液指数等，便于流压计算。以第 i 井为例，其和第 j 井在第 k 层上的连通单元所形成的泄油区如图 3－9 灰色区域所示，由渗流理论，该连通方向的生产指数 J_{ijk}^n 为：

$$J_{ijk}^n=\frac{\theta_{ijk}h_{ijk}\lambda_{ik}^{n-1}}{\ln(0.5L_{ijk}/r_{ik})+s_{ik}-0.75} \tag{3-16}$$

式中，θ_{ijk} 为黑色区域对应近似扇形的弧度，rad；h_{ijk} 为第 i 井和第 j 井在第 k 层平均有效厚度，m；r_{ik} 为井筒半径，m；s_{ik} 为表皮因子。

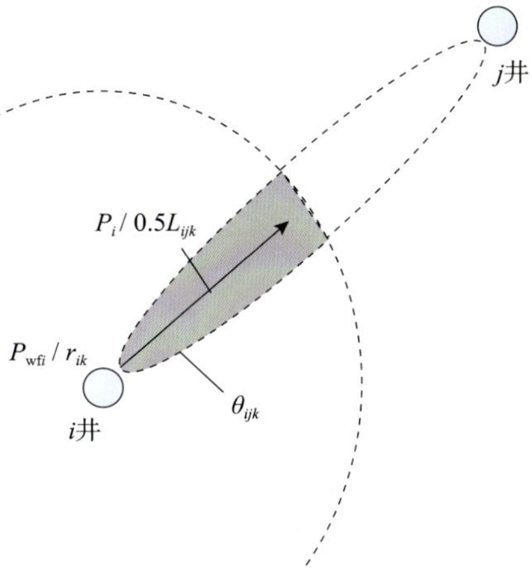

图 3－9 单井泄油区示意图

此外，由于传导率和连通体积满足：

$$T_{ijk}^n=\frac{\frac{V_{ijk}}{L_{ijk}}\lambda_{ijk}^{n-1}}{L_{ijk}}=\frac{V_{ijk}\lambda_{ijk}^{n-1}}{L_{ijk}^2} \tag{3-17}$$

$$V_{ijk}=\frac{1}{4}\theta_{ijk}L_{ijk}^2h_{ijk} \tag{3-18}$$

式中，L_{ijk} 为第 i 井和第 j 井在第 k 层的距离，m。

综合式(3－16)至式(3－18)可得：

$$J_{ijk}^n=\frac{4T_{ijk}^n\lambda_{ik}^{n-1}}{\lambda_{ijk}^{n-1}[\ln(0.5L_{ijk}/r_i)+s_i-0.75]} \tag{3-19}$$

则第 i 井总的生产指数 J_i^n 为：

$$J_i^n=\sum_{k=1}^{N_1}\sum_{j=1}^{N_w}J_{ijk}^n \tag{3-20}$$

由于 q_i^n 与 J_i^n 满足如下线性关系：

$$q_i^n=J_i^n(p_i^n-p_{wfi}^n) \tag{3-21}$$

其中，p_{wfi}^n 为第 i 井、n 时刻的井底流压，MPa。将该式代入式(3－8)可得：

$$\sum_{k=1}^{N_1}\sum_{j=1}^{N_w}T_{ijk}^np_j^n-p_i^n\sum_{k=1}^{N_1}\sum_{j=1}^{N_w}T_{ijk}^n+J_i^n(p_i^n-p_{wfi}^n)=\frac{(p_i^n-p_i^{n-1})}{\Delta t^n}\sum_{k=1}^{N_1}C_{tk}^nV_{ik}^n \tag{3-22}$$

式(3－22)经化简得：

$$p_i^n-p_i^{n-1}=\omega_i\sum_{j=1}^{N_w}\eta_{ij}^np_j^n-p_i^n(\psi_i+\omega_iJ_i^n)+\xi_i \tag{3-23}$$

式中，$\xi_i=\omega_iJ_i^np_{wfi}^n$；$\omega_i$、$\eta_{ij}^n$、$\psi_i$ 与式(3－13)中的定义相同。

由式(3－23)可得，n 时刻与 $n-1$ 时刻压力关系：

$$\begin{pmatrix}p_1^{n-1}\\p_2^{n-1}\\\vdots\\p_{N_w}^{n-1}\end{pmatrix}=\begin{pmatrix}\psi_1+1 & -\omega_1T_{12}^n & \cdots & -\omega_1T_{1N_w}^n\cdots-\omega_AT_{1N_w}^n\\-\omega_2\eta_{21}^n & \psi_2+1 & \cdots & -\omega_2\eta_{2N_w}^n\\\vdots & \vdots & \vdots & \vdots\\-\omega_{N_w}\eta_{N_w1}^n & -\omega_{N_w}\eta_{N_w2}^n & \cdots & \psi_{N_w}+\omega_{N_w}J_{N_w}^n+1\end{pmatrix}\begin{pmatrix}p_1^n\\p_2^n\\\vdots\\p_{N_w}^n\end{pmatrix}-\begin{pmatrix}\xi_1\\\xi_2\\\vdots\\\xi_{N_w}\end{pmatrix} \tag{3-24}$$

求解式(3－24)可得各时刻单井平均压力，并由式(3－15)计算连通单元的流量，同时由式(3－21)通过井底流压可反算单井日注采量。

实际计算中当采用定液生产模式、模型参数偏离正常范围较远时，由式(3－13)计算出的井底流压较小甚至出现负值，这明显不符合事实。对此，可对井底流压设置一个下限值(如大气压或泡点压力)，当井底流压小于此值，说明此井难以满足定液生产，需转成定压生产模式，且井底流压取该下限值。

3. 考虑边底水作用

此外，实际油藏中可能存在边底水，需要考虑它的影响。我们通过添加一个虚拟节点对水体进行表征，分为定压水体和定容水体，下面结合定压模式进行说明。对于体积特别大的水体，它的压力比较稳定，不随油藏的开发而下降，这种水体作为定压水体进行处理，它的表达方式为：

$$p_i^{n+1}=p_i^n=p_0 \tag{3-25}$$

结合定压模式压力求解方程得：

$$\begin{pmatrix} p_1^{n-1} \\ p_2^{n-1} \\ \vdots \\ p_i^{n-1} \\ \vdots \\ p_{N_w}^{n-1} \end{pmatrix}=\begin{pmatrix} \psi_1+1 & -\omega_1T_{12}^n & \cdots & -\omega_1T_{1i}^n & \cdots & -\omega_1T_{1N_w}^n \\ -\omega_2T_{21}^n & \psi_2+1 & \cdots & -\omega_2T_{2i}^n & \cdots & -\omega_2T_{2N_w}^n \\ \vdots & \vdots & \vdots & \vdots & \vdots & \vdots \\ 0 & 0 & \cdots & 1 & \cdots & 0 \\ \vdots & \vdots & \vdots & \vdots & \vdots & \vdots \\ -\omega_{N_w}T_{N_w1}^n & -\omega_{N_w}T_{N_w2}^n & \cdots & -\omega_{N_w}T_{N_wi}^n & \cdots & \psi_{N_w}+1 \end{pmatrix}\begin{pmatrix} p_1^n \\ p_2^n \\ \vdots \\ p_i^n \\ \vdots \\ p_{N_w}^n \end{pmatrix}+\begin{pmatrix} \zeta_1^n \\ \zeta_2^n \\ \vdots \\ 0 \\ \vdots \\ \zeta_{n_w}^n \end{pmatrix} \tag{3-26}$$

对于体积较小的水体，它的压力随着油藏的开发而下降，这种水体作为定容水体进行处理，它的表达方式为：

$$V_{p,i}=c \tag{3-27}$$

此时，定容水体与普通井点一样，只是没有注采量，结合定压模式压力求解方程得：

$$\begin{pmatrix} p_1^{n-1} \\ p_2^{n-1} \\ \vdots \\ p_i^{n-1} \\ \vdots \\ p_{N_w}^{n-1} \end{pmatrix}=\begin{pmatrix} \psi_1+1 & -\omega_1T_{12}^n & \cdots & -\omega_1T_{1i}^n & \cdots & -\omega_1T_{1N_w}^n \\ -\omega_2T_{21}^n & \psi_2+1 & \cdots & -\omega_2T_{2i}^n & \cdots & -\omega_2T_{2N_w}^n \\ \vdots & \vdots & \vdots & \vdots & \vdots & \vdots \\ -\omega_iT_{i1}^n & -\omega_iT_{i2}^n & \cdots & \psi_i+1 & \cdots & -\omega_iT_{iN_w}^n \\ \vdots & \vdots & \vdots & \vdots & \vdots & \vdots \\ -\omega_{N_w}T_{N_w1}^n & -\omega_{N_w}T_{N_w2}^n & \cdots & -\omega_{N_w}T_{N_wi}^n & \cdots & \psi_{N_w}+1 \end{pmatrix}\begin{pmatrix} p_1^n \\ p_2^n \\ \vdots \\ p_i^n \\ \vdots \\ p_{N_w}^n \end{pmatrix}+\begin{pmatrix} \zeta_1^n \\ \zeta_2^n \\ \vdots \\ 0 \\ \vdots \\ \zeta_{n_w}^n \end{pmatrix} \tag{3-28}$$

需要说明的是，水体与井点之间也是以连通单元方式进行影响的，只是孔隙体积很小，并且水体与单井之间是否存在影响需要进行动态分析。

4. 考虑水平井压力方程

由于实际数据只有水平井总液量，将一个水平井简单表征为多个相连的井点，如图3－10所示，忽略水平段内压力损失，将多个节点视为统一的一个节点系统。以第 i 井为例，结合定压生产模式：

$$\begin{pmatrix} p_1^t \\ p_2^t \\ \vdots \\ p_h^t \\ \vdots \\ p_n^t \end{pmatrix} = \begin{pmatrix} G_1+1 & -E_1T_{12} & \cdots & -E_1T_{1h} & \cdots & -E_1T_{1n} \\ -E_2T_{21} & G_2+1 & \cdots & -E_2T_{2h} & \cdots & -E_2T_{2n} \\ \vdots & \vdots & \vdots & \vdots & \vdots & \vdots \\ -E_hT_{h1} & -E_hT_{h2} & \cdots & G_h+1 & \cdots & -E_hT_{hn} \\ \vdots & \vdots & \vdots & \vdots & \vdots & \vdots \\ -E_nT_{n1} & -E_nT_{n2} & \cdots & -E_nT_{nh} & \cdots & G_n+1 \end{pmatrix} \begin{pmatrix} p_1^{t+1} \\ p_2^{t+1} \\ \vdots \\ p_h^{t+1} \\ \vdots \\ p_n^{t+1} \end{pmatrix} - \begin{pmatrix} M_1 \\ M_2 \\ \vdots \\ M_h \\ \vdots \\ M_n \end{pmatrix} \quad (3-29)$$

其中 $E_h^n = \dfrac{\Delta t_n}{\sum\limits_{m=1}^{N_{s,h}} c_{t,h,m}^{n-1} V_{p,h,m}^{n-1}}$，$M_h^n = \dfrac{\Delta t_n q_h^{n-1}}{\sum\limits_{m=1}^{N_{s,h}} c_{t,h,m}^{n-1} V_{p,h,m}^{n-1}}$，$G_h^n = E_h^n \sum\limits_{m=1}^{N_{s,h}} \sum\limits_{j=1}^{n_w} T_{i,j,m}^{n-1}$。

得到各段地下流量分配为：

$$Q_{mjk}^n = T_{mjk}^n (p_{jk}^n - p_{hk}^n) \quad (3-30)$$

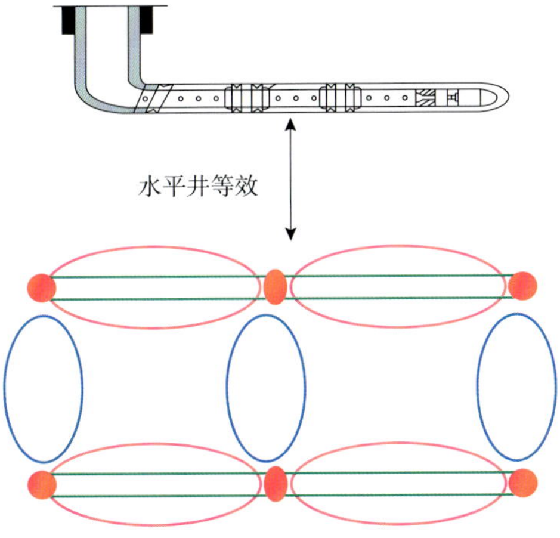

图 3-10　水平井等效示意图

（三）饱和度追踪计算

将每个时间步内连通单元内部的流动近似看成稳定渗流，连通单元内油水流动主要沿着井间最大压降梯度方向，对连通单元内的饱和度计算可近似看成一维两相渗流问题。由贝克莱前缘推进理论，距离注入端任意位置处含水饱和度与累积流量间满足：

$$x = \frac{Q_t}{\phi A} f'_w(s_w) \quad (3-31)$$

式中，ϕ 为孔隙度；A 为渗流横截面积，m^2；Q_t 为累积注入量，m^3；s_w 为位置 x 处的含水饱和度；$f'_w(s_w)$ 为水相分流量（含水率）f_w 对 s_w 的导数。另取一点 x_u，其为 x 的上游点，满足 $x_u < x$，则：

$$x_u = \frac{Q_t}{\phi A} f'_w(s_{wu}) \quad (3-32)$$

式中，s_{wu} 为 x_u 处的含水饱和度。由上述两式可得：

$$x - x_u = \frac{Q_t}{\phi A}[f'_w(s_w) - f'_w(s_{wu})] \quad (3-33)$$

定义 F_V 为从 x_u 流入到 x 的无因次累积流量，即：

$$F_V = \frac{Q_t}{\phi A(x - x_u)} \quad (3-34)$$

则由式(3-33)可得：

$$f'_w(s_w) = f'_w(s_{wu}) + \frac{1}{F_v} \quad (3-35)$$

上式说明：储集层中某位置的含水率导数是其上游值加上流入两者间控制单元的无因次累积流量的倒数。

在处理实际的油藏计算过程当中，由于关停井，注采转换等油田措施，导致井底流型剧变，该方法无法处理，因而为了保证饱和度的稳定性，赵辉等人基于贝莱推进理论提出了液流转向后的饱和度反向追踪计算方法，从而在每一次计算饱和度过程中，都按照正向和反向追踪一次，取其最小值，保证在频繁液流转向的情况下都实现饱和度的精确计算，含水率导数计算公式：

$$f'_w(s^n_{wijk}) = \min\left\{f'_w(s^n_{wjk}) + \frac{1}{F^n_{vijk}},\ f'_w(s^n_{wik})\frac{F^{n'}_{vjik}}{F^n_{vjik}}\right\} \quad (3-36)$$

式中，$F^n_{vjik} = F^{n'}_{vjik} - F^n_{vijk}$，其中 F^n_{vijk}代表从 n'时刻到 n 时刻从 j 井流向 i 井的反向无因次累积流量，$F^{n'}_{vjik}$与 F^n_{vjik}代表从 0 时刻直到 n'时刻及 n 时刻的 i 井流向 j 井的无因次累计流量。

连通单元内部的等饱和度面移动规律与波的传播规律类似，油水饱和度分布计算可转化为黎曼问题，采用激波理论求解。根据初值条件下等饱和度间断面左右饱和度情况，可将油水等饱和度面的移动方程分解为激波、疏散波和复合波三种形式求解。

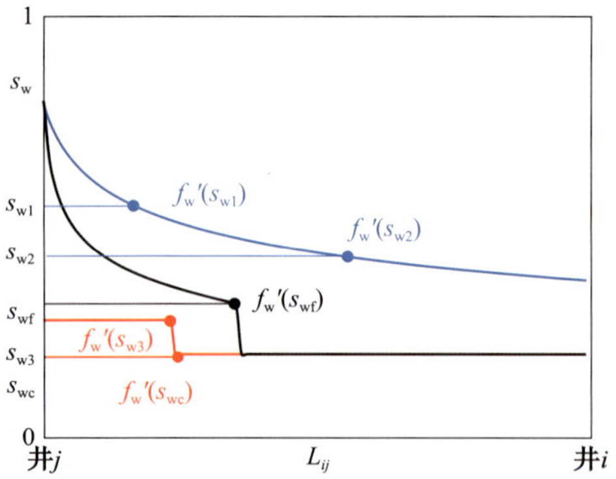

图 3-11　饱和度追踪示意图

由贝克莱驱油理论可知，任意等饱和度面推进速度等于该点处含水率对其饱和度的导数。例如某个连通单元上游井点 i 与下游井点 j，初始饱和度均大于前缘饱和度，如图 3-11 蓝色线条所示。在该连通单元饱和度分布上，两个任意指定的饱和度面对应的推进速度分别为 $f'_w(s_{w1})$ 和 $f'_w(s_{w2})$，由其饱和度可知$f'_w(s_{w1}) < f'_w(s_{w2})$可知，两个等饱和度面距离随着时间推移，逐步疏远，因此该饱和度追踪计算属于疏散波。当某个连通单元上下游井点饱和度均小于前缘饱和度如红色线条所示，则间断面上下的饱和度面推进速度为$f'_w(s_{w3})$和$f'_w(s_{wc})$，由其饱和度可知 $f'_w(s_{w3}) > f'_w(s_{wc})$，两个饱和度面随着时间推移会相遇，并接着以 $f'_w(s_{w3})$的速度向下游推进，波及过的区域，饱和度变为 s_{w3}，这种类型为激波。而复合波则是由疏散波和激波组合而成，如黑色线条所示，上游井点饱和度大于前缘饱和度，下游小于前缘饱和度。从上游井点至油水前缘处，为疏散波，而油水前缘至下游井点则为激波。

式(3－34)能够很好地求解上游井点含水饱和度大于前缘饱和度时连通单元内饱和度的分布问题，如图3－11中蓝色和黑色线条所示两种饱和度分布状况。然而在驱替过程中，假如上游井点饱和度介于束缚水饱和度和驱替前缘饱和度之间时，该上游井点所属下游连通单元内，实际上仍以低于前缘饱和度激波在向下游推进，如图3－11中红色线条所示，式(3－35)则无法描绘这一现象，从而导致含水前缘突破相较于实际情况会存在滞后效应，突破后含水上升相比实际更快。

为了解决该问题，我们对饱和度追踪方法进行了改进，针对存在上游井点j饱和度介于前缘饱和度和束缚水饱和度之间，下游井点i为束缚水饱和度状态时，利用激波的求解方法，将饱和度面在连通单元中的推进速度记为v_{ijk}：

$$v_{ijk}=\frac{Q_{ijk}}{\phi_{ijk}a_{ijk}}\left[\frac{f_{\mathrm{w}}(s_{\mathrm{w}jk}^{n})-f_{\mathrm{w}}(s_{\mathrm{w}ik}^{n})}{s_{\mathrm{w}jk}^{n}-s_{\mathrm{w}ik}^{n}}\right] \tag{3-37}$$

设井间连通单元长度为L，上游井点j为坐标原点，记饱和度面从上游节点出发运动Δn时间，从而此时井点i饱和度计算结果表达如式(3－38)所示：

$$s_{\mathrm{w}ijk}^{n}=\begin{cases}s_{\mathrm{w}jk}, & v_{ijk}\Delta n>L_{ij}\\ s_{\mathrm{w}ik}, & v_{ijk}\Delta n<L_{ij}\end{cases} \tag{3-38}$$

当$v_{ijk}\Delta n>L_{ij}$时，则该饱和度面驱替至下游井点i处，此时，井点i处含水率可按分流量方程进行计算，否则井点产出仍为纯油流流动。

综上所述饱和度计算过程，最后改进后的井点饱和度计算公式如下：

$$s_{\mathrm{w}ijk}^{n}=\begin{cases}(f')^{-1}\left\{\min\left[f_{\mathrm{w}}'(s_{\mathrm{w}jk}^{n})+\dfrac{1}{F_{\mathrm{v}ijk}^{n}},\ f_{\mathrm{w}}'(s_{\mathrm{w}ik}^{n})\dfrac{F_{\mathrm{v}jik}^{n'}}{F_{\mathrm{v}jik}^{n}}\right]\right\}\\ s_{\mathrm{w}jk}>s_{\mathrm{wf}}\\ s_{\mathrm{w}jk}, \quad s_{\mathrm{w}jk}<s_{\mathrm{wf}}\ \&\ v_{ijk}\Delta n>L_{ij}\\ s_{\mathrm{w}ik}, \quad s_{\mathrm{w}jk}<s_{\mathrm{wf}}\ \&\ v_{ijk}\Delta n<L_{ij}\end{cases} \tag{3-39}$$

概念算例验证

为了对改进后的饱和度追踪方法进行验证，我们采用Eclipse模拟器与改进前后的饱和度追踪方法进行对比，设计了“丁”形概念油藏算例，井位分布如图3－12所示，共4口井，I1、I2为两口水井，W1关井，W2井生产，其中I1、I2注入速度为15m^3/d，W2生产速度为30m^3/d，油水黏度分别为20mPa·s、1mPa·s，地层渗透率1000×10^{-3}μm^2，共生产100天。

从图3－13中可以看出改进后的饱和度前缘方法能够与商业软件油藏网格模型的见水规律基本一致，证明了改进后的计算方法更为准确。由井位分布可知，由于I1井水驱前缘会优先抵达W2井，随后I2井的水驱前缘抵达W2井，因此W2井含水率会出现两个阶梯状跃变，按照改进前饱和度计算方法，当W1井计算井点饱和度低于含水前缘饱和度时，则默认W1至W2连通单元内部一直为纯油流，从而导致W2井见水突破滞后，而改进后的方法则能够精确模拟这个问题。

水效率进行综合评价、排序，优先选择低效井进行调剖作业，如图3－14所示。首先根据该注水井与区块平均注水效率之间的关系，将注水井分为高效井(红色上三角)、低效井(蓝色下三角)，并根据注水量的大小，优先选择低效井中注水效率较低且注水量较大的井进行调堵。

3. 注入堵剂后连通参数计算

根据步骤1计算的劈分系数，计算得到调堵井周围各连通单元堵剂的进入量；依据室内封堵能力实验(或矿场试验)确定调堵剂对地层参数(渗透率)的影响关系，并依据调堵剂对渗透率的影响建立不同调堵用量与连通参数(传导率)的关系模型，如图3－15所示。根据堵剂进入量与连通单元的体积关系，确定某连通单元内进入堵剂的注入倍数 $\delta_{i,j}$，并根据曲线关系进行插值，确定连通单元的渗流能力变化倍数，将传导率修正为 $T'_{i,j}$。

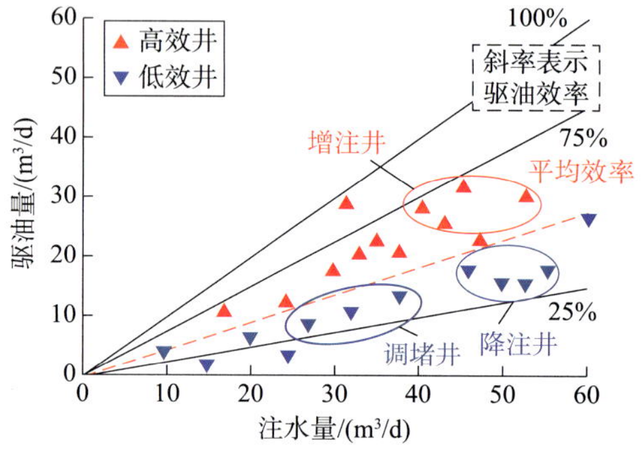

图3－14　调剖井优选示意

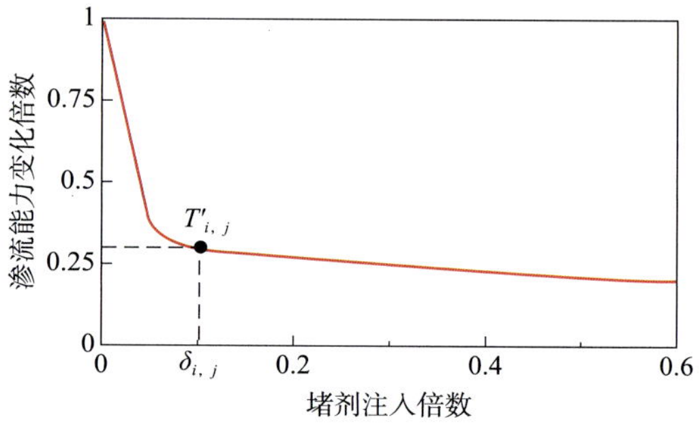

图3－15　堵剂注入与渗流能力关系曲线

4. 注入堵剂后的动态预测

根据图3－15中的关系曲线修正各连通单元的传导率值，将物质平衡方程更新为：

$$p_i^{t+1} - p_i^t = \frac{\Delta t}{C_t V_{p,i}} \left(\sum_{j=1}^{n} T'_{i,j} p_j^{t+1} - \sum_{j=1}^{n} T'_{i,j} p_i^{t+1} + q_i^t \right) \tag{3－56}$$

在进行调堵模拟后，可以采用定压模式进行生产：

$$q_i^t = J_i (p_i^t - p_{\mathrm{wf},i}^t) \tag{3－57}$$

式中，$p_{\mathrm{wf},i}$ 表示 i 井井底流压；J_i 表示生产指数。将公式(3－56)代入公式(3－55)，即可进行定压生产求解，进而求得其他指标。

二、井间连通性反演模型求解及分析

注采方案优化需要清楚认识油藏特征、井间连通状况，因此有必要研究井间动态连通性反演方法研究。井间动态连通性模型计算的生产动态指标结果一般受油藏各连通单元的特征参数(平均传导率和孔隙体积)影响，通过调整模型特征参数拟合实际动态数据可以反演井间动态连通性。以井间动态连通性模型为基础，建立历史拟合方法，实现利用动态数据进行地层参数的反演及修正，明确油藏井间动态连通性特征。

(一)历史拟合数学模型建立

油藏模拟历史拟合属于典型的反问题，其主要是通过拟合实际生产观测数据来不断地更新油藏地质参数，最终获得较为可靠的油藏模型。反问题的解一般具有一定的不确定性，基于贝叶斯理论来确定油藏模拟历史拟合问题的目标函数，既满足了其数学上的正确性，又具有概率上的统计意义。井间动态连通性模型计算的动态指标主要受连通单元参数影响，如果存在定容水体，水体体积也是影响因素之一。历史拟合主要通过调整连通单元参数及水体体积，拟合产油速度、含水等实际生产动态数据，因此，历史拟合目标函数可以定义为：

$$\min O(m)=\frac{1}{2}[s(m)-d_{\text{obs}}]^T C_{\text{d}}^{-1}[s(m)-d_{\text{obs}}],\ m=[\cdots,\ T_{ijk}^0,\ V_{pijk}^0,\ \cdots]^T \quad (3-58)$$

式中，$O(m)$为历史拟合目标函数；m为由连通特征参数和水体体积组成的向量；d_{obs}为实际动态指标向量；$s(m)$为连通模型预测的动态指标向量；C_{d}为动态协方差阵。

对于实际油藏，经过油藏地质研究后，对油藏大致特征有一定的认识，如平均渗透率、孔隙度、油藏孔隙体积等，因此特征参数需要满足一定条件：

$$m_{\text{low}}\leqslant m\leqslant m_{\text{up}} \quad (3-59)$$

$$\sum_{i=1}^{N_{\text{w}}}\sum_{j=1}^{N_{\text{w}}}\sum_{k=1}^{N_{\text{l}}}V_{ijk}^0=2V_{\text{R}} \quad (3-60)$$

式中，V_{R}为油藏总孔隙体积，m^3；m_{low}和m_{up}分别为特征参数上下限组成的向量。孔隙体积、传导率和水体体积都是正值，一般下限为0，具体上下限需要考虑油藏物性参数。由于油藏储量相对可靠，各连通单元孔隙体积之和应该基本不变或者变化很小。水体体积一般较大，可以由油藏工程动态分析赋初值。

此外，有些油藏经过动态分析，具有单井控制储量信息，也可以作为历史拟合的约束条件：

$$c_{\text{low}i}V_{ci}\leqslant\sum_{j=1}^{N_w}V_{ij}^0\leqslant c_{\text{up}i}V_{ci},i=1,\cdots,N_{\text{w}} \quad (3-61)$$

式中，V_{c}为单井控制体积，m^3；$c_{\text{low}i}$和$c_{\text{up}i}$为第i井控制变量上下边界系数。由于动态分析的控制变量不确定性大，可以把约束范围调大，如上下边界系数分别设为0.9、1.1。

（二）历史拟合优化算法

建立井间动态连通性模型、历史拟合数学模型后，选取合适的优化算法是模型参数反演的关键。根据最优化原理，不考虑约束条件下从模型参数初始估计值开始，沿着历史拟合目标函数O对m的梯度方向进行迭代搜索计算，便可求得O的局部极值及相应的模型参数。但是由于O计算公式中是不显示m的，因此，很难通过解析方法获得真正的梯度。目前自动历史拟合领域中，伴随方法是常用的梯度类算法。国内外学者对利用伴随方法求解油藏历史拟合问题进行了细致而深入的研究，并给出了梯度求解的详细推导过程，然而，伴随梯度的运算极其复杂，需要与预测模型相结合，难以广泛应用。

1. 随机扰动近似梯度算法(SPSA 算法)

标准的SPSA算法是一种与有限差分方法近似的扰动方法，最早是由Spall等人在1992年提出的。SPSA算法是通过对所有自变量进行同步扰动来获得近似梯度，计算过程

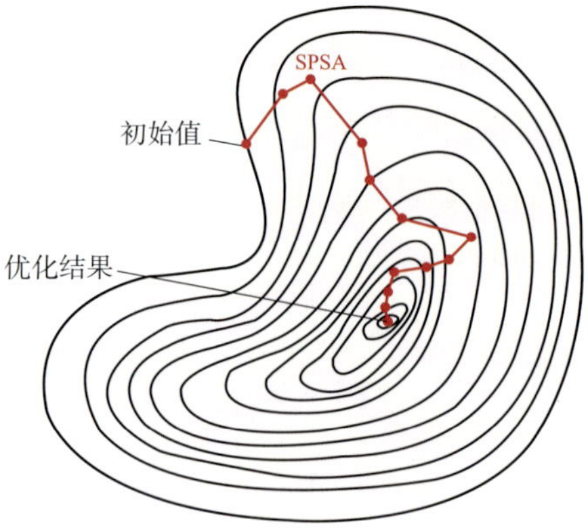

图 3－16　SPSA 算法示意图

中仅涉及目标函数的计算，SPSA 算法示意图如图 3－16 所示。SPSA 近似梯度具有恒为上山方向的特点，且期望值为真实梯度。

SPSA 近似梯度的表达式如式(3－62)：

$$\hat{g}^{l}(u_{\mathrm{opt}}^{l})=\frac{J(u_{\mathrm{opt}}^{l}+\varepsilon_{l}\Delta_{l})-J(u_{\mathrm{opt}}^{l})}{\varepsilon_{l}}\times\Delta_{l} \tag{3-62}$$

式中，u_{opt}^{l} 为在第 l 个迭代步所获得的最优控制变量；ε_l 为扰动步长；Δ_l 为 N_u 维随机扰动向量，其中所包含元素 $\Delta_{l,i}(i=1,2,\cdots,N_u)$ 为服从参数为 ±1 的对称 Bernoulli 分布。

考虑将 $J(u_{\mathrm{opt}}^{l}+\varepsilon_{l}\Delta_{l})$ 在 u_{opt}^{l} 进行一阶泰勒式展开，可得式(3－63)：

$$J(u_{\mathrm{opt}}^{l}+\varepsilon_{l}\Delta_{l})=J(u_{\mathrm{opt}}^{l})+\varepsilon_{l}\Delta_{l}^{T}\nabla J(u_{\mathrm{opt}}^{l})+J(\|\varepsilon_{l}\Delta_{l}\|^{2}) \tag{3-63}$$

扰动步长一般取值非常小，第三项可以近似忽略。将式(3－63)代入式(3－62)所示 SPSA 梯度计算公式中，可得：

$$\hat{g}^{l}(u_{\mathrm{opt}}^{l})=\varepsilon_{l}\Delta_{l}^{T}\nabla J(u_{\mathrm{opt}}^{l})=C_{\mathrm{U}}^{1/2}Z_{l}Z_{l}^{T}C_{\mathrm{U}}^{T/2}\nabla J(u_{\mathrm{opt}}^{l}) \tag{3-64}$$

则 $\hat{g}^{l}(u_{\mathrm{opt}}^{l})$ 与真实梯度 $\nabla J(u_{\mathrm{opt}}^{l})$ 的乘积为：

$$\hat{g}^{l}(u_{\mathrm{opt}}^{l})^{T}\nabla J(u_{\mathrm{opt}}^{l})=[\Delta_{l}^{T}\nabla J(u_{\mathrm{opt}}^{l})]^{2}\geqslant 0 \tag{3-65}$$

另外考虑 $\hat{g}^{l}(u_{\mathrm{opt}}^{l})$ 的期望值，有：

$$\begin{aligned}E[\hat{g}^{l}(u_{\mathrm{opt}}^{l})]&=E[C_{\mathrm{U}}^{1/2}Z_{l}Z_{l}^{T}C_{\mathrm{U}}^{T/2}\nabla J(u_{\mathrm{opt}}^{l})]=C_{\mathrm{U}}^{1/2}E[Z_{l}Z_{l}^{T}]C_{\mathrm{U}}^{T/2}\nabla J(u_{\mathrm{opt}}^{l})\\&=C_{\mathrm{U}}^{1/2}I_{N_u}C_{\mathrm{U}}^{T/2}\nabla J(u_{\mathrm{opt}}^{l})=C_{\mathrm{U}}\nabla J(u_{\mathrm{opt}}^{l})\end{aligned} \tag{3-66}$$

由式(3－65)和式(3－66)可知，当扰动步长 ε_l 足够小时，在基于控制变量协方差矩阵上计算得到的 SPSA 梯度仍为上山方向，而且其期望值为协方差阵和真实梯度的乘积。因此，该梯度方向类似于将协方差阵作为 Hessian 逆矩阵的拟牛顿方向，且球形模型所建协方差阵恒为正定矩阵，保证了算法的收敛性。

2. 粒子群优化算法(PSO 算法)

粒子群优化算法(Particle Swarm Optimization，简称 PSO)也称微粒群优化算法，它是近年来发展起来的一种新的进化算法，由 Eberhart 博士和 Kennedy 博士(Eberhart R. 和 Kennedy J.，1995；Kennedy J. 和 Eberhart R.，1995)提出，该算法以其实现容易、收敛速度快等优点引起了学术界的重视。PSO 算法的基本思路是通过群体中个体之间的协作和信息共享来寻找最优解。与遗传算法相似，它也是从一组随机解出发，通过迭代寻找最优解，但 PSO 算法比遗传算法规则更为简单，没有遗传算法的“交叉”(Crossover)和“变异”(Mutation)等复杂操作，目前已广泛应用于函数优化、神经网络训练、模糊系统控制等领域。

PSO 算法源于对鸟群捕食的行为研究，每个优化问题的解都是搜索空间中的一只鸟，称之为“粒子”。每个粒子表征了其在解空间中的位置，所有的粒子都有与之对应的目标函数值(或适应值)及飞行速度，粒子们通过追随当前的最优粒子在解空间中进行搜索。对于生产优化问题而言，这里的粒子则对应的是一个控制向量。PSO 算法首先初始化一组随机粒子，每个粒子在迭代中通过分享自己与群体间的飞行经验来更新自己的位置和速度(表 3－1)。

表 3－1 微粒群优化算法示意

PSO 算法	鸟类觅食
模型变量	单个鸟
粒子的搜索方向	鸟觅食的方向
局部最优解	单个鸟在觅食过程中最好的位置
全局最优解	所有鸟在觅食过程中最好的位置

令 u_i^l 表示第 l 迭代步的第 i 个粒子的位置，在第 $l+1$ 迭代步，该粒子的位置更新为：

$$u_i^{l+1}=u_i^l+v_i^{l+1} \tag{3-67}$$

式中，v_i^{l+1} 表示在 $l+1$ 迭代步的飞行速度，该速度实则为粒子的搜索(飞行)方向，可由下式计算获得：

$$u_i^{l+1}=\omega v_i^l+c_c r_c^l(u_{ipb}^l-u_i^l)+c_s r_s^l(u_{gpb}^l-u_i^l) \tag{3-68}$$

式中，v_i^l 为先前粒子的飞行速度；ω 为惯性权重；u_{ipb}^l 为粒子 i 本身经历过的最好位置；u_{gpb}^l 为当前群体所有粒子所经历过的最好位置(对应着当前最优的目标函数值)；c_c、c_s 为加速度常数；r_c^l、r_s^l 为在[0，1]范围内变化的随机数。

惯性权重 ω 使粒子保持运动惯性，使其具有扩展搜索空间的趋势，该值越小使粒子探索新的区域的能力下降，易于陷入局部最优；而 ω 值越大，粒子全局搜索能力增强，但算法的收敛速度降低，因此针对不同的优化问题，需要通过调整 ω 的取值来平衡 PSO 算法的全局和局部搜索性，一种常用的做法是在优化早期使用较大的 ω 值来获得较高的搜索能力，而后逐步减小 ω 来加快算法的收敛速度。

3. 近似扰动梯度升级算法(GSA 算法)

近似扰动梯度升级算法(General Stochastic Approximation，简称 GSA)。对于目标函数 J，考虑在第 l 个迭代步的最优控制变量为 u^l，在其周围进行扰动生成 N 个控制变量：

$$u_i^l=u^l+\varepsilon_l\Delta_i^l,\ i=1,\ 2,\ \cdots,\ N \tag{3-69}$$

式中，u_i^l 表示第 l 步第 i 个控制变量实现；Δ_i^l 为扰动向量，服从某一分布；ε_l 为扰动步长。

将 N 个控制变量带入到油藏模拟中进行运算，可分别求得对应的 N 个目标函数值 $J(u_1^l)$，$J(u_2^l)$，…，$J(u_N^l)$，令 ΔJ_i 表示第 i 个目标函数值与当前最优目标函数值的差值，即：

$$\Delta J_i=J(u_i^l)-J(u^l)=J(u^l+\varepsilon_l\Delta_i^l)-J(u^l),\ i=1,\ 2,\ \cdots,\ N \tag{3-70}$$

构造近似扰动梯度一般式为：

$$\hat{g}=\frac{1}{c}\Delta L L^T\Delta J \tag{3-71}$$

将 $J(u^l+\varepsilon_l\Delta_i^l)$ 在 u^l 处进行一阶泰勒展开：

$$J(u^l+\varepsilon_l\Delta_i^l)=J(u^l)+\varepsilon_l g^T\Delta_i^l+o(\|\varepsilon_l\Delta_i^l\|^2) \tag{3-72}$$

由于扰动步长 ε_l 一般较小，可忽略掉第三项无穷小量，则 ΔJ_i 满足：

$$\Delta J_i = J(u^l + \varepsilon_l \Delta_i^l) - J(u^l) = \varepsilon_l g^T \Delta_i^l \tag{3-73}$$

写成向量形式，则 $\Delta J^T = \varepsilon_l g^T \Delta$。考虑近似梯度 $\hat{g}$ 与真实梯度 g^T 的向量积为：

$$g^T \hat{g} = \frac{1}{c} g^T \Delta L L^T \Delta J = \frac{1}{c} \frac{\Delta J^T}{\varepsilon_l} L L^T \Delta J = \frac{1}{\varepsilon_l c} \| L^T \Delta J \|^2 \geqslant 0 \tag{3-74}$$

式(3-74)表明，一般式梯度 $\hat{g}$ 对于最大化问题而言恒为上山方向(Jalali Y et al.，1998)，能够保证算法收敛。

为了验证上述算法的收敛性，选取了一个简单函数进行验证，目标函数为：

$$f(x) = \sum_{j=1}^{10} [x(i) - i]^2 \tag{3-75}$$

自变量的维数为 10，SPSA 算法和 GSA 算法的扰动次数 n 分别为 2 次、5 次、10 次、15 次和 20 次，对应的扰动步长 ε 为 0.2，PSO 算法的种群数量分别设置为 10、15、20、25 和 30，其初始粒子的位置分别为 $u_i^0(i=1, 2, 3, \cdots, 10)$、$u_i^0(i=1, 2, 3, \cdots, 15)$、$u_i^0(i=1, 2, 3, \cdots, 20)$、$u_i^0(i=1, 2, 3, \cdots, 25)$、$u_i^0(i=1, 2, 3, \cdots, 30)$，初始飞行速度 v_i^0 均从[-2，2]均匀分布随机向量中产生，其测试结果如下。

从表 3-2 可以看出 SPSA 算法收敛速度相比 GSA 算法慢且目标函数值精度低(表 3-3)，PSO 算法整体收敛速度慢，且为得到相对精确的目标函数值，其种群数量要合适，目标函数精度并不随着种群数量的增多而更准确，针对以上收敛性测试结果，为使模型拟合精度更高，将使用 GSA 算法作为历史拟合算法，通过修改其扰动步长 ε 测试其稳定性，对其进行稳定性测试，结果：加大扰动步长后模拟计算次数变小，目标函数精度略有下降，GSA 算法整体稳定性较好。

表 3-2　各优化算法收敛性对比

算法	参数设置	模拟计算次数	目标函数值
SPSA	$n=2$，$\varepsilon=0.2$	167	2.02×10^{-5}
	$n=5$，$\varepsilon=0.2$	182	1.76×10^{-5}
	$n=10$，$\varepsilon=0.2$	203	1.28×10^{-5}
	$n=15$，$\varepsilon=0.2$	246	1.12×10^{-5}
	$n=20$，$\varepsilon=0.2$	265	1.07×10^{-5}
GSA	$n=2$，$\varepsilon=0.2$	104	1.67×10^{-7}
	$n=5$，$\varepsilon=0.2$	127	1.62×10^{-7}
	$n=10$，$\varepsilon=0.2$	134	1.54×10^{-7}
	$n=15$，$\varepsilon=0.2$	139	1.44×10^{-7}
	$n=20$，$\varepsilon=0.2$	142	1.23×10^{-7}
PSO	$i=10$	145	8.89×10^{-5}
	$i=15$	163	2.65×10^{-6}
	$i=20$	224	3.45×10^{-6}
	$i=25$	284	1.57×10^{-7}
	$i=30$	364	8.23×10^{-7}

表 3-3 GSA 算法稳定性测试结果

算法	参数设置	模拟计算次数	目标函数值
GSA	$n=10$，$\varepsilon=0.5$	116	1.58×10^{-7}
	$n=10$，$\varepsilon=1$	103	1.61×10^{-7}

(三)历史拟合约束条件处理

历史拟合过程涉及模型参数的上下边界约束和区块孔隙体积、单井控制储量等线性约束，直接利用 SPSA 近似梯度进行迭代优化，反演结果可能出现负值、区块整体体积变化较大等情形，不具有实际意义，因此需要对约束条件进行处理。

对于边界约束，可以利用对数变化法进行处理；对于线性约束，利用投影梯度法进行处理。

1. 对数变换法

对于每一个模型参数 m_i，我们可以用一个变量 s_i 来等价它，它们可以通过式(3-76)来达到一一对应：

$$s_i=\ln\frac{m_{\mathrm{up}i}-m_i}{m_i-m_{\mathrm{low}i}} \tag{3-76}$$

如图 3-17 s_i 是没有边界的，从而去掉了边界约束。进行对数变换后，历史拟合自变量变成了 s，通过对 s 进行迭代使目标函数 O 下降直至收敛，最后利用 s 与 m 之间的关系，反求出 m，从而完成模型反演，这个过程中线性约束还是存在的，需要利用投影梯度法进行处理。

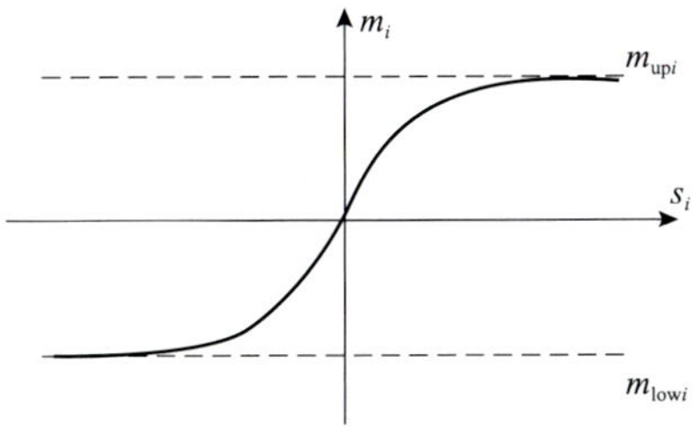

图 3-17 对数变换示意图

2. 投影梯度法

投影梯度法是由 Rosen 在 1960 年提出来的，能够用于处理线性约束和非线性约束问题。投影梯度法的基本思路是：当迭代点在可行域的内部时，以该点的负梯度方向为下降可行方向；而当迭代点位于可行域的边界上且其梯度方向指向可行域外部时，则取它的负梯度方向在边界上的投影为下降可行方向，若这个投影为零向量，则停止迭代，得到问题的极小点。

历史拟合中的线性约束条件可以整理成：

$$Nm\leqslant b \tag{3-77}$$

式中，N 为各约束条件系数组成的矩阵；b 为各约束条件约束值组成的向量。

投影梯度法的基本假设是自变量初始值需满足约束条件，求取梯度后，更新自变量，需要检查各约束条件是否激活，从而对梯度进行修正。对于不等式约束，如果不满足，则对应的不等式约束条件激活；对于等式约束，都会被激活。

假设第 l 迭代步，未激活的线性约束条件组成的约束系数矩阵为 N_r，则对数变换后的自变量迭代公式为：

$$s_{l+1}=s_l+\alpha P\hat{g}(s_l) \tag{3-78}$$

式中，α 为迭代步长，$P=N_r^T(N_rN_r^T)^{-1}N_r$，下面以等式约束进行推导。

由于自变量初始值满足等式约束，在第 l 个迭代步，对于等式约束有：

$$N_em_l=b_e \tag{3-79}$$

式中，N_e 为等式约束系数组成的矩阵，b_e 为等式约束值组成的向量。

如果要求第 $l+1$ 个迭代步也满足等式约束：

$$N_em_{l+1}=b_e \tag{3-80}$$

同时迭代过程满足：

$$m_{l+1}=m_l+\alpha g_m \tag{3-81}$$

式中，g_m 为对 SPSA 近似梯度修正后的梯度，使迭代过程满足约束。

结合上述三式可得：

$$N_eg_m=0 \tag{3-82}$$

在保证满足约束条件下，还需要尽量保证修正后的梯度接近 SPSA 近似梯度，为此，定义一下约束问题：

$$\begin{aligned}\min \quad L(g_m)&=g_m^Tg_s\\ N_eg_m&=0\end{aligned} \tag{3-83}$$

使用拉格朗日乘子 λ 和 μ，则上述最小化问题变为：

$$L(g_m,\ \lambda,\ u)=g_m^Tg_s+\lambda g_m^TN_e+u(g_m^Tg_m-1) \tag{3-84}$$

将 L 对 g_m 求导：

$$\frac{\partial L}{\partial g_m}=g_s+\lambda N_e+2ug_m=0 \tag{3-85}$$

上式两边同时乘以 N_e^T，并结合式(3-17)得：

$$\lambda=-(N_e^TN_e)^{-1}N_e^Tg_s \tag{3-86}$$

所以：

$$g_m=-\frac{1}{2u}[1-N_e^T(N_eN_e^T)^{-1}N_e]g_s=-\frac{1}{2u}Pg_s \tag{3-87}$$

$$P=1-N_e^T(N_eN_e^T)^{-1}N_e \tag{3-88}$$

这里的 g_m 就是投影矩阵。因为 g_m 是一个搜索方向，所以上式中的 $1/2u$ 项并不重要，通常在计算时使用 $g_m=-P\times g_s$。

（四）油藏概念模型应用

为了检验裂缝性油藏优化方法的正确性，建立五注四采概念模型进行验证，该概念模型的渗透率场如图 3-18 所示。

该模型反演得到的连通参数及计算出的劈分系数如图 3-19 所示。

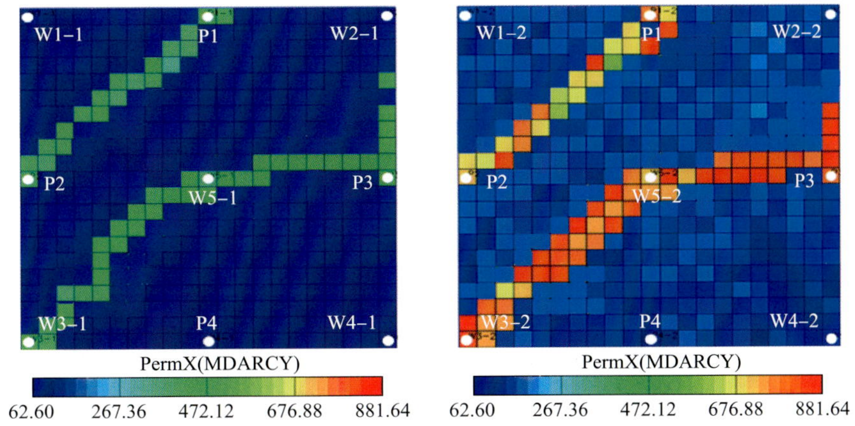

(a)第一层渗透率场图　(b)第二层渗透率场图

图 3-18　五注四采模型渗透率场图

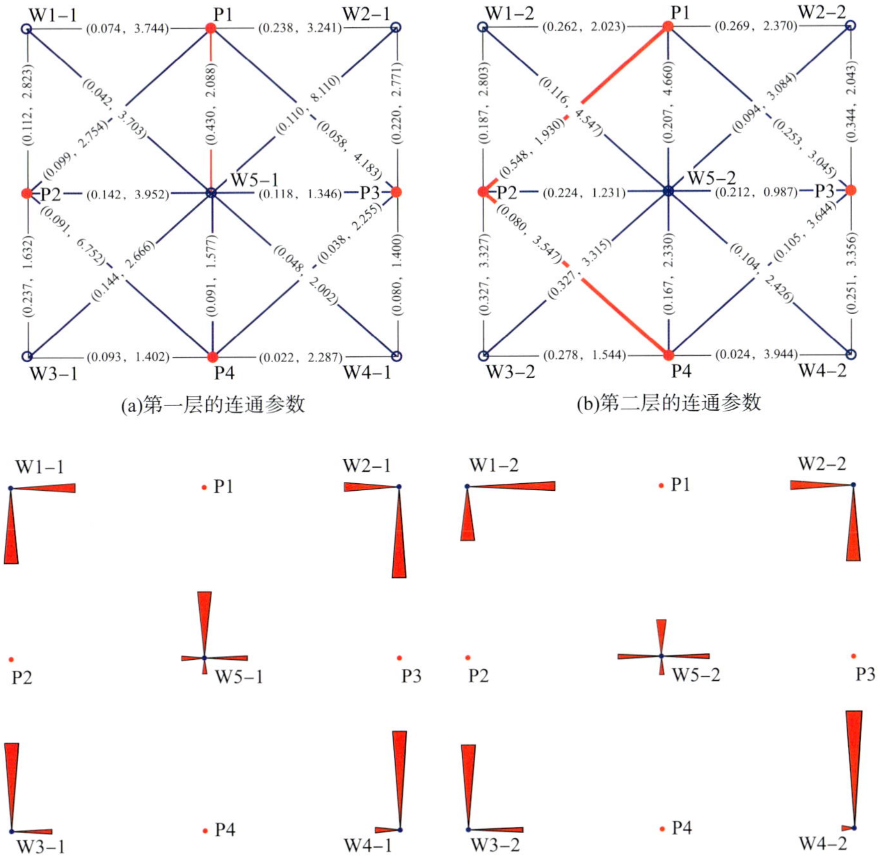

(a)第一层的连通参数　(b)第二层的连通参数

(c)第一层的劈分系数　(d)第二层的劈分系数

图 3-19　五注四采模型连通参数及劈分系数情况

通过图 3-19 可以看出，连通参数大的地方劈分系数也大，连通参数小的地方劈分系数也小，模型反演出的连通参数与计算的劈分系数具有很好的对应性，图 3-20 为模型区块及部分单井的拟合情况。其中红圈表示观测值，蓝线表示拟合值，从图 3-21 可以看出拟合情况良好，模型能真实反映注采井间的流动情况，验证该模型的准确性。

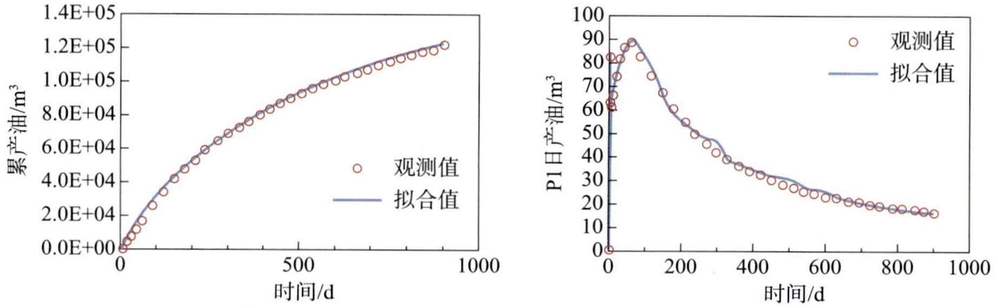

(a)区块累产油拟合情况　　(b)P1井日产油拟合情况

图3－20　模型区块及部分单井的拟合情况

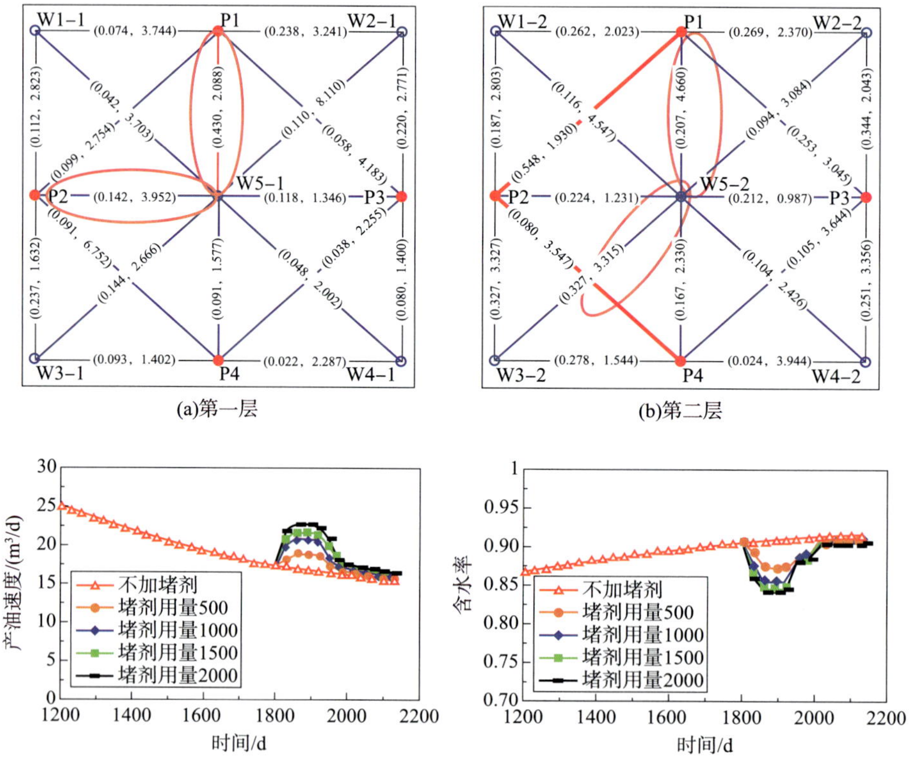

(a)第一层　　(b)第二层

(c)调堵前后区块产油速度对比　　(d)调堵前后区块含水率对比

图3－21　五注四采模型堵剂模拟情况

使用该拟合较好地模型模拟堵剂注入过程，在900天对油水井间多个高渗条带进行调堵，通过选定调堵单元注入堵剂后，以区块产油速度和区块含水率为指标评价该模型堵剂模拟效果如图3－21所示。

第一层的调堵单元为注水井W2(生产井P1)、注水井W3(生产井P2)和注水井W5(生产井P1)，第二层调堵单元为注水井W3(生产井P2)、注水井W5(生产井P3)和注水井W3(生产井P2)，可以看出调堵后区块产油速度在900天之后的30天里迅速上升，之后开始下降，但整体产油速度高于调堵之前的产油速度；区块含水率900天之后的30天里迅速下降，之后开始上升，但整体含水率低于调堵之前的含水率，该模型调堵结果符合常规认识，验证了该方法的正确性。

三、基于井间连通性调堵动态生产优化设计及软件应用

（一）注采优化数学模型建立

注采优化问题通常采用净现值（NPV，Net Present Value）的方法来评估开发的经济效益。净现值法是项目动态经济评价中最重要的方法之一，一个建设项目的净现值是指：在整个建设和生产服务年限内各时间段的净现金流量按照设定的折现率折合成现值后求和所得到的值。这里考虑开发过程产水、注水成本，建立经济净现值的数学表达式如下：

$$J(u)=\sum_{n=1}^{L}\left[\sum_{j=1}^{N_{\rm P}}(r_{\rm o}q_{{\rm o},j}^{n}-r_{\rm w}q_{{\rm w},j}^{n})-\sum_{i=1}^{N_{\rm I}}r_{{\rm w}i}q_{{\rm w}i,i}^{n}-\sum_{i=1}^{N_{\rm I}}r_{\rm p}q_{{\rm p}i,i}^{n}\right]\frac{\Delta t_n}{(1+b)^{t_n}} \quad (3-89)$$

式中，J 为注采优化目标函数；L 为总时间步数；$N_{\rm P}$ 和 $N_{\rm I}$ 分别为生产总井数，总注水井数；$q_{{\rm o},j}^{n}$ 为第 j 口生产井 n 时刻的产油量，$\rm m^3/d$；$q_{{\rm w},j}^{n}$ 为第 j 口生产井 n 时刻的产水量，$\rm m^3/d$；$q_{{\rm w}i,i}^{n}$ 为第 i 口注水井 n 时刻的注水量，$\rm m^3/d$；$q_{pi,i}^{n}$ 为第 i 口注水井 n 时刻的注入堵剂量，$\rm m^3/d$；$r_{\rm o}$ 为原油价格，元/$\rm m^3$；$r_{\rm w}$ 为产水成本价格，元/$\rm m^3$；$r_{{\rm w}i}$ 为注水价格，元/$\rm m^3$；$r_{\rm p}$ 为堵剂价格，元/$\rm m^3$；b 为平均年利率，%；Δt^n 为时刻 i 对应的时间间隔，d；t_n 为 n 时刻距离注采优化方案开始的时间，年；u 为 N_u 维控制变量向量，其元素为各井在每个控制时间步数上的工作制度（单井产液量或注水量），显然，N_u 为调控井数与注采优化阶段时间步数的乘积。假设有 5 口油井每半年调控 1 次产液量，初始产液量为 50STB/d，注采优化阶段时间为 5 年，则初始控制变量 $u=[50,\ 50,\ \cdots,\ 50]$，$N_u=50$。

用净现值分析开发方案时，净现值越大，项目的经济效益越好。只有当 $J>0$ 时，开发方案才是可以接受的。净现值法的主要优点是考虑了项目在整个计算期内的经济状况，直接以金额表示项目的收益情况，非常直观。

对于实际油藏，由于油藏物性的限制，控制变量的变化不能超过实际供给上限，存在边界约束。边界约束是常见的约束形式，主要是单井的生产界限，上限需要考虑物性和施工能力；流量控制下边界通常设为 0，即关井。为了进行更合理的开发，通常还有其他约束限制，如等式约束、不等式约束。典型的等式约束如区块整体产液量或者注入量为一定值；不等式约束通常要求区块的产液量和注入量要受到油田设备工作能力的限制。因此，注采优化数学模型可表达为：

$$J(u)=\sum_{n=1}^{L}\left[\sum_{j=1}^{N_{\rm P}}(r_{\rm o}q_{{\rm o},j}^{n}-r_{\rm w}q_{{\rm w},j}^{n})-\sum_{i=1}^{N_{\rm I}}r_{{\rm w}i}q_{{\rm w}i,i}^{n}-\sum_{i=1}^{N_{\rm I}}r_{\rm p}q_{{\rm p}i,i}^{n}\right]\frac{\Delta t_n}{(1+b)^{t_n}} \quad (3-90)$$

$$u_k^{\rm low}\leqslant u_k\leqslant u_k^{\rm up},\ k=1,\ 2,\ \cdots,\ N_u \quad (3-91)$$

$$e_i(u,\ y,\ m)=0,\ i=1,\ 2,\ \cdots,\ n_e$$

$$c_i(u,\ y,\ m)\leqslant 0,\ j=1,\ 2,\ \cdots,\ n_c \quad (3-92)$$

式中，$u_k^{\rm low}$ 和 $u_k^{\rm up}$ 分别表示第 u_k 个控制变量 u_k 的上下边界；$e_i(u,\ y,\ m)=0$ 和 $c_i(u,\ y,\ m)\leqslant 0$ 分别为等式约束条件和不等式约束条件。

采优化方法，能够有效实现多层油藏剩余油深度挖潜。

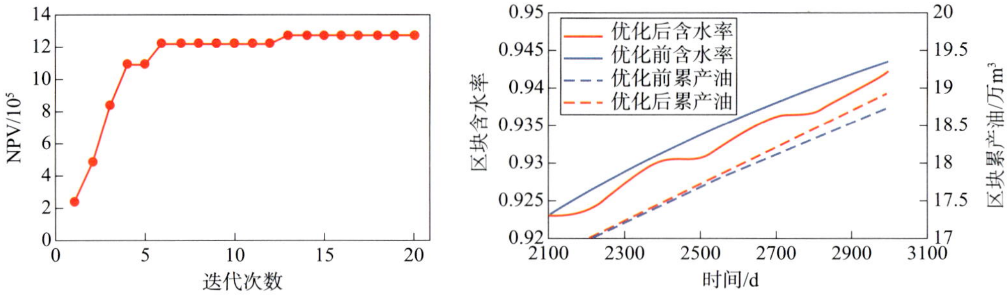

(a)NPV变化　　(b)生产指标变化

图3－23　优化前后区块生产指标及NPV变化

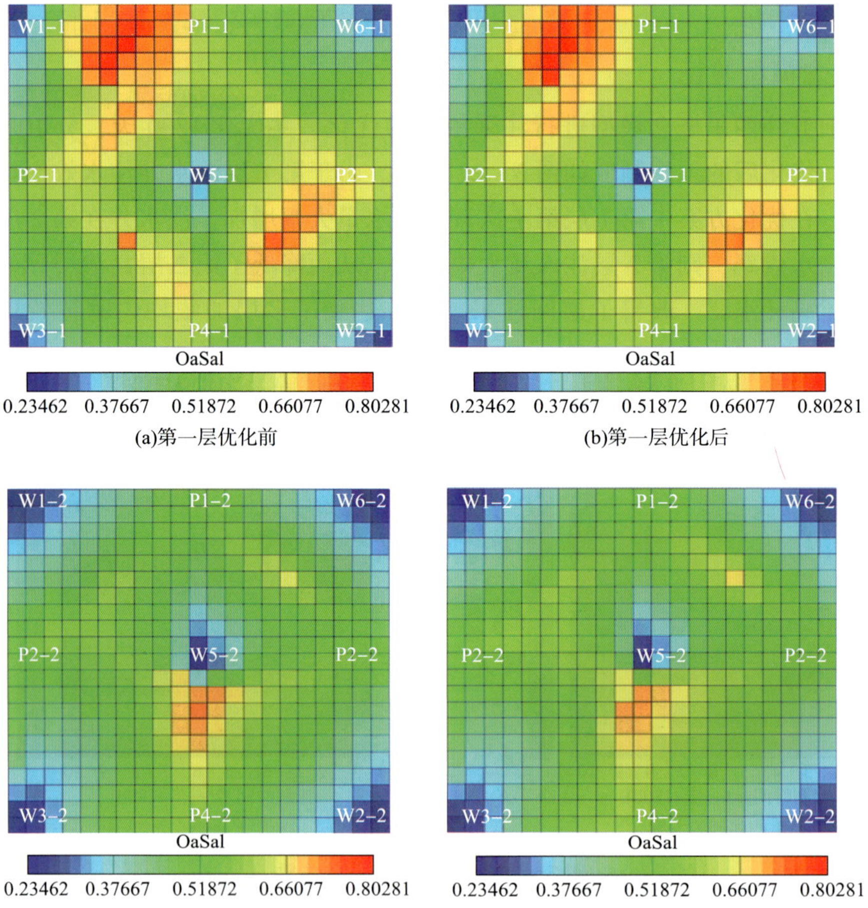

(a)第一层优化前　　(b)第一层优化后

(c)第二层优化前　　(d)第二层优化后

图3－24　优化前后各层剩余油对比

考虑到现场实际情况多为水平井，直井模型不能完全反映水平井调堵效果，则建立了非均质一注四采概念模型，其中注水井为水平井，对该模型进行调堵敏感性分析，进一步完善对水平井调堵的认识，该模型的井位图如图3－25所示。该模型中W7、W8各自表示一口水平井，其注入量为2000m^3。W2、W4、W6位于高渗带上，各自的产液量分别为

400m³、800m³ 和 400m³，W1、W5、W3 位于低渗带上，各自的产液量分别为 100m³、200m³ 和 100m³，该模型反演得到的相关参数如图 3－26 所示。

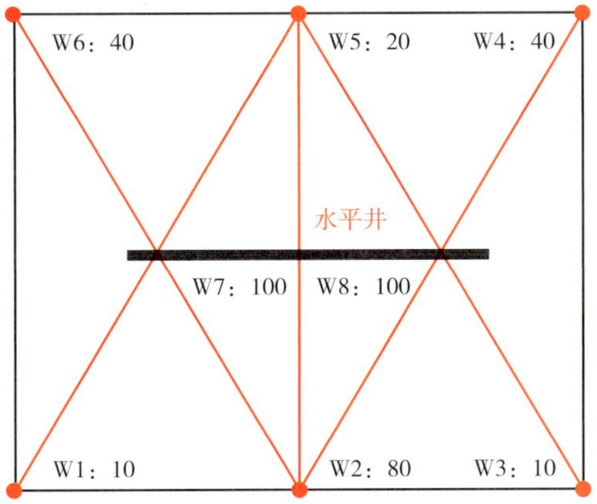

图 3－25 水平井概念模型井位图

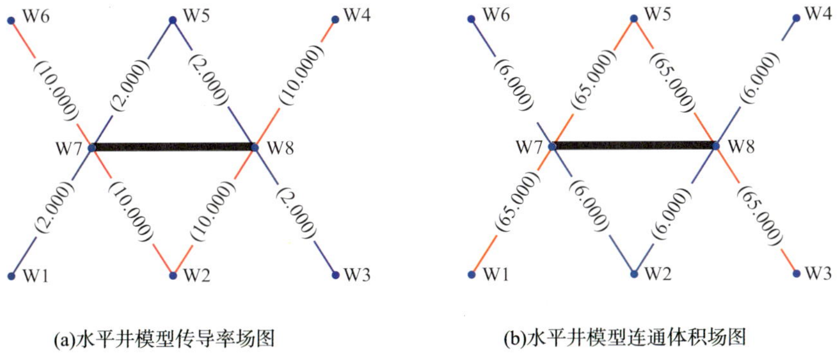

图 3－26 水平井模型相关参数场图

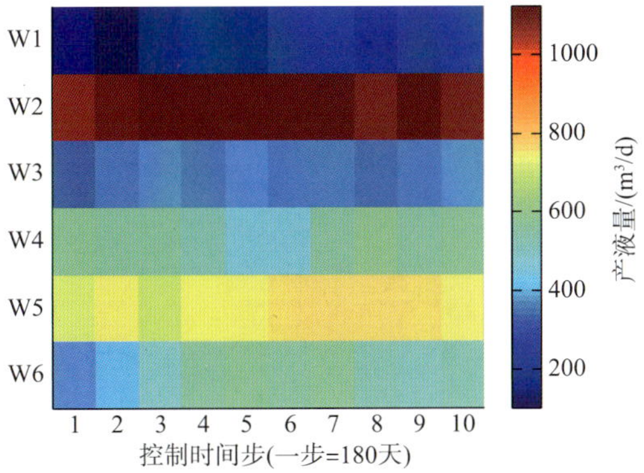

图 3－27 注采优化调控结果

选用该水平井模型进行注采液量的优化，共优化 1800 天，分 10 个调控步，每步 180 天，优化后的工作制度如图 3－27 所示。W2、W4、W6 位于高渗带上优化后液量增加，W1、W5、W3 位于低渗带上优化后保持稳定。

优化后的区块指标如图 3－28 所示，通过 NPV 曲线可以看出经济净现值增加 8 亿元，从区块指标优化结果可以看出，优化后的区块累产油升高了 260 万 m³，通过优化调整工作制度，起到了降水增油的效果。

该模型模拟生产天数为 3000 天，于 1500 天开始注入堵剂量为 2000m³ 的堵剂，以区块累产油和区块含水率为评价指标，检验该模型的准确性，效果如图 3－29 所示。

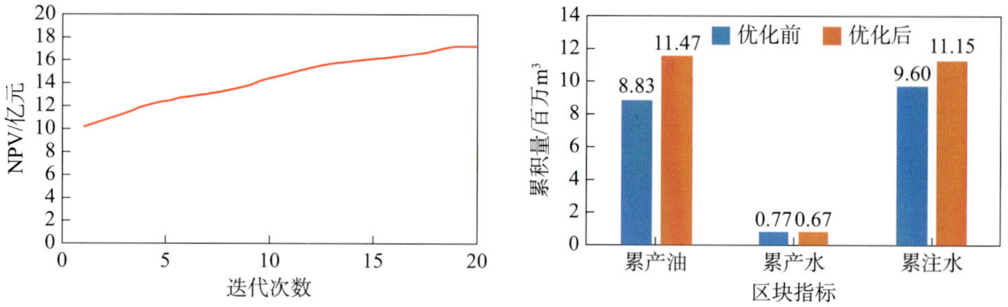

(a)NPV变化　　(b)生产指标变化

图 3－28　优化前后区块生产指标及 NPV 变化

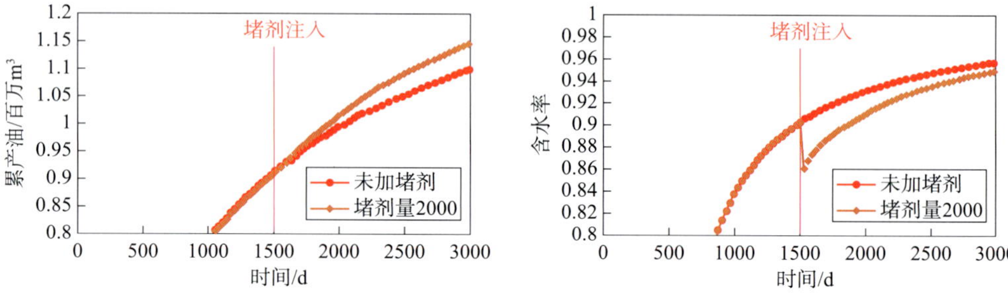

(a)区块累产油曲线图　　(b)区块含水率曲线图

图 3－29　水平井模型相关参数场图

从图 3－29 中可以看出，区块累产油在注入堵剂后有所增加，增加值为 47900m^3，区块含水率在约一个月内快速下降，之后又缓慢上升，但整体低于未注堵剂之前，平均下降 2.5%。水平井模型模拟注入堵剂效果与直井在含水率的反应上与直井一致，验证了该模型的准确性，有良好的外推性，可以做敏感性分析等其他工作。

使用该模型，以区块累产油和区块含水率为评价指标，进行在堵剂用量不同情况下的敏感性分析。实验设置堵剂用量分别为 1000m^3、2000m^3、5000m^3、10000m^3 和 15000m^3，模拟结果如图 3－30 所示。

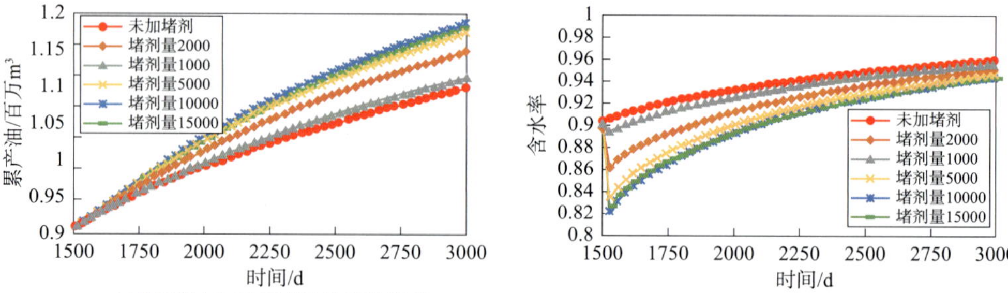

(a)堵剂量与区块累产油关系曲线图　　(b)堵剂量与区块含水率关系曲线图

图 3－30　水平井模型堵剂量敏感性分析

图 3－30 中红色线表示未加堵剂，灰色线表示堵剂用量为 1000m^3，橙色线表示堵剂用量为 2000m^3，黄色线表示堵剂用量为 5000m^3，深蓝色线表示堵剂用量为 10000m^3，绿色线表示堵剂用量为 15000m^3。其整体变化趋势没有太大变化，但是从图中可以看出堵剂用量是存在最优值的，存在一个最优值可以使区块累产油较大而区块含水率较小，随着堵剂量的增大，

累产油先增后降，堵剂量约 $10000m^3$ 时，累产油量最大，达到 8.72 万 m^3。堵剂量约 $15000m^3$ 时，由于液量下降过多导致增油效果不如堵剂量为 $10000m^3$ 时，累产油只有 8.40 万 m^3。

对该模型进行优化，优化前的堵剂用量初值为 $8270m^3$，优化结果如图 3－31 所示，可以看出进过约 45 个迭代步目标函数收敛，优化后的堵剂用量为 $10400m^3$，在注水量相同的情况下，区块累产油增加 $50700m^3$，累产水下降 $83000m^3$，优化效果明显。

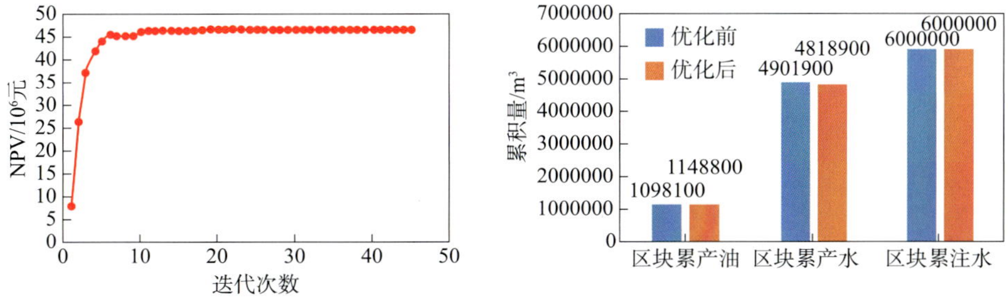

(a)目标函数迭代情况　　(b)优化前后区块指标

图 3－31　水平井模型堵剂优化结果

部分单井优化结果如图 3－32 所示，其中 W1 井优化前的累产油 $246000m^3$，优化后的累产油变为 $259000m^3$，累产油增加 $13000m^3$，产油速度由 $20.7m^3/d$ 提升到 $24.6m^3/d$，含水率由 92% 下降到 89%，优化效果明显；由于 W2 井在高渗条带上，加入堵剂后传导率下降，累产油下降，产油速度和含水率无明显变化。W5 井优化前的累产油 $492000m^3$，优化后的累产油变为 $517000m^3$，累产油增加 $13000m^3$，产油速度由 $20.7m^3/d$ 提升到 $24.6m^3/d$，含水率由 92% 下降到 89%，优化效果明显；由于 W4 井在高渗条带上，加入堵剂后传导率下降，累产油下降，产油速度和含水率无明显变化(图 3－33)。

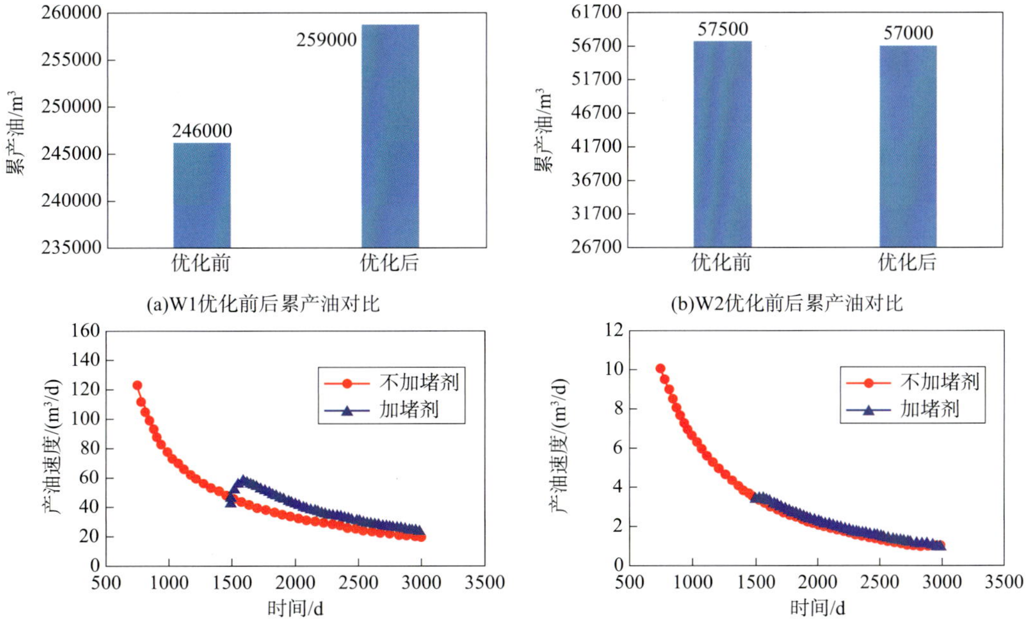

(a)W1优化前后累产油对比　　(b)W2优化前后累产油对比

(c)W1优化前后产油速度对比　　(d)W2优化前后产油速度对比

图 3－32　W1 井和 W2 井优化前后对比

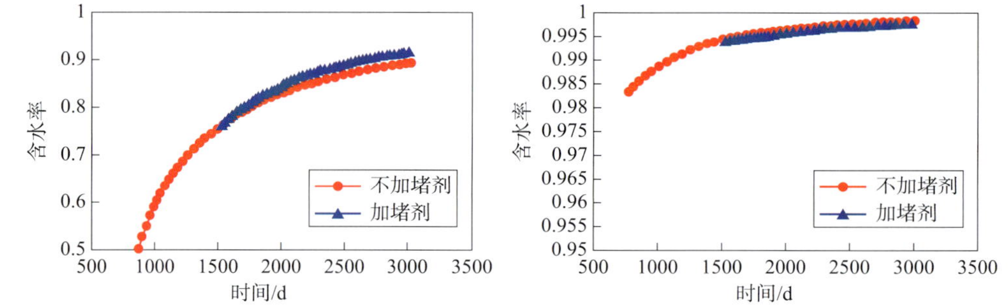

(e)W1优化前后含水率对比　(f)W2优化前后含水率对比

图 3－32　W1 井和 W2 井优化前后对比(续)

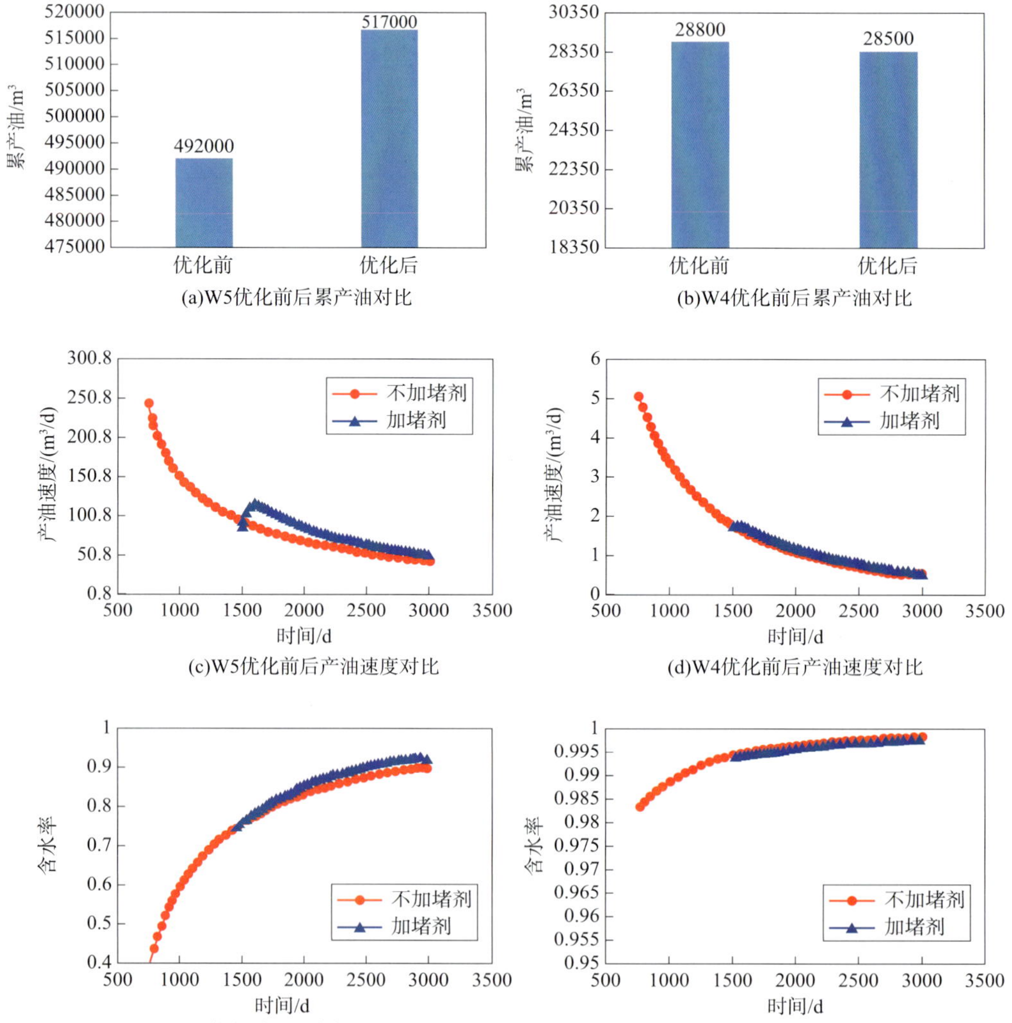

(a)W5优化前后累产油对比　(b)W4优化前后累产油对比

(c)W5优化前后产油速度对比　(d)W4优化前后产油速度对比

(e)W5优化前后含水率对比　(f)W4优化前后含水率对比

图 3－33　W4 井和 W5 井优化前后对比

(四)裂缝性油藏连通性软件应用

基于 VS 编程开发环境编制裂缝性油藏连通性模型软件，软件主界面如图 3－34 所示。

软件包括模型建立、模拟求解、结果输出等模块，模型建立和结果输出界面如图 3－35 所示。

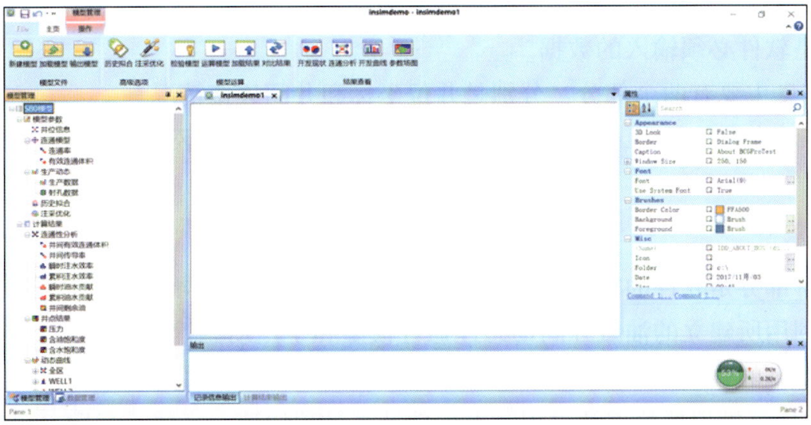

图 3－34　软件主界面

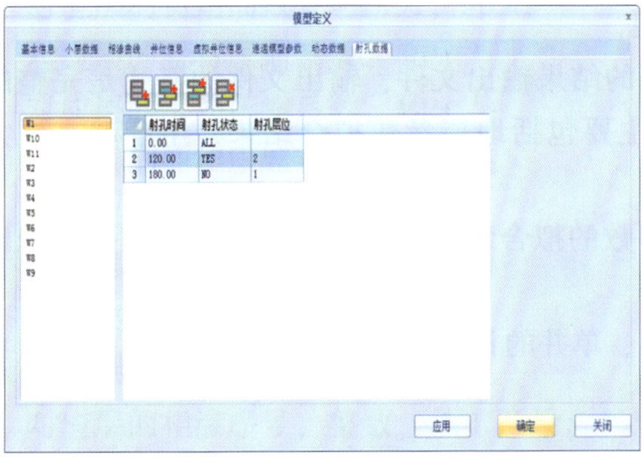

(a)射孔定义

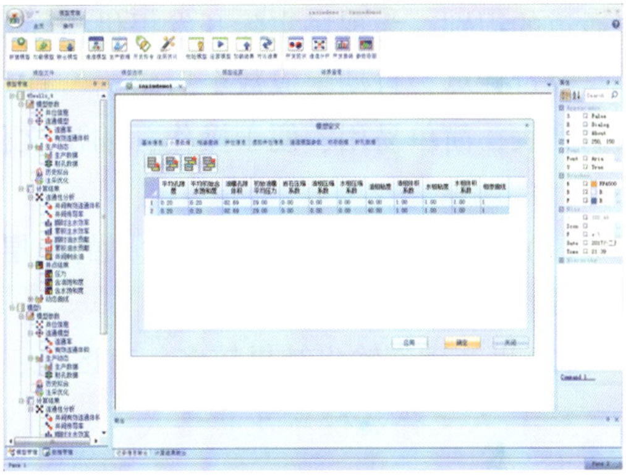

(b)油藏物性参数

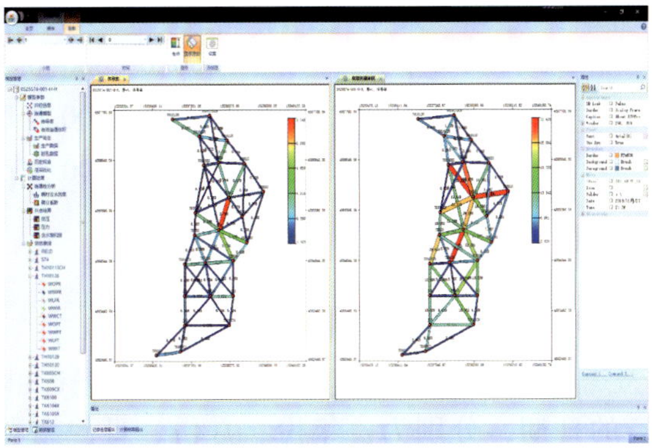

(c)传导率

图 3－35　软件模型建立及参数出图模块界面

1. 模型建立

数据输入的主要参数包括基本参数、地层参数、井信息、生产动态四个主要部分。

井类型，0 表示水井，1 表示油井，这个参数会控制一些输出，如劈分系数只输出水井的信息。

三者占一行，用空格隔开。

(2)第二部分为：

对应层的单井 X 坐标，m；

对应层的单井 Y 坐标，m；

对应层的单井 有效厚度，m；

对应层的单井 渗透率，$10^{-3}\mu m^2$；

对应层的单井 孔隙度，小数，0～1。

每层的这五个参数占一行，用空格隔开，油藏有多少层，这里就有多少行。注意，这里的层顺序是与 * LAYER 的层顺序是一致的。

第二部分与第一部分不要有空行。

举例：

```
W1 1 0
15.0   -44.0   10   1000   0.2
15.0   -44.0   10   1000   0.2
15.0   -44.0   10   1000   0.2
W2 2 1
615.0   -44.0   10   1000   0.2
615.0   -44.0   10   1000   0.2
615.0   -44.0   10   1000   0.2
W3 3 1
15.0   -584.0   10   1000   0.2
15.0   -584.0   10   1000   0.2
15.0   -584.0   10   1000   0.2
W4 4 0
615.0   -584.0   10   1000   0.2
615.0   -584.0   10   1000   0.2
615.0   -584.0   10   1000   0.2
/
```

8) * ACTCONE

说明：判断井间连接的数据，1 表示对应的两口井连接，0 表示不连接。不同层的井间连接数据之间用“/ * ”表示分割；整个井间连接数据完毕用“/”结束。每层的井间连接数据的维数为(井数 + 水体数) × (井数 + 水体数)，其中每个值的意义与它在数据中的位置有关系，记它在数据中的行数和列数为(i, j)，则它表示第 i 口井与第 j 口井之间的连接属性，这里的井顺序与 * WELNODE 里的一致。

举例：

0 1 1 1 1
1 0 1 1 1
1 1 0 1 1
1 1 1 0 1
1 1 1 1 0
/ *
0 1 1 1 1
1 0 1 1 1
1 1 0 1 1
1 1 1 0 1
1 1 1 1 0
/ *
0 1 1 1 1
1 0 1 1 1
1 1 0 1 1
1 1 1 0 1
1 1 1 1 0
/
9）* CTRPV
说明：井间连接的平均体积系数。数据结构格式与 * ACTCONE 相同。
举例：
0. 000　0. 154　0. 139　0. 207　0. 001
0. 154　0. 000　0. 207　0. 139　0. 001
0. 139　0. 207　0. 000　0. 154　0. 001
0. 207　0. 139　0. 154　0. 000　0. 001
0. 001　0. 001　0. 001　0. 001　0. 000
/ *
0. 000　0. 154　0. 139　0. 207　0. 001
0. 154　0. 000　0. 207　0. 139　0. 001
0. 139　0. 207　0. 000　0. 154　0. 001
0. 207　0. 139　0. 154　0. 000　0. 001
0. 001　0. 001　0. 001　0. 001　0. 000
/ *
0. 000　0. 154　0. 139　0. 207　0. 001
0. 154　0. 000　0. 207　0. 139　0. 001
0. 139　0. 207　0. 000　0. 154　0. 001
0. 207　0. 139　0. 154　0. 000　0. 001

0.001　0.001　0.001　0.001　0.000

/

10）* TRANS

说明：井间连接的平均传导率，$m^3/(d \cdot MPa)$。数据结构格式与 * ACTCONE 相同。

举例：

0.000　0.734　0.815　0.545　0.001

0.734　0.000　0.545　0.815　0.001

0.815　0.545　0.000　0.734　0.001

0.545　0.815　0.734　0.000　0.001

0.001　0.001　0.001　0.001　0.000

/ *

0.000　0.734　0.815　0.545　0.001

0.734　0.000　0.545　0.815　0.001

0.815　0.545　0.000　0.734　0.001

0.545　0.815　0.734　0.000　0.001

0.001　0.001　0.001　0.001　0.000

/ *

0.000　0.734　0.815　0.545　0.001

0.734　0.000　0.545　0.815　0.001

0.815　0.545　0.000　0.734　0.001

0.545　0.815　0.734　0.000　0.001

0.001　0.001　0.001　0.001　0.000

/

11）* SCHEDULE

说明：生产动态的标志。它后面跟随时间的格式设置，WLPR、WOPR、FOPT 等动态的时间格式要与之匹配。如果是 DAY，则时间的格式为天数格式；如果为 DATE 或空，则时间的格式为日期格式。

* SIMWEL 表示真实井点的个数。

目前提供 WOPR（单井产油速度）、WWCT（单井含水率）、FOPT（区块累产油量）、FWCT（区块含水率）4 个，它们可以有 6 个组合：WOPR；WWCT；WOPR、FOPT；WWCT、FOPT；WOPR、FWCT；WWCT、FWCT。如果选取了对应的组合，则需提供对应的实际动态资料，区块数据放在单井数据之后。单井数据格式中 WLPR 生产为正注入为负，WOPR 与 WWCT 中注入井赋值为 0；整体数据格式为：时间、数值。需要注意的是，此关键字内容结束不能缺少“/”。

12）* BHP

定液转定压的开关，数据格式与单井数据格式一致，从某一时间开始定压生产，则在这一时间之前的所有压力赋值为 0，之后依照按定压生产的压力赋值，此关键字内容结束不能缺少“/”。

13）* AQUIFER

说明：水体的关键字。当水体数大于 0 时，需提供此关键字内容，否则无须提供。数据格式为：

水体序号，整数，从 1 开始并连续：1，2，3，…；

水体的压力，MPa。

举例：

* Aquifer

1 28 0. 58

/

14）* AGENT

生产过程是否存在堵剂，是赋值为 1，否赋值为 0，此关键字内容结束一定不能缺少“/”。

15）* AGENTSIM

模拟注入堵剂过程，从某一时间开始注入堵剂，注入堵剂的井根据 * WELNODE 井的排序加入堵剂（m^3），不加入堵剂的井给 0，此关键字内容结束不能缺少“/”。

16）* PRP

传导率下降与堵剂注入量的关系曲线，此关键字内容结束不能缺少“/”。

举例：

* PRP

0　1

0. 05　　0. 33

0. 1　0. 3

0. 15　　0. 28

0. 2　0. 27

0. 25　　0. 26

0. 3　0. 25

0. 35　　0. 24

0. 4　0. 23

0. 45　　0. 22

0. 5　0. 21

0. 55　　0. 2

/

4. 输出文件说明

1）区块输出文件

以“区块名_ XXX. OUT”为例：

(1)区块名_ Field. OUT：区块的相关指标包括累产油(FOPT)、累产液(FLPT)、累产水(FWPT)、累含水(FWCT)等。

(2)区块名_ P. OUT：输出的是单井的平均泄油压力。

(3)区块名_ Pwf. OUT：输出的是单井的井底流压。

(4)区块名_ Sw. OUT：输出的是单井的含水饱和度。

(5)以区块名_ PRT. OUT：报告输出的情况，如果有错误会出现 FALSE。

(6)区块名_ Q_ dA. OUT：截面积上的分水量和分压。

(7)区块名_ RESWELL. OUT：剩余油储量。

(8)区块名_ WEF. OUT：注水驱油效率。

(9)区块名_ Winflux. OUT：水侵总量。

(10)区块名_ ALLCATION. OUT：注水劈分。

(11)区块名_ CONTRIBUTION. OUT：累积油水贡献。

(12)区块名_ beta_ trns. OUT：控制体积和传导率的输出。

2)单井输出文件

井的相关信息以“区块名_ 井名 . OUT”为名称的文件输出，这表示这口单井的指标输出都在这个文件内，里面包括单井的含水率(WWCT)、单井的产油速度(WOPR)、单井的产液速度(WLPR)等。

四、实际油藏连通性反演计算应用及调堵优化

(一)红河油田长 9 油藏实际应用

1. 油藏概况

红河油田长 9 油藏长 9 井区的含油层系主要集中在长 9_1 砂层组，长 9_2 砂层组含油层较少。红河 55 井区以基质型储层为主，红河 42 井区以裂缝 - 基质型储层为主。长 9_1^2 小层为主力含油小层，油藏主要受岩性及物性、断缝共同控制，无边底水特征，无油水界面，油藏类型属于构造 - 岩性油藏。水驱控制储量为 977. 81 万 t，可采储量为 89. 63 万 t，理论水驱采收率为 9. 17%，总体采收率为 6. 2%。累注水 18. 3 万 m^3，累产液和累产油分别是 90. 4 万 m^3、22. 3 万 m^3，注水阶段供液量占总体约 40%。

红河油田长 9 油藏长 9 井区开始是依靠天然能量开采，随着天然能量降低，压力下降，产液量和产油量下降，含水率提高，为补充地层能量，该区块于 2014 年 5 月开始注水，但整个注水时间段并未显示出很好的增油效果，注入水沿着裂缝通道流失，没有起到驱替效果，注水利用效率低，于是在 2015 年 2 月开始实施调堵措施，对含水率有一定的稳定作用，但依然对产油速度没有提升效果。

经过分析，初步按开发特征对油藏进行分区并通过试井判断裂缝走向。通过试井分析，在 NEE 方向 1 号、2 号、3 号裂缝区关井状态下裂缝趋于闭合状态；在 NNW 方向 4 号、5 号裂缝区关井状态下裂缝趋于开启状态，如图 3 - 36 所示。

将注水一周后，油量快速递减，水窜严重的井的周边区域认定为裂缝区；将初期继续递减阶段(3～4个月)，见效增油阶段(4个月后)，注水后140天，产油量恢复至注水前100%的井的周边区域认定为基质区，图3-37为注水开发特征曲线。

整个注水阶段累计注水186515.5m³，目前注采比在0.88左右，累计注采比0.25地层能量亏空严重，注水阶段产油递减率下降一半，注水起到一定驱油作用，基质区普遍比裂缝区日注采比高。

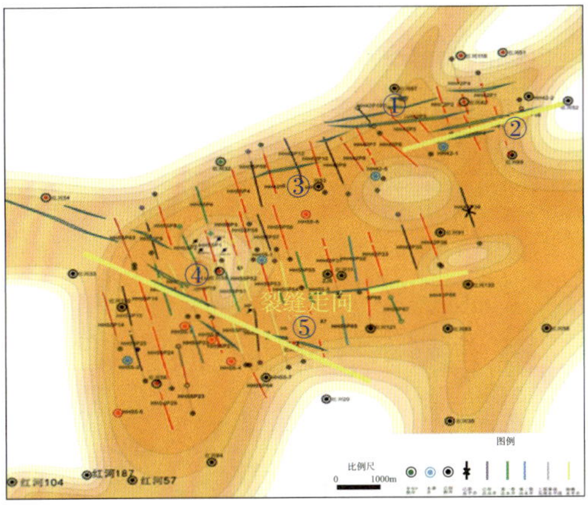

图3-36　试井解释分析

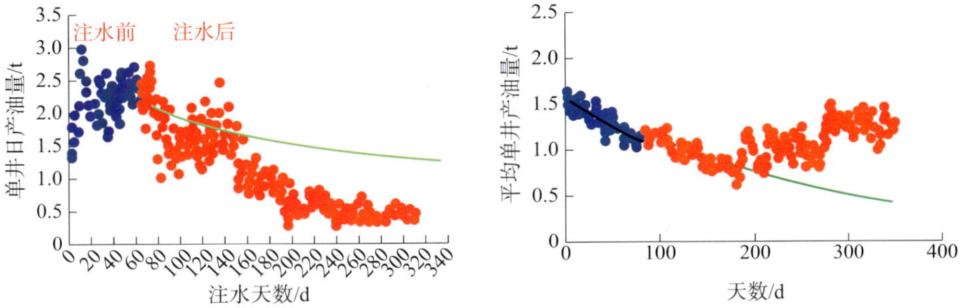

(a)裂缝区试验井组开发曲线　(b)基质区试验井组开发曲线

图3-37　红河油田长9油藏注水开发特征曲线

表3-4为试验井组具体情况，平注平采共10井组，目前见效井组5个，水窜井组2个；物性较好地井组见效。

表3-4　红河油田长9油藏试验井组概况

井组	储层厚度/m	孔隙度/%	渗透率/$10^{-3}\mu m^2$	注水井数/口	采油井数/口	日注采比	累计注采比	备注
HH55P9	11	9.8	0.28	1	2	3.67	0.06	未见效
HH55P25	16	10.3	0.59	1	1	2.85	0.26	水窜
HH55P15	11	9.6	0.5	1	2	2.61	0.14	未见效
HH55P59	17.1	10.92	1.69	1	2	2.25	0.13	见效增液
HH55P50	16	9.9	0.74	2	5	1.58	0.46	未见效
HH55P54	14	13.2	0.98	1	2	1.47	0.35	见效增油
HH55P57	11.8	12.1	0.8	1	2	1.42	0.39	见效增油
HH42P9	16	10.67	2.1	1	2	1.45	0.16	水窜
HH42P35	16	12.1	0.8	1	2	1.29	0.22	见效增液
HH42P12	17	11.93	0.81	1	2	1.21	0.10	见效增液

如图 3－38 所示，初期产油速度主要分布在 0～5m^3/d，单井累积产油量主要分布在 0～2000m^3，产液速度主要分布在 15～30m^3/d，产液能力较产油能力强，侧面反映了油藏初期含水率较高，油藏单井产油速度与累产均与储层渗透率和孔隙度正相关，全区累产油量较高的区域位于裂缝较发育和含油饱和度较高的区域。

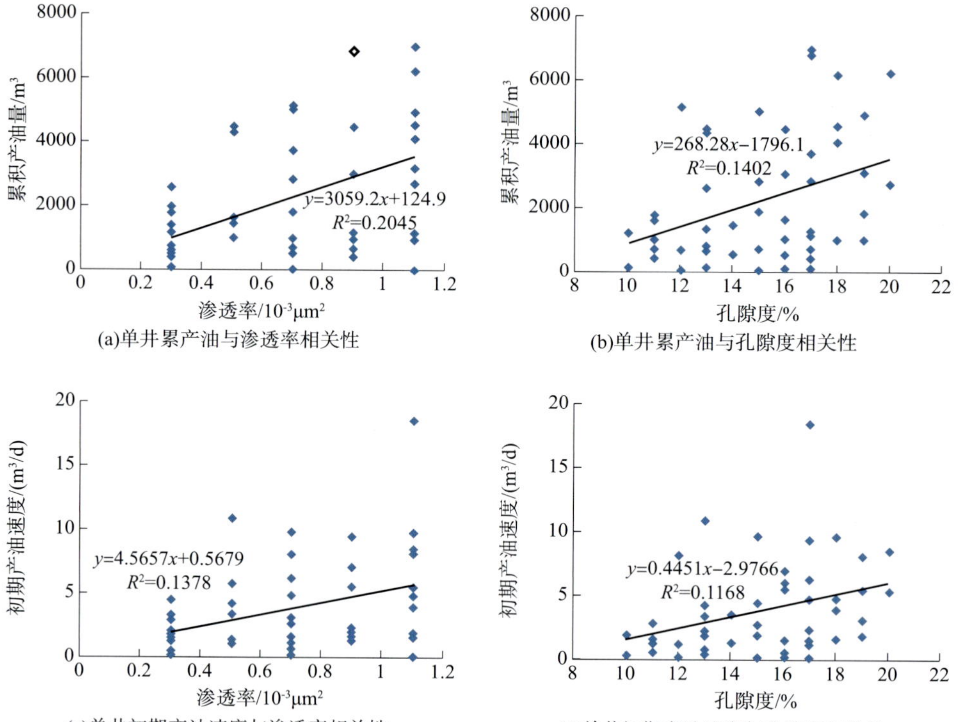

(a)单井累产油与渗透率相关性　(b)单井累产油与孔隙度相关性

(c)单井初期产油速度与渗透率相关性　(d)单井初期产油速度与孔隙度相关性

图 3－38　静态地质参数和产能相关性

2. 油藏拟合及调堵规律认识

区块拟合图中红圈代表历史数据，蓝色线代表着模型计算结果，从图 3－39 历史拟合结果可以看出，区块累积产油量和含水率在拟合后比用现场数据计算得到的初步结果好。

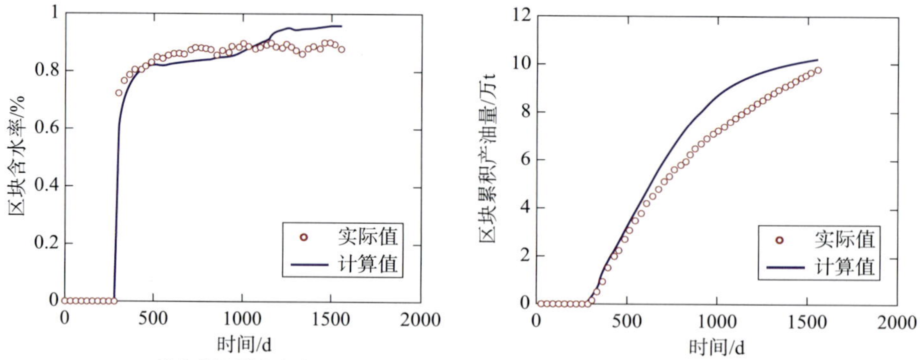

(a)拟合前油藏含水率　(b)拟合前油藏累积产油量

图 3－39　红河油田长 9 油藏历史拟合图

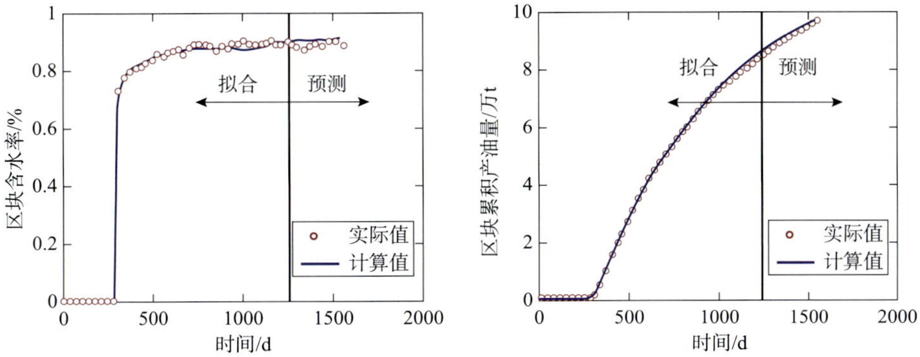

(c)拟合后油藏含水率 (d)拟合后油藏累积产油量

图 3－39 红河油田长 9 油藏历史拟合图(续)

红河油田长 9 油藏属于裂缝性油藏，可采储量为 89.63 万 t，理论水驱采收率为 9.17%，总体采收率为 6.2%，根据现场数据给传导率和连通体积赋初值计算，之后采用多模型历史拟合方法对油藏动态进行拟合，对于现场所给数据 80% 用于历史拟合，20% 用于预测，验证模型的准确性，拟合动态为区块含水率、区块产油速度、单井含水率和单井产油速度，拟合效果如图 3－39 所示，图 3－40 为部分单井产油速度拟合情况，带红色框线表示历史调堵阶段的散点加密情况，可以看出调堵预测相关性很强。

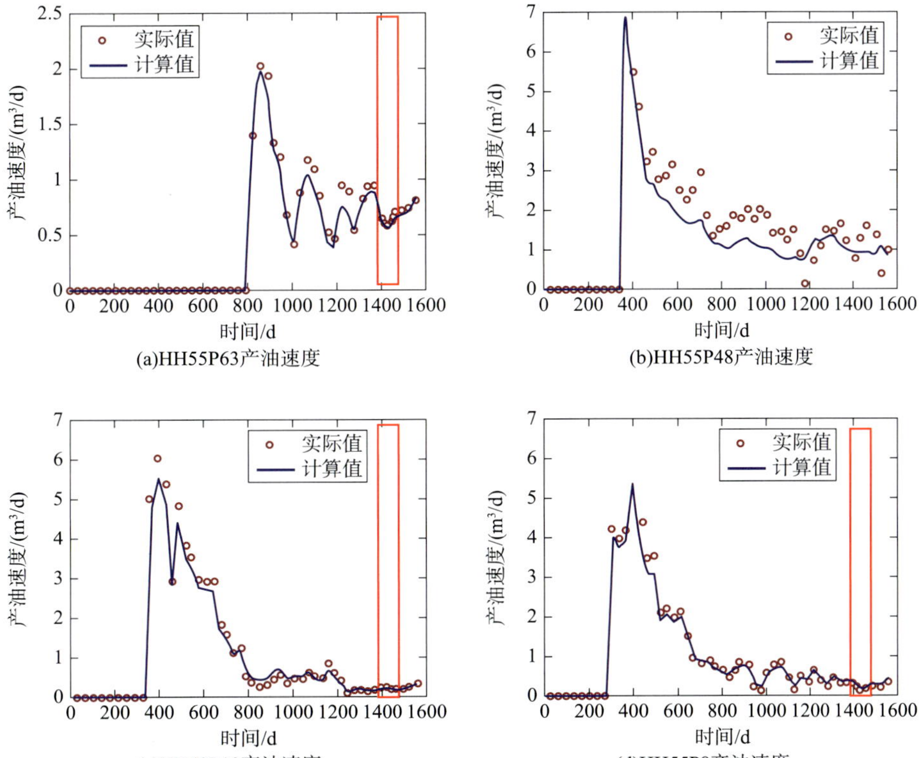

(a)HH55P63产油速度 (b)HH55P48产油速度

(c)HH42P10产油速度 (d)HH55P8产油速度

图 3－40 单井历史拟合图

单井拟合图中红圈代表历史数据，蓝色线代表着模型计算结果，红河油田长 9 油藏单井动态拟合效果较好，拟合精度在 88.1% 以上，图 3－41 为拟合后反演的传导率和连通体积场图。

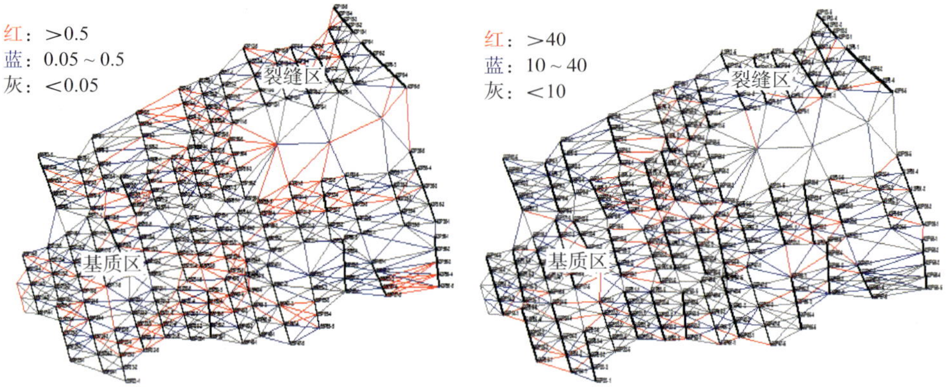

(a)拟合后传导率场图　　(b)拟合后连通体积场图

图 3－41　红河油田长 9 油藏传导率和连通体积场图

通过拟合后的模型反演出的传导率和连通体积场与现场通过认识进行裂缝区基质区的分区有良好的对应性，很好地验证了该模型的准确性，为进一步精细描述红河油田长 9 油藏裂缝分布，将反演的传导率和连通体积位于基质区和裂缝区之间的区域划分为微裂缝区，针对该三个区域进行传导率和连通体积的统计，提供一种以传导率和连通体积划分划定裂缝区、微裂缝区和基质区的新的标准，供现场参考，图 3－42 为统计结果。

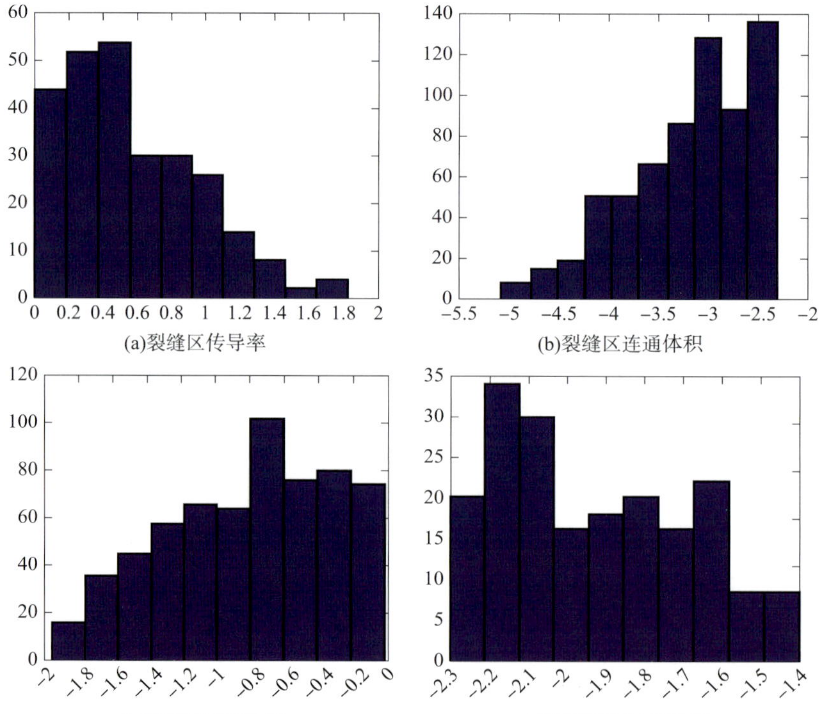

(a)裂缝区传导率　　(b)裂缝区连通体积

(c)微裂缝区传导率　　(d)微裂缝区连通体积

图 3－42　分区传导率与连通体积频率分布图

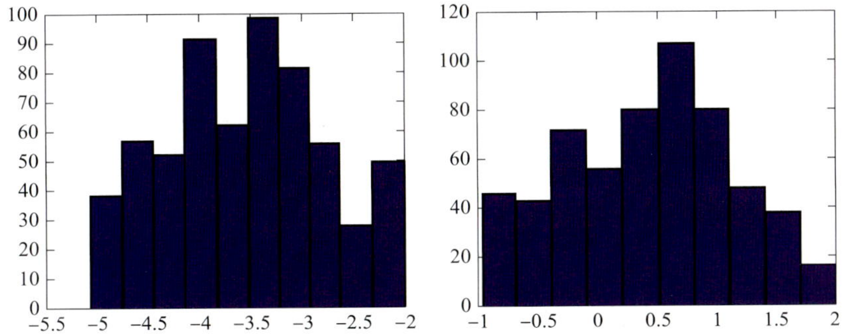

(e)基质区传导率　　(f)基质区连通体积

图3－42　分区传导率与连通体积频率分布图(续)

结果显示，裂缝区传导率为0.25m^3/(d·MPa)，微裂缝区传导率为(0.05～0.25)m^3/(d·MPa)，基质区传导率<0.05m^3/(d·MPa)；裂缝区的连通体积<20m^3，微裂缝区的连通体积为20～100m^3，而基质区的连通体积>100m^3。基质区传导率虽然很小，但是控制的连通体积大，因此机制区成为潜力最大的驱油区，裂缝的传导率最大，但是单井控制体积小，在驱出了裂缝中的油后，剩余油并不是很多，因此需要封堵。

根据新的划分标准，以注水井为中心分两侧分别量化裂缝、微裂缝的体积，求出平均传导率及所占百分比，进一步完善注水井周围的裂缝分布情况(图3－43)，为进一步准备调堵以及预防水窜提供可靠的参考，表3－5为统计情况。

表3－5　红河油田长9注水裂缝分布表

井名	分区	左			右			总计		
		传导率均值/m^3/(d·MPa)	百分数/%	体积/m^3	传导率均值/m^3/(d·MPa)	百分数/%	体积/m^3	传导率均值/m^3/(d·MPa)	百分数/%	体积/m^3
HH55P2	微裂缝区	0.2258	57.83	8765.94	0.1146	41.07	6225.24	0.1702	98.90	14991.18
	裂缝区	0.0000	0.00	0	0.3695	1.10	166.81	0.3695	1.10	166.81
HH55P6	微裂缝区	0.1959	72.07	7235.28	0.2920	26.11	2621.74	0.2439	98.18	9857.02
	裂缝区	0.0000	0.00	0	0.8364	1.82	182.67	0.8364	1.82	182.67
HH55P15	微裂缝区	0.2369	91.09	4462.01	0.3396	6.84	334.87	0.2882	97.93	4796.87
	裂缝区	0.7246	0.35	16.98	1.6745	1.72	84.37	1.1995	2.07	101.35
HH55P50	微裂缝区	0.1875	22.19	2018.06	0.0619	50.96	4633.57	0.1247	91.04	6651.62
	裂缝区	0.3876	3.93	357.29	0.3564	22.92	2084.41	0.3720	8.96	2441.7
HH55P51	微裂缝区	0.1076	52.73	5853.9	0.0584	36.73	4077.51	0.0830	98.84	9931.41
	裂缝区	0.2565	4.22	468.14	0.4544	6.32	701.85	0.3554	1.16	1169.99
HH55P55	微裂缝区	0.1470	11.36	1259.69	0.1149	69.18	7668.74	0.1310	97.64	8928.44
	裂缝区	0.2577	9.89	1096.22	1.0039	9.57	1060.57	0.6308	2.36	2156.79
HH55P67	微裂缝区	0.1314	21.29	1091.72	0.2224	69.42	3559.13	0.1769	90.72	4650.85
	裂缝区	0.6989	9.28	475.91	0.0000	0.00	0	0.6989	9.28	475.91

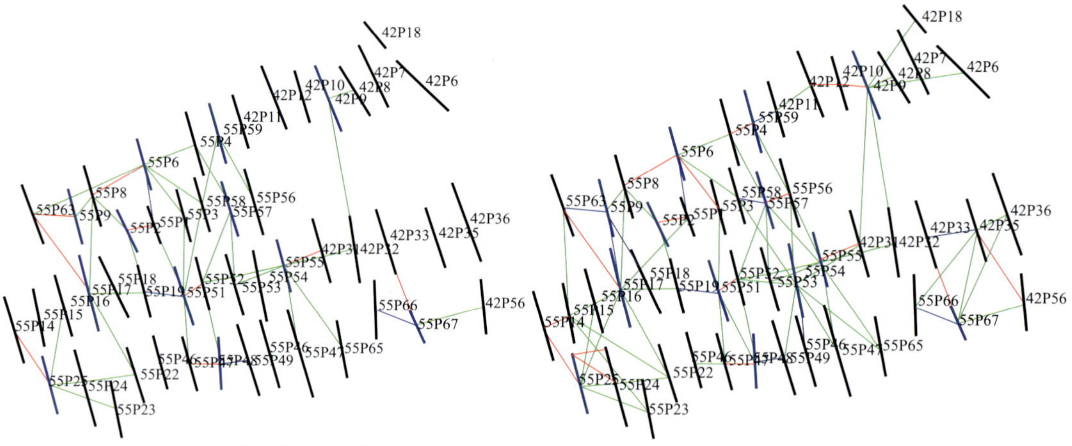

(a)2015年12月注水劈分场图　　(b)平均注水劈分场图

图 3－43　计算得出的劈分系数场图

根据已有现场资料分析长 9 油藏调堵效果。长 9 油藏平均堵剂用量为 461m³，堵剂用量较少，封堵有效期较短。调剖后初期，油井含水下降、液面下降、氯根升高，调剖后水井对应油井含水下降，产油量有所恢复，堵剂封窜效果明显。由于对裂缝认识不清，设计堵剂量偏小，90 天后，注水量上调出现失效迹象，图 3－44 为红河油田长 9 油藏调剖井井位，表 3－6 为调剖井统计情况。

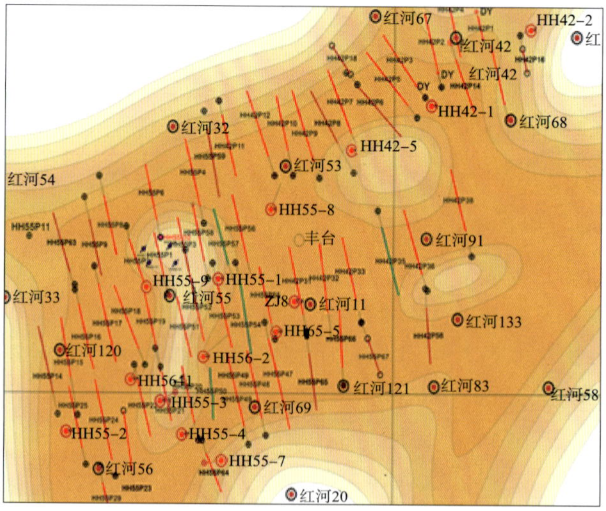

图 3－44　长 9 油藏调剖井井位图

表 3－6　红河油田长 9 油藏调剖情况统计表

序号	井名	段塞组合	施工压力/MPa	堵剂用量/m^3	排量/(m^3/h)	有效期/d
1	HH12P7	预交联颗粒－强化冻胶－冻胶－强化冻胶	0～11.9	503	2.2～2.8	55
		强化冻胶＋强化冻胶＋颗粒	6～12.9	189	1.8～2.4	

续表

序号	井名	段塞组合	施工压力/MPa	堵剂用量/m^3	排量/(m^3/h)	有效期/d
2	HH12P18	保护剂－SD420－冻胶－强化冻胶＋微球	11.9～19.8	660	3～4	>200
3	HH37P12	分子膜－凝胶－凝胶＋颗粒＋凝胶＋凝胶＋钠土＋凝胶	5.0～21	563	2～3	>161
4	HH55P55	冻胶＋颗粒－冻胶＋颗粒－冻胶＋颗粒	0～10.2	573	1.25～5	>72
5	HH42P9	分子膜－凝胶＋低密度－凝胶	0～13.5	355	3～4	163
6	HH55P17	分子膜－凝胶－凝胶＋颗粒＋凝胶	0～13.0	568	3	>94
7	HH42P35	保护剂－冻胶－冻胶＋颗粒	4.4～10.5	430	1～2.2	107
8	HH55P9	冻胶＋颗粒－冻胶－冻胶＋颗粒	0～12.5	380	1～1.5	>110

其中大裂缝直通主要采用颗粒＋凝胶类堵剂，有效期>150天，水窜表现为注入压力低，调剖后的氯根明显下降；小裂缝沟通：主要采用颗粒＋冻胶类堵剂，有效期约200天，水窜表现为注入压力高，油井含水与氯根变化幅度相对较小，调剖后水井对应油井含水下降，产油量有所恢复。

利用已有调堵现场和室内试验数据，统计了不同注入量PV，渗流能力的变化，用于后期的调堵优化。统计并计算上述井的堵剂量和单井控制体积数据，计算出吸水指数变化率和注入PV倍数，得到冻胶和凝胶的散点，通过调研结合实际数据发现散点回归曲线符合Logistic模型，其中单井控制体积是由连通性模型可知传导率大的、为裂缝带并且将对应的连通的体积相加可知井间裂缝连通的体积，即需要封堵的体积。注入PV倍数由注入堵剂量与单井控制体积的商求得；吸水指数变化率，由调剖前日注水量除以注水井与地层压力的压力差与上调剖后日注水量除以注水井与地层压力的压力差差值决定。表3－7、表3－8为统计现场数据得到的冻胶和凝胶的结果和室内试验数据。

表3－7　冻胶凝胶散点统计表

冻胶	堵剂量/m^3	吸水指数变化率/%	单井控制体/m^3	注入PV倍数
HH12P7	692	0.9	2171	0.32
HH12P18	576	0.86	1836	0.314
HH42P35	430	0.88	12492	0.034
HH55P9	380	0.76	38909	0.0097
HH55P55	573	0.37	11794	0.0486
HH105－29	557	0.29	1632	0.3413
HH105－44	125	0.58	1222	0.102
HH12P7	563	1.3	3612	0.16
HH12P18	355	0.73	4282	0.83
HH42P35	568	0.34	12520	0.0045
HH55P9	463	0.13	5801	0.0798
HH55P55	268	0	2572	0.104

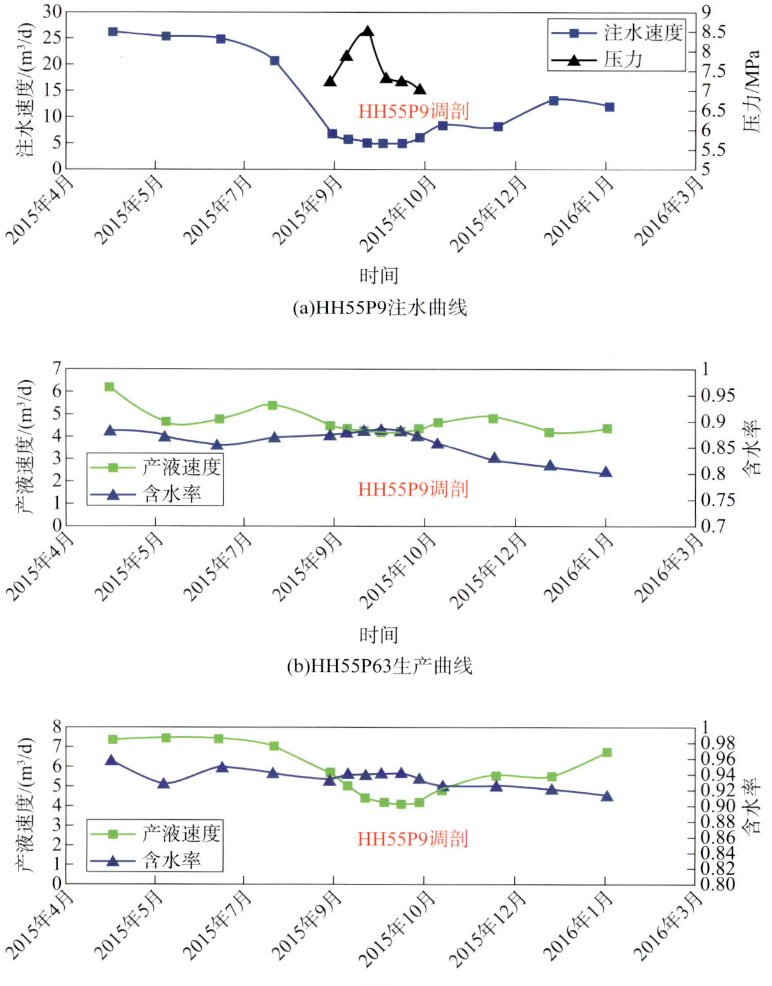

(a)HH55P9注水曲线

(b)HH55P63生产曲线

(c)HH55P8生产曲线

图 3－49　HH55P9 井组调剖段生产井拟合曲线图

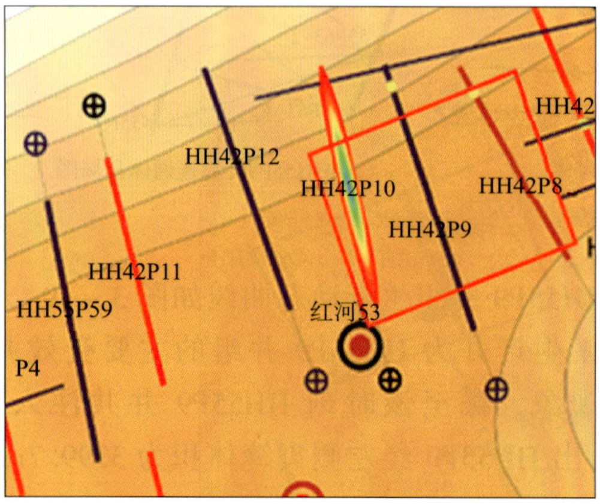

图 3－50　HH42P9 井组井位图

HH42P9 于 2015 年 9 月进行调剖，堵剂类型为低密度颗粒＋凝胶，有效期为 160 天，井组液量提升明显但增油量偏低，井组总增油量为 23.7t，HH42P9 井组井位，如图 3－50 所示。

通过将 HH42P9 注水井调剖阶段实际生产数据散点进行加密以验证拟合准确性，从调剖阶段拟合曲线可以看出，调剖阶段生产井的产油速度拟合情况良好，模型准确。

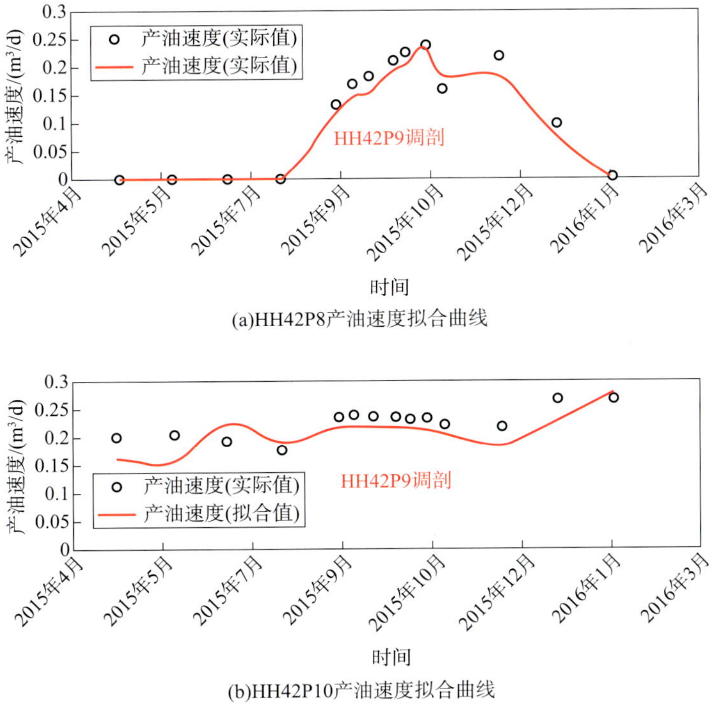

(a)HH42P8产油速度拟合曲线

(b)HH42P10产油速度拟合曲线

图3-51　HH42P9井组调剖段生产井拟合曲线图

通过其生产动态曲线判断注水受效情况，从HH42P9井组生产动态曲线上可以看出HH42P9注水井对两侧的生产井均受效，HH42P8生产井于2015年7月，因出现水窜现象而关井，导致注入水更多地流向HH42P10。截至该时刻HH42P9井共注入水3276.37m^3，大致可判断出HH42P9井周围裂缝体积为3750.37m^3(图3-52、图3-53)。

将HH42P9、HH42P12和HH55P59三个注水井视为一个井组，该井组井位图如图3-54所示。

分析该井组中HH42P10和HH42P11两口生产井受效情况，以HH42P10为中心，其左右两口注水井分别为HH42P9和HH42P12，其井位分布情况如图3-55所示。

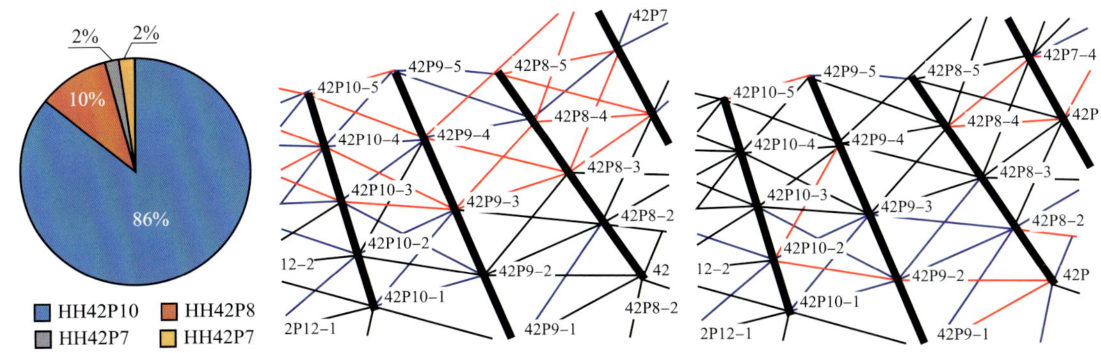

(a)HH42P9井组累积注水劈分

(b)HH42P9井组传导率场图

(c)HH42P9井组连通体积场图

图3-52　HH42P9井组劈分与传导率、连通体积对应情况

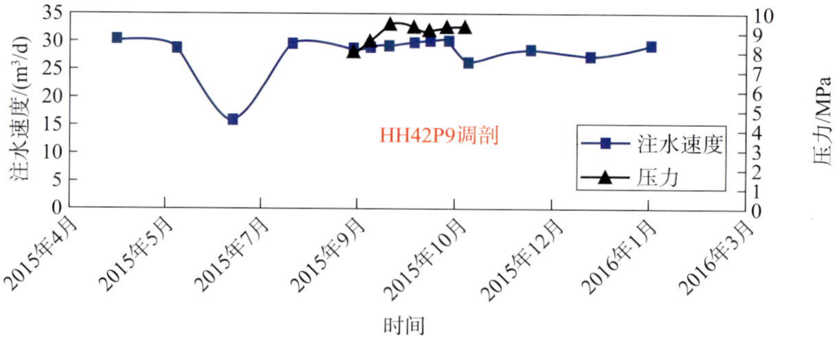

(a)HH42P9注水曲线

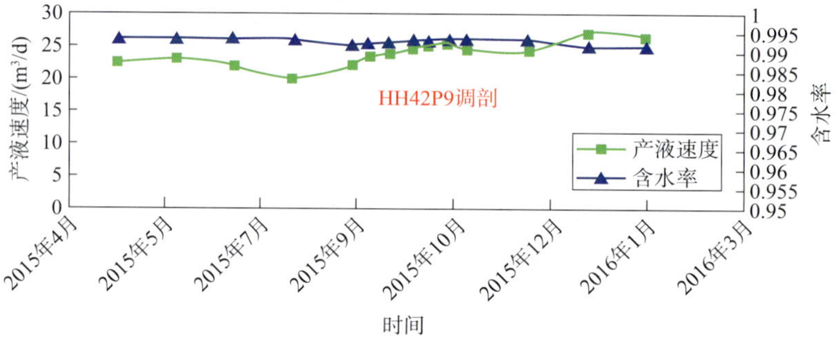

(b)HH42P10生产曲线

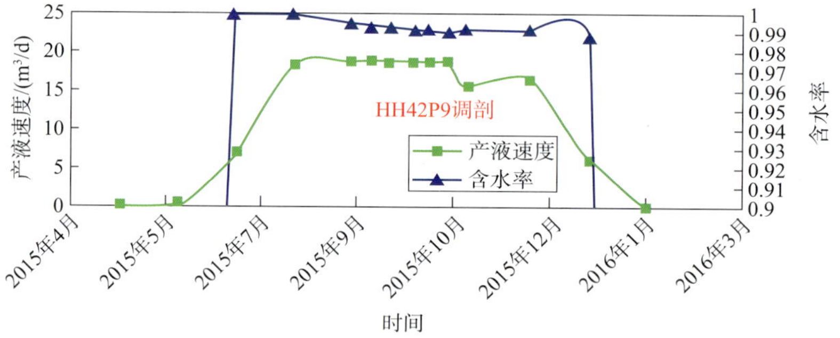

(c)HH42P8生产曲线

图3-53 HH42P8井组调剖段生产井拟合曲线图

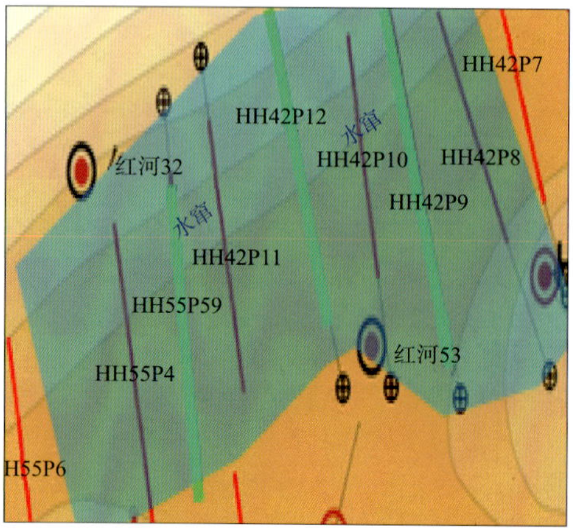

图3-54 HH42P9-HH42P12-HH55P59井组井位图

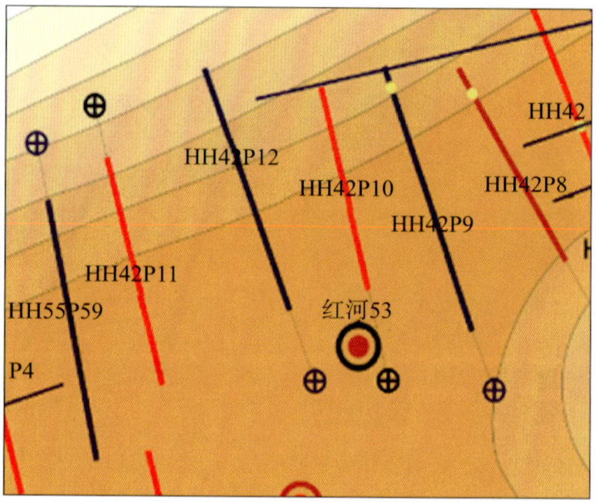

图3-55 HH42P10井组井位图

通过 HH42P10 的产油速度拟合曲线可以看出其拟合程度好，模型准确(图 3－56)。HH42P9 在调剖阶段注水速度呈上升趋势与 HH42P10 产液速度趋势接近，HH42P12 在该阶段注水速度更加平稳，生产曲线趋势与 HH42P10 不符，由此判断 HH42P10 井应受 HH42P9 影响较大。

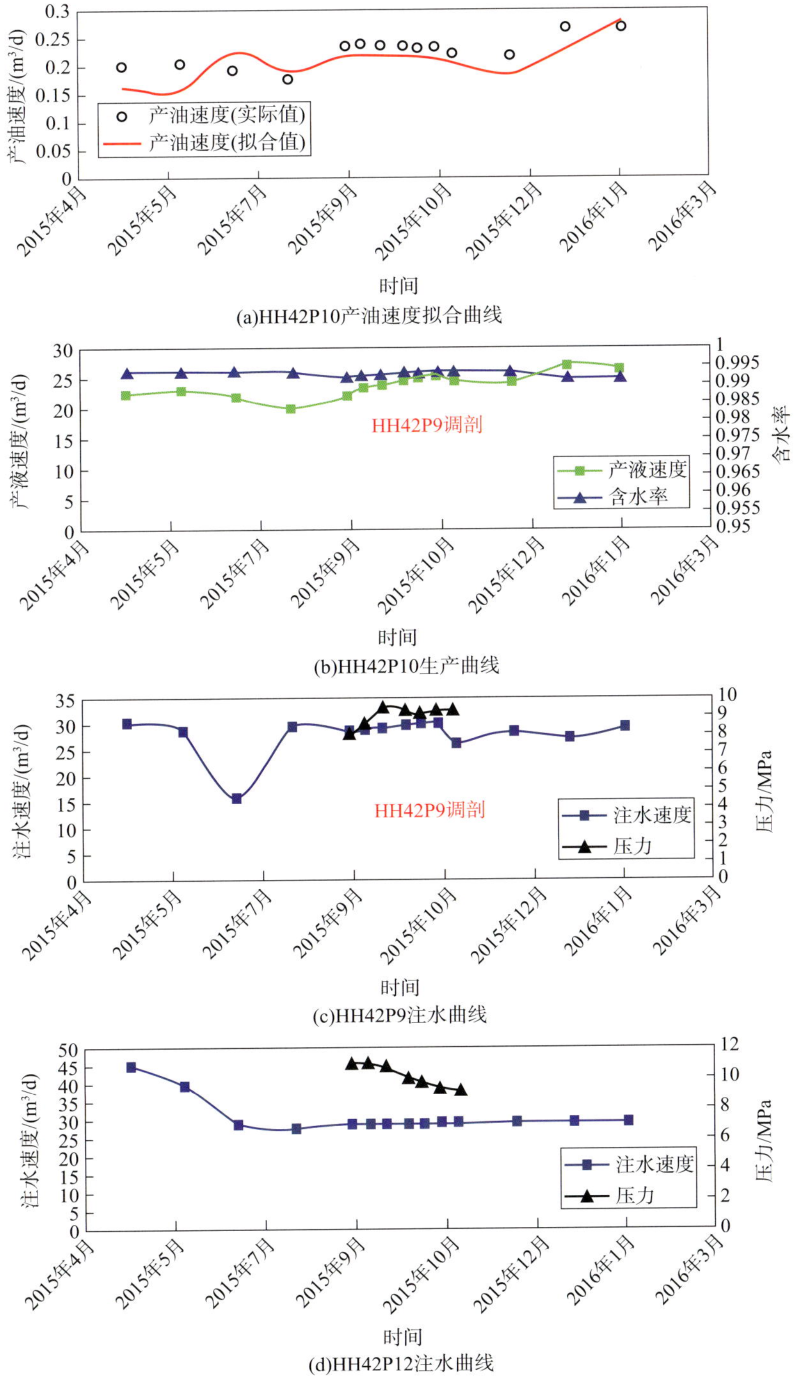

图 3－56　HH42P10 井组生产曲线

HH42P9－HH42P12－HH55P59 井组注水劈分、传导率及连通体积对应情况见表 3－9，结合连通参数及注水劈分分析，HH42P9 注水井两侧均存在一定的裂缝体积，且注水劈分显示注入水向两侧均有分配，由于 HH42P8 关井，则该井对 HH42P10 影响较大；HH42P12 注水井左侧微裂缝发育，右侧裂缝分布少，注入水主要向 HH42P11 分配，对 HH42P11 影响较大；HH55P59 注水井左侧传导率大，且裂缝分布多，注水劈分也显示注入水主要向 HH55P4 分配，该注水井对 HH42P11 影响并不明显。

表 3－9　HH42P9－HH42P12－HH55P59 井组裂缝分布情况

井名	分区	左			右			总计		
		传导率均值	百分数/%	体积	传导率均值	百分数/%	体积	传导率均值	百分数/%	体积
HH42P9	微裂缝区	0.167	27.81	1043.75	0.152	36.18	1357.68	0.159	63.99	2401.43
	裂缝区	0.867	17.88	670.92	0.561	18.12	679.98	0.84	36.00	1350.88
HH42P12	微裂缝区	0.205	50.09	2394.64	0.108	18.33	876.12	0.156	68.41	3270.76
	裂缝区	0.944	17.46	834.64	0.863	14.13	675.41	0.904	31.59	1510.05
HH55P59	微裂缝区	0.185	54.06	3045.45	0.132	18.72	1054.65	0.158	72.78	4100.1
	裂缝区	1.347	18.58	1046.64	1.034	8.65	487.13	1.191	27.22	1533.77

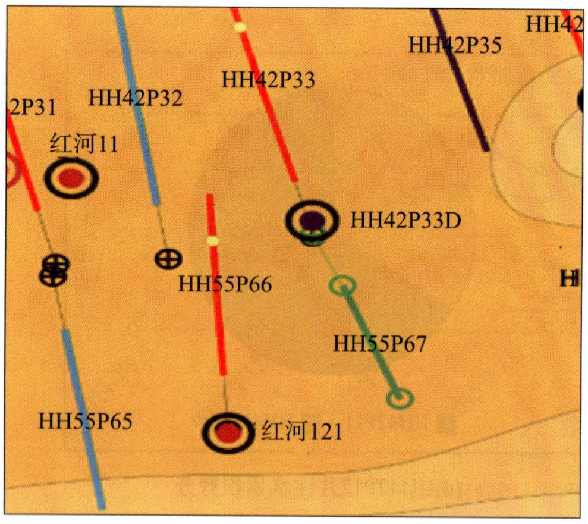

图 3－60　HH55P67 井组井位图

HH55P67 左侧裂缝发育（图 3－60），HH55P66 的产液量由初始的 15.8t 上升至 24t，含水率从 79.3% 下降到 73.4%，产油量由初始的 3.1t 上升至 5.8t，动液面由 1476m 上升到 1448m，开注 21 天后，累注 406m^3 时，油井液量上升，含水下降，动液面上升 30m，受效明显，目前日注采比 1.3，井组累计注采比 0.17。

HH55P66 是离 HH55P67 最近的水平井，右侧 HH42P56 距离较远，注水劈分量明显不如 HH55P66。结合吸水剖面可知，由于 HH42P33 井离 HH55P67 的靶点较近，所以也有受效劈分，计算出结果与现场分析一致。图 3－61 为 HH55P67 注水井注水劈分情况。

HH55P67 处于基质区，模型所反映出的井组的裂缝不发育，但是有部分微裂缝，连通性模型反演结果与现场动态一致，图 3－62 为 HH55P67 注水井的劈分系数与反演出 HH55P67 的传导率与连通体积对应情况，表 3－10 为统计得出的 HH55P67 注水井周围的裂缝分布情况。

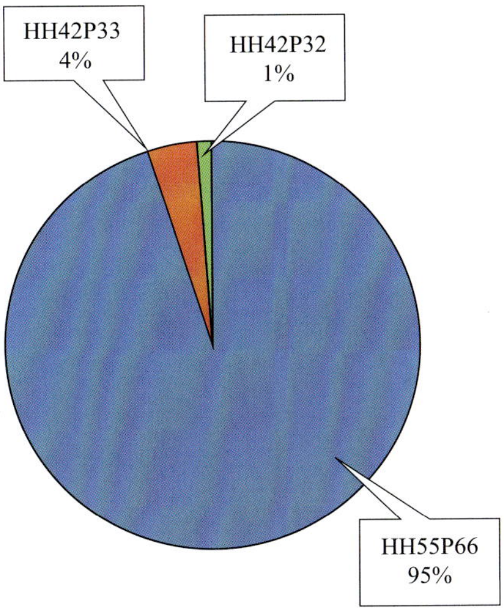

(a)HH55P67井注水累积劈分情况图

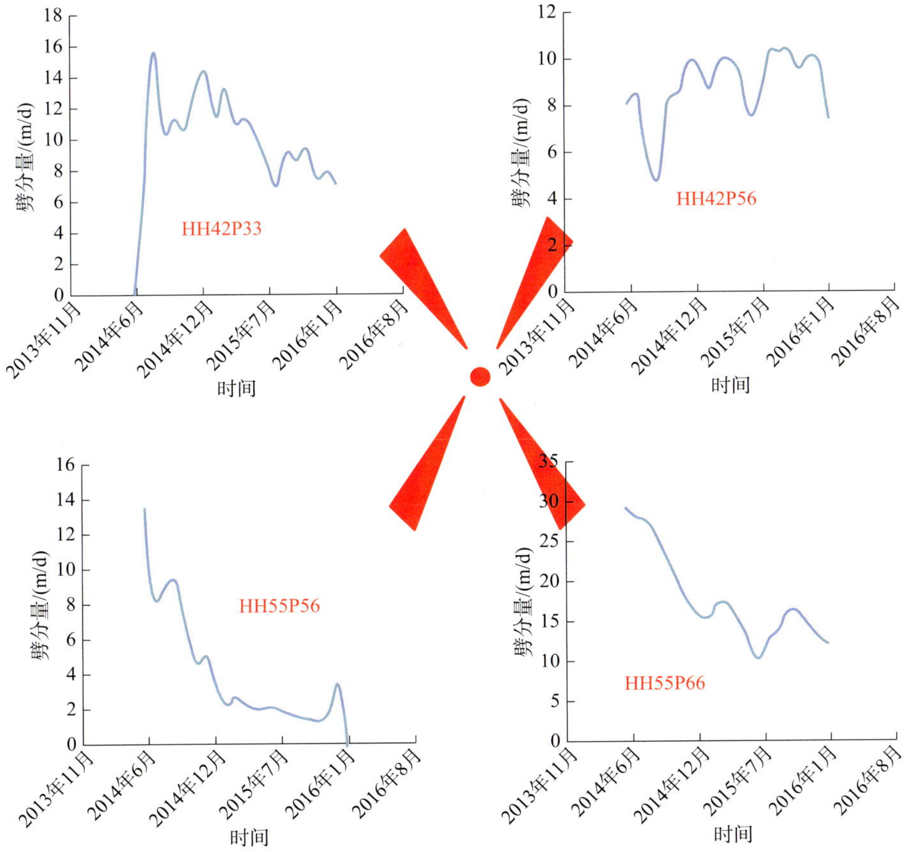

(b)生产井受效劈分系数曲线图

图3－61　HH55P67井组劈分及受效情况

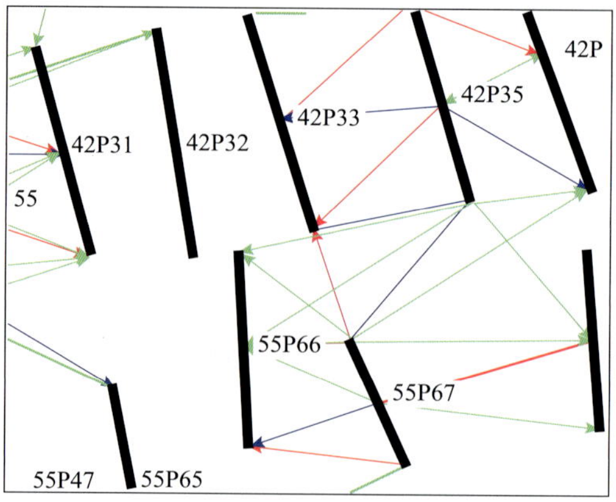

(a)HH55P67井劈分系数场

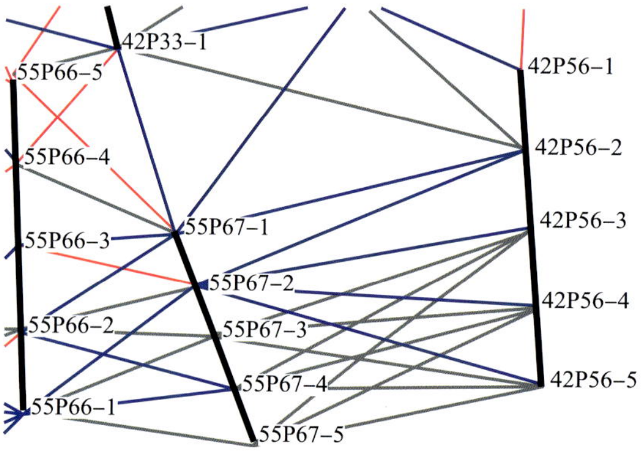

(b)HH55P67井传导率分布

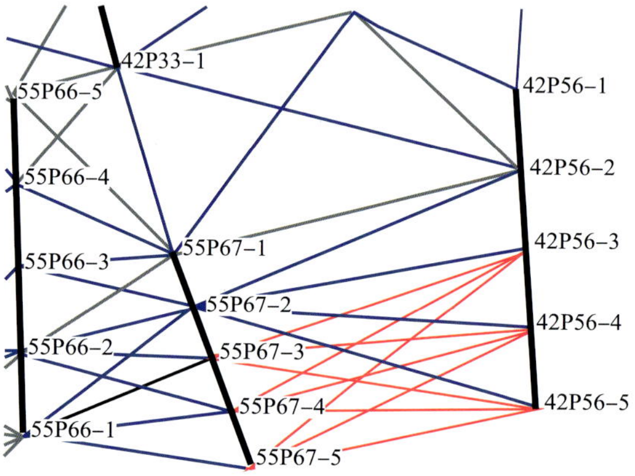

(c)HH55P67井连通体积分布

图 3 - 62　HH55P67 井组劈分与传导率、连通体积对应情况

表 3 - 10　HH55P67 井组裂缝分布表

井名	分区	左			右			总计		
		传导率均值	百分数/%	体积	传导率均值	百分数/%	体积	传导率均值	百分数/%	体积
HH55P67	微裂缝区	0.1734	74.60	8154.67	0.2701	15.50	1694.21	0.2218	92.10	9848.88
	裂缝区	0.7989	9.90	1082.39	0	0	0	0.7989	9.90	1082.39

3. 重点井组堵剂敏感性分析及油藏整体堵剂优化

HH55P25 井组为重点井组，主要生产井为 HH55P24，单侧受效。HH55P25 井组累产天数 845 天，累产油 999.66t，采出程度 1.24%。HH55P24 累产天数 869 天，累产油 5081.32t，累产液 16979.51t，综合含水 70.1%。HH55P25 井初期日注水 90m^3，油压逐渐由 7MPa 上升至 13.5MPa，注水 64 天、累注水 5791m^3 时对应 HH55P24 井含水由 65.7% 上升至 80.9%。井组从红河油田长 $9_1{}^2$ 小层地震相干体切片图截其局部看，显示弱相干，测井曲线综合成果未钻遇裂隙，表明该井组所覆盖范围内裂缝不发育，图 3 - 63 为 HH55P25

井组井位图，油井HH55P25处于长9基质区边界，右侧仅有生产井HH55P24，距离530m，但HH55P25尾端生产井在HH55P14和HH55P15之间。虽然劈分情况流向HH55P24井居多，但在HH55P15还未转注前，HH55P14和HH55P15井都为HH55P25井的受效井，图3－64为HH55P25注水井注水劈分情况，计算得出HH55P25注水主要劈分流向HH55P24。表3－11为该井组注采液量及压力状况。

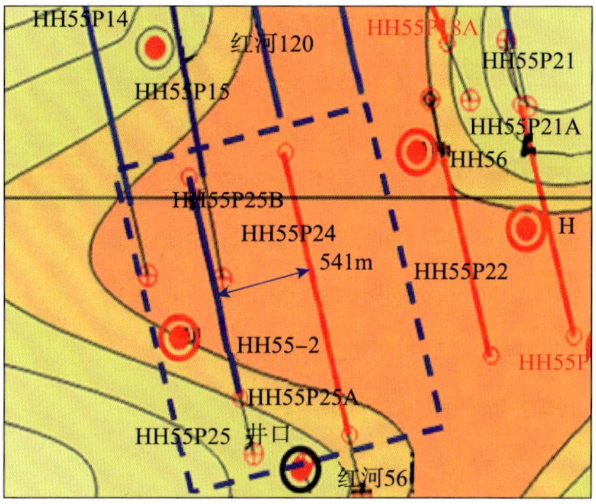

图3－63 HH55P25井组井位图

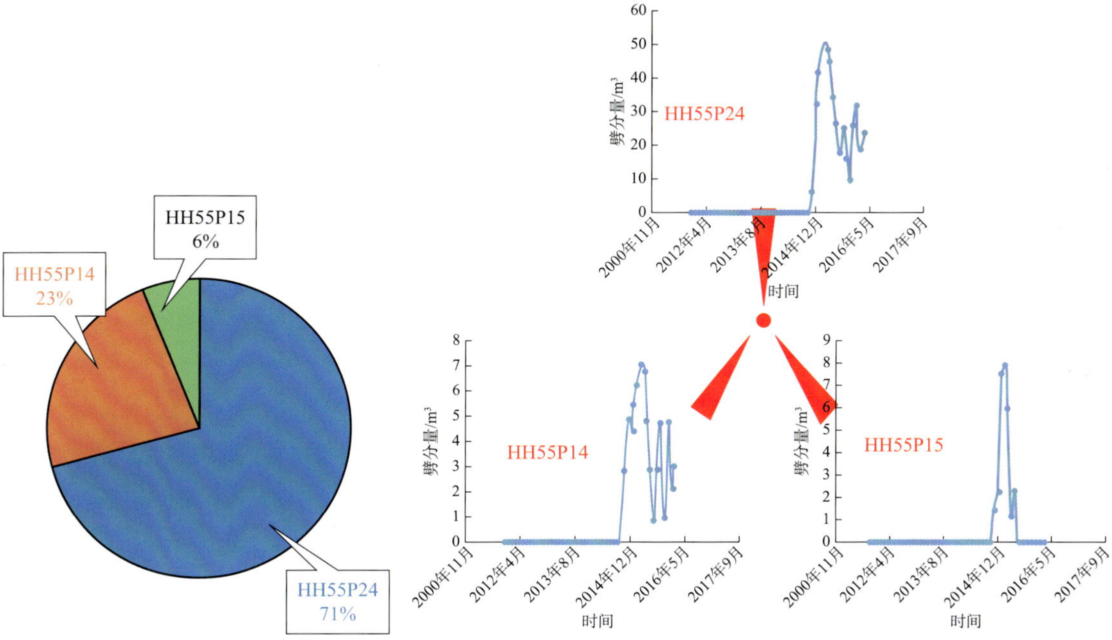

(a)HH55P25井注水累积劈分情况图

(b)生产井受效劈分系数曲线图

图3－64 HH55P25井组劈分及受效情况

表3－11 HH55P25井组注采液量及压力状况表

井组号	注水井数/口	投注初期			目前			累注量/m^3	累计注采比
		井组日注/(m^3/d)	单井油压范围/MPa	日注采比	井组日注/(m^3/d)	单井油压范围/MPa	日注采比		
HH55P25	1	90.99	0	6.20	50.86	4.0	3.53	7527.68	0.26

现场调剖设计将生产井有动态响应时HH55P25井的累注量近似地作为地下裂缝体积。预测裂缝体积为3429.5m^3，堵剂用量设计取裂缝体积的1/3，考虑工程系数，堵剂量约1370m^3。HH55P25井注水后，油井HH55P24井存在明显注采响应，表现为：2014年11

月 17 日到 2015 年 1 月 20 日，HH55P25 井进行大排量注水（注水量在 $90m^3/d$），注水压力由 0 上升到 13.5MPa。期间产液量由 $12.99m^3/d$ 下降到 $12.39m^3/d$，几乎不变；产油量由 4.87t/d 下降到 2.93t/d；含水由 62.51% 上升到 76.3%；氯根由 37049mg/L 变为 38094mg/L，几乎稳定不变；动液面由 1295m 下降到了 1199m。从 2014 年 12 月 25 日开始，HH55P24 井含水处于明显的上升状态，而且对应注水井累积注水量为 $3429.5m^3$。

HH55P25 井组的总裂缝体积为 $1626m^3$，左侧没有真实井，模型反映左侧裂缝总体积占裂缝总体积的 35.5%。HH55P25 水平井由模型显示左右两边均有微裂缝发育，但是由于左侧无水平井，无法判断是否受效；但是 HH55P24 有较好劈分量，与现场动态认知一致。计算出的劈分系数不仅与现场动态相吻合，而且与反演得到的传导率和连通体积有很好的对应性。

图 3-65 为 HH55P25 注水井的劈分系数与反演出 HH55P25 的传导率与连通体积对应情况，表 3-12 为统计得出的 HH55P25 注水井周围的裂缝分布情况。

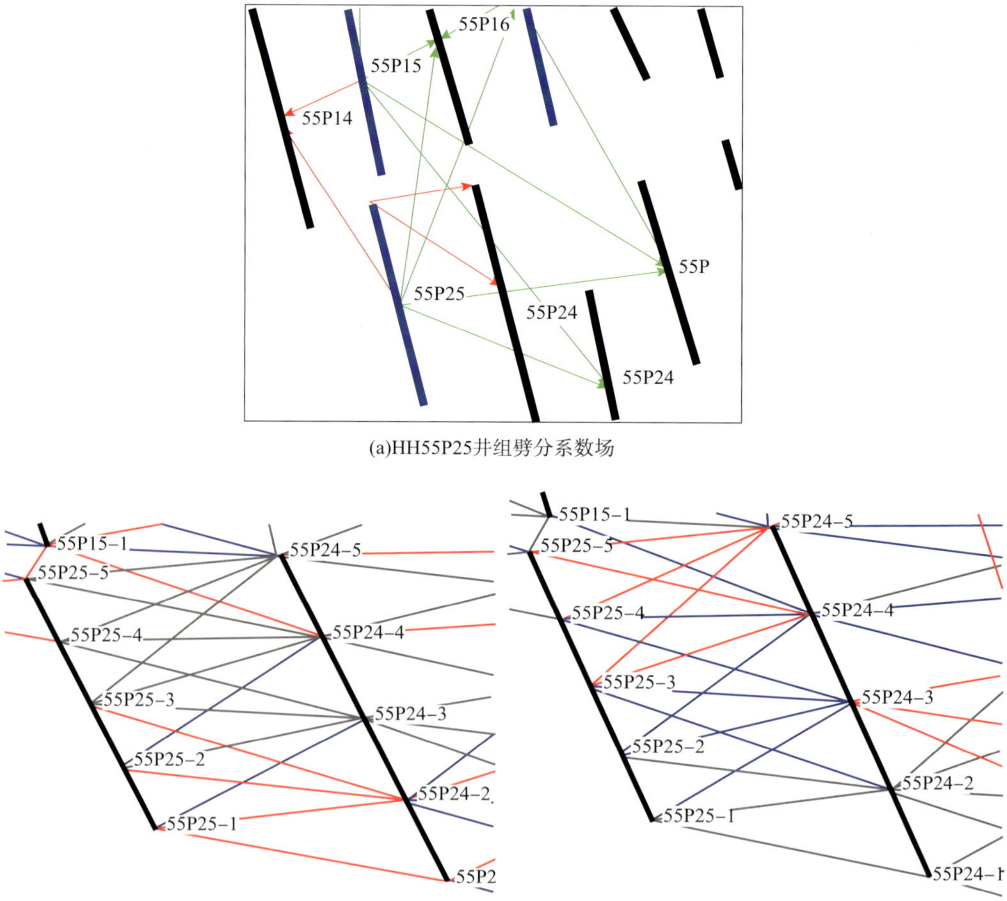

(a)HH55P25井组劈分系数场

(b)HH55P25井组传导率分布

(c)HH55P25井组连通体积分布

图 3-65　HH55P25 井组劈分与传导率、连通体积对应情况

表 3－12 HH55P25 井组裂缝分布表

井名	分区	左			右			总计		
		传导率均值	百分数/%	体积	传导率均值	百分数/%	体积	传导率均值	百分数/%	体积
HH55P25	微裂缝区	0. 0698	23. 65	384. 61	0. 0995	55. 91	909. 398	0. 0846	79. 56	1294. 008
	裂缝区	1. 4711	11. 97	194. 72	0. 3502	8. 47	137. 84	0. 9107	20. 45	332. 56

地层破裂压力为 14MPa，HH55P57 井组当前注入压力为 8. 7MPa，即注入堵剂后压力上升值不能超过 5. 3MPa。堵剂敏感性测试结果显示，当注入堵剂量为 1500m^3 时压力上升值接近 5. 3MPa，即堵剂用量上限值约为 1500m^3，当堵剂用量超过 1500m^3 后，增油量随着堵剂用量的加大而下降，因此，最优堵剂用量应该控制在 1000～1500m^3，此时的调堵能够达到最好的效果。图 3－66 为 HH55P25 井组压力和增油量的敏感性分析结果。

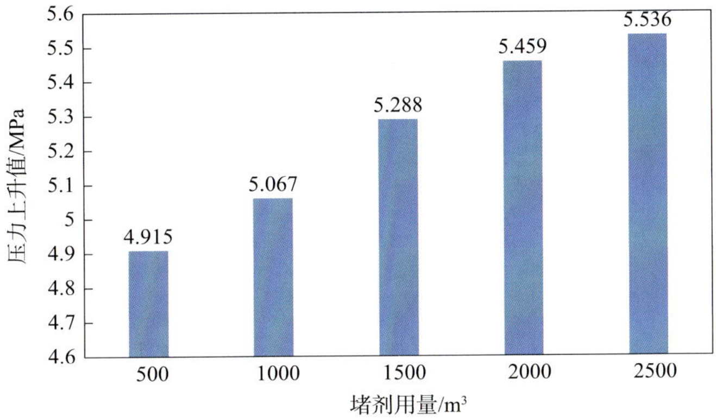

(a)HH55P25井组压力上升值与堵剂用量柱状图

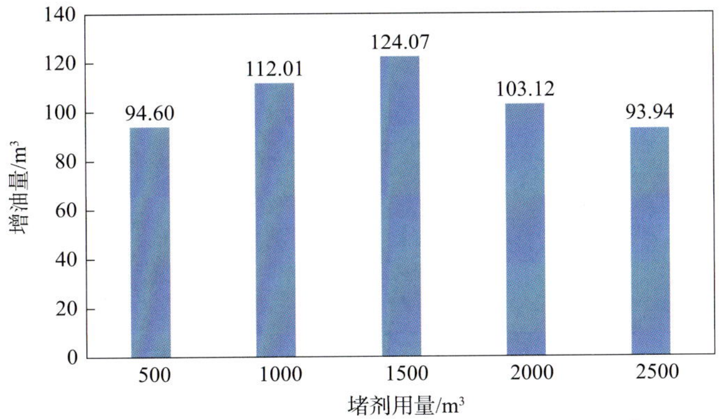

(b)HH55P25井组增油量与堵剂用量柱状图

图 3－66 HH55P25 井组敏感性分析结果

HH55P57 井组为重点井组，主要生产井为 HH55P56 和 HH55P58，两侧受效现场调剖设计将 HH55P57 井的注水压力上升接近地层破裂压力（14MPa）的累注入量近似作为井间裂缝体积。预测的裂缝体积为 4839. 4m^3。堵剂用量设计取裂缝体积的 1/5，约 1500m^3。图 3－67 为 HH55P57 井组井位图，表 3－13 为该井组布井设置情况。

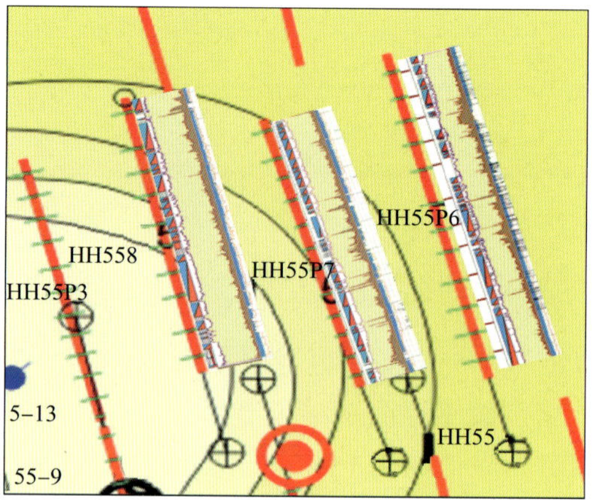

图 3-67　HH55P57 井组井位图

表 3-13　HH55P57 井组布井设置情况表

水井				油井			
计划投注	实际投注水井			计划投注	实际投注水井		
井数/口	井数/口	井号	投注时间	井数/口	井数/口	井号	投注时间
1	1	HH55P57	2014-5-29	2	2	HH55P56	2012-8-6
						HH55P58	2012-5-28

模型反映 HH55P57 井组的总裂缝体积为 3058m^3，HH55P56 方向裂缝分布体积略小于 HH55P58，但传导率均值大于 HH55P58，即 HH55P57 与 HH55P56 连通较好，与现场动态一致。HH55P57 处于基质区，模型所反映出的井组的裂缝不发育，注水后 HH55P56 较早高含水，降低配注后含水明显下降，说明 HH55P57 与 HH55P56 的连通性较好。连通性模型反演结果与现场动态一致。计算出的劈分系数不仅与现场动态相吻合，而且与反演得到的传导率和连通体积有很好的对应性。

图 3-68 为 HH55P57 注水井的劈分系数与反演出 HH55P57 的传导率与连通体积对应情况，表 3-14 为统计得出的 HH55P57 注水井周围的裂缝分布情况。

HH55P57 在堵剂用量不同的情况下，随着压力增长，增油量也会不同。根据敏感性分析可看出，当堵剂用量越大，压力上升越高，但是当堵剂量超过一定程度时，增油量反而会下降，堵剂量注入 500m^3，压力上升 3.667MPa，两年增油量 95.91m^3；堵剂量注入 1000m^3，压力上升 3.91MPa，两年增油量 126.37m^3；堵剂量注入 2500m^3，压力上升 3.95MPa，两年增油量 108.78m^3，图 3-69 为 HH55P57 压力和增油量的敏感性分析结果。

通过图 3-69 可知，在压力允许的范围内，HH55P57 井组在堵剂用量为 1500m^3 时为最优，达到最佳的效果。当超过该堵剂用量，增油量开始下降，堵剂注入过多时，可以将裂缝和微裂缝堵死，不但起不到调剖效果，反而相比不注堵剂效果更差。

根据历史拟合后得到的连通性模型，对红河油田长 9 油藏进行了注采开发调整优化设计，总优化时间为两年，优化目标为经济净现值 NPV，优化对象为单井产液量、注水量、堵剂量；NPV 参数设置，油价：2780 元/m^3、注水成本：5 元/m^3、产水成本：0.5 元/m^3、堵剂价格：576 元/m^3；目标函数优化结果及油藏指标优化结果如图 3－70 所示。

从图 3－70 可以看出，目标函数在 20 步左右趋于收敛，油藏累产油从 99081m^3 上升到 103890m^3，累积增油 4809m^3，油藏累产水从 625900m^3 上升到 668600m^3，油藏累产水没有变化，图 3－71 为优化前后的油藏产油速度和含水率变化。图 3－71 中蓝色线代表堵剂优化前的油藏产油速度和含水率，红色线代表堵剂优化后的油藏产油速度和含水率，全区产油速度平均提高 10.25m^3/d，全区堵剂优化平均用量为 822m^3。

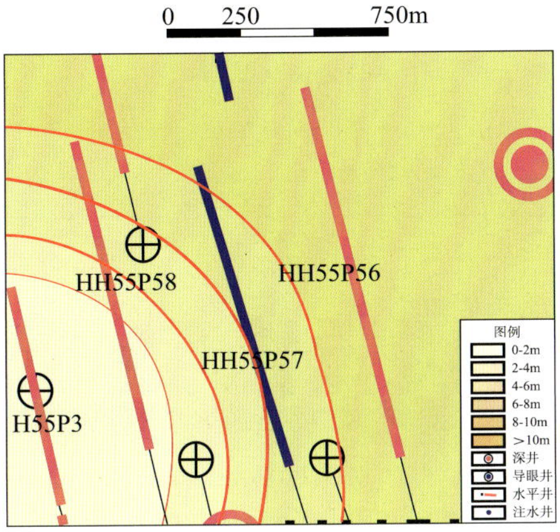

(a)HH55P57井组井位图

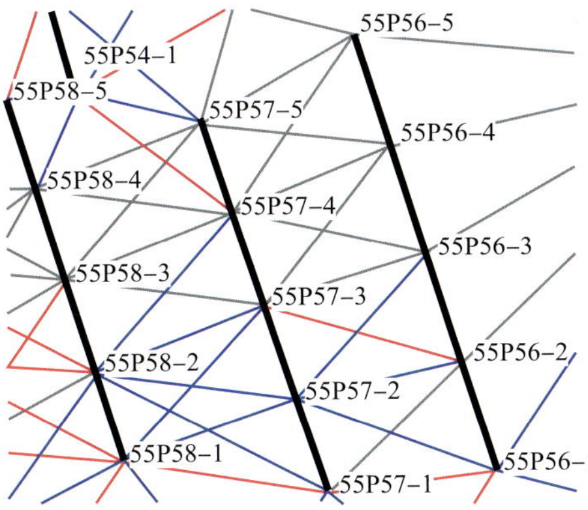

(b)HH55P57井组传导率分布

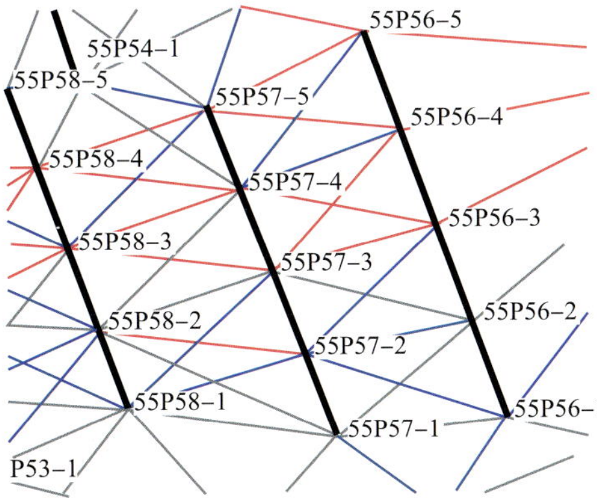

(c)HH55P57连通体积分布

图 3－68　HH55P57 井组劈分与传导率、连通体积对应情况

表 3－14　HH55P57 井组裂缝分布表

井名	分区	左			右			总计		
		传导率均值	百分数/%	体积	传导率均值	百分数/%	体积	传导率均值	百分数/%	体积
HH55P57	微裂缝区	0.0470	45.35	1387.12	0.0539	27.22	832.54	0.0505	72.57	2219.66
	裂缝区	0.2558	15.04	460.05	0.2933	12.39	379.11	0.2745	27.43	839.16

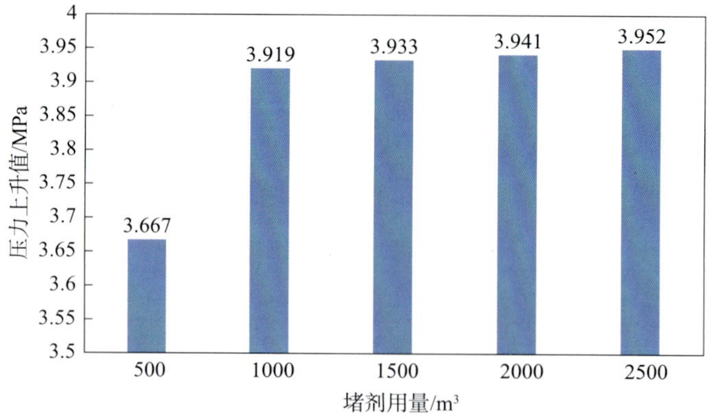

(a)HH55P57井组压力上升值与堵剂用量柱状图

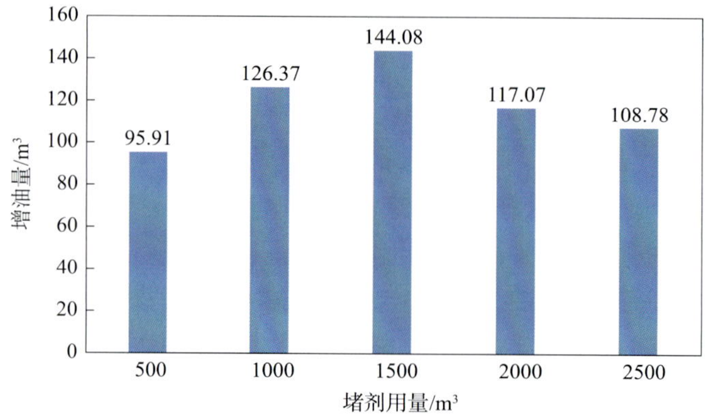

(b)HH55P57井组增油量与堵剂用量柱状图

图3－69　HH55P57井组敏感性分析结果

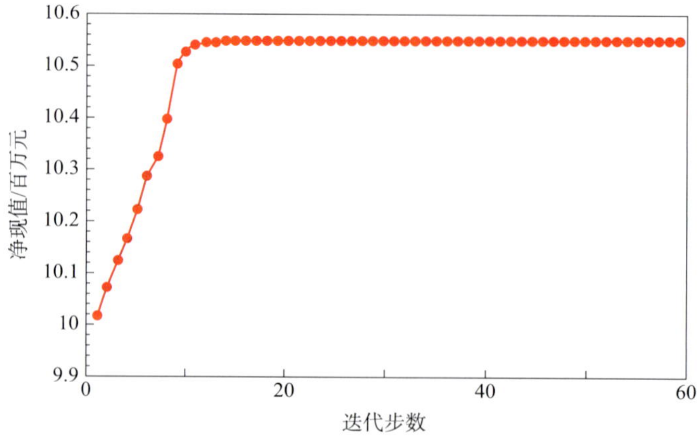

(a)长9油藏目标函数优化结果图

图3－70　红河油田长9油藏优化结果

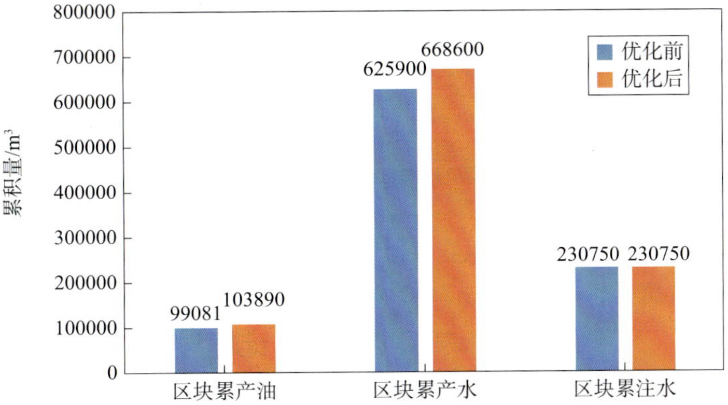

(b)红河油田长9油藏指标优化结果图

图 3－70 红河油田长 9 油藏优化结果(续)

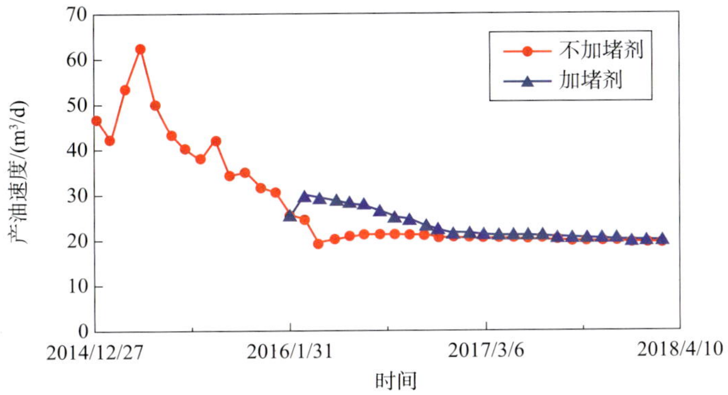

(a)红河油田长9油藏产油速度优化前后对比

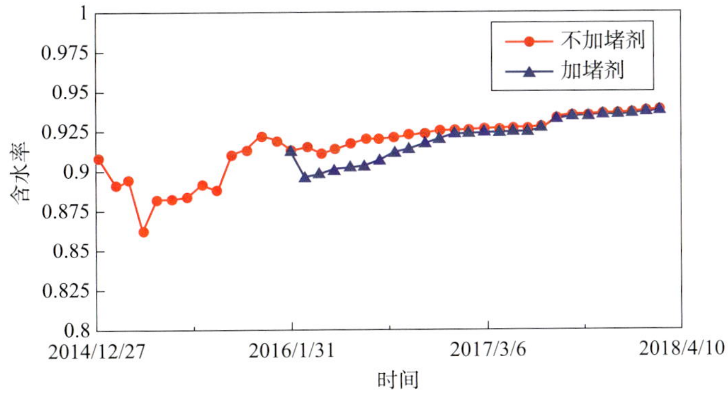

(b)红河油田长9油藏含水率优化前后对比

图 3－71 红河油田长 9 油藏产油速度和含水率优化结果

表 3－15 为全区堵剂优化用量结果，图 3－72 为部分单井两年内产油速度、含水率和产液速度的预测结果。其中 HH55P19 和 HH55P52 属于 HH55P51 井组，HH55P1 和 HH55P8 属于 HH55P2 井组，从加入堵剂优化效果来看，HH55P2 井组效果明显，产油速度平均提高 0.86m^3/d，含水率平均降低 0.43%，HH55P2 与 HH55P51 两口注水井周边的生产井产油增多，含水率有一定幅度的降低，而产油速度有着大幅度的提高，注入堵剂效果明显。

表 3－15　长 9 油藏堵剂用量优化表

井名	堵剂用量/m^3	井名	堵剂用量/m^3
HH55P2	335	HH55P50	1370
HH55P6	1940	HH555P51	746
HH55P9	977	HH55P55	542
HH55P15	437	HH55P57	1040
HH55P17	370	HH55P67	309
HH55P25	1310		

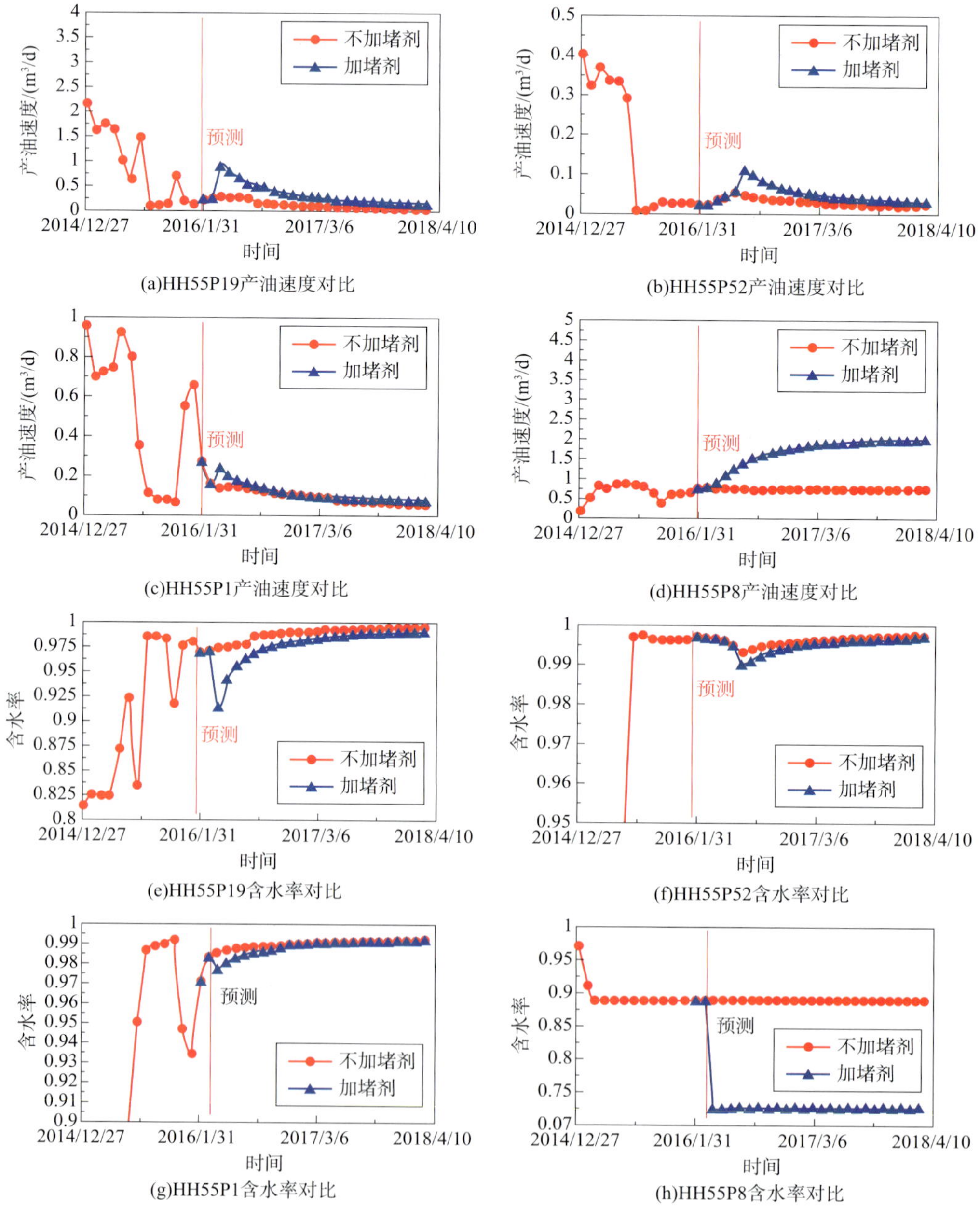

图 3－72　红河油田长 9 油藏部分单井优预测

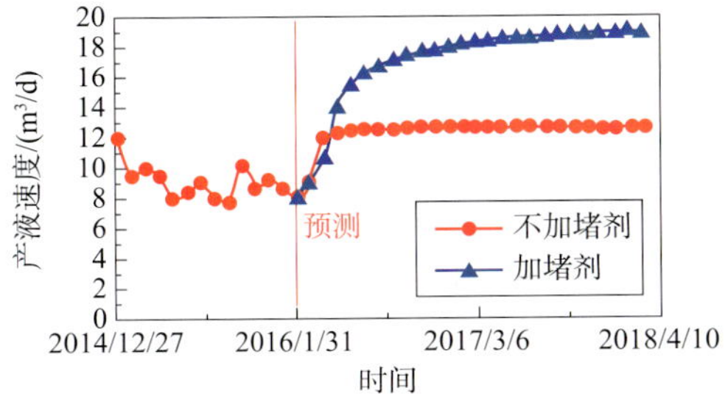

(i)HH55P19产液速度对比

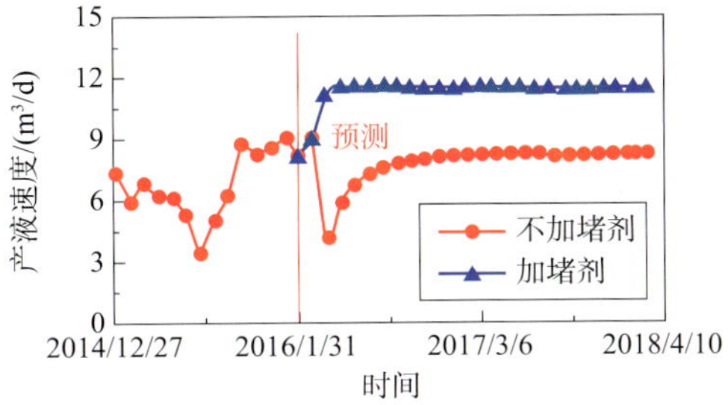

(j)HH55P52产液速度对比

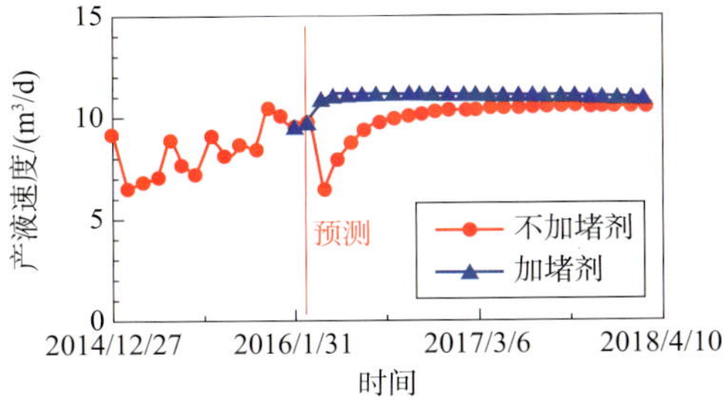

(k)HH55P1产液速度对比

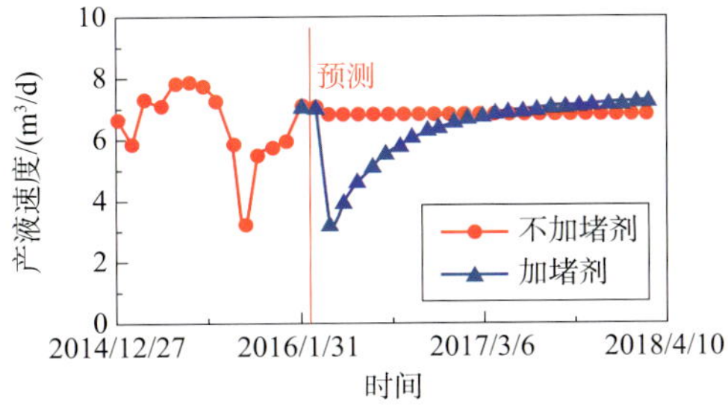

(l)HH55P8产液速度对比

图 3－72　红河油田长 9 油藏部分单井优预测(续)

(二)红河油田长 8 油藏实际应用

1. 油藏概况

红河油田长 8_1 储层平均孔隙度为 10.8%，平均渗透率为 $0.4\times10^{-3}\mu m^2$，属于低孔特低渗储层，表 3－16 为长 8 油藏储层地质特征参数表，图 3－73 为长 8 井位图。长 8 油藏有生产井 30 口、注水井 11 口，累注水 18.3 万 m^3，累产液、累产油分别共计 90.4 万 m^3、22.3 万 m^3，截至 2016 年 12 月底，HH12－37 井区方案设计注水井 11 口，对应油井 30 口，图 3－74 为长 8 油藏的注水开发生产情况。

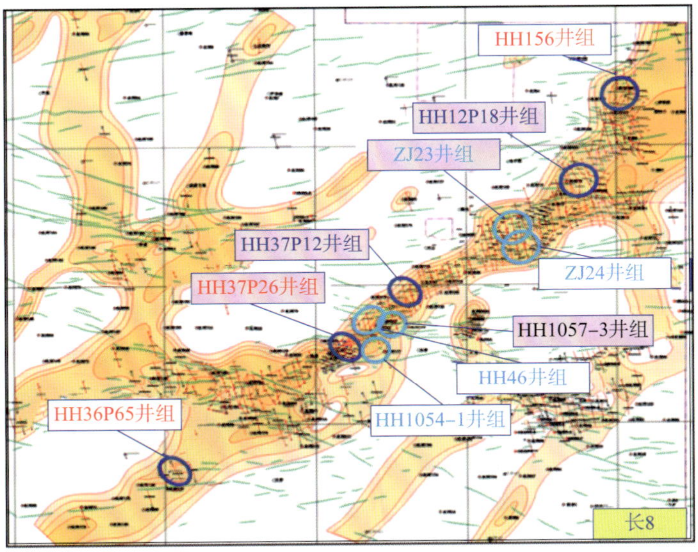

图 3－73　红河油田长 8 油藏井位图

表3－16　红河油田长8油藏储层地质特征参数表

层系	埋深/m	平均温度/℃	地温梯度/(℃/100m)	平均压力/MPa	压力系数/(MPa/100m)	平均孔隙度/%	平均渗透率/$10^{-3}\mu m^2$
长8	2000	69	2.65	18.2～20.1	0.9	10.8	0.4

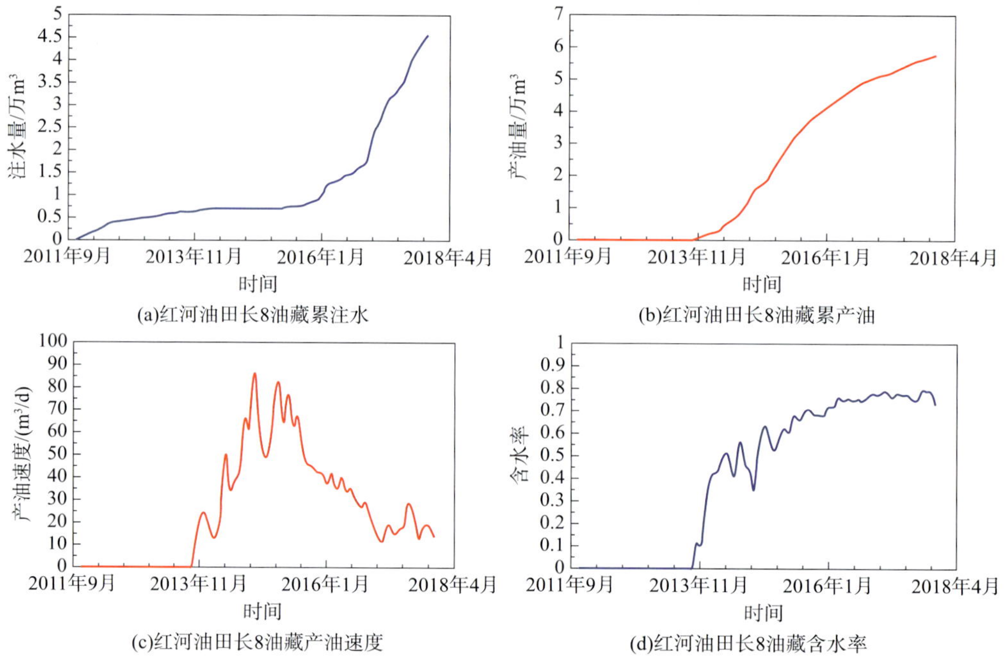

(a)红河油田长8油藏累注水　(b)红河油田长8油藏累产油
(c)红河油田长8油藏产油速度　(d)红河油田长8油藏含水率

图3－74　红河油田长8油藏注水开发生产情况

红河油田长8油藏共试验了9个井组，含2个段内直注平采。见效井6口，水窜井12口，未见效井17口，其中直注平采特征为窜时注水量少，水线推进速度快，呈裂缝性强水窜特征。基质区注水井注水压力高；平注平采特征为裂缝发育，部分油井见效快、水淹快，水平井注水初期A靶点附近水平段为主要吸水层段，注水初期近似于端点注水模式，表3－17为注水井生产概况统计。

表3－17　红河油田长8油藏注水井生产概况统计表

类别	序号	注水井	投注初期			目前		累积注入量/m^3	备注
			注量/(m^3/d)	油压/MPa	日期	注量/(m^3/d)	油压/MPa		
直注平采	1	105－29	20.2	13.5	2014/1/1	15.3	15	8998.6	
	2	105－43	4.5	12.1	2014/1/1	10.2	14.5	1539.6	
	3	105－44	8.66	9.1	2014/1/1	20.1	14.1	1338.3	
	4	105－45	8.65	13.8	2014/1/1	10.5	14.1	1849.6	
	5	HH127－1	6.25	21	2014/1/10	5.1	19.7	616.4	
	6	HH127－2	4.85	15.8	2014/1/9	0		619.5	调剖后注不进

续表

类别	序号	注水井	投注初期			目前		累积注入量/m^3	备注
			注量/(m^3/d)	油压/MPa	日期	注量/(m^3/d)	油压/MPa		
平注平采	7	HH37P12	10.2	12.2	2014.5.21	10.05	15.7	3578	
	8	HH12P18	14.7	0	2014.5.27	20.82	15.7	6708	
	9	HH12P7	15.1	0	2015.2.2	30	0	632	
	10	HH12P9	15.6	0	2015.2.2	30	0	634	
	11	HH12P133	15.3	0	2015.2.2	15.3	0	400	
端点注水	12	ZJ23	20.3	12	2014/7/21	15.2	14.5	3891	
	13	ZJ24	18.9	12	2014/8/2	10.2	14.6	3141	
	14	ZJ21	10.1	16.8	2014/11/24	0		151.9	水窜停注
	15	ZJ5－2	10	8	2014/11/15	20.1	10.9	1734	
	16	HH46	25	13.7	2014.7.22	30.1	15.2	6119	
	17	HH1057－3	15.2	油层压力34.8	2014.8.23	20	油层压力36.5	3338	
	18	HH1054－1	15	12	2014/6/23	30.2	15.9	14445	
平均/合计			13.25	10.12		16.2	12.1	59734	
对比			2.95	1.98					

目前长8累积注水量5.97万m^3，注水井18口，开井16口，与注水初期相比日注量增加，注水压力升高。评价目前注水效果，其中见效井总体比例低，占17.1%，见效井效果较好地是平注平采，最差的是端点注水，水窜井比例大，占34.3%，水窜井占比例较大的是直注平采，最小的是端点注水，总体上平注平采效果相对较好，表3－18为注水效果统计情况。

表3－18 红河油田长8油藏注水总体效果统计分析表

序号	效果	直注平采		平注平采		端点注水		合计	
		井数/口	比例/%	井数/口	比例/%	井数/口	比例/%	井数/口	比例/%
1	见效	1	20	3	27.3	2	11.1	6	17.1
2	水窜	5	100	3	27.3	4	22.2	12	34.3
3	未见效			5	45.4	12	66.7	17	48.6

2. 油藏拟合及裂缝分布

红河油田长8油藏属于裂缝性油藏，水驱控制储量181万t，水驱可采储量21.9万t，井组累采油1.35万t，井组累注水3.67万m^3，井组累计注采比0.95。根据现场给的传导率和连通体积数据赋初值计算，之后采用多模型历史拟合方法对油藏动态进行拟合，对于

表 3－20　红河油田长 8 油藏 HH12P7 井油层压裂数据表

段数	破裂压力/MPa	加砂量/m^3	入地液量/m^3	平均砂比/%
第 1 段	32	20. 8	155. 3	22. 3
第 2 段	43	30. 4	203. 1	25. 4
第 3 段	46	30. 4	313. 4	11. 7
第 4 段	56	28. 1	290. 2	21. 1
第 5 段	40	22. 7	163. 9	25. 3
第 6 段	39	30. 4	181. 1	25. 9
第 7 段	36	28. 1	242. 8	16. 4
第 8 段	44	19. 5	145. 7	42. 2
合计		210. 4	1695. 4	

表 3－21　HH12P7 井第一次调剖情况

段塞	实际用量/m^3	堵剂浓度	排量/(m^3/h)	压力/MPa	作用机理
试注	10	—	4. 5	0	试注
预交联颗粒	85	0. 2～0. 8	5. 1	0～3	裂缝内架桥暂堵
顶替	45. 1	—	4. 95	3 月 4 日	推出井筒
关井 7 天(2015/8/3—2015/8/9)					
强化冻胶＋颗粒	112. 8	0. 6＋0. 2＋0. 5	2. 23	1. 8～4. 8	封堵裂缝
冻胶	202. 1	0. 6＋0. 1	2. 32	4. 9－9. 3	封堵裂缝
强化冻胶＋颗粒	103. 4	0. 6＋0. 2＋0. 5	2. 81	9. 6～10. 5	封口段塞
清水顶替	103. 4	—	2. 77	10. 7～12	推入地层
合计	661. 8				

表 3－22　HH12P7 井第二次调剖情况

段塞	实际用量/m^3	堵剂浓度	排量/(m^3/h)	压力/MPa	作用机理
强化冻胶	85	0. 6＋1. 5＋2. 5	1. 8～2. 3	6 月 10 日	封堵大裂缝
强化冻胶＋颗粒	104	0. 6＋1. 5＋2. 5＋0. 25	1. 9～2. 4	10～12. 7	封口段塞
顶替	40	—	2. 5	12. 9	推出井筒
关井候凝 7 天(2015/9/19—2015/9/25)					
合计	229/189				

通过将 HH12P7 注水井调剖阶段实际生产数据散点进行加密以验证拟合准确性，调剖阶段拟合曲线如图 3－77 所示，可以看出调剖阶段生产井的产油速度拟合情况良好，模型准确。

从生产曲线上可以看出 HH12P7 注水井对 HH12P11 井有明显的降水增油效果，而 HH12P6 井出现水窜现象，堵剂并未封堵住 HH12P6 的优势通道，但产液呈上升趋势，总的来说 HH12P7 井对两口生产井均有影响；截至 2015 年 8 月 HH12P7 井共注入水 3810. 37m^3，大致可判断出 HH42P9 井周围裂缝体积为 3810. 37m^3，根据注水劈分情况，可判断出 HH12P7 经左侧裂缝体积为 3156. 51m^3，右侧裂缝体积为 653. 85m^3(图 3－78)。

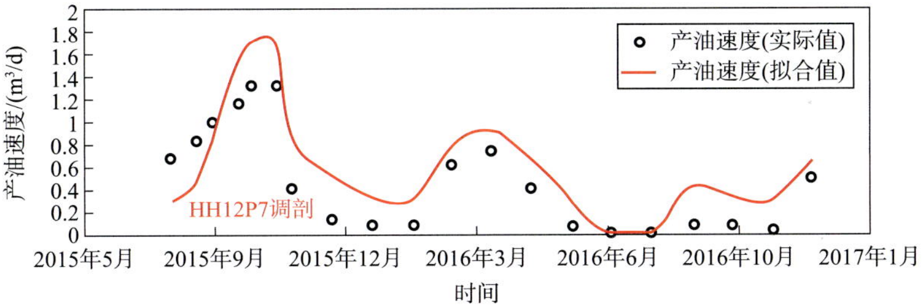

(a)HH12P11产油速度拟合曲线

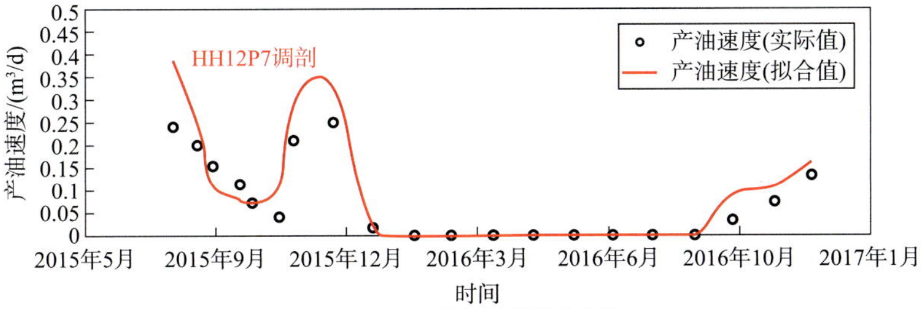

(b)HH12P6产油速度拟合曲线

图 3－77　HH12P7 井组调剖段生产井拟合曲线图

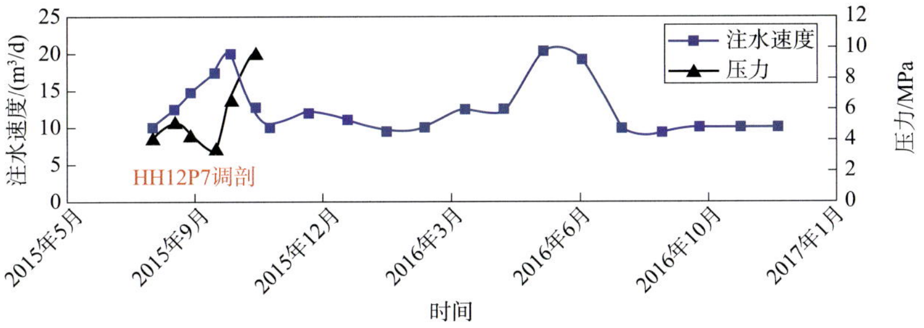

(a)HH12P7注水曲线

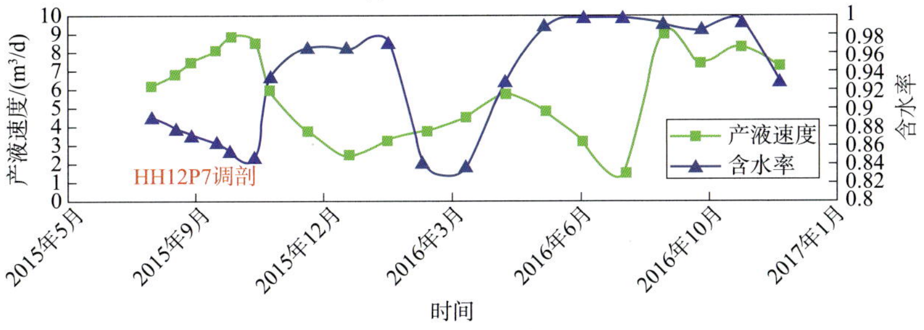

(b)HH12P11生产曲线

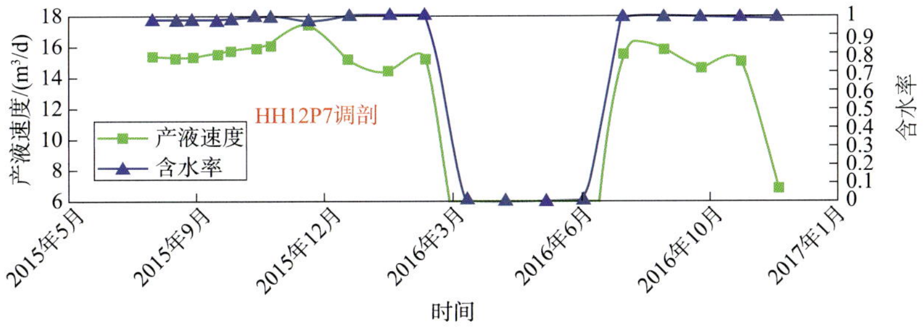

(c)HH12P6生产曲线

图 3－78　HH12P7 井组调剖段生产井拟合曲线图

图3－79统计经过拟合后的模型HH12P7的裂缝分布情况，表3－23为统计结果。

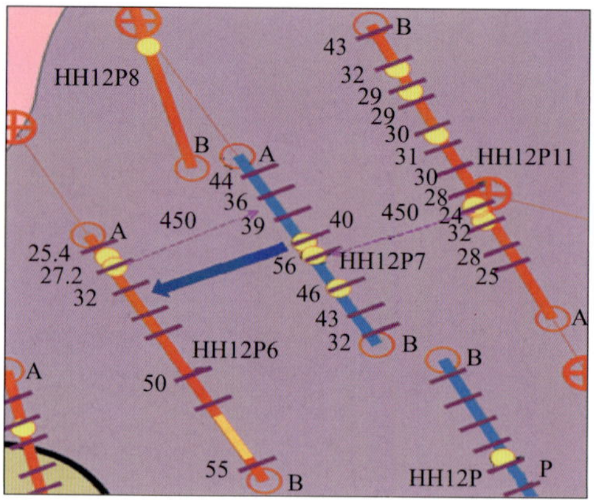

(a)HH12P7井井位图

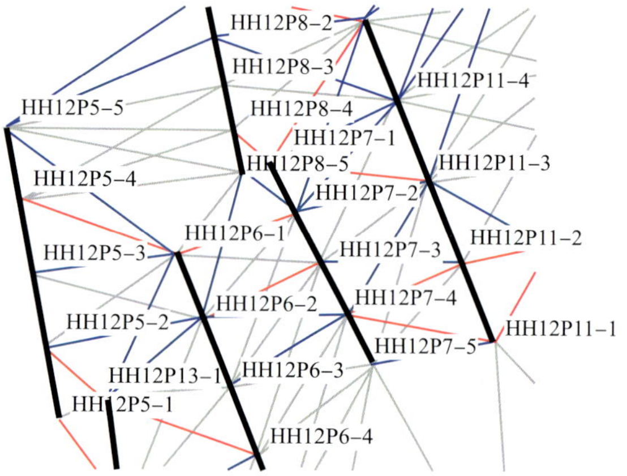

(b)HH12P7井传导率分布

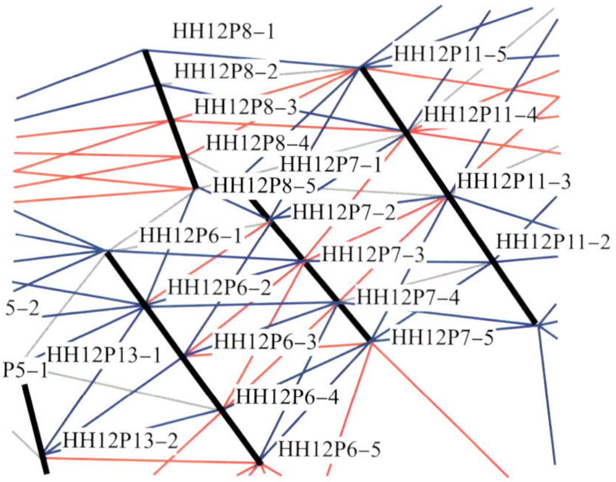

(c)HH12P7井连通体积分布

图3－79　HH12P7井组劈分及受效情况

表3－23　HH12P7井组裂缝分布表

井名	分区	左			右			总计		
		传导率均值	百分数/%	体积	传导率均值	百分数/%	体积	传导率均值	百分数/%	体积
HH12P7	微裂缝区	0.1678	44.83	1708.1	0.1288	37.85	1442.2	0.1148	82.68	3150.3
	裂缝区	0.4870	9.60	365.8	0.3665	7.71	293.7	0.4268	17.16	653.8

通过图3－80显示，在压力允许的范围内，HH12P7井组在堵剂用量为1000m³时为最优，超过该堵剂用量，增油量开始下降，堵剂注入过多，将裂缝和微裂缝堵死，不但起不到调剖效果，相比不注堵剂效果更差。

图3－80为HH12P7压力和增油量的敏感性分析结果，从中可以看出，堵剂用量越大，压力上升越高，但是当堵剂量超过一定程度时，增油量反而会下降。堵剂量注入500m³：压力上升5.5MPa，两年增油量为111.58m³；堵剂量注入1000m³：压力上升6.3MPa，两年

增油量为162.27m^3；堵剂量注入2500m^3：压力上升6.4MPa，两年增油量为123.07m^3。

根据历史拟合后得到的连通性模型，对长8油藏进行了注采开发调整优化设计，总优化时间为两年，优化目标为经济净现值NPV，优化对象为单井产液量、注水量、堵剂量；NPV参数设置，油价：2780元/m^3、注水成本：5元/m^3、产水成本：0.5元/m^3、堵剂价格：576元/m^3。

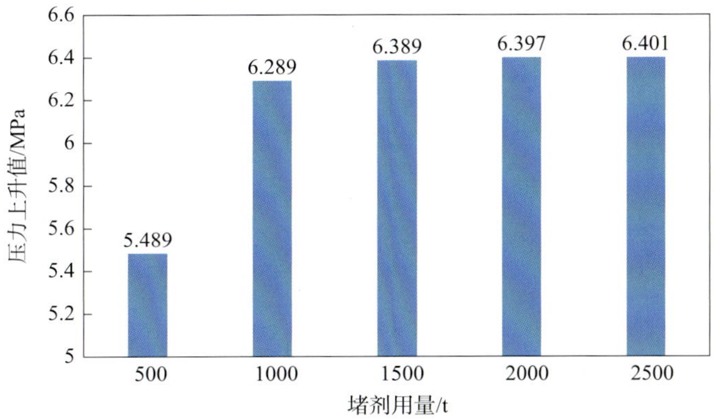

(a)HH12P7井组压力上升值与堵剂用量柱状图

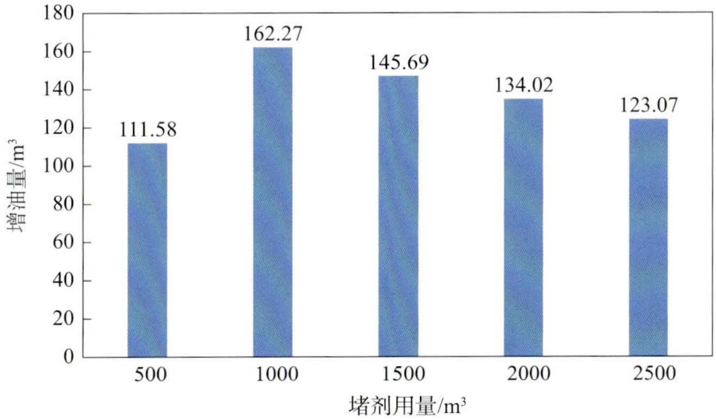

(b)HH12P7井组增油量与堵剂用量柱状图

图3－80 HH12P7井组敏感性分析结果

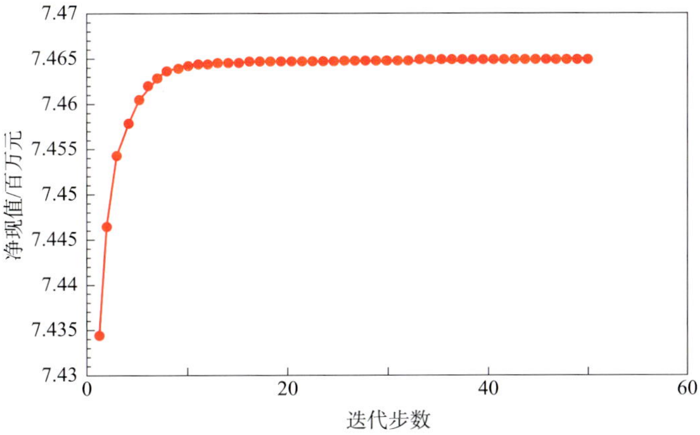

(a)红河油田长8油藏目标函数优化结果图

图3－81 长8油藏优化结果

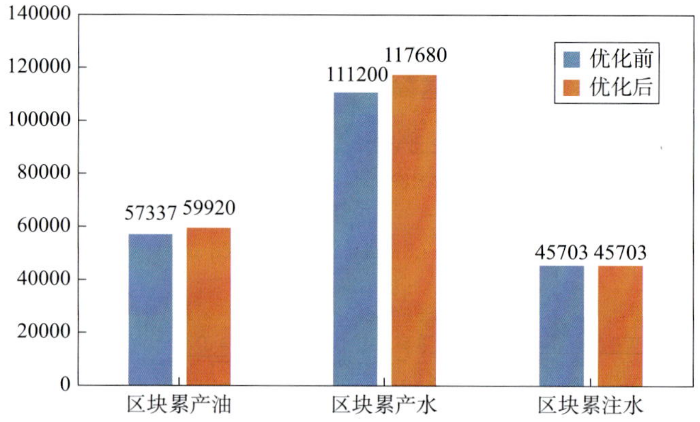

(b)红河油田长8油藏指标优化结果图

图 3－81　长 8 油藏优化结果(续)

从图 3－81 可以看出，目标函数在 10 步左右趋于收敛，油藏累产油从 57337m^3 上升到 59920m^3，累积增油 2583m^3，油藏累产水从 111200m^3 上升到 117680m^3，油藏累产水没有变化，图 3－82 为优化前后的油藏产油速度和含水率变化。

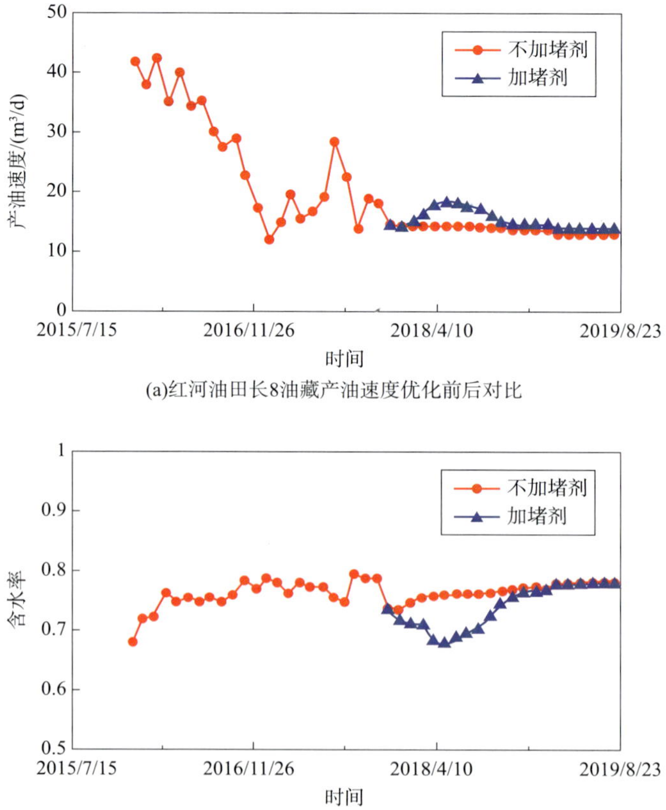

(a)红河油田长8油藏产油速度优化前后对比

(b)红河油田长8油藏含水率优化前后对比

图 3－82　红河油田长 8 油藏产油速度和含水率优化结果

表 3－24 为全区堵剂优化用量结果，图 3－82 中蓝色线代表堵剂优化前的油藏产油速度和含水率，红色线代表堵剂优化后的油藏产油速度和含水率，优化后油藏产油速度上升，含水率快速下降，随后开始上升，两年内总体产油速度高于模拟结果，优化有效果，图 3－83 为部分单井两年内产油速度、含水率和产液速度的预测结果。

表 3－24　红河油田长 8 油藏堵剂用量优化表

井名	堵剂用量/m^3
HH12P7	285
HH12P9	1490
HH12P133	610
HH37P14	296

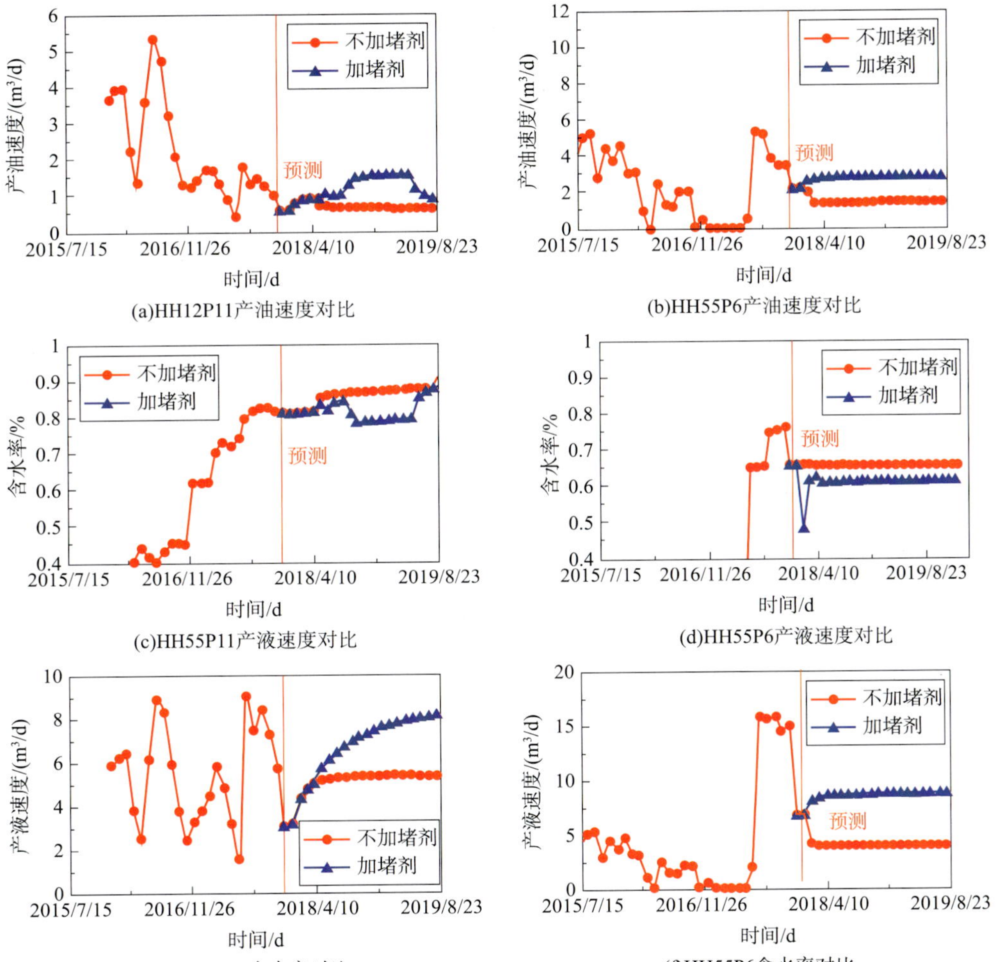

(a)HH12P11产油速度对比　(b)HH55P6产油速度对比

(c)HH55P11产液速度对比　(d)HH55P6产液速度对比

(e)HH55P11含水率对比　(f)HH55P6含水率对比

图 3－83　长 8 油藏部分单井优预测

其中 HH12P11 和 HH12P6 属于 HH12P7 井组，HH12P11 井产油速度变大，产液速度增多，含水率先降低之后上升，但整体效果优于堵剂优化前；HH12P6 井产油速度没有明显变化，产液速度下降，含水率下降，说明注堵剂封堵了整个水窜通道。

第二节 裂缝性致密油藏调剖封窜堵剂体系

一、封堵直通型主裂缝用高强度堵剂体系研究

据统计，长8油藏注水水窜时平均单井注水时间为24天，平均单井注入量为356m^3，水窜时平均水线推进速度为164m/d。上述油藏水窜时表现出注水量少、水线推进速度快的特征，说明水窜裂缝为直通型裂缝。红河长9油藏水窜时平均水线推进速度为19.56m/d，水窜速度低于红河长8，但同样呈直通型裂缝的水窜特征。鉴于长8、长9致密油藏基质驱替压力梯度大，封堵上述直通型水窜裂缝首先需要堵剂具有较好地强度，能承受较高的注水压力。另外，为保持油藏具有足够的注入能力，还要求堵剂能实现小段塞、多轮次注入。目前封堵大裂缝、大孔道的堵剂主要有水泥、水膨体颗粒和冻胶。冻胶是最常用的堵剂，但冻胶的强度与冻胶中聚合物的用量有关。提高聚合物用量可以提高冻胶的强度，但会影响注入性能。水泥固化后可以形成高强度封堵物，但由于密度大，难以携带进入地层深部。水膨体颗粒靠物理架桥起封堵作用，主要存在问题是在裂缝中注入性能差。基于上述问题，开发了固化型树脂类堵剂以及单体地层聚合堵剂。

(一)固化型低分子树脂堵剂体系

岩心水驱实验表明，红河长8油藏的驱替压力大于多数井的地层破裂压力(38～40MPa)。针对基质驱替压力梯度大及裂缝重张压力低之间的矛盾，要求堵剂不仅能够封堵住裂缝，还要求封堵后注水压力不高于在调剖压力的情况下可正常注水。前期为治理红河长8、长9的水窜选用了预交联颗粒、冻胶进行封堵试验，结果发现普遍只封堵住一个水窜方向，调剖效率低，说明需要高强度的堵剂来封堵水窜裂缝。鉴于固化型低分子树脂堵剂固化后强度很高，跟岩石具有良好的黏附性的特点，首先对这类体系进行了研制。

1. 实验用材料及仪器设备

1)实验药品

实验用主要药品见表3-25。

表3-25 实验用药品

类型	规格及厂家
树脂	江苏
稀释剂	工业级95
固化剂	滁州惠盛材料有限公司
特种固化剂	山东
增韧剂	齐鲁石化

2)实验设备

实验用设备包括GJ-3S数显高速搅拌机(济南唯品试验机有限公司)、MCR92流变仪

(Anton Paar)、WDW-20 材料试验机(博山微分电机有限责任公司)、密度计、BS224S 型电子天平、DV-Ⅱ旋转黏度计(德国哈克公司)、HHWS-26 型电热恒温水浴锅等。

2. 常规低分子树脂堵剂

低分子树脂的固化性能主要受固化剂影响，需要根据油藏温度筛选固化剂；另外树脂常温下较为黏稠(10000~15000mPa·s)，难以满足现场注入要求，因此需要加稀释剂调整其黏度。稀释剂的类型及加量对体系的固化性能也有较大影响。

1)低分子树脂堵剂固化时间调控

针对长 8、长 9 油藏的地层温度(60~80℃)，主要对交联剂和稀释剂进行筛选，在满足现场注入要求的前提下，调节低分子树脂堵剂的固化时间，形成适应不同温度地层的堵剂体系。

稀释剂分为非活性稀释剂和活性稀释剂。非活性稀释剂不参与低分子树脂及交联剂的反应，属于物理混入过程。乙醇、苄醇、邻苯二甲酸二丁酯、苯二甲酸二辛脂等属于非活性稀释剂。醇类稀释剂具有沸点低、密度小、黏度低等特点，酯类稀释剂的沸点和密度则较高。红河油田长 8、长 9 油藏属于中温油藏，可以选用非活性醇类稀释剂，既可以降低成本，又可以起到很好的稀释效果。实验发现，稀释剂加量在 10%~25%，成胶时间相差 1h 以内，说明稀释剂的加量对体系的固化时间影响较小。

固定低分子树脂和稀释剂的比例为 100：20，调节交联剂的比例。评价表明，交联剂用量越多，固化越快(表 3-26)，强度越高。这些结果说明，调节交联剂的量可以有效地控制体系的成胶时间，且固化物强度也能满足要求。

表 3-26 不同交联剂用量下低分子树脂固化时间(70℃)

低分子树脂：稀释剂：交联剂(质量比)	固化时间/h
100：20：3	3.5
100：20：2.75	5
100：20：2.5	16
100：20：2.4	19
100：20：2.3	26
100：20：2.2	48

2)低分子树脂流变性调控

常温下低分子树脂是较为黏稠的液体(图 3-84)。为满足注入性要求，需要通过调节稀释剂的量，降低体系的黏度。

加有稀释剂的低分子树脂是一种牛顿流体(图 3-85)。用 Brookfield 黏度计测定了加有不同量稀释剂的低分子树脂在不同温度下的黏度，实验结果如图 3-86 所示。

图 3-84 低分子树脂呈黏稠状液体

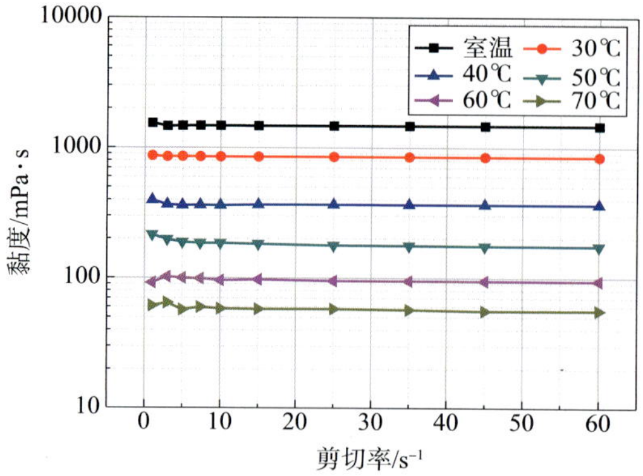

图 3－85　含 15% 稀释剂的低分子树脂在不同温度下的黏度

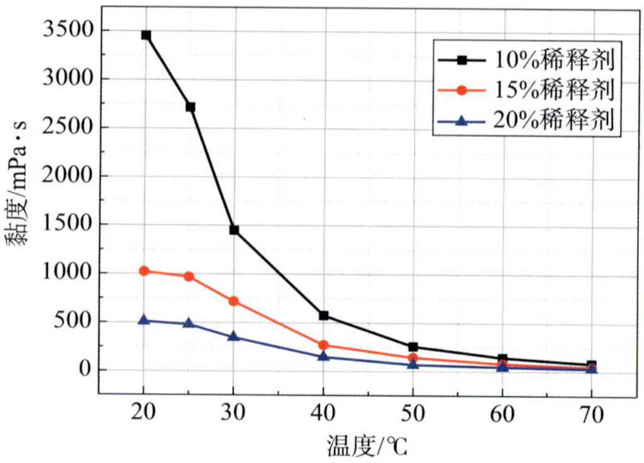

图 3－86　含不同量稀释剂的树脂在不同温度下的黏度

可以看出，醇类稀释剂具有良好的稀释效果，随着稀释剂量的增加，体系黏度明显降低。当稀释剂的量占树脂的 20% 时，体系具有良好的流动性。随着温度的升高，体系黏度降低速度逐渐变慢。

3）固化物强度

用手摇泵测定了树脂固化成型后的强度，发现树脂固化后耐压能力可以达到 10MPa 以上，具有较高耐压强度（图 3－87）。

图 3－87　加压前固化的树脂

另外通过上述实验也发现，固化后的树脂较脆、无韧性，因此后续实验需通过筛选增韧剂或韧性交联剂来改变固化后树脂的性能（图 3－88）。

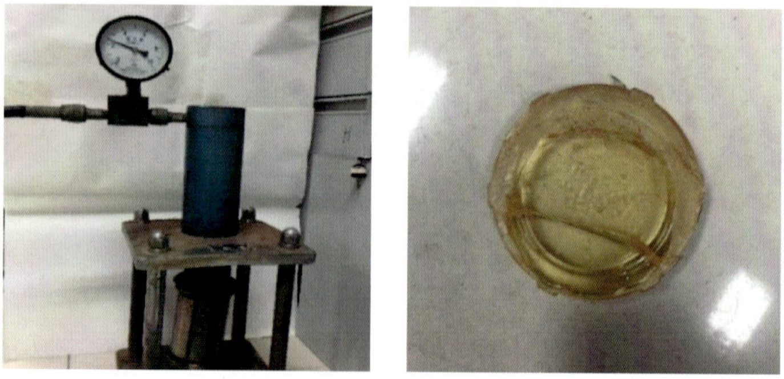

图 3－88　高压下树脂破碎

4）低分子树脂密度调整

低分子树脂密度远高于地层水（低分子树脂相对密度1.1～1.2，矿化度7×10^4mg/L，地层水70℃相对密度1.043），且与地层水不混相。当低分子树脂与不同密度的地层水接触时，由于重力分异的作用会在裂缝中分层，这会导致堵剂不能填满裂缝。通过可视化平板模型研究表明，当堵剂的密度与地层流体密度相近时，堵剂能够在裂缝中均匀地推进，在裂缝中放置时能较好地堵满裂缝，因此合适的密度对树脂在裂缝中的封堵性具有重要影响。由于实验所用的稀释剂的密度较小（约为0.82），通过调节稀释剂的量来调整低分子树脂密度，使之与地层流体密度接近，实验结果见表3－27。

表3－27 树脂在不同稀释剂浓度下的密度

温度/℃	稀释剂/%	密度
60	10	1.095
	12	1.075
	15	1.065
	20	1.051
70	10	1.089
	12	1.072
	15	1.061
	20	1.049

3. 韧性低分子树脂堵剂

通过上述的实验研究发现，成胶后的树脂强度高，但当其承受较高的压力时容易压出裂缝，由此形成渗流通道影响封堵效果。针对该现象，考虑在体系中加入增韧剂使固化后的体系具有一定的弹韧性，能够承受较高的压力波动。由于增韧剂赋予固化物韧性同时延长了固化时间，因此下面对加入增韧剂的树脂成胶时间、强度、密度、黏度、突破压力以及收缩性等性能进行系统评价。

1）成胶时间

研究增韧剂的加入对低分子树脂堵剂体系成胶时间的影响，实验方案见表3－28。

表3－28 树脂的成胶时间

低分子树脂/g	稀释剂/g	2E4MZ/g	增韧剂/g
20	2	0.6	2
20	2	0.6	4
20	2	0.6	6

增韧剂的量对体系的成胶时间具有一定的影响，增韧剂的量越多，体系的成胶时间越长。

交联剂的用量越多，成胶后的低分子树脂堵剂的强度越高，成胶时间大大缩短，但使用低浓度交联剂固化后的树脂堵剂仍能够满足强度要求。通过筛选不同交联剂的用量，来控制低分子树脂的交联时间，使其达到安全施工的要求，实验结果见表3－29。

表3－29　加增韧剂体系的成胶时间

w(低分子树脂)/%	w(稀释剂)/%	w(2E4MZ)/%	w(增韧剂)/%	成胶时间/h		
				75℃	70℃	65℃
83.5	8	3.5	5	4	5	7
83.8	8	3.2	5	8	9	9
84	8	3.0	5	29	30	32
84.1	8	2.9	5	>36	—	—

2)树脂密度

针对低分子树脂含量为84%、稀释剂量为8%、交联剂的量为3%、增韧剂的量为5%时构成的体系，测得75℃密度为1.09、70℃密度为1.095、65℃密度为1.098，树脂成胶液在成胶前温度对其密度稍有影响。

3)流动性

针对低分子树脂含量为84%、稀释剂量为8%、交联剂的量为3%、增韧剂的量为5%时的体系，用Brookfield黏度计测量了70℃老化20h前后体系黏度变化，实验结果如图3－89和图3－90所示。

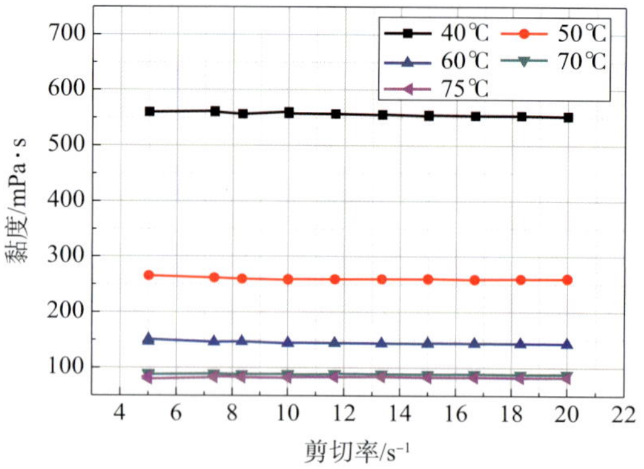

图3－89　现配成胶液黏度

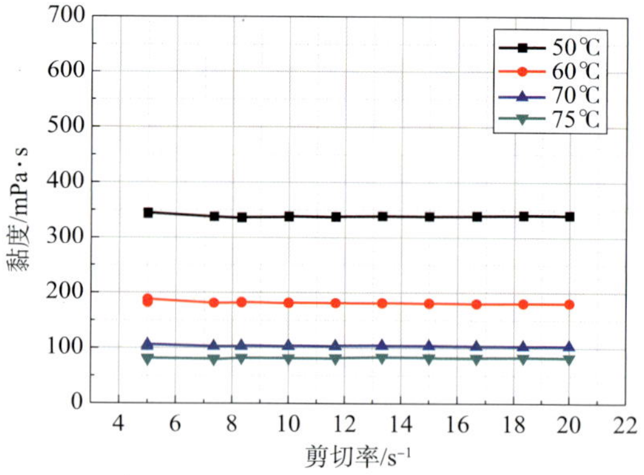

图3－90　70℃下放置20h后的黏度

实验结果说明，成胶液在70℃恒温水浴中老化20h后，黏度比现配制的成胶液略微变大。

4)强度

通过试验机测试成胶后树脂的抗压强度，实验装置如图3－91所示。

将直径均为44mm的树脂柱和水泥柱的抗压强度进行对比。实验发现，树脂受压后发生弹性变形，最后未被压裂；水泥抗压强度很大，没有弹性，很快发生断裂。图3－92和图3－93是实验过程中拍摄的图片。图3－94是树脂抗压测试曲线。

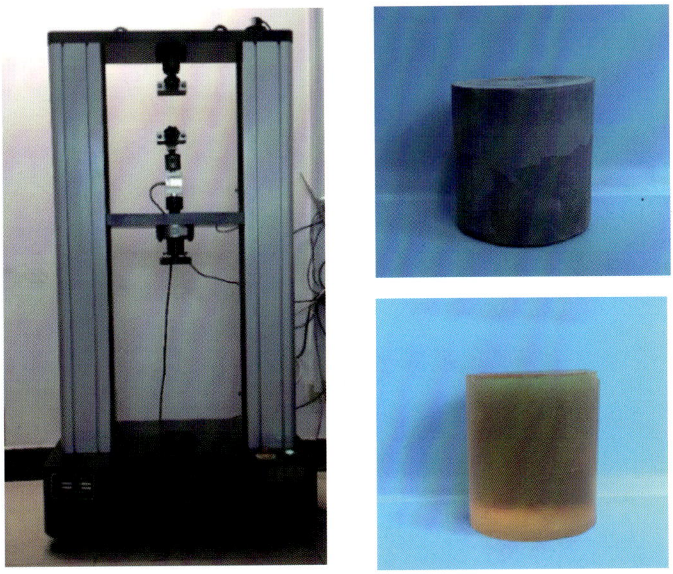

图 3－91 万能实验机

图 3－92 树脂抗压能力

图 3－93 水泥抗压能力

实验结果说明，树脂固化物的抗压强度远大于 7MPa，且具有很好的韧性。

5）收缩性

实验测试表明，树脂成胶前后对比，树脂成胶后收缩率一般在1%～2%，其收缩率很小，如图3－95所示。

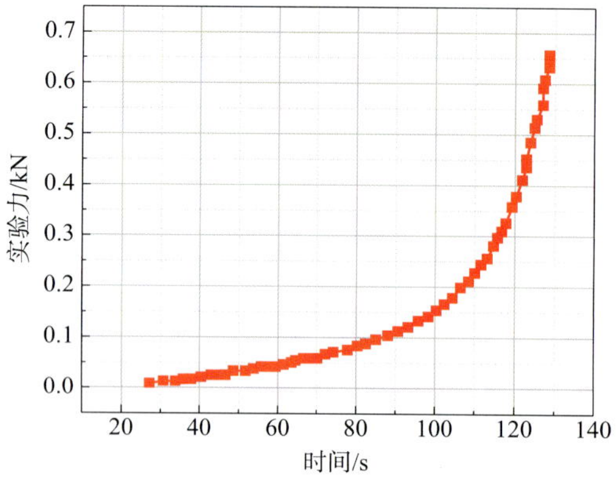

图3－94　树脂成胶后抗压测试曲线

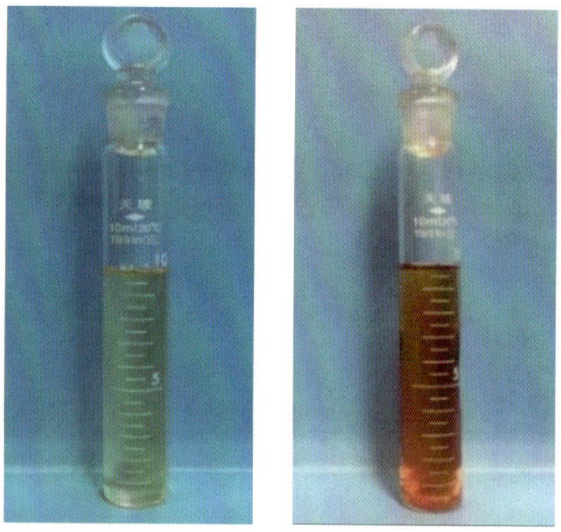

图3－95　树脂成胶前后对比图

堵剂体系的低收缩性，使裂缝中的堵剂在固化后能填满裂缝，避免因堵剂收缩致使堵剂与裂缝壁面形成渗流通道。

6）固化物黏附性

将岩心放置于树脂堵剂中，树脂固化后能够与岩心很好地黏合，如图3－96所示。

图3－96　树脂黏附岩心

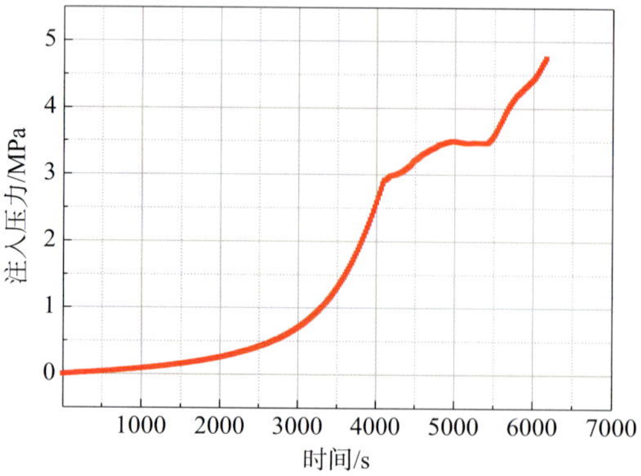

图3－97　韧性树脂突破压力测试

7）突破压力梯度

在0.5m长的$\Phi 3$管线中注入树脂成胶液，待其老化30h后注水测突破压力梯度，实验结果如图3－97所示。

从图中可以看出，注入压力达到5MPa时管线中树脂堵剂仍未被突破，突破压力梯度大于8MPa/m。

4. 特种低分子树脂

除添加增韧剂外，实验研究发现使用改性后的特种交联剂同样可以改变体系的韧性，且操作简单。特种交联剂对低分子树脂固化时间的影响见表3-30。

表3-30 不同特种交联剂下树脂的固化时间

低分子树脂/g	稀释剂/g	特种交联剂/g	固化时间/h		
			75℃	70℃	65℃
20	2	3	2	2.5	2.5
20	2	2.5	7	8	10
20	2	2.4	34	36	36
20	2	2.2	—	—	—

图3-98是特种交联剂形成的固化物。可以从中看出，特种树脂固化后具有良好的黏附性。固化物抗压测试表明，特种树脂具有一定的弹性，受压变形，释放压力恢复形变，且具有较高的强度(图3-99)。

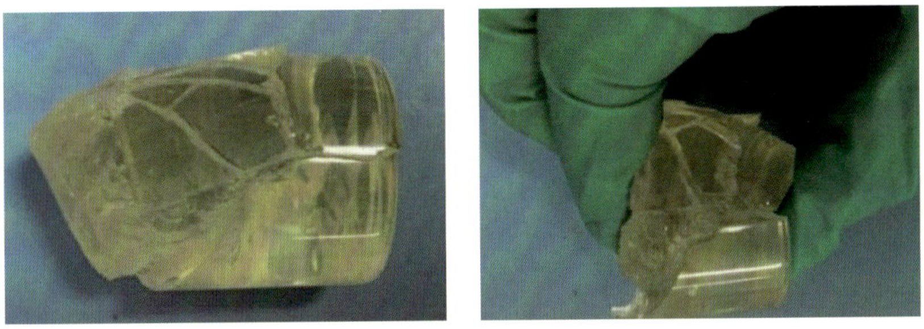

图3-98 特种交联剂树脂固化物

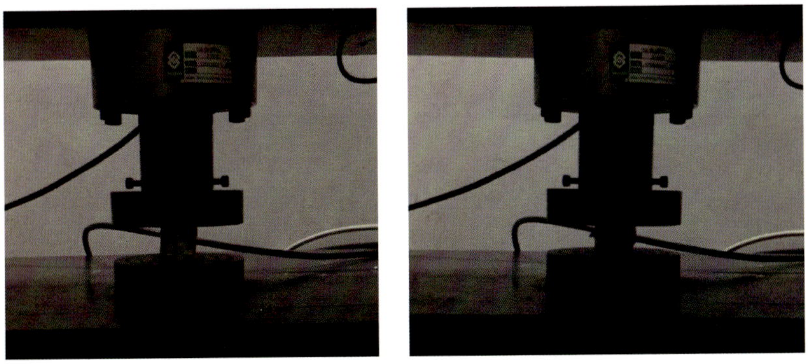

图3-99 测量固化后特种树脂的耐压性

5. 树脂堵剂注入段塞设计

由于树脂密度高、黏度大，在裂缝中运移时会存在重力分异、指进等现象，因此其注入和顶替时需考虑前置段塞、主段塞、顶替段塞的黏度、密度，项目对此通过可视化平板模型进行了研究(实验温度70℃)。设计的研究方案见表3-31。

表3-31 可视化平板模型物理模拟实验方案

项目	实验1参数	实验2参数	实验3参数	实验4参数
裂缝开度/mm	1	1	1	1
注入速度/(mL/min)	2	2	2	2

续表

项目	实验1参数	实验2参数	实验3参数	实验4参数
前置段塞黏度/(mPa·s)	1①	1①	1①	100②
前置段塞相对密度	1.055	1.055	1.055	1.000
主段塞黏度/(mPa·s)	88	97	88	88
主段塞相对密度	1.067	1.102	1.067	1.067
顶替段塞黏度/(mPa·s)	100	100	54	100
顶替段塞相对密度	1.000	1.000	1.000	1.000

注：①前置液用矿化度 10×10^4 mg/L 的模拟地层水配制。
②前置液用矿化度 920mg/L 的模拟注入水配制。

实验结果如图 3－100 至图 3－103 所示。红色液体为染色的树脂成胶液，黑色液体为染色的聚合物顶替液，水浴温度为 70℃。

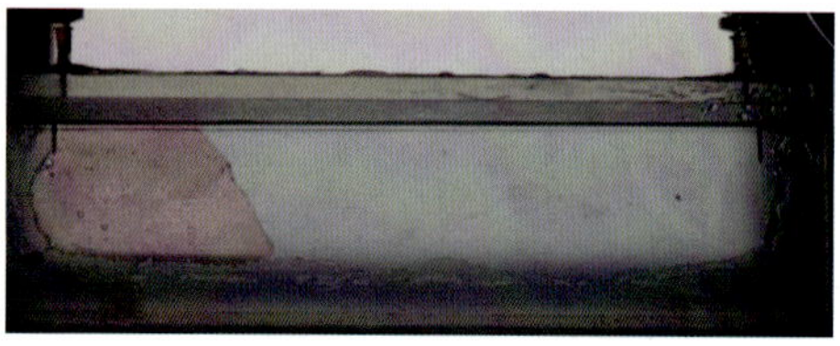

裂缝中充满模拟地层水后注树脂

注聚合物溶液顶替树脂

不断注聚合物溶液顶替树脂

不断注聚合物溶液顶替树脂

图 3－100　实验 1 流动实验

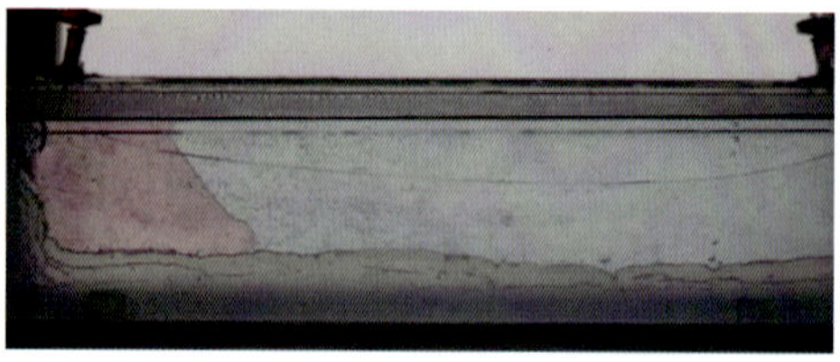

裂缝中充满模拟地层水后注树脂

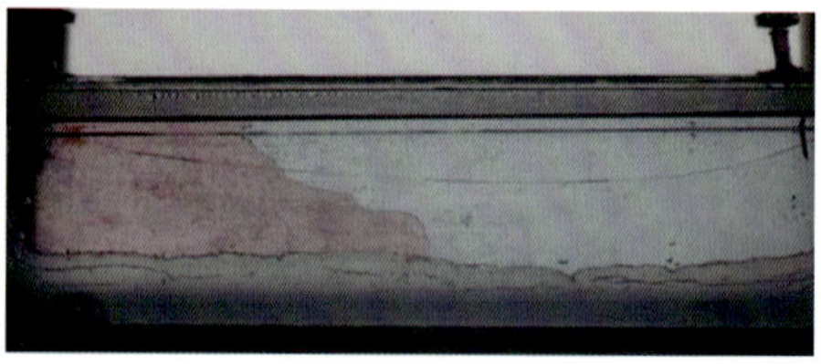

注聚合物溶液顶替树脂，树脂开始沉到下部

不断注聚合物溶液顶替树脂，树脂段塞不断沉到下部

图 3－101　实验 2 流动实验

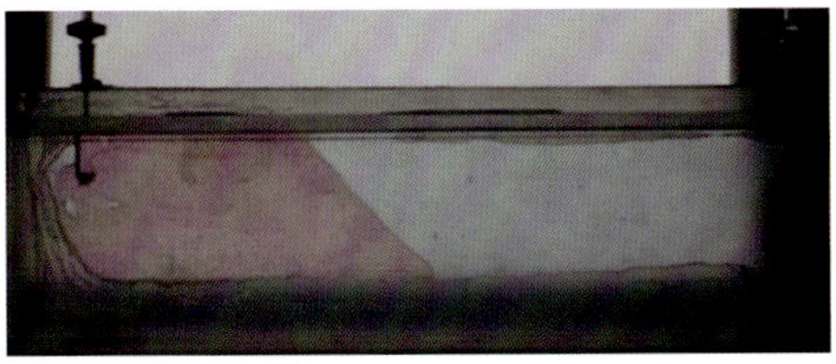
裂缝中充满模拟地层水后注树脂

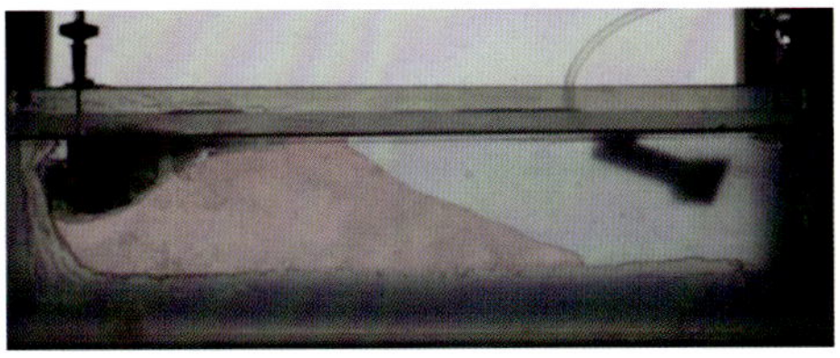
注聚合物溶液顶替树脂，树脂开始沉到下部

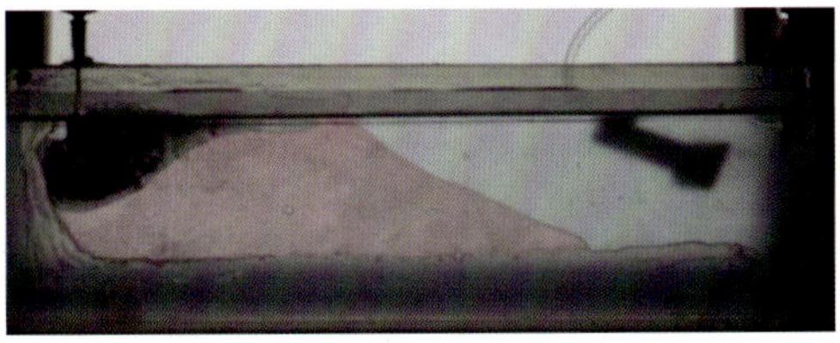
不断注聚合物溶液顶替树脂，树脂段塞不断沉到下部

图 3－102　实验 3 流动实验

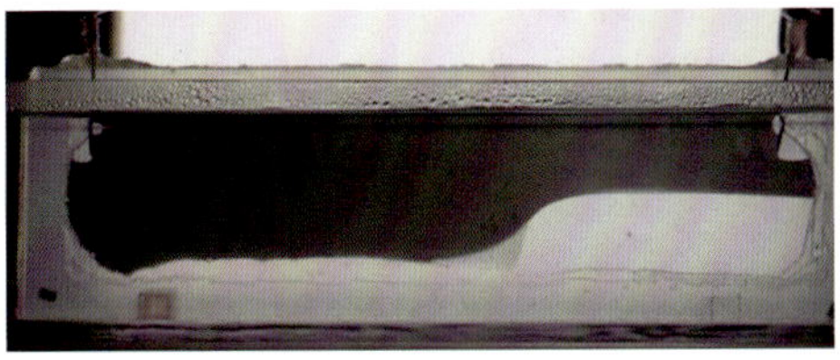
注入聚合物前置段塞

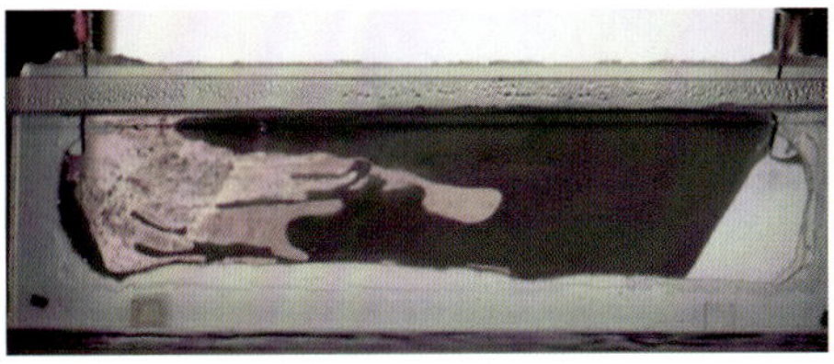
注入树脂堵剂

不断注入树脂堵剂

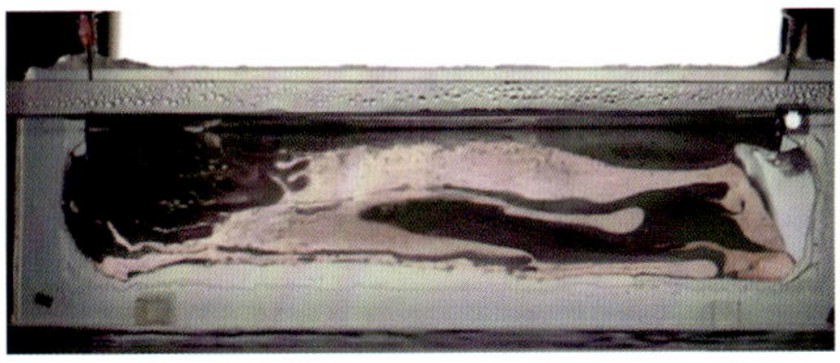
注聚合物溶液顶替树脂段塞

图 3－103　实验 4 流动实验

对比实验 1 和实验 2 可以看出，当堵剂的密度与模拟水的密度相近时，堵剂的封堵效果较好，重力分异较小。因此在注入过程中，应尽量调节堵剂的密度与地层液体密度接近。

对比实验 2 和实验 3 可以看出，当顶替段塞的黏度与堵剂段塞的黏度接近时，其顶替效果较好，当顶替段塞的黏度远小于堵剂段塞的黏度时，其顶替效果较差。

对比实验 2 和实验 4 可以看出，当前置段塞黏度较高时，虽能抑制主段塞前缘的重力分异作用，但主段塞注入前缘会存在指进现象，注入效果更差。

6. 小结

(1)低分子树脂可由 84% 低分子树脂、8% 稀释剂、3% 交联剂、5% 增韧剂或 82% 低分子树脂、8.2% 稀释剂、9.8% 特种交联剂构成。

(2)低分子树脂在 65 ~ 75℃ 成胶时间约为 30h，70℃ 放置 20h 基本不反应，满足施工注入要求。树脂固化后抗压强度远大于 7MPa，体积收缩率 1% ~2%，对岩石有较好地黏附作用，在 ϕ3mm 管线中突破压力梯度大于 8MPa/m。

(3)为防止低分子树脂注入时因在裂缝中发生重力分异而不能充满裂缝，要求调节树脂段塞和裂缝存水密度相近；为均匀顶替树脂段塞，要求顶替段塞黏度与树脂段塞黏度相近。

(二)单体聚合制备高强度封窜剂

前文开发的低分子树脂固化后强度高，能满足封堵直通型水窜裂缝要求，但存在成本高、施工安全风险大等问题。为进一步探索易施工、能封堵直通型水窜裂缝的高效堵剂，本实验借鉴冻胶的封堵机理，拟将制备聚合物的单体直接注入裂缝，通过单体在裂缝中聚合生成交联聚合物来实现直通型水窜裂缝的封堵。单体聚合制备堵剂的优点有：①成胶液黏度低，易进入裂缝；②在成胶液中加入无机粉末材料可以大幅度提高交联聚合物强度、提升封堵效果；③交联聚合物能吸水膨胀，有利于解决裂缝重张导致的水窜问题。单体地层聚合制备交联聚合物堵剂的方法解决了高浓度聚合物能形成高强度冻胶，但因成胶液黏度高而难注入的问题。

实验重点对单体聚合时间控制、成胶液注入能力、交联聚合物封堵能力以及成胶液注入方法进行了研究。

1. 实验药品及设备

1)实验药品

实验中使用的主要药品见表 3 -32。

表 3 -32　单体自聚使用的药品

类型	规格及厂家
单体	国药集团(分析纯)
引发剂	国药集团(分析纯)
引发剂	阿拉丁试剂
交联剂	上海试剂二厂
阻聚剂	国药集团(分析纯)
有机铬	工业品
聚合物	安徽巨成

2)实验设备

实验中使用的主要仪器有 GJ -3S 数显高速搅拌机(济南唯品试验机有限公司)、MCR92 流变仪(Anton Paar)、WDW -20 试料试验机、密度计、数显电动搅拌器(江苏金怡仪器科技有限公司)、BS224S 型电子天平、DV - Ⅱ 旋转黏度计(德国哈克公司)、HHWS -26 型电热恒温水浴锅(常州仪器有限公司)以及裂缝岩心流动实验装置等。

2. 单体聚合配方构建

单体地层聚合是指将含丙烯酰胺单体和少量 MBA 单体的水溶液注到目的层后，丙烯酰胺和 MBA 在引发剂的作用下聚合生成交联体型聚合物。通常情况下该反应较为迅速，所以需加入缓聚剂调控聚合时间，保证成胶液能顺利注到目的层，这是该技术能够应用的关键。另外，需要调控成胶液流变性，保证成胶液注入裂缝过程中不被稀释、能充满裂缝；需要调控交联聚合物强度，使其能承受较高的注水压力。主要研究如下。

1)引发剂

自由基聚合需要根据反应温度选择合适的引发剂。引发剂是一种受热易分解成自由基(初级自由基)的化合物，常用的引发剂有过氧化物、偶氮类物质等。不同的引发剂引发速率及转化率不同，见表 3－33。

表 3－33 常用的引发剂

化学名称	结构式	半衰期 10h 的引发温度/℃	分解活化能/(kJ/mol)
偶氮二异丁腈(AIBN)	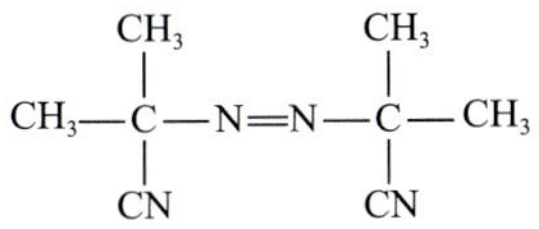	65	129
偶氮二异戊腈(AMBN)	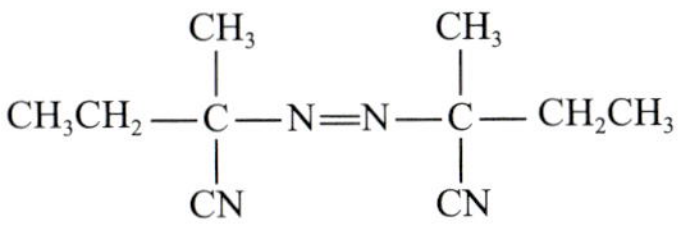	67	125
偶氮二异庚腈	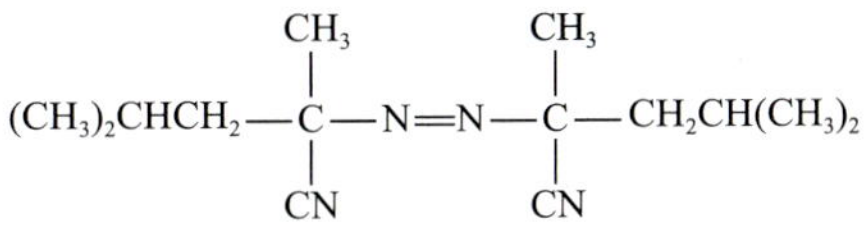	51	122
偶氮二异丁氰基甲酰胺(CABN)	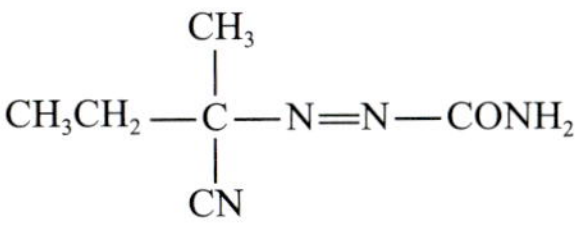	104	140
偶氮二环己基甲腈(ACCN)	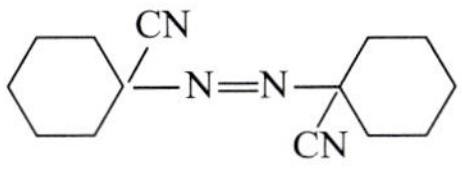	88	149
偶氮二异丁酸二甲酯(AIBME)	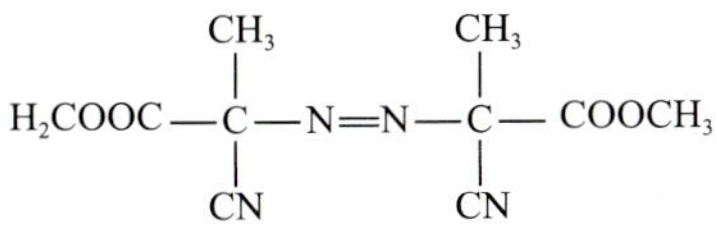	66	127
偶氮二异丁脒盐酸盐(AIBA，V50)	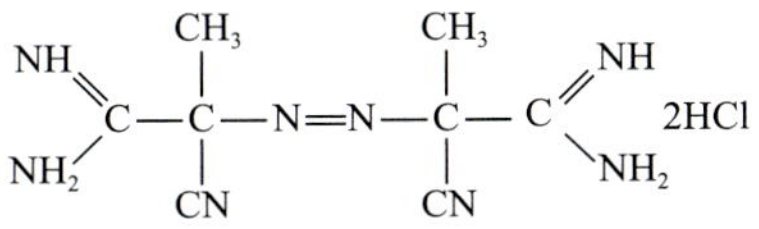	56	129
偶氮二异丙基咪唑盐酸盐(AIBI)	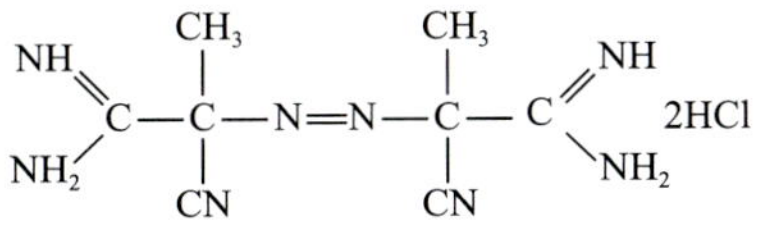	67	125

续表

化学名称	结构式	半衰期 10h 的引发温度/℃	分解活化能/(kJ/mol)
偶氮二异氰基戊酸(ACVA，V501)	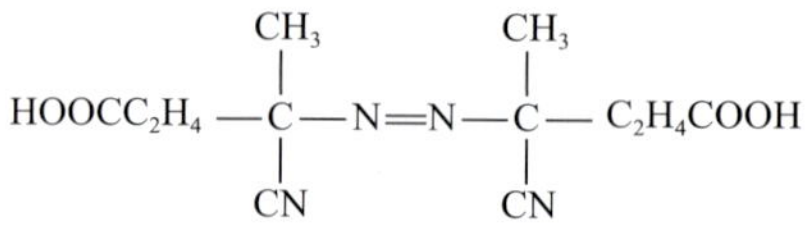	69	122
偶氮二异丁咪唑盐酸盐(VA044)	—	44	128
2，2－偶氮[2－甲基－N－(2－羟基乙基)丙酰胺](VA086)	—	86	108
过硫酸铵	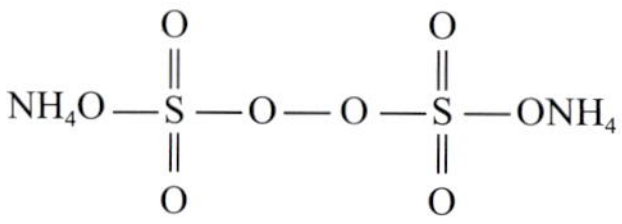	35	—
过硫酸钾	—	—	—

引发剂的选择取决于使用温度。红河油田目标地层温度为 60～75℃，经初步比较，选用中温(60～75℃)偶氮类引发剂 V5(10h 半衰期引发温度为 69℃)和过硫酸钾引发剂进行后续实验。这两类引发剂用量对聚合反应的影响见表 3－34。

表 3－34　不同引发剂的交联时间

序号	w(AM)/%	w(MBA)/%	引发剂类型	w(引发剂)/%	不同温度下交联时间/h		
					75℃	70℃	65℃
1	5	0.1	偶氮引发剂	0.1	<0.5	0.5	1
2	5	0.1	偶氮引发剂	0.075	0.5	<1	1.5
3	5	0.1	偶氮引发剂	0.05	0.5	1	2
4	5	0.1	过氧化物 K	0.1	<0.5	0.5	1
5	5	0.1	过氧化物 K	0.075	<0.5	0.5	1
6	5	0.1	过氧化物 K	0.05	<0.5	1	1.5

上述实验结果表明，由单体、引发剂以及交联剂构成的反应体系虽然成胶后强度较高，但反应快，难以满足施工注入要求。为控制反应时间，需在体系中加入缓聚剂。

2)缓聚剂

缓聚剂是指能降低聚合反应速度的物质。它能与自由基反应形成新的自由基，其活性比原自由基弱，使聚合反应以较慢的速度进行。常用的缓聚剂包括苯醌类、硝基化合物类以及芳香胺类等，另外，铁、铜、铬、锌、汞等金属盐类也具有缓聚作用。表 3－35 是对不同缓聚剂的实验结果。

表 3－35 不同缓聚剂的实验结果

序号	w(AM)/%	w(MBA)/%	w(V5)/%	缓聚剂类型	w(缓聚剂)/%	不同温度下成胶时间/h		
						75℃	70℃	65℃
1	5	0.1	0.1	对苯二酚	0.005	—	—	—
2	5	0.1	0.1	磷酸盐	0.01	0.5	1	1
3	5	0.1	0.1	磷酸盐	0.02	0.5	1	1
4	5	0.1	0.05	钾盐	0.01	3	4	6
5	5	0.1	0.05	钾盐	0.02	3.5	6	7
6	5	0.1	0.1	钾盐	0.01	2	2.5	4
7	5	0.1	0.1	钾盐	0.02	2.5	3	6

通过实验发现，加入少量对苯二酚，体系不能成胶；加入磷酸盐，其延缓成胶时间的效果不明显；加入钾盐类缓聚剂，对体系的成胶时间延缓效果较好，且对成胶后的性能影响较小。为此提高钾盐用量，进一步考察其缓聚效果，结果见表 3－36 和表 3－37。

表 3－36 偶氮类引发剂实验结果

序号	w(AM)/%	w(MBA)/%	w(V5)/%	w(缓聚剂)/%	不同温度下成胶时间/h		
					75℃	70℃	65℃
1	5	0.1	0.05	0.02	3.5	5	7
2	5	0.1	0.05	0.03	5	8	10
3	5	0.1	0.075	0.02	3	4	6.5
4	5	0.1	0.075	0.03	2.5	7	8
5	5	0.1	0.1	0.02	2	3	6
6	5	0.1	0.1	0.03	2	4	7

表 3－37 过氧化物引发剂实验结果

序号	w(AM)/%	w(MBA)/%	w(k 引发剂)/%	w(缓聚剂)/%	不同温度下成胶时间/h		
					75℃	70℃	65℃
1	5	0.1	0.05	0.02	2	4	7
2	5	0.1	0.05	0.03	3	6	9
3	5	0.1	0.1	0.02	1.5	2	4
4	5	0.1	0.1	0.03	2	3	5

实验发现，引发剂用量高时聚合物强度比用量小时强度要高一点，但其反应时间加快了 1 倍以上，所以在不影响体系成胶强度的前提下，应合理控制引发剂的用量。缓聚剂的加量也对体系成胶时间影响较大。缓聚剂加量少时缓聚效果不明显，缓聚剂加量过度时则会使体系反应不全，甚至影响体系成胶。在一定范围内缓聚剂的用量越多，成胶时间越长。另外，温度对单体聚合时间有较大影响，反应温度每升高 5℃，成胶时间会变化较大。

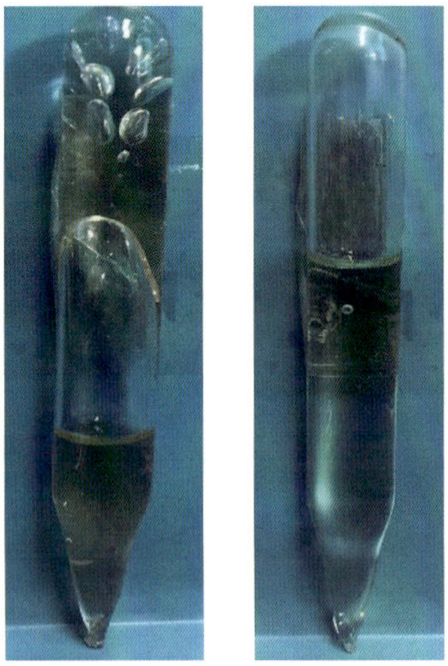

图 3－104　缓聚剂加量过多聚合反应
（65℃，1#缓聚剂 0.045%，2#缓聚剂 0.05%）

图 3－104 是 65℃时不同缓聚剂加量下聚合反应结果。可以看出，当缓聚剂加量为 0.045% 时，仅发生部分聚合反应；当缓聚剂加量大于 0.05% 时，体系几乎不能聚合。在 75℃ 下，当缓聚剂加量为 0.05% 时，体系能完全成胶，且聚合产物强度较高。因此在控制成胶时间的同时，应根据油藏温度合理选用缓聚剂用量。

3）交联剂

交联剂的作用是控制单体聚合形成网状结构。自由基聚合过程中使用的交联剂主要是多官能度化合物，主要对聚乙二醇二丙烯酸酯、*N*，*N'*－亚甲基双丙烯酰胺（MBA）进行了筛选。

聚乙二醇二丙烯酸酯是一种黏稠的液体，本身含有少量阻聚剂，具体实验结果见表 3－38 和表 3－39。

表 3－38　用聚乙二醇二丙烯酸酯作交联剂时的聚合时间（体系不含黏土）

序号	*w*（AM）/%	*w*（交联剂）/%	*w*（k 引发剂）/%	*w*（缓聚剂）/%	不同温度下成胶时间/h		
					75℃	70℃	65℃
1	5	0.1	0.1	0	—	—	—
2	5	0.1	0.15	0	—	—	—
3	5	0.1	0.2	0	0.5	<1	1
4	5	0.1	0.15	0.005	7.5	11	16
5	5	0.1	0.15	0.01	9	13	—

表 3－39　用聚乙二醇二丙烯酸酯作交联剂时的聚合时间（体系含有黏土）

序号	*w*（AM）/%	*w*（交联剂）/%	*w*（k 引发剂）/%	*w*（缓聚剂）/%	*w*（黏土）/%	不同温度下成胶时间/h		
						75℃	70℃	65℃
1	5	0.1	0.15	0.005	2	7.5	11	16
2	5	0.1	0.2	0.01	2	5	7	9
3	5	0.2	0.15	0.01	2	10	—	—
4	5	0.2	0.2	0.01	2	—	—	—

实验表明，用聚乙二醇二丙烯酸酯作为交联剂，其成胶性能以及长期稳定性较差。聚合产物老化放置一段时间后，有部分破胶现象，见图 3－105 和图 3－106。

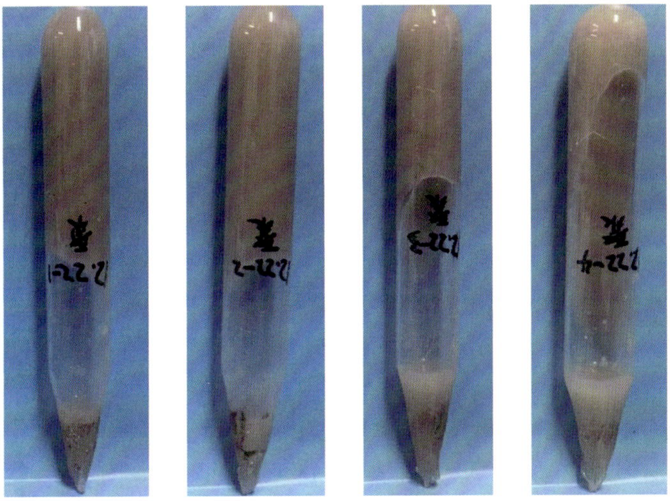

图 3－105　含聚乙二醇二丙烯酸酯的聚合产物 70℃放置 5 天状态

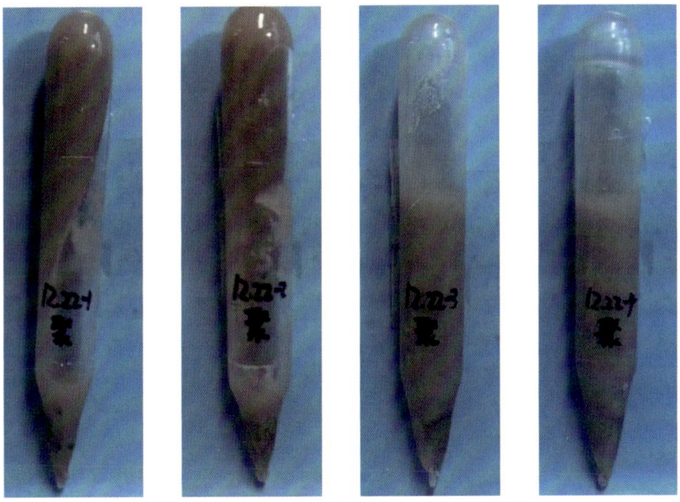

图 3－106　含聚乙二醇二丙烯酸酯的聚合产物 70℃放置 120 天状态

用 MBA 作交联剂时反应时间见表 3－40，聚合产物稳定性如图 3－107 所示。

表 3－40　体系中含 MBA 交联剂的聚合时间

序号	w(AM)/%	w(MBA)/%	w(k 引发剂)/%	w(缓聚剂)/%	w(黏土)/%	不同温度下成胶时间/h		
						75℃	70℃	65℃
1	5	0.1	0.05	0.01	2	1	1.5	3.5
2	5	0.1	0.05	0.02	2	2	3	5
3	5	0.1	0.05	0.03	2	2.5	4	6
4	5	0.1	0.05	0.04	2	5	8	13

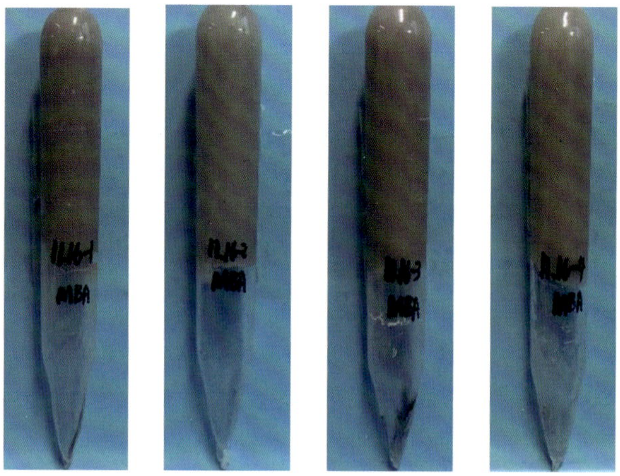

图 3－107　含 MBA 交联剂的聚合反应产物(放置 150 天，加入不同量缓聚剂)

上述结果说明，用 MBA 作为交联剂使成胶性能好、聚合产物稳定，聚合产物放置 150 天未发生变化，因此后续研究中用 *N*，*N′*－亚甲基双丙烯酰胺(MBA)作为单体聚合的交联剂。

4)增强剂

单体聚合形成的堵剂虽然具有较高强度，但针对封堵红河油田直通型裂缝仍显不足。可以通过加入增强剂提高聚合产物的强度。常用的增强剂有水溶胶、聚合物、纤维、无机颗粒以及聚合物微球等。下面对几种增强剂进行了筛选。

(1)单一增强材料。评价了黏土、聚丙烯酰胺、纤维等增强剂对体系成胶时间以及聚合产物强度的影响，结果见表 3－41 和图 3－108。

表 3－41　增强剂对聚合时间影响

w(AM)/%	*w*(MBA)/%	*w*(k 引发剂)/%	*w*(缓聚剂)/%	增强剂		不同温度下聚合时间/h		
				类型	*w*(增强剂)/%	75℃	70℃	65℃
5	0.1	0.05	0.03	—	—	3	6	9
5	0.1	0.05	0.03	水溶胶	0.1	3	6	9
5	0.1	0.05	0.03	黏土	2	2	4	6
5	0.1	0.05	0.03	聚合物	0.4	2.5	4	8

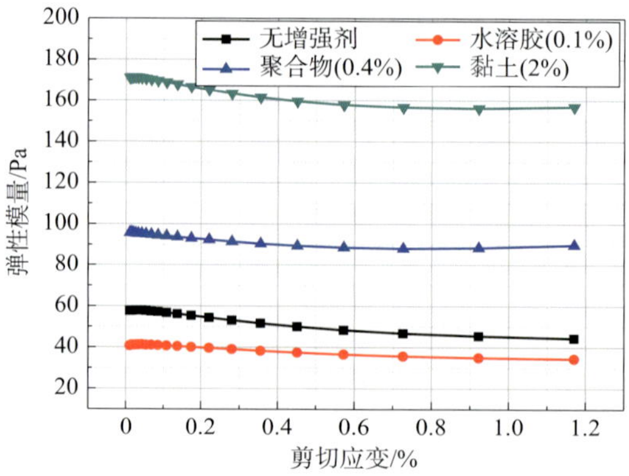

图 3－108　不同增强剂单体聚合体系弹性模量

上述结果说明，在体系中加入黏土后，成胶时间明显缩短，但体系强度大幅度增加。加入黏土形成的聚合体系具有很好的韧性，如图3－109所示。

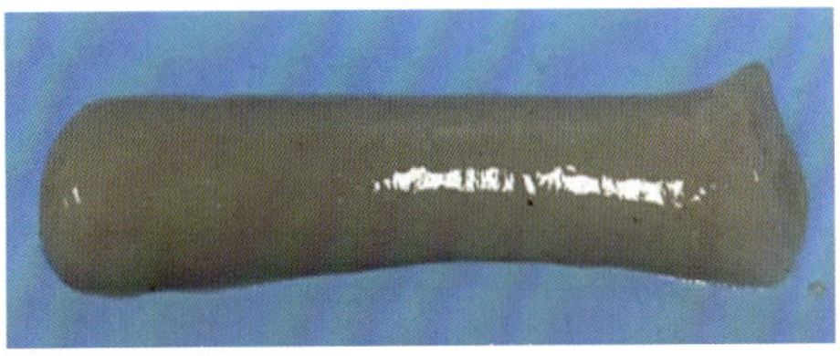

(a)聚合产物拉伸前

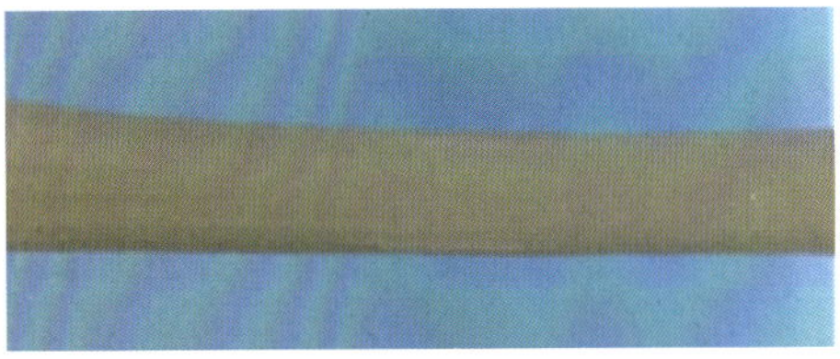

(b)聚合产物拉伸后

图3－109　单体自聚体系成胶后具有较好地韧性

体系中黏土矿物含量越高，聚合时间越短，见表3－42和表3－43。

表3－42　黏土含量对偶氮类引发剂聚合时间影响

w(AM)/%	w(MBA)/%	w(k引发剂)/%	w(阻聚剂)/%	w(黏土)/%	不同温度下成胶时间/h		
					75℃	70℃	65℃
5	0.1	0.05	0.03	—	5	7	10
5	0.1	0.05	0.03	1	4	6	9
5	0.1	0.05	0.03	2	3	5	7.5
5	0.1	0.05	0.03	3	2	3.5	6
5	0.1	0.05	0.03	4	2	3	5

表3－43　黏土含量对过硫酸铵引发剂聚合时间影响

w(AM)/%	w(MBA)/%	w(k引发剂)/%	w(缓聚剂)/%	w(黏土)/%	不同温度下成胶时间/h		
					75℃	70℃	65℃
5	0.1	0.05	0.03	—	3	4.5	7
5	0.1	0.05	0.03	1	2.5	5	7
5	0.1	0.05	0.03	2	2	4	6
5	0.1	0.05	0.03	3	2	2.5	3.5

(2)复合增强材料。在体系中加入黏土可以明显增强聚合产物的强度，但该体系自身黏度低(图3－110)，在注入过程中易被裂缝中地层水稀释，顶替效果也不理想，如图3－111所示。

通过在体系中加入低浓度HPAM和有机铬交联剂形成弱冻胶，一方面提高了体系的抗稀释能力，另一方面在顶替过程中可以较为均匀地向前推进，从而保证主段塞能够均匀地填满整个裂缝(图3－112)。

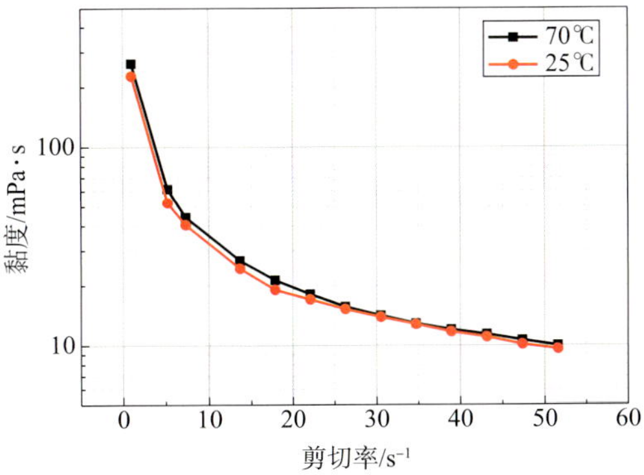

图3－110　成胶液流变曲线

(体系中含5%AM、0.1%MBA、0.05%过硫酸铵、0.03%缓聚剂、2%黏土)

由表3－45确定的体系聚合时间在5～20h可调，聚合产物长期稳定性较好，放置六个月无脱水现象且保持高强度。

6）小结

（1）单体聚合体系筛选的引发剂为偶氮类引发剂，该引发剂10h半衰期温度69℃与地层温度接近，且形成的聚合产物强度较高。

（2）本研究选用了钾盐类缓聚剂，体系成胶时间在8～20h可调，该缓聚剂对体系的成胶性能影响较小。

（3）筛选了MBA高效交联剂，成胶后体系强度较高，稳定性较好。

（4）体系加入黏土颗粒与低浓度聚合物和有机铬复配体系，可使体系弹性模量提高（达到150Pa以上），且具有一定的触变性。

（5）最终确定的基础配方为5% AM＋0.05%引发剂＋0.1% MBA＋0.04%缓聚剂＋0.1%铬＋0.2%聚合物＋1.5%黏土。缓聚剂用量可根据地层温度不同适当调整。

3. 单体聚合体系综合评价

本部分主要针对单体聚合成胶液流变性、注入性以及聚合产物强度、稳定性、突破压力梯度、封堵性等进行系统评价。评价配方除特殊说明外，主要由5% AM、0.05%引发剂、0.1% MBA、0.04%缓聚剂、0.1%铬、0.2%聚合物、1.5%黏土构成。

1）流变性评价

体系黏度越大，注入性越差。在满足堵剂高强度的前提下，要求堵剂易注入。为明确堵剂的注入性、保证施工安全，下面测定了成胶液室温和地层温度下的黏度。

图3－117是刚配制的成胶液25℃下的黏度。

将配制的成胶液在30℃恒温不同时间后测黏度，结果如图3－118所示。

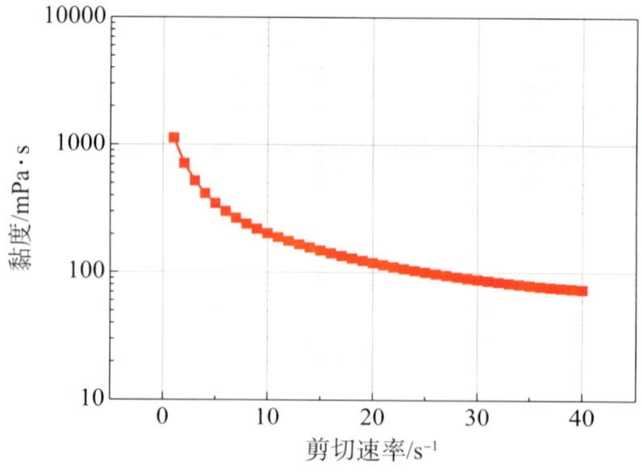

图3－117 主配方堵剂在25℃下的黏度

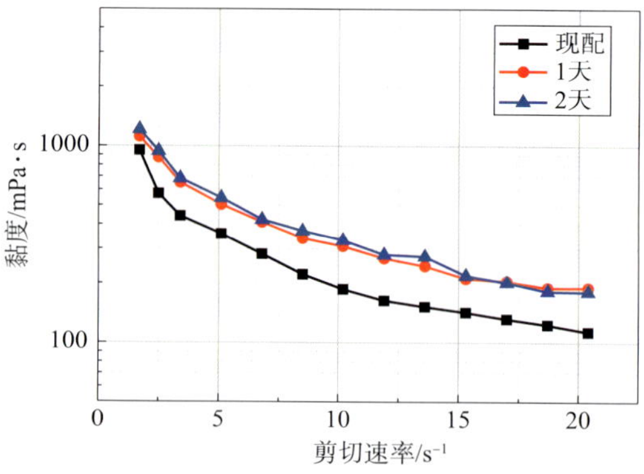

图3－118 室温放置后（不同时间）的黏度曲线

可以看出，成胶液在30℃放置两天后体系黏度稍有增加，说明该体系在室温下基本不发生反应，这为成胶液在较长时间内配制、注入提供了保障。

目标油藏温度为65～75℃，为此测定了成胶液在65℃、70℃热处理不同时间后的黏度，结果如图3－119和图3－120所示。

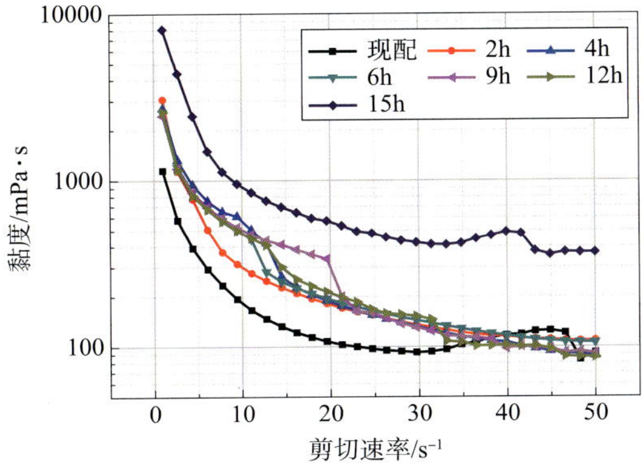

图 3-119 在 65℃放置不同时间后黏度变化

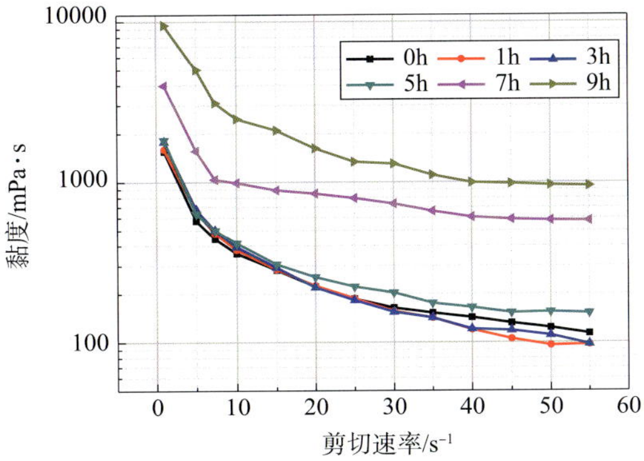

图 3-120 在 70℃放置不同时间后黏度变化

可以看出，65℃时成胶液放置 12h 黏度稍有增加，放置 15h 后体系黏度开始明显增大，说明此时已发生聚合反应。成胶液 65℃放置 20h 后部分成胶，基本不流动。当热处理温度提高为 70℃后，成胶液放置 5h 黏度几乎无变化，放置 7h 后黏度明显增大，放置 9h 后有部分成胶，10h 后体系失去流动性。

流变性能小结：

(1)单体聚合主剂体系在室温条件下具有较好地流变性，其黏度为 400mPa·s 左右。

(2)单体聚合体系在 30℃放置 2 天不反应，该稳定时间保证现场施工配料、注入。

(3)单体聚合体系在地层条件(60~75℃)下黏度为 500~600mPa·s，比室温条件下稍有增加。

(4)单体聚合体系在地层条件下长期放置，一开始黏度变化较小，随着时间的推移，体系开始聚合、交联，黏度慢慢变大，在成胶之前体系仍具有流动性，能够满足注入性要求。

(5)通过实验发现，流动中的单体自聚体系成胶时间延缓，随温度的不同，延长时间不同，在 65℃下成胶时间延缓 2h 左右。

2)聚合产物弹性模量测定

使用 MCR92 流变仪测定了由 5% AM、0.05%偶氮类引发剂、0.1% MBA、0.04%缓聚剂、0.1%有机铬、0.2%聚合物、1.5%黏土构成的体系成胶后的弹性模量，结果如图 3-121 所示。

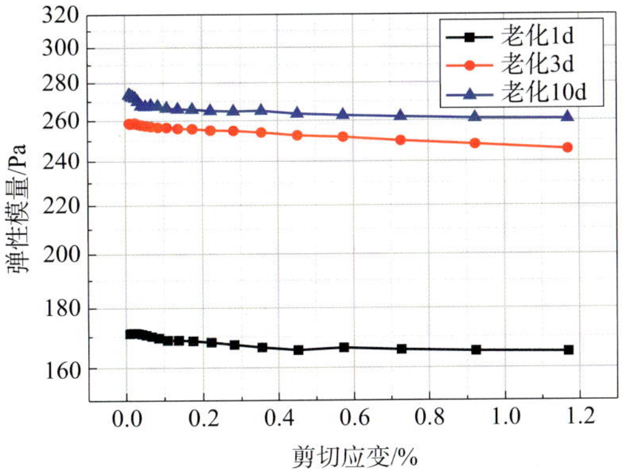

图 3-121 最终配方聚合后的强度

可以看出，老化 1 天的聚合产物弹性模量 >150Pa，该强度是强冻胶体系的 10 倍。随着老化时间延长，由于交联反应不断进行，体系强度进一步升高，10 天后弹性模量增加近 2 倍。

3)聚合产物稳定性评价

对于放置在地层裂缝中的堵剂而言，若其稳定性不好，如发生脱水、破胶或遇水后强度变弱等现象，封堵性会变差，则不能满足长期有效封堵的要求，因此评价堵剂的稳定性具有重要意义。本部分评价主要包括三部分内容：将配制的堵剂长期放置在恒温水浴中，观察是否有脱水、破胶现象；测试不同老化时间的聚合产物弹性模量以及封堵性能；将聚合产物放置在模拟水中浸泡，观察其膨胀性，测定浸泡后的聚合产物弹性模量。

(1)聚合产物长期稳定性评价。评价用水为模拟注入水。将聚合产物在65℃、70℃、75℃放置180d，发现无脱水、破胶现象(图3－122至图3－124)。

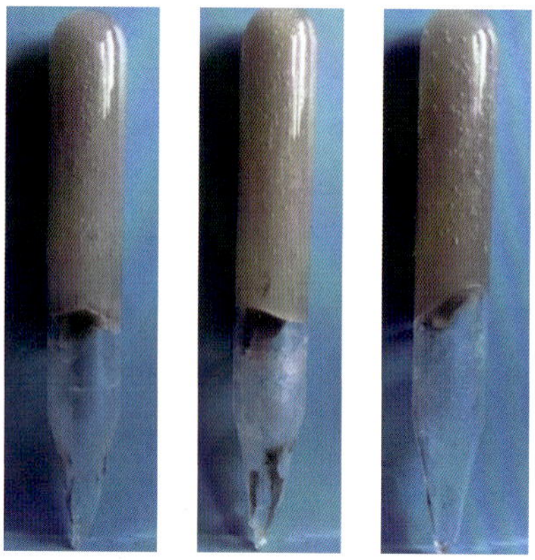

图3－122　主剂老化120d的稳定性

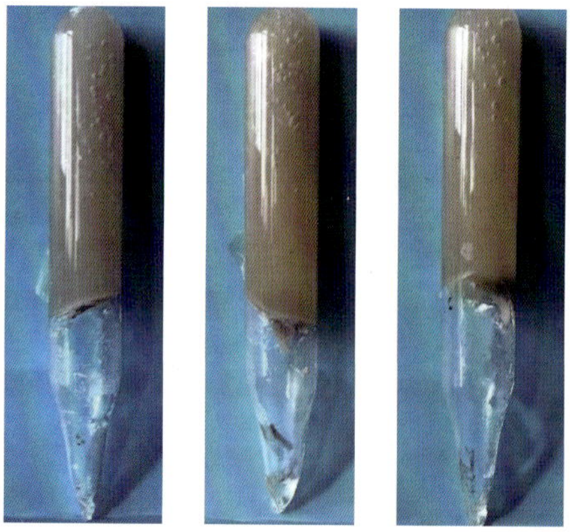

图3－123　主剂老化180d的稳定性

使用流变仪测定堵剂老化不同时间的弹性模量，结果如图3－125所示。

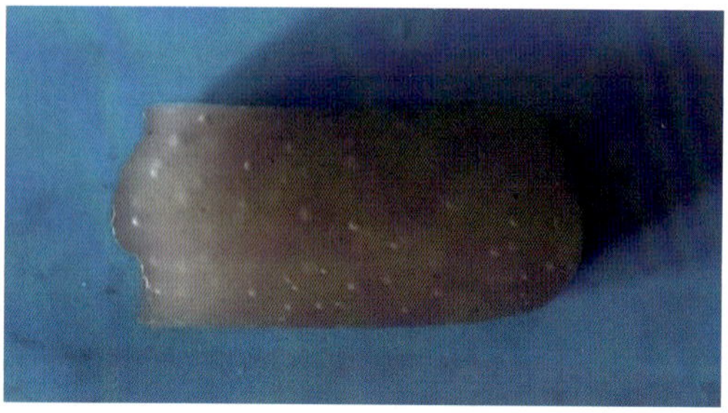

图3－124　主剂老化180d状态(70℃)

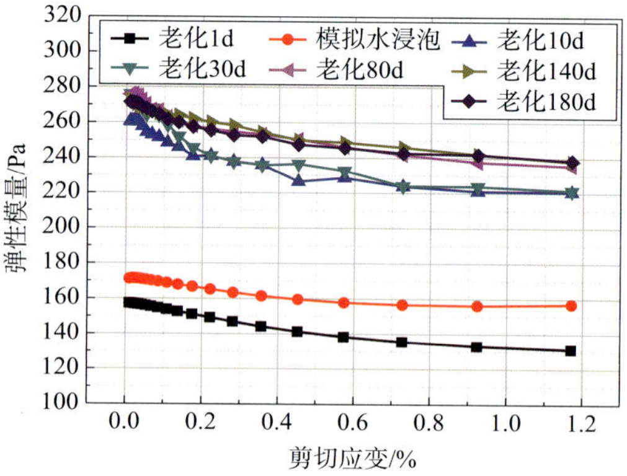

图3－125　主剂的弹性模量

可以看出，聚合产物强度在最初的一个月内变化较大，随着时间推移弹性模量明显增大，30天后聚合产物的弹性模量趋于稳定，老化180天后无脱水破胶的现象，强度基本保持在240Pa以上。

图3－126　注入水稳定性评价

(2)聚合产物在模拟注入水浸泡后的稳定性。将聚合产物在65℃老化3天后取出，放置于不同矿化度的模拟水中，考察聚合产物65℃经模拟注入水或模拟地层水浸泡后的稳定性及强度变化。图3－126是聚合产物

65℃经模拟注入水浸泡100天后的图片。

实验结果表明，成胶后的堵剂在注入水中浸泡后，遇水膨胀，体积膨胀2～4倍，且膨胀后堵剂的弹性模量仍大于200Pa，仍具有较高的强度。

图3－127至图3－135是聚合产物65℃经模拟地层水浸泡后的图片。

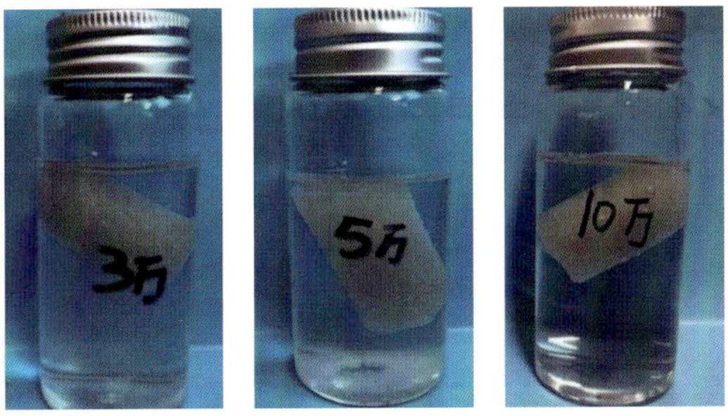

图3－127 刚浸泡时堵剂

图3－128 浸泡5d

图3－129 浸泡10d

图3－130 浸泡30d

图3－131 浸泡60d

图3－132 浸泡90d

图3－133 浸泡120d

图3－134 浸泡180d

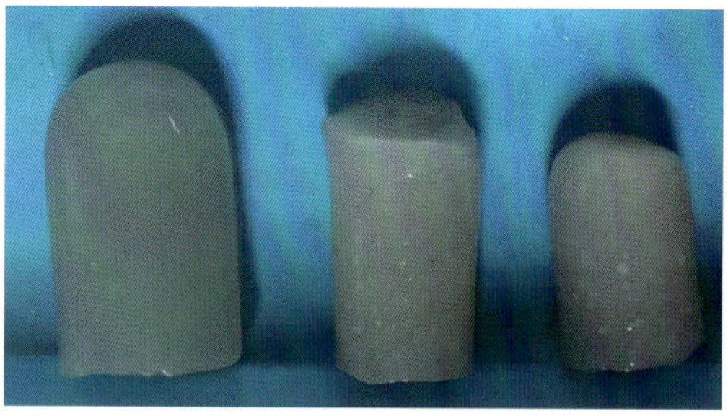

图 3－135　泡 180d(矿化度越高膨胀率越小)

可以看出，聚合产物在模拟地层水中也会膨胀。表 3－46 数据说明，随着模拟地层水矿化度的升高，膨胀率变小，但膨胀倍数均保持在 2 倍以上。

表 3－46　单体自聚体系浸泡后的膨胀率

矿化度/(mg/mL)	浸泡前体积/mL	浸泡 20d 体积/mL	膨胀率/%	浸泡 60d 体积/mL	膨胀率/%	浸泡 100d 体积/mL	膨胀率/%
30000	7	15	214	16	228.6	17.5	257.1
50000	6	14.5	242	15.5	241.7	15.5	241.7
100000	6.5	14	215	13	200	13	200

测定了在不同模拟地层水中浸泡 180 天的聚合产物的弹性模量，结果如图 3－136 所示。可以看出，经过长时间浸泡后的聚合产物仍保持较高强度，弹性模量约为 150Pa。

图 3－137 是聚合产物在 5 万矿化度模拟水中浸泡不同时间后的弹性模量。对比浸泡前后的堵剂发现，浸泡的堵剂仍具有很高的强度，用力拉伸未破损，稳定性较好，且其弹性模量比未浸泡时有所提高。

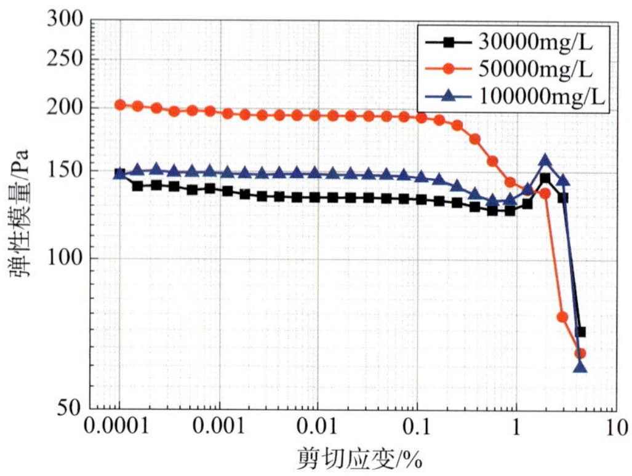

图 3－136　浸泡 180d 后的强度

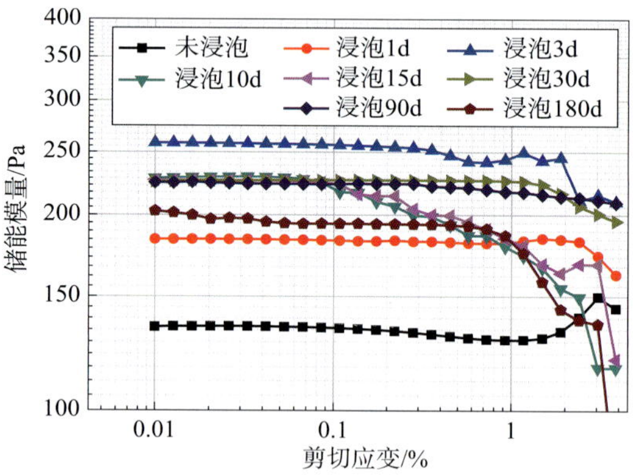

图 3－137　浸泡不同时间的强度

4)小结

①单体聚合体系反应后具有较高的强度，地层条件下放置 180 天后无脱水、破胶现象，弹性模量大于 150Pa；

②单体聚合产物遇水膨胀，膨胀率大于 200%，浸泡后的堵剂仍具有很高的强度，在

不同矿化度模拟水中浸泡 180 天后，弹性模量大于 100Pa；

③单体自聚体系的长期稳定性以及膨胀性对封堵大裂缝具有较大的优越性。

5）不同油藏特征配方设计

前期实验温度范围为 65 ~75℃，该温度范围不能涵盖所有目标油藏，故需针对不同温度设计体系配方，并评价其成胶时间、强度、稳定性等性能。另外，由于油藏渗流参数不确定，为应对现场注不进等可能的意外问题，需设计不同流变性的堵剂配方预案。

（1）不同温度下配方设计。首先调整配方，使其在不同温度下的成胶时间能够尽量满足现场施工时间的要求，然后通过弹性模量、封堵强度以及长期稳定性等评价进一步优化体系。实验过程中使用流变仪来测试体系成胶后的弹性模量，其值大于 100Pa 时，即满足要求；通过裂缝驱替实验，评价其封堵强度，稳压能力达到 5MPa/m；通过长期老化放置以及地层水浸泡，评价体系的脱水、强度保留率以及地层水浸泡后的吸水膨胀性和强度变化。

通过前期的实验研究发现，缓聚剂用量对体系的成胶时间影响较大，因此本实验主要通过调节缓聚剂的量来调节不同温度下体系的成胶时间。反应体系用注入水配制，实验结果见表 3 -47。

表 3 -47　不同温度下的成胶时间

序号	w(AM)/%	w(MBA)/%	w(V)/%	w(缓聚剂)/%	w(铬)/%	w(G3515)/%	w(黏土)/%	不同温度下聚合时间/h				
								80℃	75℃	70℃	65℃	60℃
1	5	0.1	0.05	0.04	0.1	0.2	1.5	2	5	9	15	>20
2	5	0.1	0.05	0.045	0.1	0.2	1.5	3	7	12	19	>24
3	5	0.1	0.05	0.05	0.1	0.2	1.5	4	7.5	15	>20	—

缓聚剂的加量对体系的性能有较大影响。反应温度为 80℃时不同缓聚剂用量下形成的聚合产物强度相差不大，但反应温度为 70℃时随缓聚剂用量提高，聚合产物强度明显降低，如图 3 -138 所示。

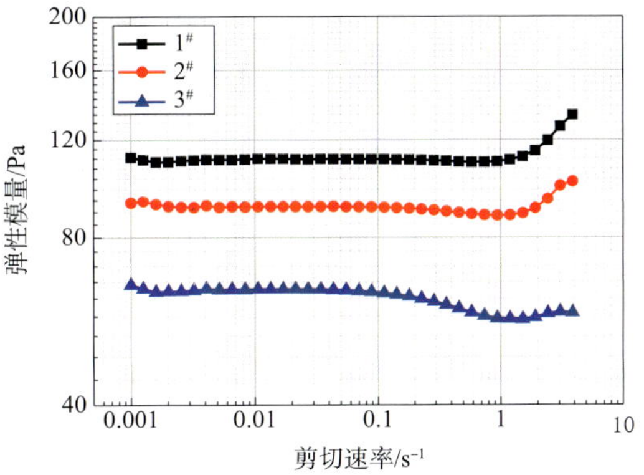

图 3 -138　不同缓聚剂成胶后的弹性模量（老化 1d）

单体自聚体系成胶时间受温度的影响较大，温度越高体系成胶时间越快。针对部分稍高温度油藏，可通过提高缓聚剂的用量来延长体系的成胶时间。当油藏温度 >70℃时，缓聚剂的加量可大于 0.045%。在油藏温度不高时（<65℃），缓聚剂的用量应控制在 0.04% 以内。

（2）流变性调整。流变性调整的目的是为了应对现场施工等突发情况，设计不同成胶时间、不同流变性的堵剂配方，以便现场注入压力过高时可适当调整方案。表 3 -48 列出了6套成胶时间不同的配方，图3－139是其中4套体系流变曲线，图3－140是6套体系70℃反应并老化1天的弹性模量。

表3－48　不同黏度体系成胶时间

序号	w(AM)/%	w(MBA)/%	w(V5)/%	w(缓聚剂)/%	w(铬)/%	w(G3515)/%	w(黏土)/%	不同温度下聚合时间/h		
								75℃	70℃	65℃
1	5	0.1	0.05	0.04	0.1	0.2	1.5	5	9	15
2	5	0.1	0.05	0.045	0.1	0.2	1.5	7	12	19
3	5	0.1	0.05	0.05	0.1	0.2	1.5	7.5	15	>20
4	5	0.1	0.05	0.04	0.1	0.2	1	6	10	17
5	5	0.1	0.05	0.04	0.1	0.15	1.5	5	9	15
6	5	0.1	0.05	0.04	0.1	0.15	1	6	11	17

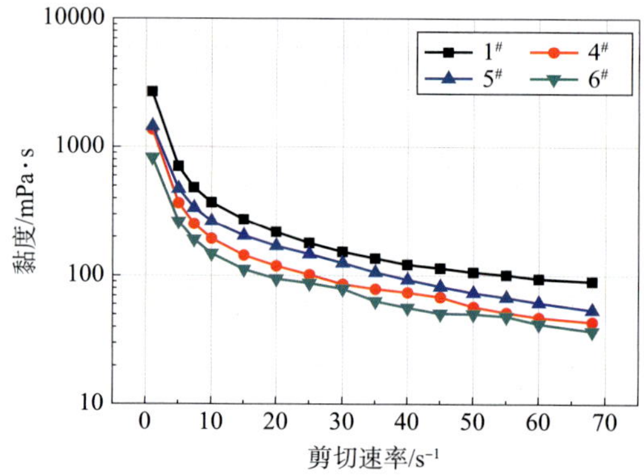

图3－139　不同增强剂加量下体系的黏度(70℃)

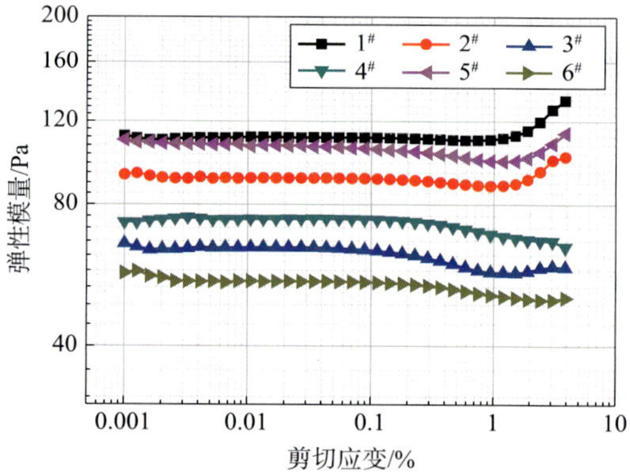

图3－140　成胶后老化1d后强度(70℃)

由上述数据可以看出：

(1)聚合物质量分数对体系黏度有一定的影响，但黏土质量分数对体系流变性影响更大，同时对成胶后强度有较大的影响。黏土质量分数<1%时，体系强度较弱，黏土质量分数>2%时，体系黏度较高，不利于现场注入。

(2)在同一温度下，缓聚剂质量分数提高，成胶时间延长，但其成胶后的强度降低很多；黏土质量分数对体系强度影响较大，对比1#、4#黏土质量分数从1.5%降至1%，体系的强度降低近一半。根据上述实验，在满足现场注入适应性的前提下，黏土加量越多体系性能越好。

(3)根据油藏温度，可通过改变缓聚剂的用量来调节体系成胶时间；可根据现场施工压力调整增强剂的用量调节体系流变性。

6)注入性能评价

堵剂需要一定注入压力才能注入地层。由于红河油田裂缝发育，地层破裂压力梯度低，过高的注入压力会导致地层破裂、出现裂缝重张等问题，所以合理控制注入压力尤为重要。

注入压力与成胶液黏度、注入速度以及地层的渗流能力有密切的关系，通过改变这三个参数来确定其对注入压力的影响。实验考察的配方组成见表3－49。图3－141是成胶液在70℃的流变曲线。

表3－49　堵剂配方

w(AM)/%	w(MBA)/%	w(V5)/%	w(缓聚剂)/%	w(铬)/%	w(G3515)/%	w(黏土)/%
5	0.1	0.05	0.04	0.1	0.2	1.5

以直径0.5mm、0.7mm、1.0mm、1.2mm、1.6mm的细钢管模拟裂缝，考察了上述成胶液在70℃下的注入压力，结果如图3－142所示。

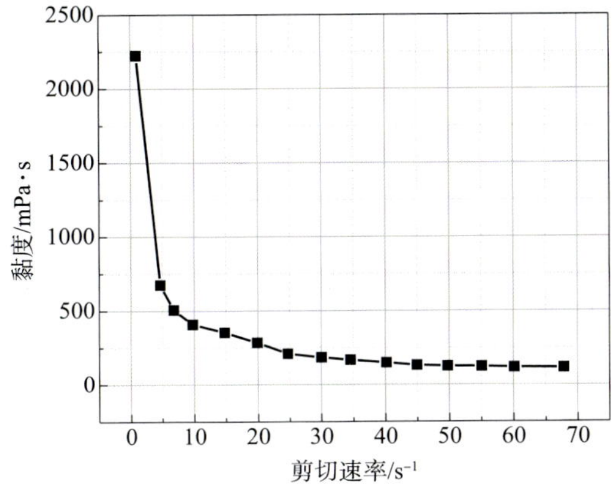

图3－141　堵剂黏度

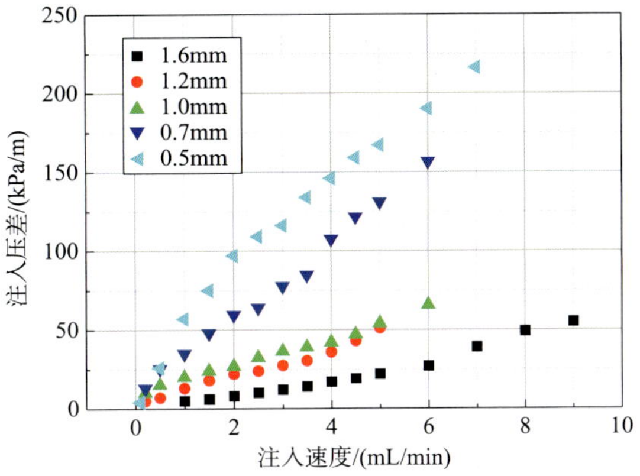

图3－142　注入压差与注入速度的关系

可以看出，管内径越小，注入压差越大；注入速度越快，注入压差越大。将注水速度换算为注水表观速度，结果如图3－143所示。

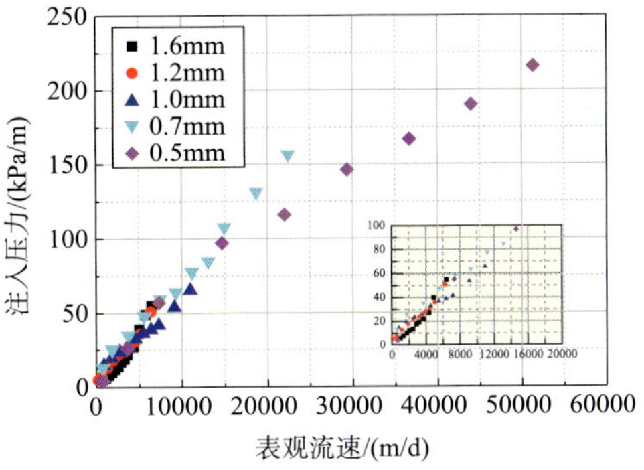

图3－143　注入压差与表观速度的关系

一般地层注水压差为1psi/ft（见Seright相关研究），换算为23kPa/m。由图3－143可以看出，在通常的注入流量下，成胶液的注入压力不会超过50kPa/m，说明成胶液能够满足不同裂缝注入要求。

7）聚合产物在模拟裂缝中突破压力梯度测定

红河油田基质渗透率低、水驱压差高，因此要求堵剂封堵裂缝后具有较强的耐压能力以及耐冲刷能力。

用不同内径的管线来模拟裂缝，在图3－144所示物理模拟装置中进行突破压力测定、稳压实验以及堵剂耐冲刷实验，实验步骤如下：

①配制堵剂，放置到中间容器罐中，连接好驱替装备，温度设定为70℃，将堵剂注入到管线中，直到出口端有堵剂流出，然后密封，让其在烘箱中老化一定时间。

②待堵剂在管线中老化完全后，将管线出口端等开关打开，中间容器罐中替换为注入水，设置平流泵的注入速度，打开数据采集装置。

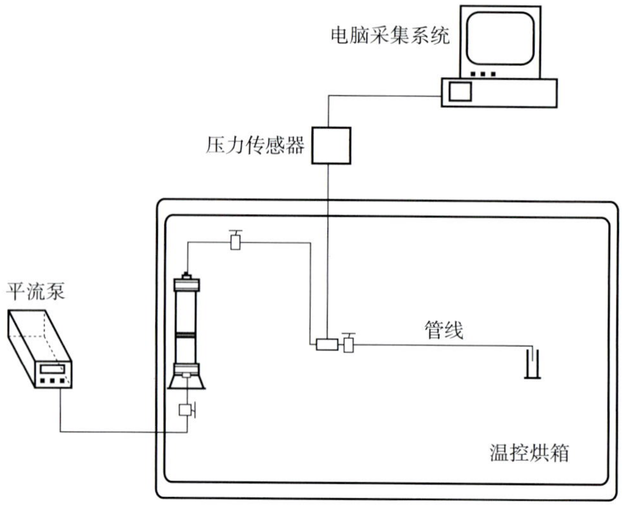

图 3－144　管线突破压力实验装置简图

③测定突破压力梯度时，以恒定的速度注入，压力达到最大时，会有堵剂被顶替出来，随后压力下降波动，直到压力稳定后，停泵，结束实验。稳压实验时，以恒定的速度注水，当压力达到设定值时，停泵稳压，观察压力变化情况；当压力稳定后，再次开泵以恒定的速度注水，当压力达到设定值时，再次停泵稳压，观察压力变化情况，重复上述操作多次，直到压力突破。耐冲刷实验时，当堵剂在管线中被突破后依旧持续注水至压力稳定，评价平衡注水压力。

④整理数据，分析结果。

本实验待评价的配方见表 3－50。

表 3－50　堵剂配方

w(AM)/%	w(MBA)/%	w(V5)/%	w(缓聚剂)/%	w(铬)/%	w(G3515)/%	w(黏土)/%
5	0.1	0.05	0.04	0.1	0.2	1.5

(1)不同注水速度下聚合产物突破压力：

堵剂配方见表 3－50。实验方案及测得的突破压力梯度见表 3－51。图 3－145 至图 3－150 是实验过程中采集的压力曲线。

表 3－51　实验方案及测得突破压力梯度

实验编号	细管直径/mm	细管长度/m	70℃堵剂老化时间/d	注水体积流速/(mL/min)	注水表观速度/(mL/min)	突破压力梯度/(MPa/m)
1	1.0	0.5	3	0.25	460	3.8
2	1.0	0.5	3	0.5	720	6.5
3	1.0	0.5	3	1	1840	8.0
4	1.6	0.5	3	0.5	360	19.4
5	1.6	0.5	3	1	720	21.6
6	1.6	0.5	3	2	1440	30.6

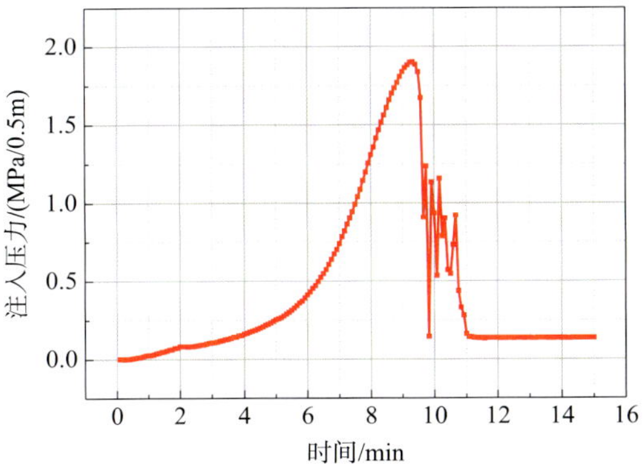

图 3－145　1[#]实验突破压力梯度测定

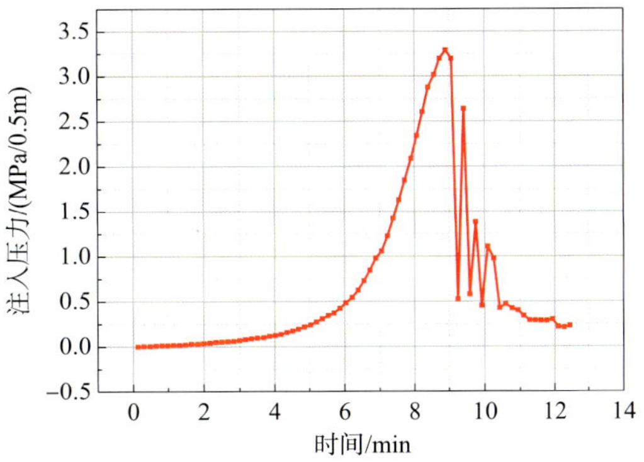

图 3－146　2[#]实验突破压力梯度测定

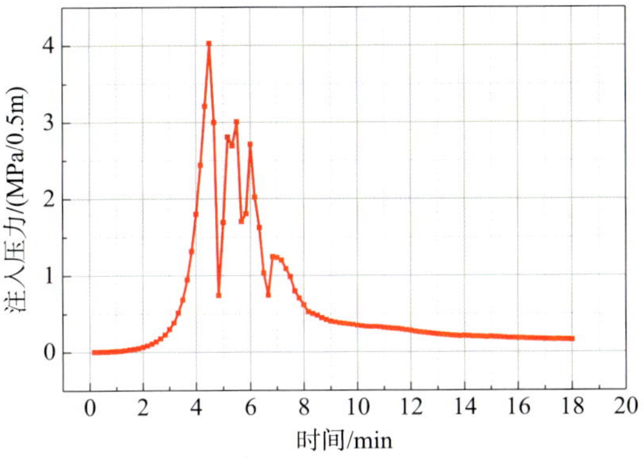

图 3－147　3[#]实验突破压力梯度测定

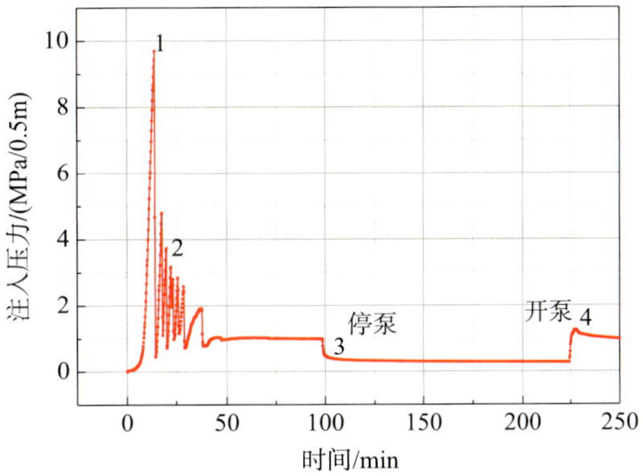

图 3－148　4[#]实验突破压力梯度测定

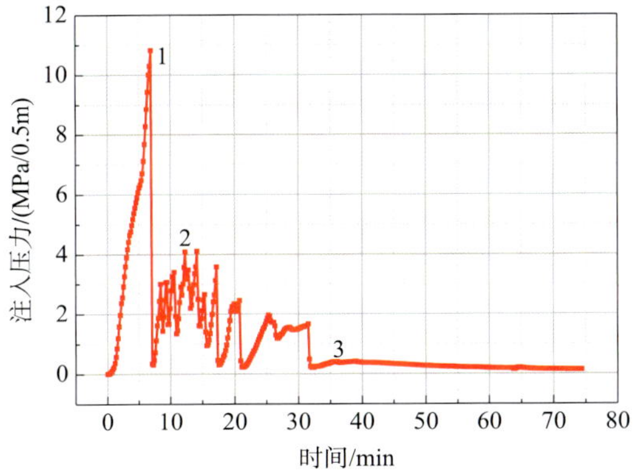

图 3－149　5[#]实验突破压力梯度测定

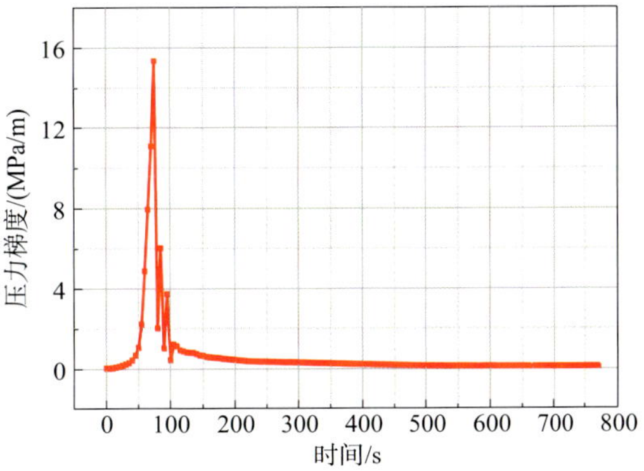

图 3－150　6[#]实验突破压力梯度测定

从测定结果可以看出，注水表观速度越大，堵剂在管线中的最大突破压力越大；当管径不同时，堵剂的最大突破压力不同，管径较大的突破压力较大，说明堵剂在封堵大裂缝时有较好地优越性。

(2)聚合产物老化不同时间突破压力：

堵剂配方见表 3－49。堵剂在 70℃ 细管中老化 1～5 天后测量突破压力梯度，结果如表 3－52 所示。图 3－151 至图 3－156 是实验过程中采集的压力曲线。

表 3－52　实验方案及测得突破压力梯度

实验编号	细管直径/mm	细管长度/m	70℃堵剂老化时间/d	注水体积流速/(mL/min)	注水表观速度/(mL/min)	突破压力梯度/(MPa/m)
7	1.6	0.5	1	0.5	360	9.0
8	1.6	0.5	3	0.5	360	12.0
9	1.6	0.5	5	0.5	360	19.4
10	1.0	0.5	1	0.5	460	3.8
11	1.0	0.5	3	0.5	460	6.5
12	1.0	0.5	5	0.5	460	15.0

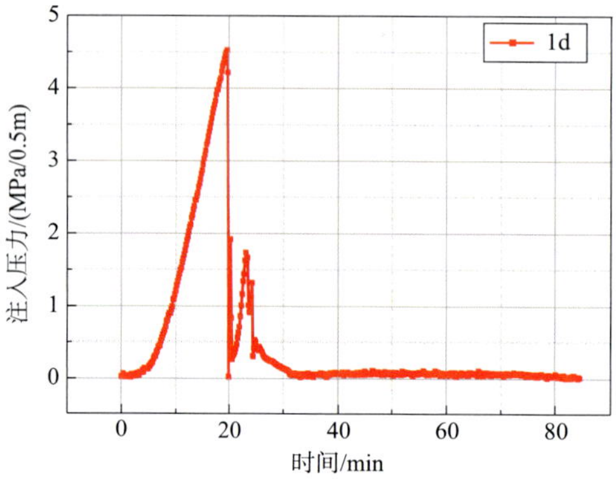

图 3－151　7#实验突破压力梯度测定

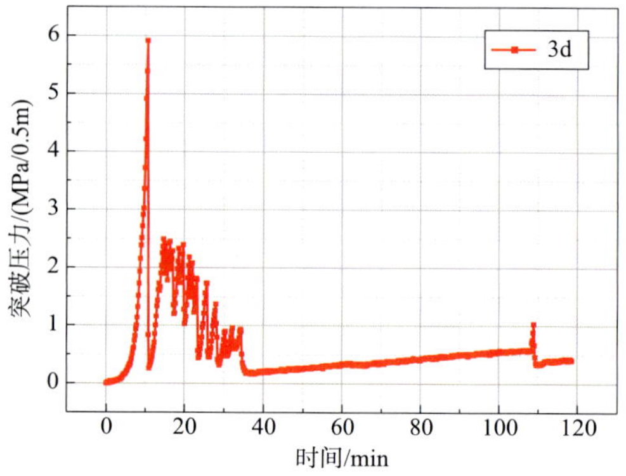

图 3－152　8#实验突破压力梯度测定

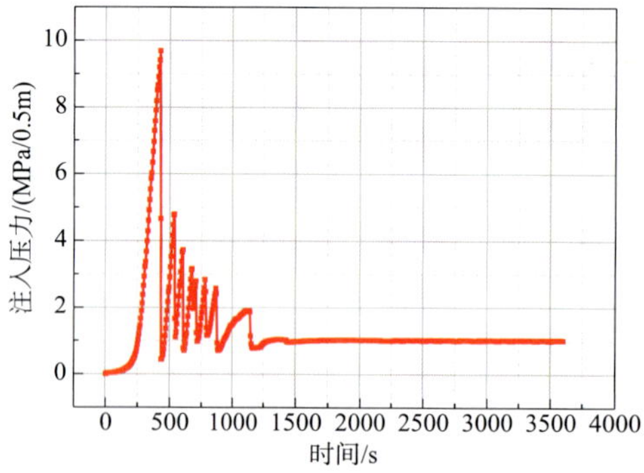

图 3－153　9#实验突破压力梯度测定

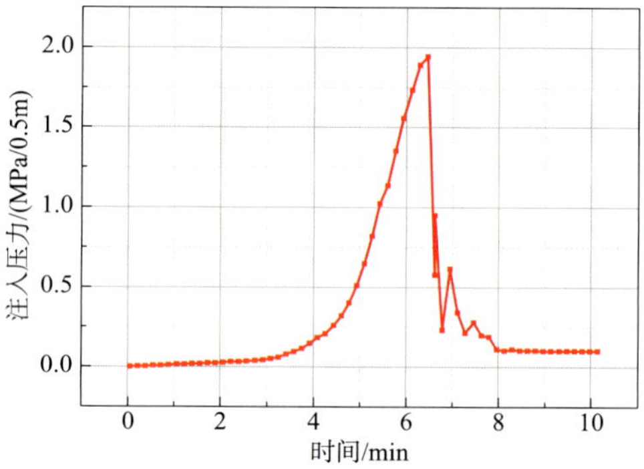

图 3－154　10#实验突破压力梯度测定

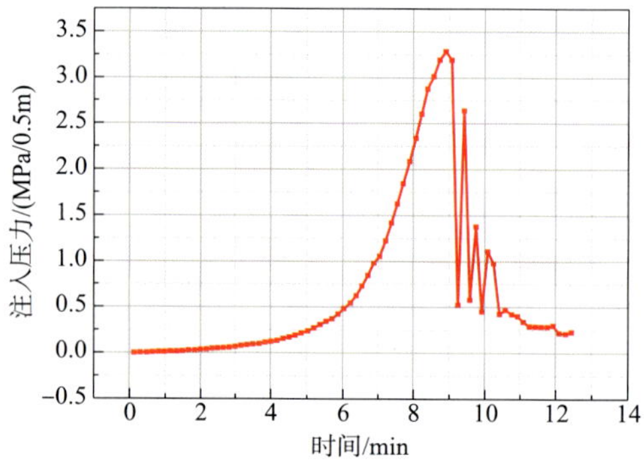

图 3－155　11#实验突破压力梯度测定

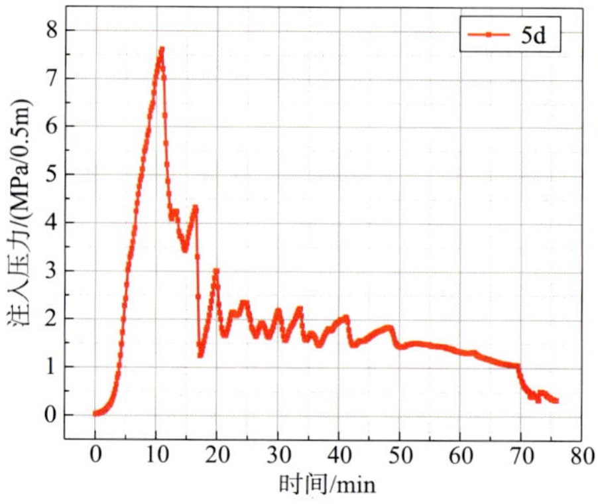

图 3－156　12#实验突破压力梯度测定

通过上述两组不同管径的实验可知，堵剂老化的时间越长，在驱替实验中突破压力越大，说明随着老化时间的增长，堵剂强度变强、封堵性能越好。因此，在现场实验中，注入堵剂后应尽量延长关井时间，提高堵剂封堵效果。

(3)聚合产物不同开度裂缝中突破压力：

为了考察在不同开度裂缝中单体聚合体系的封堵能力，用内径分别为 2.0mm、1.8mm、1.5mm、1.2mm、1.0mm、0.5mm、0.3mm，长度为 0.5m 细管线模拟裂缝，将单体在上述细管中 70℃聚合后老化 5 天，然后测定突破压力梯度。堵剂配方见表 3－49，测定结果如表 3－53 所示。图 3－157 是实验过程中采集的压力曲线。

表 3－53　实验方案及测得突破压力梯度

实验编号	细管直径/mm	细管长度/m	70℃堵剂老化时间/d	注水体积流速/(mL/min)	注水表观速度/(mL/min)	突破压力梯度/(MPa/m)
13	2.0	0.5	5	0.5	230	7.0
14	1.8	0.5	5	0.5	283	10.2
15	1.5	0.5	5	0.5	408	19.2
16	1.2	0.5	5	0.5	637	18.3
17	1.0	0.5	5	0.5	917	18.2
18	0.5	0.5	5	0.5	3669	14.4
19	0.3	0.5	5	0.5	10200	9.8

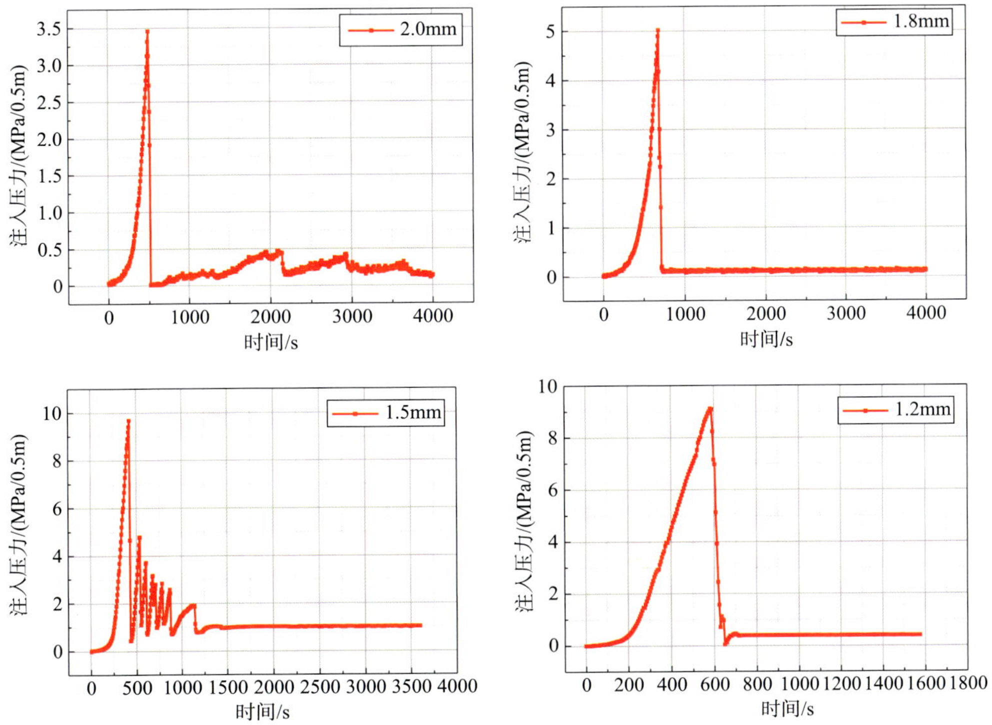

图 3－157　注水突破压力

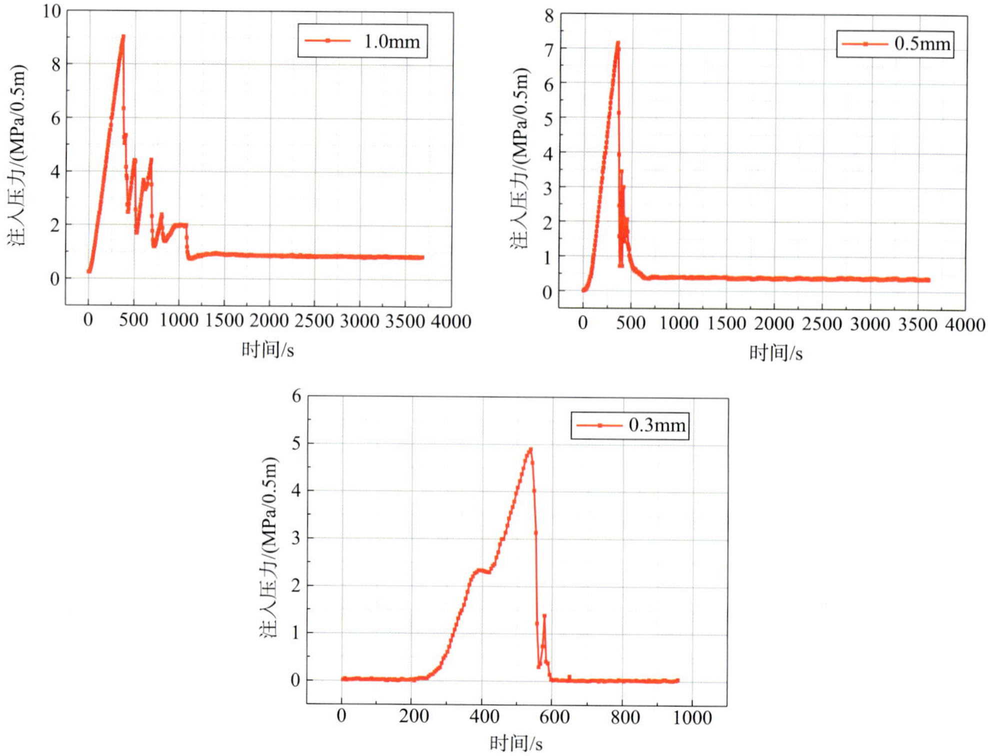

图 3－157　注水突破压力(续)

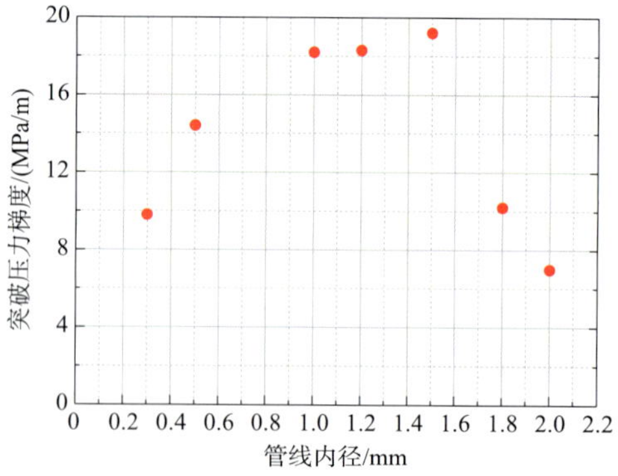

图 3－158　不同管径水驱突破压力

图 3－158 展现的是突破压力梯度与管线内径关系(姑且不考虑注水速度影响)，当管线内径为 0.5～1.5mm 时突破压力梯度均＞10MPa，管线内径＜0.5mm 或管线内径＞1.5mm 突破压力梯度都会降低。

(4)聚合产物在不同长度裂缝中突破压力：

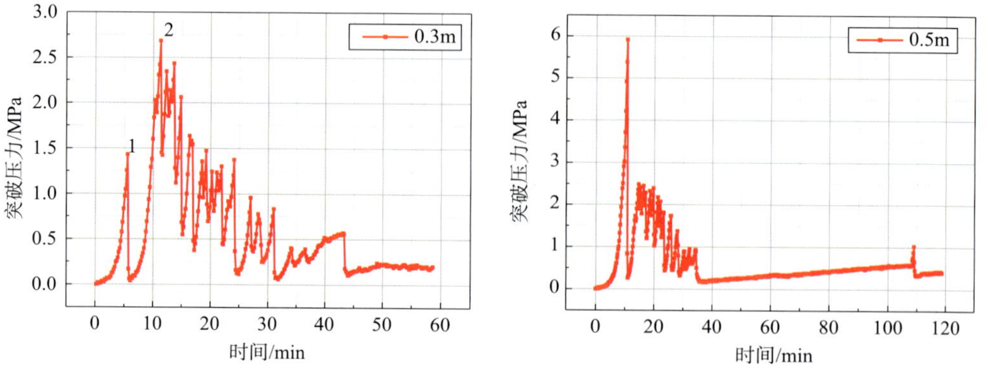

图 3－159　在不同长度管线中冻胶突破压力

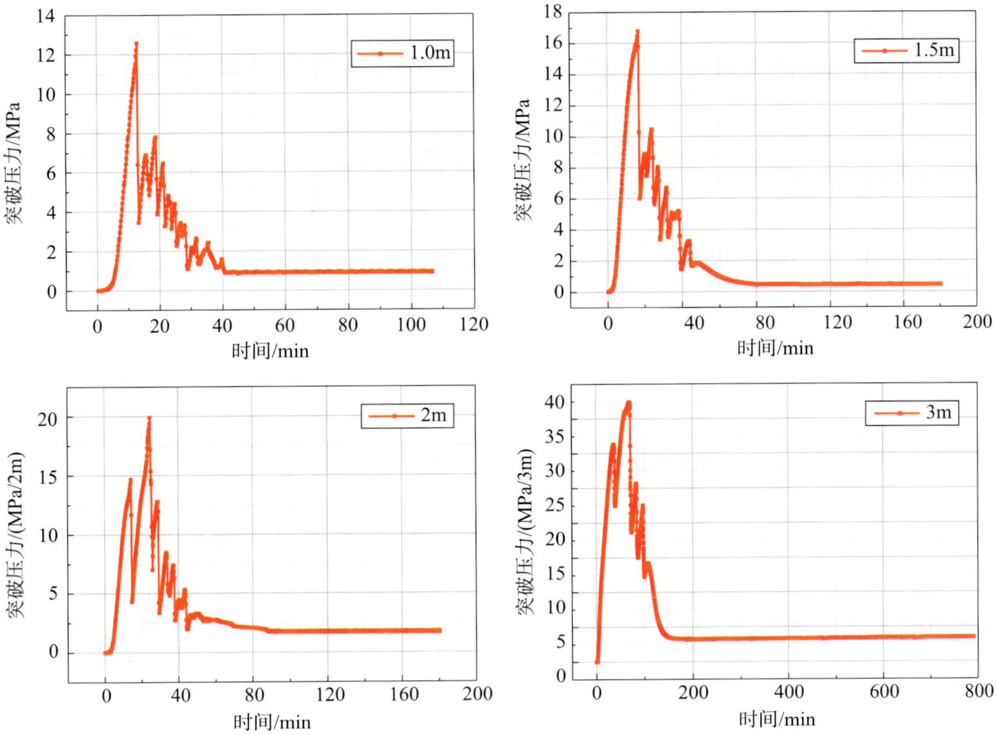

图 3－159　在不同长度管线中冻胶突破压力（续）

将体系在 70℃、内径 1.6mm、长度分别为 0.3m、0.5m、1.0m、1.5m、2m、3m 的细管中聚合后老化 3 天，然后测定聚合产物的突破压力梯度。堵剂配方见表 3－49，注水流量 0.5 mL/min（表观速度 360m/d）。图 3－159 是测试过程中采集的压力曲线，计算出的突破压力梯度如图 3－160 所示。

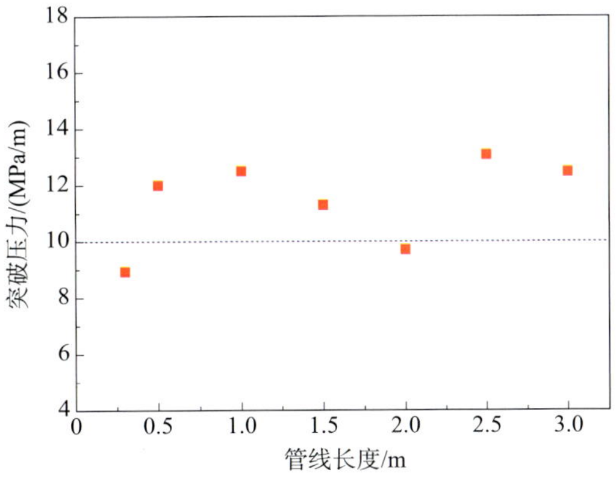

图 3－160　不同管长突破压力梯度

可以看出，在内径 1.6mm 管线中聚合产物的突破压力梯度为 9～13MPa/m，突破压力梯度与管线长度没有明显关系。

8）聚合产物在细管中稳压能力评价

稳压实验是指在充满聚合产物的细管一端，以一定速度注水，至一定压力后停泵，观察注入端压力的变化情况。由于聚合产物老化时间对其强度和封堵能力有影响，因此将聚合产物统一老化 5 天后进行评价。

（1）注水速度对长期稳压效果的影响：

在内径为 1.6mm、管线长 0.5m 的细管中让单体聚合后考察注水速度对稳压能力影响，设计的实验见表 3－54。

表 3－54　实验方案及测得突破压力梯度

实验编号	细管直径/mm	细管长度/m	70℃堵剂老化时间/d	注水体积流速/(mL/min)	注水表观速度/(mL/min)	最大突破压力梯度/(MPa/m)
20	1.6	0.5	5	0.1	72	20.0
21	1.6	0.5	5	0.3	216	15.8
22	1.6	0.5	5	0.5	360	17.1
23	1.6	0.5	5	1.0	720	17.0

不同注水速度下设置的压差及其随时间变化曲线如图 3－161 所示。

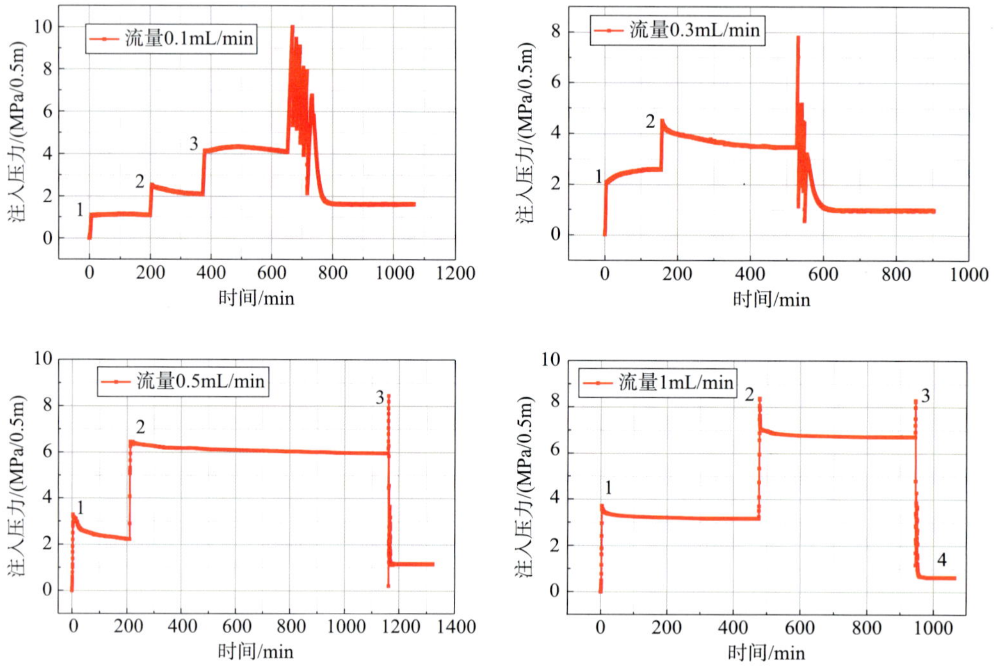

图 3－161　不同注水速度稳压实验中压力与时间曲线

随注水速度不同，实验发现以下规律：

①当注水速度是 72m/d(0.1 mL/min)时，在压力 4MPa 可以稳定近 4h。

②在注水速度是 216m/d(0.3 mL/min)情况下，当压力达到 2MPa 时停泵，压力缓慢升高后稳定在 2.5MPa 左右；开泵继续注水，当压力达到 4MPa 时再停泵，此时出口端有少量堵剂被挤出来，压力缓慢下降到 3.5MPa 并稳定近 3h；最后开泵注水，压力达到 8MPa 时水突破，注入水从出口端连续出液。

③在注水速度是 360m/d(0.5 mL/min)情况下，当压力达到 6.5MPa 时停泵，此时注水压力在 15h 内下降不到 0.5MPa，表现出较好稳压能力。

④在注水速度是 720m/d(1.0 mL/min)情况下，1 处压力达到 3.6MPa 的时候停泵，压力下降(原因：管线出口端无堵剂挤出，压力部分从接口等处泄压)，稳压一段时间后基本稳定在 3.1MPa 左右，可保持压力 7h。开泵继续注水，在 2 处有部分堵剂被挤出

（图3－162）后迅速停泵，压力下降至7MPa时慢慢稳定下来，最终压力稳定在6.8MPa左右。重新开泵注水，在3处突破，堵剂被大量挤出，注入水从出口端流出，压力上下波动，经过一段时间后，压力稳定在0.7MPa左右。

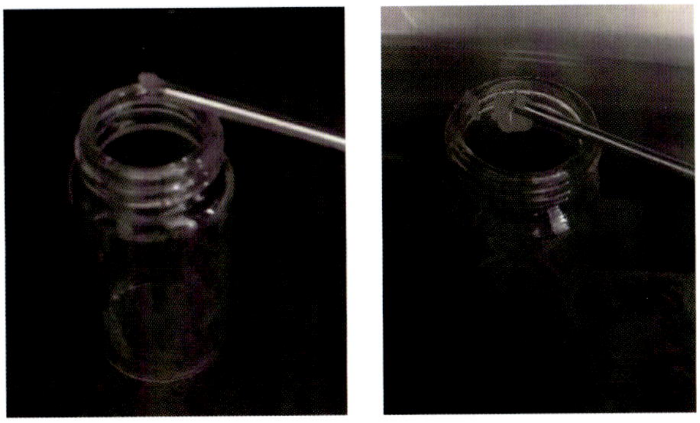

图3－162　第二个峰值堵剂部分被挤出

（2）老化时间和裂缝长度对长期稳压效果的影响：

在内径为1.6mm、管线长0.5m或1m的细管中让单体聚合后老化3～8天，然后考察聚合产物的稳压能力，设计的实验见表3－55。

表3－55　实验方案及测得突破压力梯度

实验编号	细管直径/mm	细管长度/m	70℃堵剂老化时间/d	注水体积流速/（mL/min）	注水表观速度/（mL/min）	最大突破压力梯度/（MPa/m）
24	1.6	0.5	3	0.5	360	16.0
25	1.6	0.5	5	0.5	360	16.9
26	1.6	1	5	0.5	360	11.8
27	1.6	1	8	0.5	360	13.2

不同方案中采集的压差及其随时间变化曲线如图3－163所示。

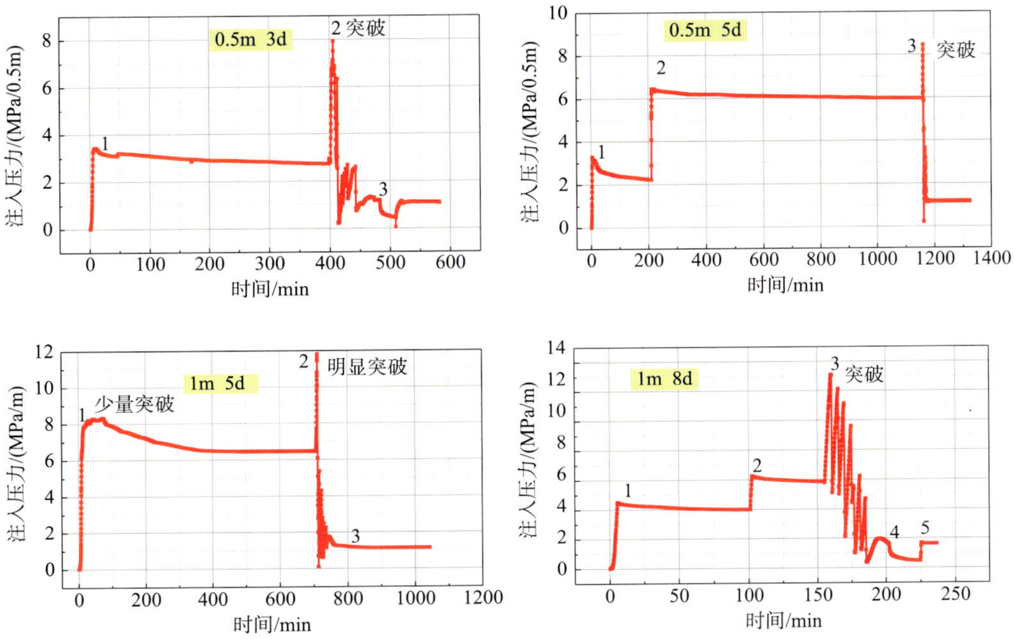

图3－163　稳压实验中压力与时间曲线

从上述结果可以看出，当注水压差 <7MPa/m 时，压力可以在较长时间内保持稳定。

9）聚合产物在模拟裂缝中耐冲刷性测定

注入水突破堵剂后，虽然压力会大幅度下降，但仍高于封堵前注水压力，即此后堵剂仍对水流有明显阻碍作用。若堵剂耐冲刷，则上述阻碍作用有效期长。本实验设计了两个方案，对堵剂被突破后的耐冲刷性进行评价，见表 3－56。

表 3－56　耐冲刷性实验方案

实验编号	细管直径/mm	细管长度/m	70℃堵剂老化时间/d	注水体积流速/(mL/min)	注水表观速度/(mL/min)	突破会平衡注水压力/MPa
28	1.6	0.5	3	0.5	360	1.08
29	1.6	1	5	0.5	360	1.37

不同方案中采集的压差及其随时间变化曲线如图 3－164 所示。

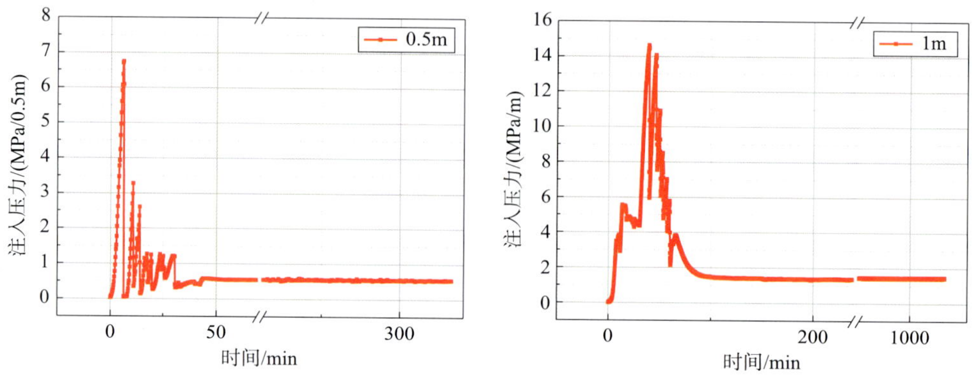

图 3－164　耐冲刷性实验中压力变化

实验可以发现以下规律：

（1）堵剂被突破后，注水压力大幅度波动，这主要是由于堵剂的吸水膨胀、运移造成的。

（2）注水压力平衡后保持在较高的数值，说明堵剂突破后有较高阻力因子。

4. 单体聚合体系注入段塞设计研究

单体聚合体系主要用于封堵直通型大裂缝，其封堵强度高，但成本贵、成胶时间不长，因而无法实现大段塞注入。实验拟通过不同段塞设计满足小段塞、多轮次、深部堵的要求。

1）段塞配方设计

作为单体聚合体系的前置段塞和顶替段塞，拟设计 3 套体系：第 1 套体系由低浓度的聚合物构成；第 2 套体系为含弱冻胶和聚合物颗粒的复合体系，由低浓度的聚合物加入少量交联剂以及聚合物微球等构成；第 3 套体系为缓交联铬冻胶，该体系既可以与高强度堵剂复配使用，又可以应用于弱连通裂缝油藏的封堵。这三套体系可根据现场需求，按不同的组合方式使用。

（1）聚合物体系。可以使用聚合物溶液作为顶替段塞和预冲洗段塞。本研究使用的聚合物为阴离子聚合物 G3515，相对分子质量为 1500 万。图 3－165 为该聚合物7.34 s^{-1}时黏度。

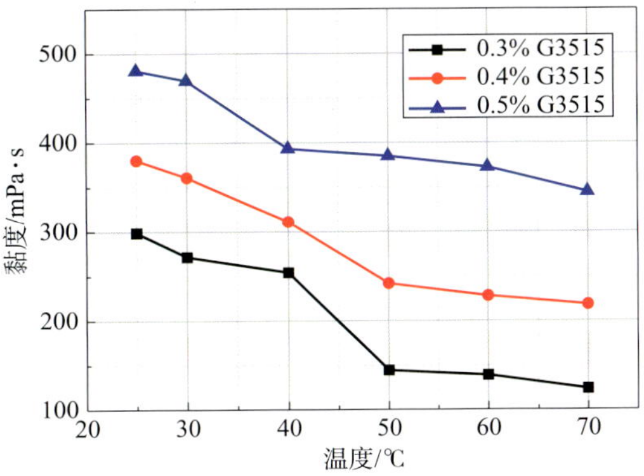

图 3－165 G3515 聚合物黏温曲线

（2）弱冻胶颗粒体系。弱冻胶是由低浓度的聚合物加入少量的交联剂形成的交联较弱的冻胶。相对于单一聚合物体系，弱冻胶具有一定的封堵性；此外，可通过在弱冻胶中复合颗粒类物质，如聚合物微球、水膨体等进一步提高体系的封堵性。

表 3－57 列出了 6 种弱冻胶组成方案。

表 3－57 弱交联冻胶

序号	w(铬)/%	w(G3515)/%	w(SW－30)/%
1	0.1	0.3	0.3
2	0.1	0.4	0.3
3	0.15	0.3	0.3
4	0.15	0.4	0.3
5	0.2	0.3	0.3
6	0.2	0.4	0.3

该体系一定温度下交联很快，黏度很快增加，可以保护后置高强度堵剂进入地层深部，也可用于顶替高强度堵剂在裂缝中的均匀前进。图 3－166 是成胶液 70℃ 黏度变化规律。

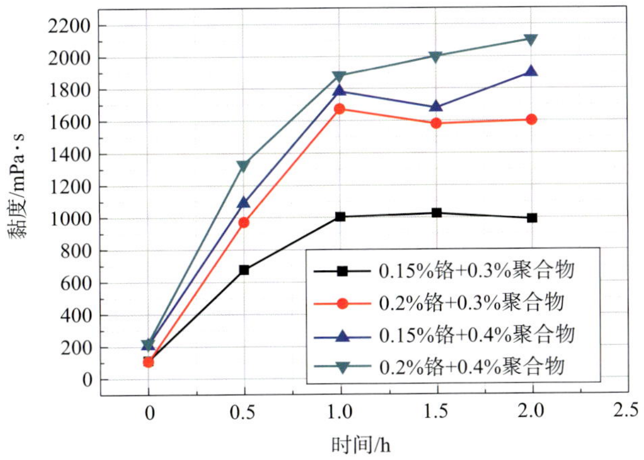

图 3－166 弱冻胶体系黏温曲线

图 3－167 和图 3－168 是成胶过程中拍摄图片。

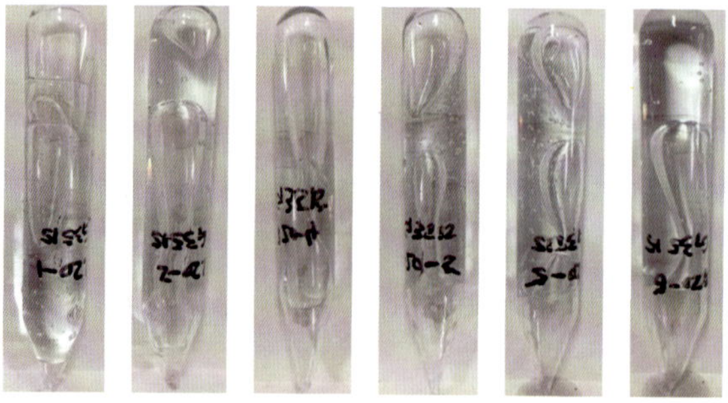

图 3－167　老化 4h(70℃)

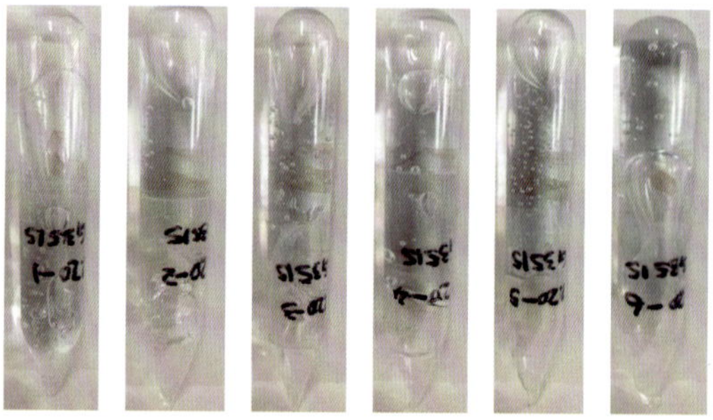

图 3－168　放置 10d(70℃)

在上述体系中加入聚合物微球等可提高体系的强度，与高强度堵剂复合使用起到封堵裂缝的作用。表 3－58 是设计的段塞组成。

表 3－58　前置段塞配方

w(铬)/%	w(G3515)/%	w(SW－30)/%	w(聚合物微球)/%
0.3	0.2	0.3	/
0.3	0.2	0.3	0.3
0.3	0.2	0.3	0.5
0.3	0.2	0.3	0.8

弱冻胶中加入聚合物微球后，由于聚合物微球吸水膨胀，体系的黏度较没加颗粒的黏度稍大，但体系的强度明显增大，如图 3－169 所示。

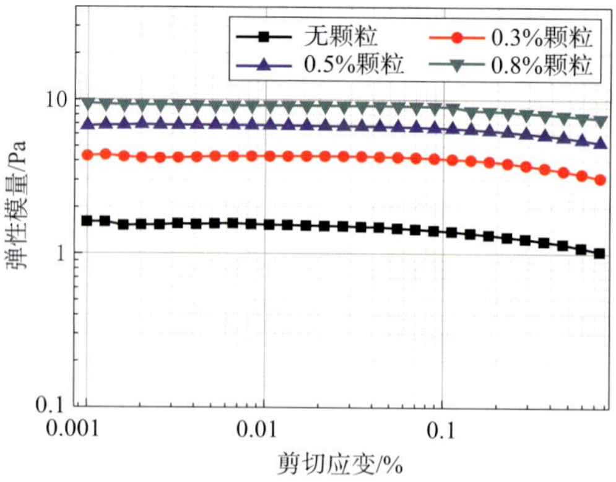

图 3－169　弱冻胶加颗粒的强度

(3)缓交联铬冻胶体系。铬冻胶体系操作简单，在现场应用中较为广泛，但其成胶时间短(在几个小时内迅速成胶)，后期注入困难，因此提出了缓交联铬冻胶体系，通过在体系中加入缓交联剂，在不影响其成胶性能的前提下，延长其成胶时间。缓交联铬冻胶体系配方包括 7136 聚合物成胶剂、乙酸铬交联剂、酸性纳米颗粒(SW－30)稳定剂、丙二酸缓交联剂，具体见本研究 3.1。

2)段塞黏度设计

实验通过平板可视化模型来研究注入过程中堵剂在裂缝中展布与段塞黏度关系，旨在为现场段塞设计提供指导。共设计 7 种方案，各方案主段塞和顶替段塞组成见表 3－59，各方案实验参数及实验结果如表 3－60 所示。物理模拟过程中采集的图像如图 3－170 至图 3－176 所示。

表 3-59 7 种实验方案中主段塞和顶替段塞组成

序号	主段塞中各组分质量分数/%							顶替段塞各组分质量分数/%	
	AM	V501	MBA	缓聚剂	有机铬	G3515	黏土	有机铬	G3515
1	5	0.05	0.1	0.04	0.1	0.05	2	0.1	0.4
2	5	0.05	0.1	0.04	0.1	0.1	2	0.1	0.4
3	5	0.05	0.1	0.04	0.1	0.2	1.5	0.1	0.4
4	5	0.05	0.1	0.04	0.1	0.25	1.5	0.1	0.4
5	5	0.05	0.1	0.04	0.1	0.2	1.5	0.1	0.3
6	5	0.05	0.1	0.04	0.1	0.2	1.5	0.15	0.3
7	5	0.05	0.1	0.04	0.1	0.2	1.5	0.1	0.4

表 3-60 7 种实验方案参数和注入结果

序号	主段塞黏度/mPa·s	顶替段塞黏度/mPa·s	裂缝开度/mm	主段塞前缘状态	主段塞后缘状态
1	202	201	1	被水稀释	被顶替段塞稀释
2	335	201	1	被水稀释	被顶替段塞稀释
3	501	201	1	前缘完整	后缘完整
4	721	201	1	前缘完整	后缘完整
5	501	124	1	前缘完整	顶替液有指进
6	501	519	1	前缘完整	后缘完整
7	501	1108	1	前缘完整	后缘完整

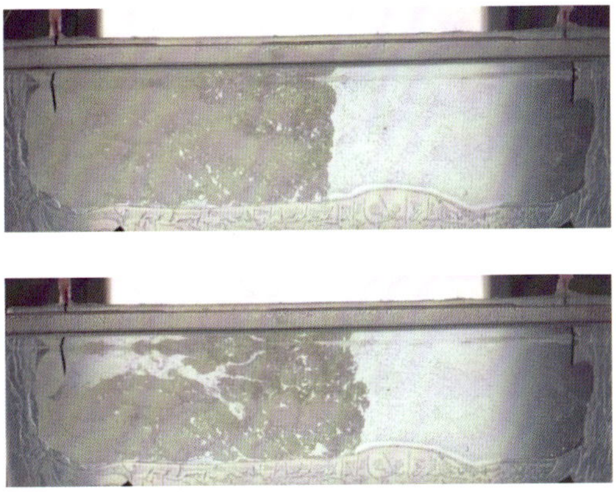

图 3-170 1#可视化平板模型物理模拟实验

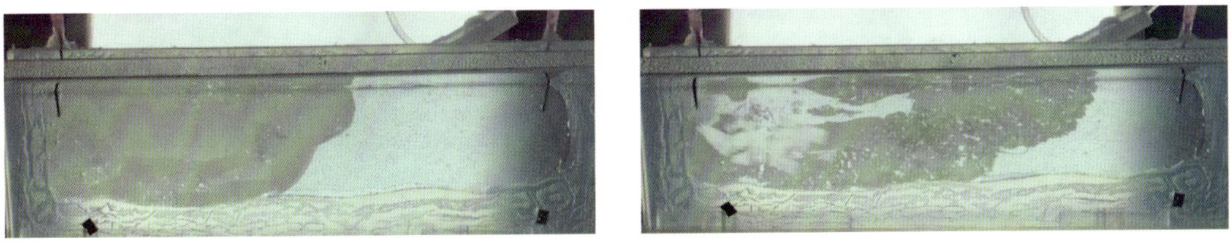

图 3-171 2#可视化平板模型物理模拟实验

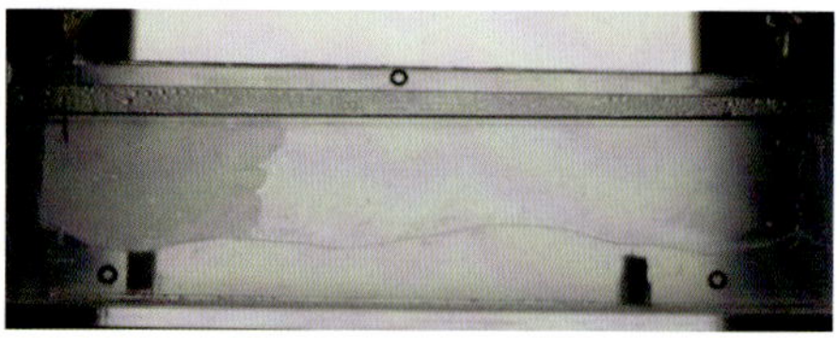

注入堵剂段塞

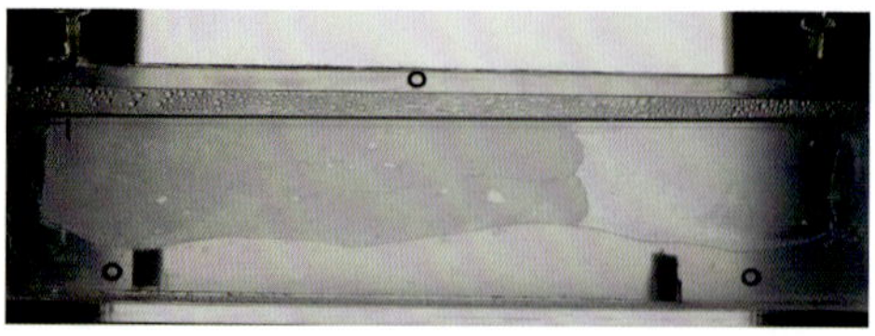

不断注入堵剂段塞

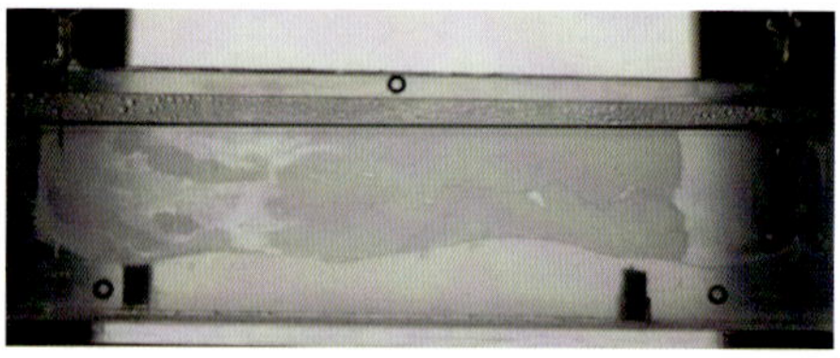

注入铬冻胶顶替段塞

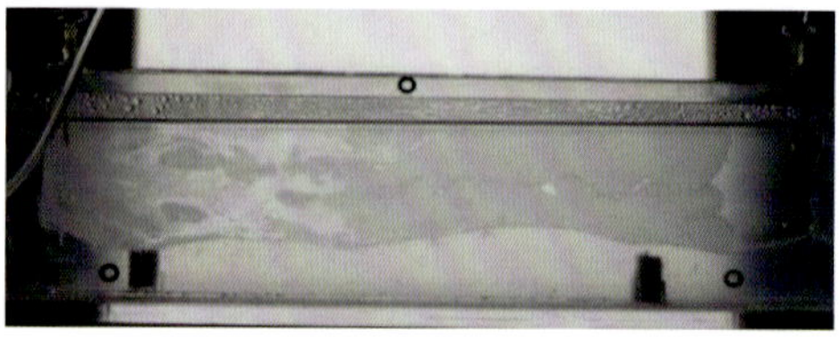

不断注入铬冻胶顶替段塞

图 3－172　$3^{\#}$可视化平板模型物理模拟实验

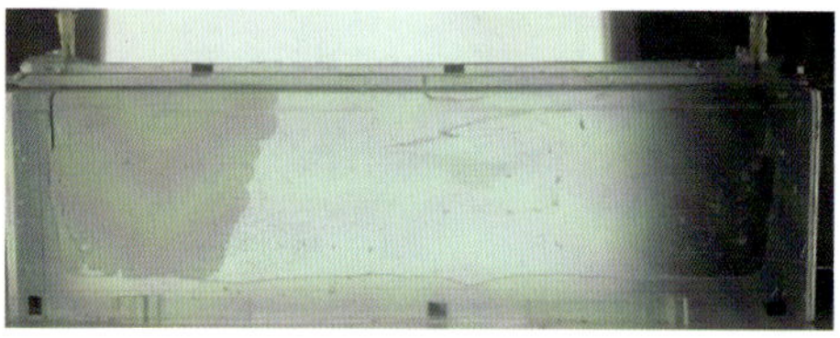

注入堵剂段塞

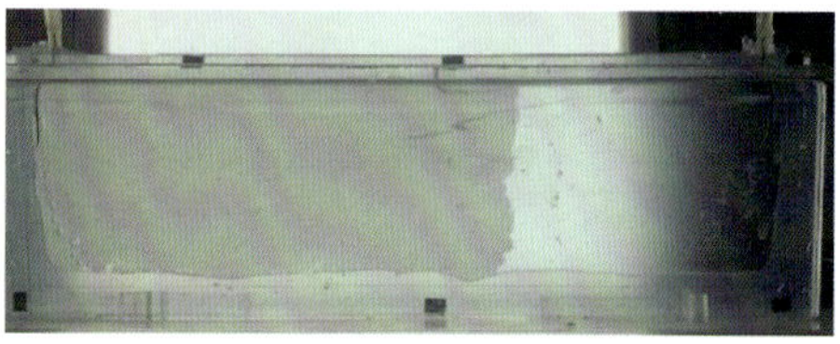

不断注入堵剂段塞

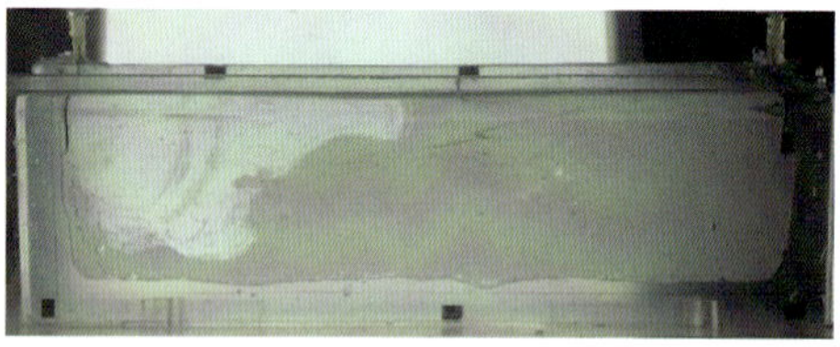

注入铬冻胶顶替段塞

不断注入铬冻胶顶替段塞

图 3－173　$4^{\#}$可视化平板模型物理模拟实验

注入堵剂段塞

不断注入堵剂段塞

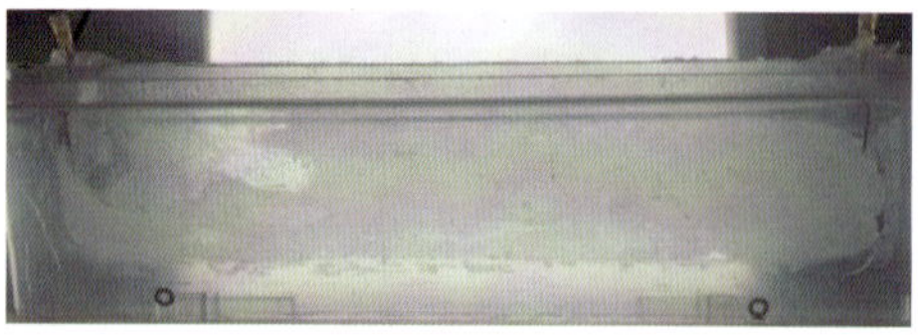

注入铬冻胶顶替段塞

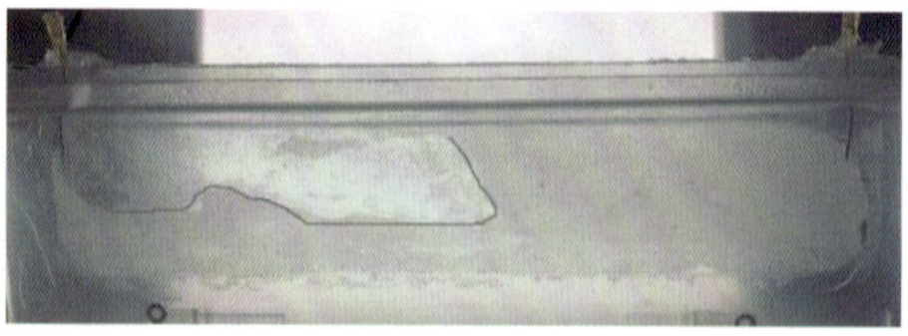

不断注入铬冻胶顶替段塞

图 3－174　$5^{\#}$可视化平板模型物理模拟实验

注入注段塞

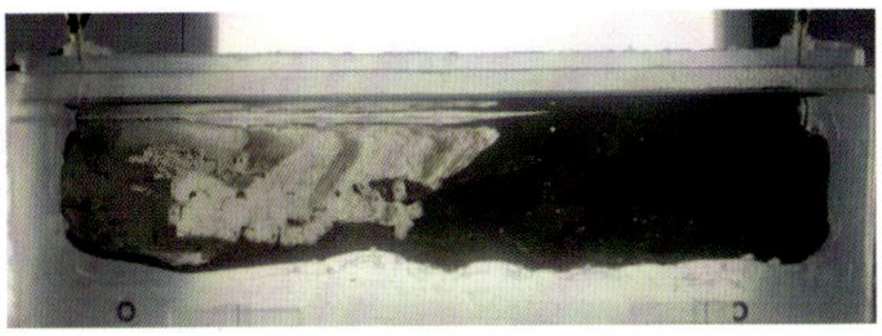
注入铬冻胶顶替段塞

图 3－175　6#可视化平板模型物理模拟实验

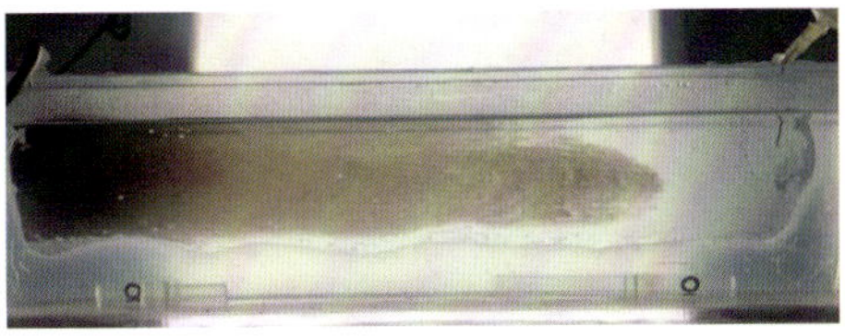
注入堵剂段塞

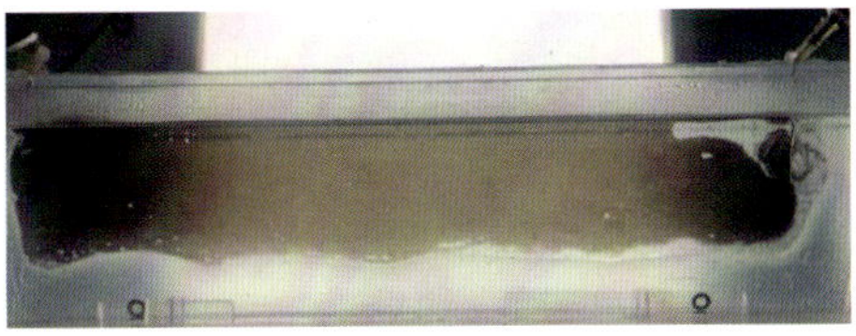
不断注入堵剂段塞

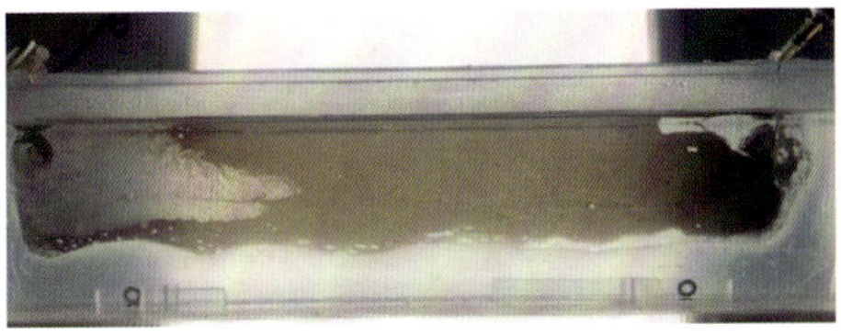
注入铬冻胶顶替段塞

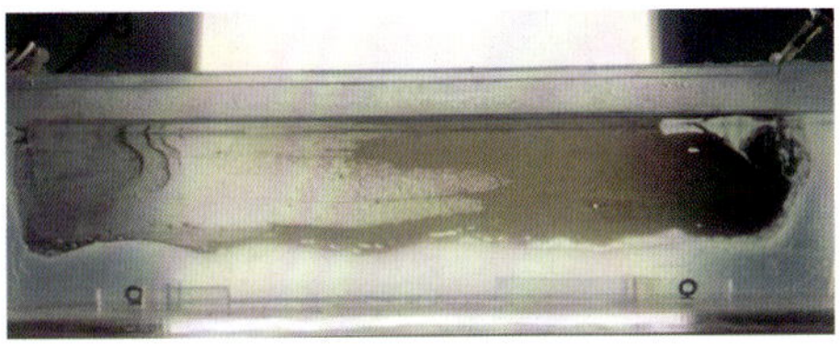
不断注入铬冻胶顶替段塞

图 3－176　7#可视化平板模型物理模拟实验

通过上述研究可以看出，主段塞的黏度对于注入过程中防止被地层水稀释以及能否被均匀顶替至关重要，在保持主段塞具有较高黏度的前提下，可以使用黏度低于主段塞的顶替液顶替。

3）注入速度设计

为了考察注入速度对堵剂段塞在裂缝中展布的影响，设计两种注入方案，见表 3－61 和表 3－62。物理模拟过程中采集的图像如图 3－177 和图 3－178 所示。

表 3－61　两种实验方案中主段塞和顶替段塞组成

序号	主段塞中各组分质量分数/%							顶替段塞各组分质量分数/%	
	AM	V501	MBA	缓聚剂	有机铬	G3515	黏土	有机铬	G3515
8	5	0.05	0.1	0.04	0.1	0.2	1.5	0.1	0.4
9	5	0.05	0.1	0.04	0.1	0.2	1.5	0.1	0.4

表 3－62　两种实验方案参数和注入结果

序号	主段塞黏度/mPa·s	顶替段塞黏度/mPa·s	裂缝开度/mm	注入速度/(mL/min)	主段塞前缘状态	主段塞后缘状态
8	501	201	1	2	前缘完整	后缘完整
9	721	201	1	4	前缘完整	顶替液指进

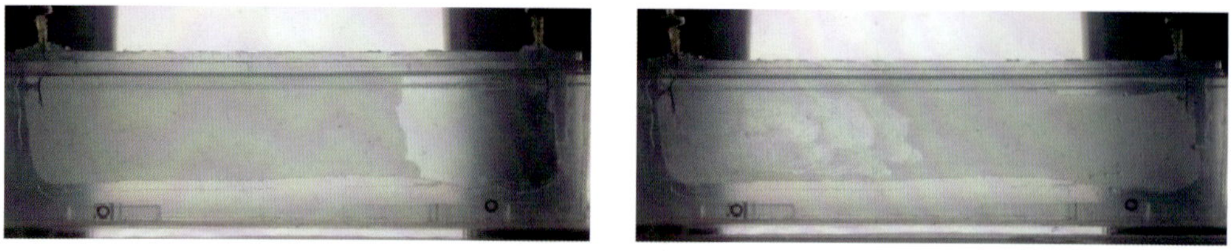

图 3-177 注入速度 2mL/min

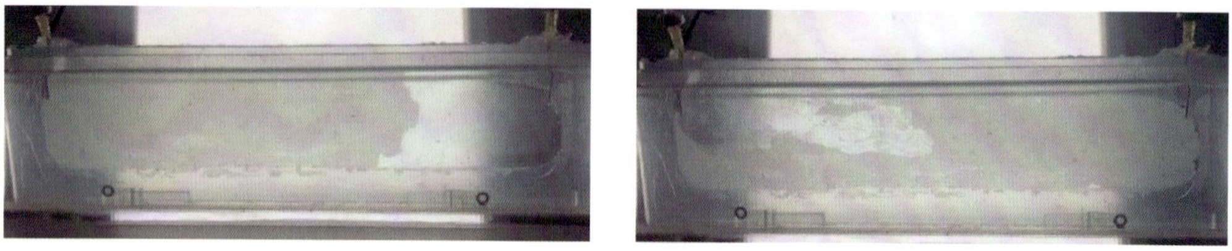

图 3-178 注入速度 4mL/min

可以看出，当注入速度过快时，顶替效果较差。

4）堵剂黏度对其在平行双缝中注入能力影响

地层中往往存在多个裂缝，因此研究堵剂在多个裂缝中的展布具有重要意义。本实验设计了以下双缝模型，其中两个裂缝的开度分别为 1mm、0.5mm 如图 3-179 所示。

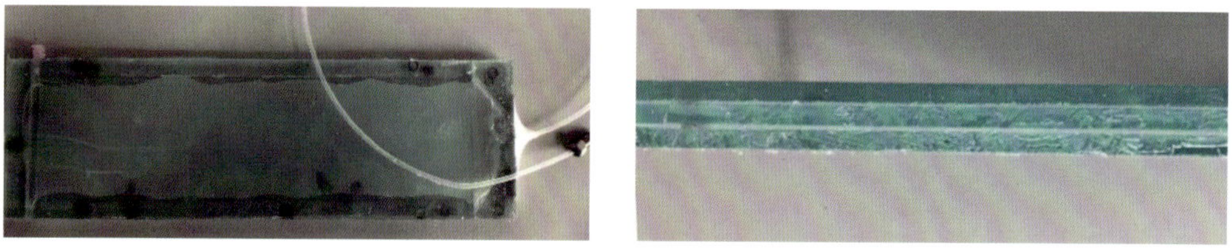

图 3-179 双缝模型：一个注入端，一个出口端（两个裂缝的压力梯度相同）

以上述模型为基本手段，研究了主段塞黏度对其在裂缝中展布影响。实验设计的方案见表 3-63。物理模拟过程中采集的图像如图 3-180 至图 3-183 所示。

表 3-63 4 种实验方案参数和注入结果

序号	主段塞黏度/mPa·s	顶替段塞黏度/mPa·s	裂缝开度/mm	注入速度/(mL/min)
10	179	201	1、0.5	2
11	295	201	1、0.5	2
12	501	201	1、0.5	2
13	715	201	1、0.5	2

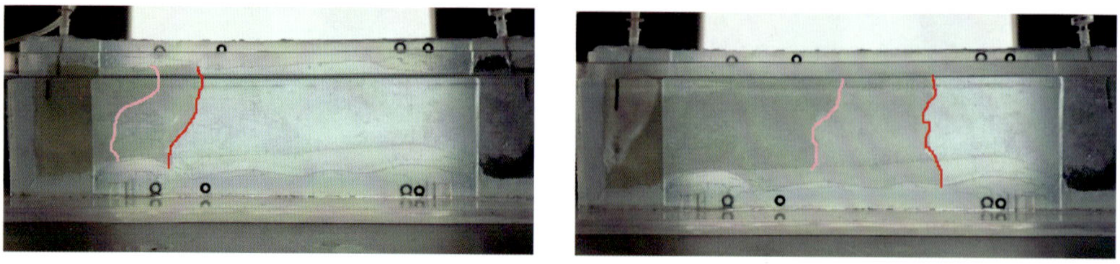

图 3-180 实验 10#（红线为大裂缝成胶液位置，粉线为小裂缝成胶液位置，左端入口）

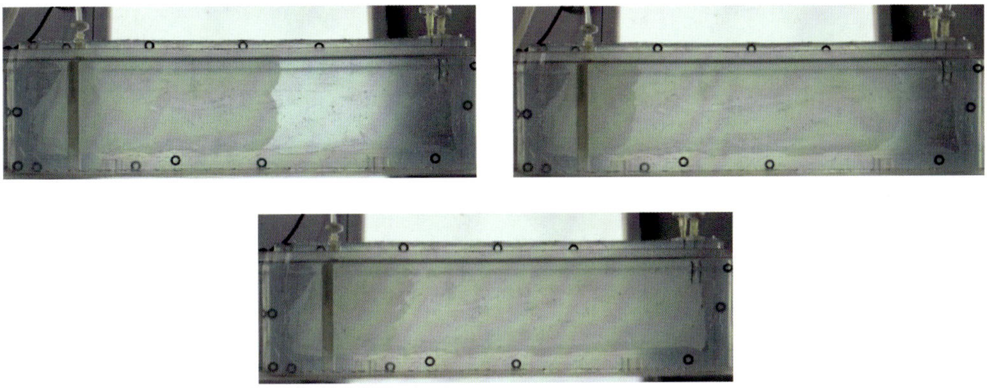

图 3－181 实验 11#(左端入口)

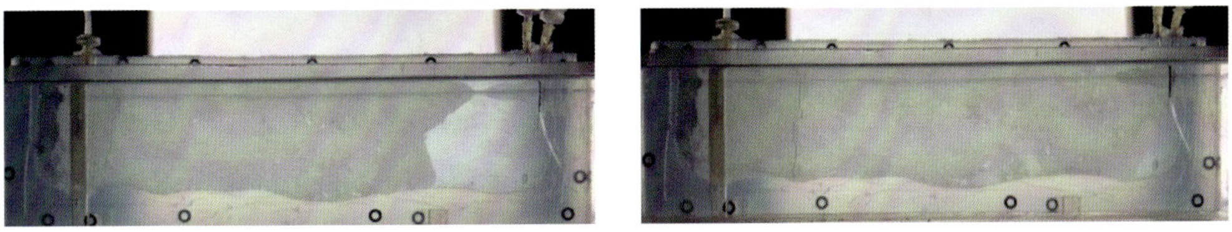

图 3－182 实验 12#(左端入口)

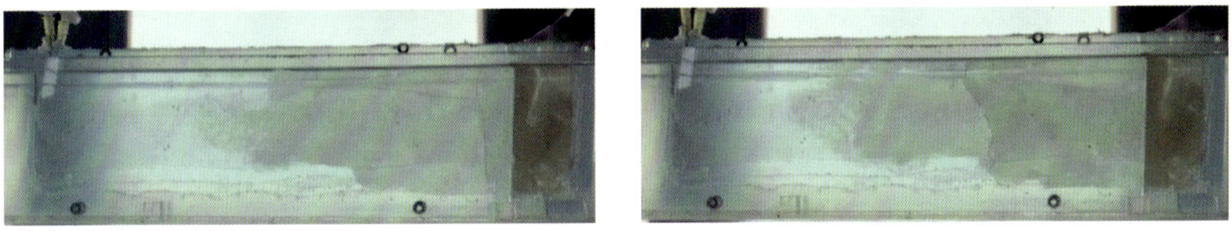

图 3－183 实验 13#(右端入口)

可以看出，当主段塞黏度较低时，主段塞主要进入大裂缝，当大裂缝填满较多堵剂后才开始进入小裂缝；但当主段塞具有较高黏度时，堵剂在小裂缝中进入速度会变快。

5)段塞组合设计

为保证堵剂达到最好封堵效果以及指导现场施工，设计了四种段塞组合。水浴温度65℃，缝宽1mm。

(1)方案一：设计的方案参数见表3－64，物理模拟过程中采集的图像如图3－184所示。

表 3－64 方案一参数及实验结果

段塞	体系配方	黏度/mPa·s
前置段塞	缓交联有机铬体系(0.4% G3515＋0.3%有机铬交联剂＋0.02%丙二酸＋0.3% SW－30)	62.65
主剂体系	5% AM、0.05% V501、0.1% MBA、0.04%缓聚剂、0.1%铬、0.2%聚合物、1.5%黏土	501.39
后置段塞	弱交联有机铬体系(0.3% G3515＋0.2%有机铬交联剂＋0.3% SW－30)	157.83

将前置段塞设计为缓交联有机铬冻胶体系，该体系成胶时间长，不会因为成胶导致注入压力上升，并且成胶后具有一定的封堵作用；主剂体系的黏度大于前置段塞的黏度，可以段塞的形式均匀前进；后置段塞为弱冻胶体系，由于其黏度远小于主剂体系的黏度，发生指进现象。

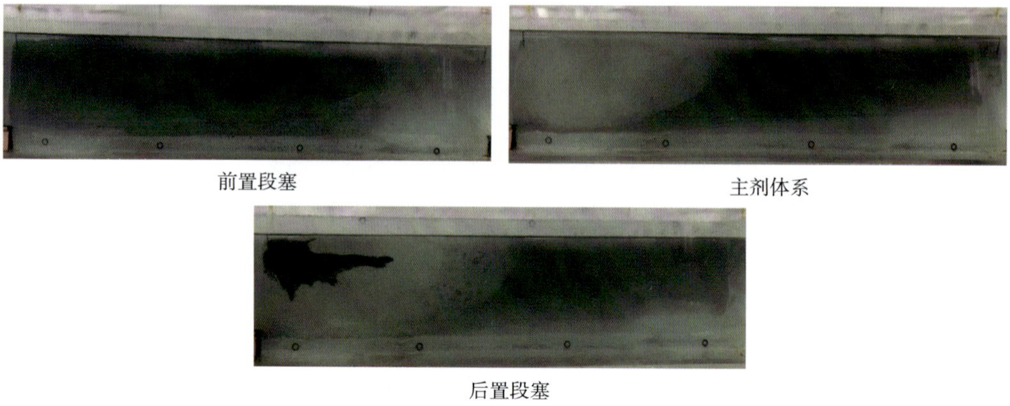

图 3－184　方案一段塞组合物理模拟

(2)方案二：设计的方案参数见表 3－65，物理模拟过程中采集的图像如图 3－185 所示。

表 3－65　方案二参数及实验结果

段塞	体系配方	黏度/mPa·s
前置段塞	缓交联有机铬体系(0.4% G3515＋0.3% 有机铬交联剂＋0.02% 丙二酸＋0.3% SW－30)	62.65
主剂体系	5% AM、0.05% V501、0.1% MBA、0.04% 缓聚剂、0.1% 铬、0.2% 聚合物、1.5% 黏土	501.39
后置段塞	弱交联有机铬体系(0.4% G3515＋0.2% 有机铬交联剂＋0.3% SW－30)	276.35
顶替段塞	聚合物溶液(0.2% G3515)	110.14

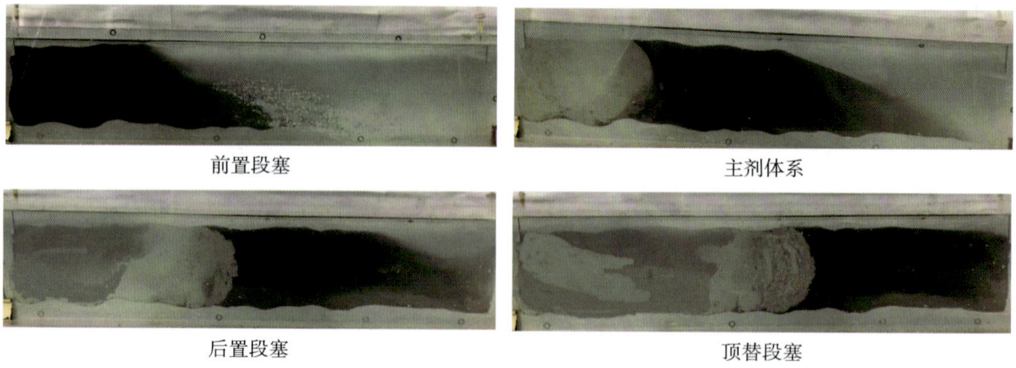

图 3－185　方案二段塞组合物理模拟

与方案一不同之处是后置段塞使用了 0.4% 聚合物弱交联体系，如图 3－185 所示，其能均匀地推进主剂体系在裂缝中前进；顶替段塞采用了等浓度的聚合物溶液，由于其黏度比后置段塞的小很多，仍然出现指进现象。

(3)方案三：设计的方案参数见表3－66，物理模拟过程中采集的图像如图3－186所示。

表3－66 方案三参数及实验结果

段塞	体系配方	黏度/mPa·s
前置段塞	缓交联有机铬体系(0.6% G3515＋0.3%有机铬交联剂＋0.02%丙二酸＋0.3% SW－30)	98.87
主剂体系	5% AM、0.05% V501、0.1% MBA、0.04%缓聚剂、0.1%铬、0.2%聚合物、1.5%黏土	501.39
后置段塞	弱交联有机铬体系(0.4% G3515＋0.2%有机铬交联剂＋0.3% SW－30)	276.35
顶替段塞	聚合物溶液(0.4% G3515)	227.85
	聚合物溶液(0.2% G3515)	110.4
	注入水	

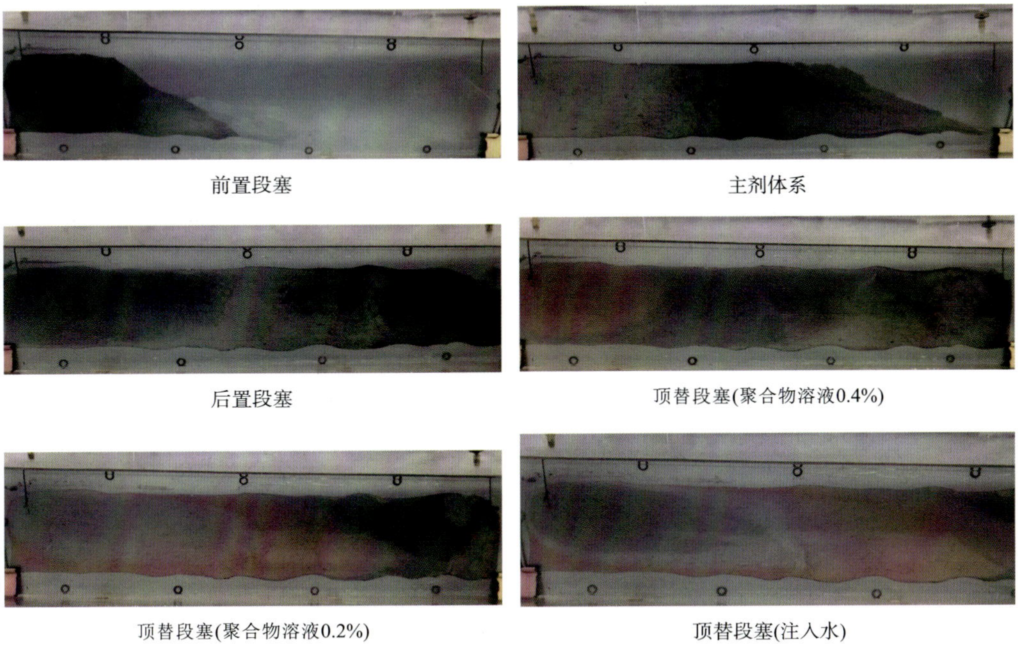

图3－186 方案三段塞组合物理模拟

方案三提高了前置段塞聚合物用量，使其成胶时间与成胶后强度稍有提高。顶替段塞使用了黏度渐变的聚合物溶液，使其前后段塞黏度的差别减小，减少了指进现象，顶替效果较好。

(4)方案四：设计的方案参数见表3－67，物理模拟过程中采集的图像如图3－187所示。

表 3－67　方案四参数及实验结果

段塞	体系配方	黏度/mPa·s
保护段塞	聚合物溶液(0.3% G3515)	138.69
前置段塞	缓交联有机铬体系(0.6% G3515＋0.3%有机铬交联剂＋0.02%丙二酸＋0.3% SW－30)	98.87
主剂体系	5% AM、0.05% V501、0.1% MBA、0.04%缓聚剂、0.1%铬、0.2%聚合物、1.5%黏土	501.39
后置段塞	弱交联有机铬体系(0.4% G3515＋0.2%有机铬交联剂＋0.3% SW－30)	276.35
顶替段塞	聚合物溶液(0.4% G3515)	227.85
	聚合物溶液(0.2% G3515)	110.4
	注入水	

与方案三不同之处在于，在前置段塞前，加了一个保护段塞，既可以起到预处理地层的作用，又能保护前置段塞不被稀释。由实验可知，该方案较为合理。

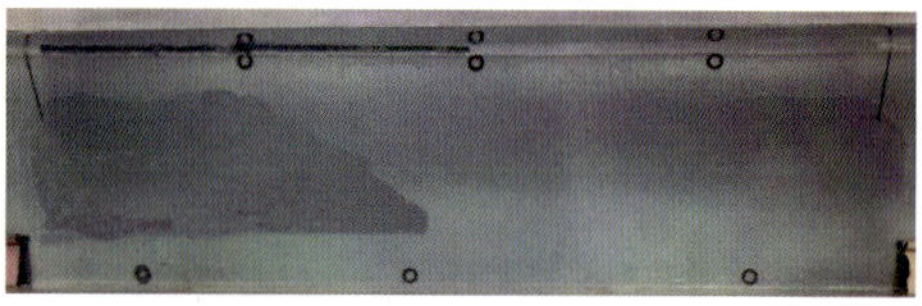

保护段塞

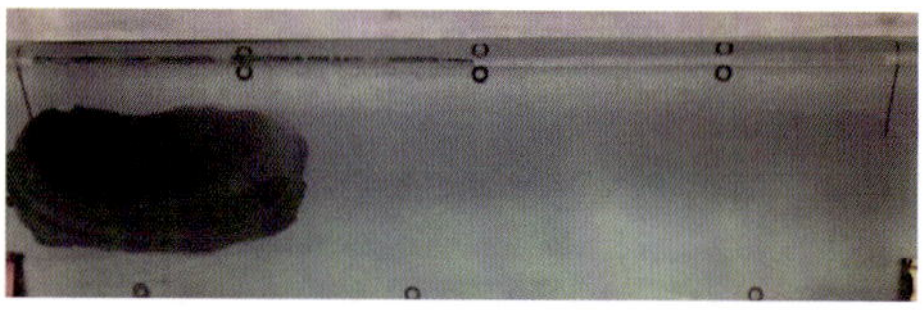

前置段塞

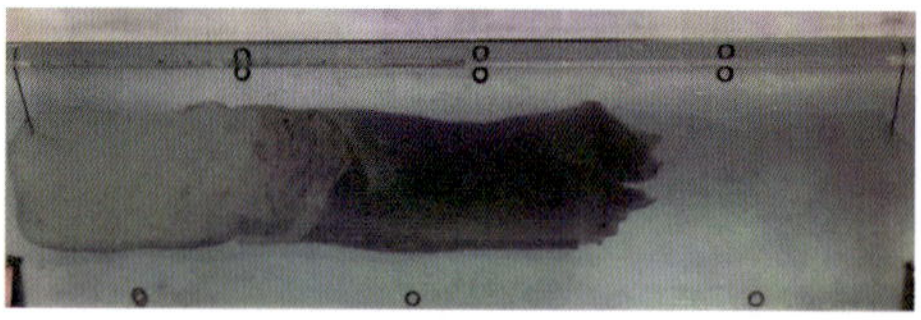

主剂体系

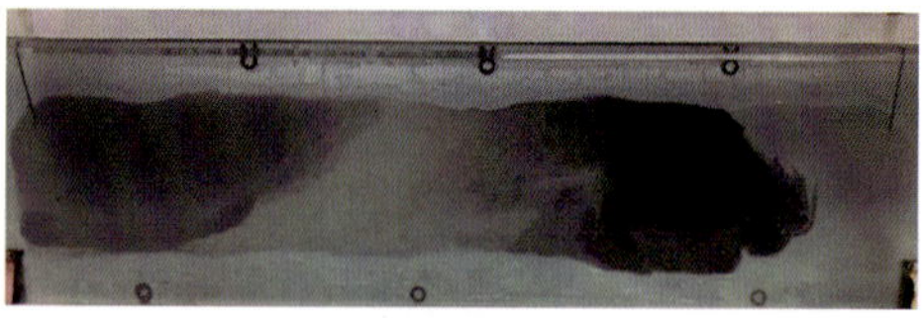

后置段塞

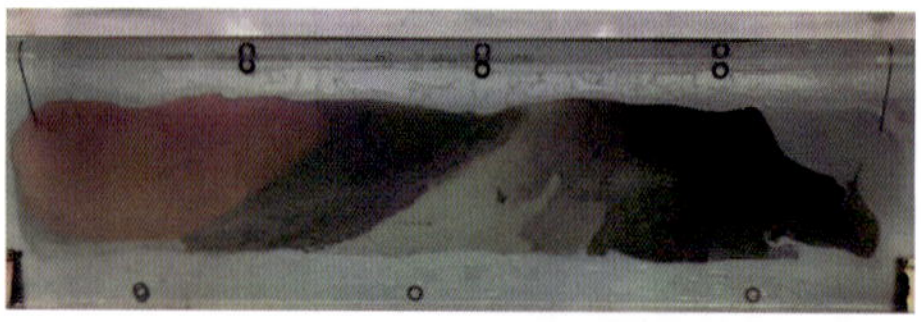

顶替段塞(聚合物溶液0.4%)

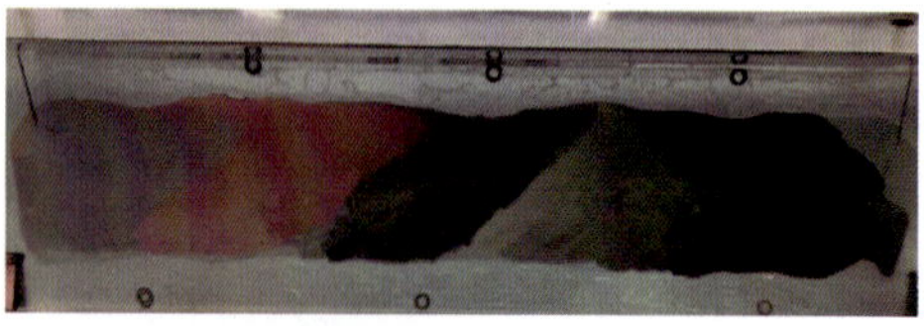

顶替段塞(聚合物溶液0.2%)

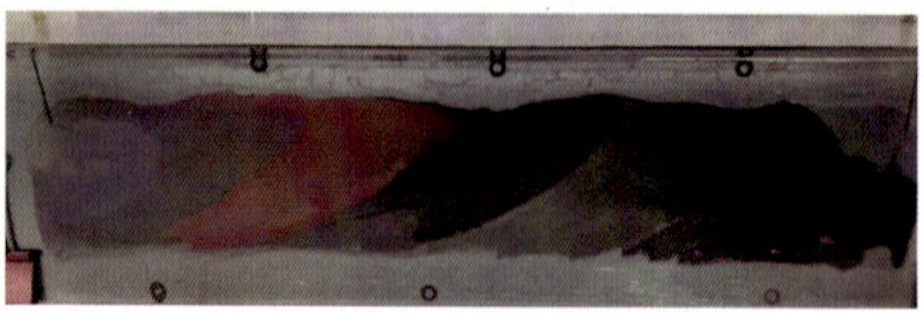

顶替段塞(注入水)

图 3－187　方案四段塞组合物理模拟

5. 小结

(1)为满足封堵直通型主裂缝的要求，研制了固化型低分子树脂堵剂和单体聚合两套高强度堵剂体系。

(2)低分子树脂可由84%低分子树脂、8%稀释剂、3%交联剂、5%增韧剂或82%低分子树脂、8.2%稀释剂、9.8%特种交联剂构成。

(3)低分子树脂在65～75℃成胶时间约为30h，70℃放置20h基本不反应，满足施工注入要求。树脂固化后抗压强度远大于7MPa，体积收缩率为1%～2%，对岩石有较好地黏附作用，在Φ3mm管线中突破压力梯度大于8MPa/m。

(3)为防止低分子树脂注入时因在裂缝中发生重力分异而不能充满裂缝，要求调节树脂段塞使其和裂缝存水密度相近；为均匀顶替树脂段塞，要求顶替段塞黏度与树脂段塞黏度相近。

(4)单体地层聚合体系由丙烯酰胺单体、偶氮类引发剂、MBA交联剂、钾盐缓聚剂以及黏土和低质量分数G3515聚合物、有机铬构成。基本配方为，5% AM +0.05%引发剂 +0.1% MBA +0.04%缓聚剂 +0.1%铬 +0.2%聚合物 +1.5%黏土。可通过调节聚合物和黏土的用量调节体系的流变性，缓聚剂的量可根据地层温度适当调整。

(5)单体聚合成胶液30℃放置2天不反应，为现场施工时成胶液在较长时间内配制、注入提供了保障。在65～80℃，聚合时间在8～20h可调。

(6)单体聚合成胶液室温下黏度约为400mPa·s。在内径0.5～1.6mm细管中测定注入压力发现，在通常的注入流量下成胶液的注入压力不会超过50kPa/m，说明成胶液能够满足不同裂缝注入要求。

(7)加入黏土颗粒与低浓度聚合物和有机铬复配体系可使单体聚合产物弹性模量提高3Pa(达到150Pa以上)，并且由此构成的成胶液具有一定的触变性，利于段塞注入过程中不被地层水稀释，能充满裂缝。

(8)单体聚合产物老化后弹性模量增加。老化1天的聚合产物弹性模量大于150Pa，老化10天后弹性模量增加近2倍，老化30天后弹性模量趋于稳定，老化180天后无脱水破胶的现象，强度基本保持在240Pa以上。

(9)单体聚合产物在模拟注入水、模拟地层水中浸泡后体积膨胀2倍以上，且浸泡100天后堵剂的弹性模量仍大于200Pa，仍具有较高的强度。

(10)单体聚合产物具有较高耐压能力。当管线内径为0.5～1.5mm时突破压力梯度均>10MPa/m，管线内径<0.5mm或管线内径>1.5mm时突破压力梯度都会降低，但突破压力梯度高于5MPa/m。

(11)以单体聚合体系封堵裂缝的段塞组合建议为：缓交联铬冻胶、单体成胶液、缓交联铬冻胶、聚合物溶液、注入水。聚合物溶液的黏度最好设计为依次降低。

二、封堵弱连通用冻胶体系研究

弱连通裂缝油藏主要表现为开发初期含水缓慢上升，开发后期油井含水率高、水驱效率低。在地层中弱连通裂缝是以缝网形式存在的微裂缝，因此需要深部封堵才能有效抑制水窜，这要求堵剂注入能力好、有较长的固化或交联时间。目前封堵裂缝的深部调剖剂主要有弱冻胶、聚合物微球以及冻胶分散体等。聚合物微球和冻胶分散体成本低、易注入，但有效封堵需要注入大体积的堵剂。冻胶注入性能好，成胶时间和冻胶强度调控范围大，因此高效的封堵体系应优先考虑冻胶。针对红河油田，重点开了两套冻胶体系：一是有机铬冻胶，通过对聚合物、缓交联剂(乳酸、丙二酸和柠檬酸等)的筛选，在保证体系强度和稳定性的前提下延缓体系成胶时间，达到能深部调驱、有效封堵弱连通裂缝的效果；二是水溶性酚醛树脂冻胶，通过控制聚合物、交联剂、催化剂以及稳定剂的用量，制备成胶时间合适、强度较高以及稳定性较好地封堵体系。

(一)有机铬缓交联冻胶研究

有机铬冻胶体系是由 Cr^{3+} 的多核羟桥络离子交联线型高分子形成的网状体系。交联机理如：

$$Cr^{3+}+6H_2O \longrightarrow [(H_2O)_6Cr]^{3+}$$

$$[(H_2O)_6Cr]^{3+} \longrightarrow [(H_2O)_5Cr(OH)]^{2+}+H^+$$

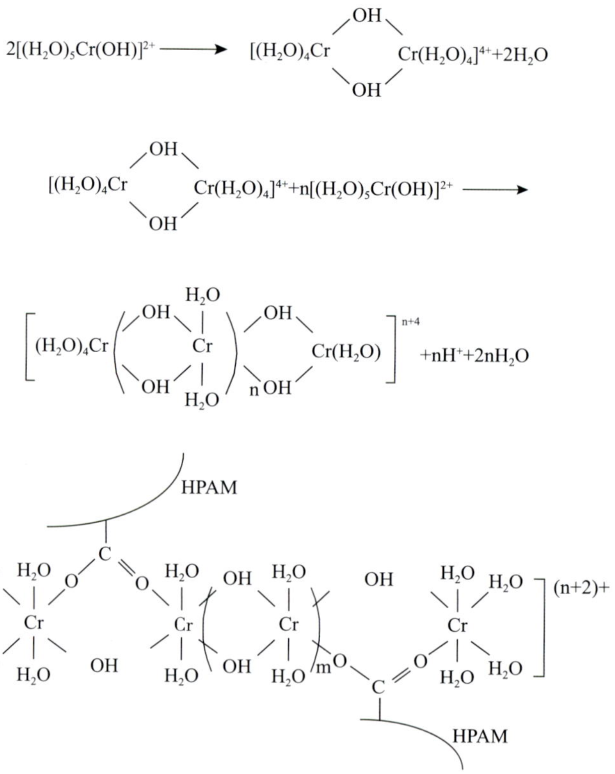

通常条件下该交联较快，60～75℃下成胶时间仅为几个小时，因此用作深部调剖必须研制有效地缓交联方法。根据铬和聚合物的交联机理，降低体系中羧酸根以及三价铬的含量即可降低反应速度，由此主要尝试选择低水解度 HPAM 和高效螯合剂来构建缓交联有机铬冻胶。

1. 实验材料仪器设备

实验中使用的试剂主要有聚合物、有机酸缓交联剂、有机铬交联剂以及颗粒稳定剂。

配制聚合物和交联剂所用模拟注入水盐含量920mg/L、pH值6.5，具体离子组成见表3－68。

表3－68 注入水离子含量分析表

离子名称	Na^+	K^+	Mg^{2+}	Ca^{2+}	F^-	Cl^-	SO_4^{2-}	HCO_3^-
离子含量/(mg/L)	228	3	5	9	3	123	175	375

实验所用仪器见表3－69。

表3－69 仪器设备

仪器名称	型号	生产厂家
电子天平	AL204	梅特勒－托利多(上海)有限公司
单孔水浴锅	HH	江苏金坛市金城国胜实验仪器厂
电动搅拌器	JJ－1	江苏金坛市金城国胜实验仪器厂
pH计	E－201－C	上海仪电科学仪器股份有限公司
流变仪	NDJ－8S	Anton Paar
恒温箱	—	江苏海安
平流泵	2PB00C系列	北京卫星制造厂

2. 有机铬冻胶配方构建

有机铬冻胶的构建主要涉及缓交联剂、聚合物以及冻胶稳定剂的选择与应用，这三个组分会影响交联速度，而且决定交联体系的强度和长期稳定性。

1)缓交联剂

聚合物选用G3515，交联剂选用乙酸铬，二者的质量分数分别选择0.5%、0.3%。缓交联剂选择柠檬酸、水杨酸、丙二酸以及酒石酸等有机酸，缓交联剂按乙酸铬与有机酸以15∶1比例加入，考察了由此构成的体系在70℃下的成胶性能，结果如表3－70所示。

表3－70 不同缓交联剂的成胶时间

编号	w(G3515)/%	缓交联剂	w(乙酸铬)/%	成胶时间/h
1	0.5	柠檬酸	0.3	4
2	0.5	水杨酸	0.3	4
3	0.5	酒石酸	0.3	5
4	0.5	丙二酸	0.3	5
5	0.5	乙酸	0.3	3

由实验可知，柠檬酸、水杨酸、丙二酸以及酒石酸均具有一定延缓交联的效果，但由柠檬酸、水杨酸以及酒石酸形成的冻胶稳定性差，冻胶放置5天后脱水较为严重，而丙二

图 3-188　成胶性能

酸形成的冻胶具有较好地稳定性，如图 3-188 所示。

基于上述实验，选择丙二酸作为缓交联剂。

2）聚合物

聚合物是控制冻胶成胶时间、冻胶强度以及冻胶稳定性的关键因素，合适的聚合物可以大大提高体系的成胶性能。收集了 6 种聚合物，见表 3-71。

冻胶强度根据 Syndansk 的 Gel Strength Codes 定性测定。将强度达到 E 级（将试剂瓶倒置，冻胶不能流至瓶盖）的时间称为成胶时间。考察了不同聚合物的成胶性能，见表 3-72。

表 3-71　收集的聚合物

实验材料	相对分子质量	水解度/%	厂家
N632	800 万 ~ 900 万	3-5	安徽巨成
N682	800 万 ~ 900 万	5-8	安徽巨成
G3515	1400 万 ~ 1500 万	12-14	安徽巨成
7136	800 万 ~ 900 万	3-5	山东同力
7719	1200 万	7-9	诺尔化工
7720	1100 万	3-6	诺尔化工

表 3-72　不同聚合物配制的成胶液成胶时间

编号	聚合物类型	w(聚合物)/%	w(乙酸铬)/%	成胶时间/h
1	7136	0.4	0.3	2
2	7136	0.5	0.3	2
3	N682	0.4	0.3	6
4	N682	0.5	0.3	2
5	G3515	0.4	0.3	12
6	G3515	0.5	0.3	12
7	N632	0.4	0.3	2
8	N632	0.5	0.3	2
9	7719	0.4	0.3	6
10	7719	0.5	0.3	6
11	7720	0.4	0.3	12
12	7720	0.5	0.3	12

通过实验可以看出，聚合物 G3515 和 7720 制备的成胶液交联时间较长，其他聚合物配制的成胶液成胶太快。按照 Syndansk 冻胶强度表(表 3－73)，只有 0.5% 的 7136 聚合物形成的冻胶达到 E 级，其他聚合物形成的冻胶基本处于 C～D 级，实验结果如图 3－189 所示。

表 3－73　冻胶强度评价代码表

强度代码	含义
A	完全没有凝胶
B	高流动性，黏度增大
C	流动胶，有轻微挂壁
D	中等流动胶，明显挂壁
E	低流动胶
F	高变形流动胶
G	中等变形流动胶
H	轻微变形不流动冻胶
I	刚性胶，无流动，无舌长

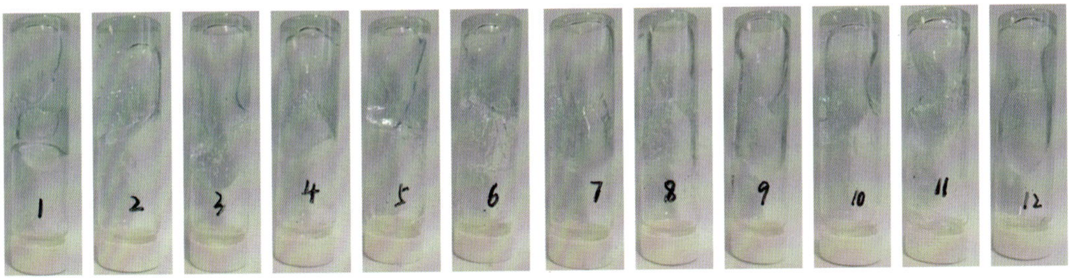

图 3－189　不同种类聚合物的成胶强度

由 0.5% 7136、0.3% 乙酸铬形成的冻胶虽然具有较高强度，但成胶太快，难以满足现场注入要求。通过降低交联剂 pH 值、降低交联剂用量、添加螯合剂、选择低水解度聚合物等手段可以延长交联时间。本研究主要通过在乙酸铬中添加丙二酸来延长交联时间，结果见表 3－74 及图 3－190。

表 3－74　丙二酸对成胶时间的影响

编号	w(7136)/%	w(乙酸铬)/%	乙酸铬与丙二酸质量比比例	成胶时间/h
1	0.5	0.3	—	2
2	0.5	0.3	30∶1	8
3	0.5	0.3	20∶1	20
4	0.5	0.3	15∶1	32
5	0.5	0.3	10∶1	48

可以看出，未加丙二酸的体系 2h 内便可成胶，随着丙二酸含量的增加，成胶时间由

2h 延缓至 48h。

图 3－191 为上述 5 个体系成胶后放置 20d 后的状态，可以看出 5 个体系均出现脱顶现象，冻胶强度减弱。可通过加入一些纳米颗粒，延长体系的稳定性。

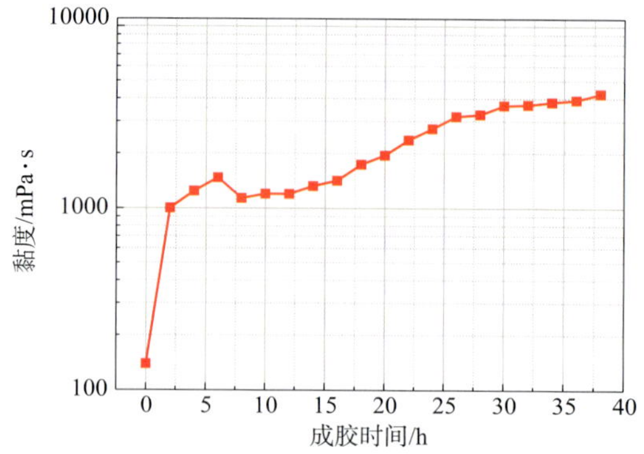

图 3－190　7136 缓交联成胶黏度曲线
（乙酸铬：丙二酸＝10：1）

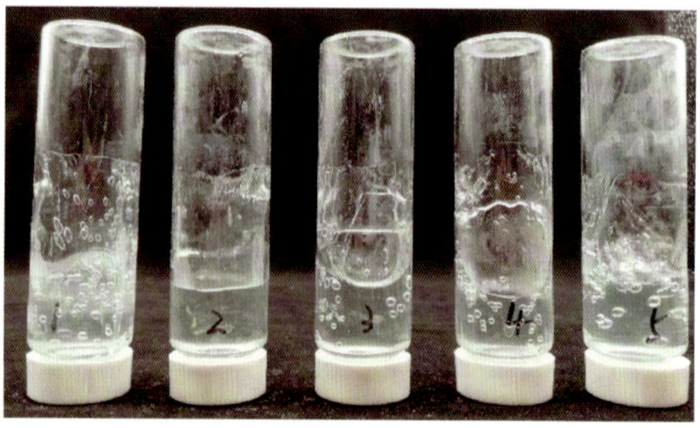

图 3－191　7136 缓交联成胶强度（20d）

3）稳定剂

在体系中加入纳米颗粒可以大大提高体系的稳定性，实验结果如表 3－75 所示。

表 3－75　纳米颗粒稳定体系

序号	w（7136）/%	w（乙酸铬）/%	乙酸铬和丙二酸比例	w（丙二酸）/%	w（SW－30）/%
1	0.4	0.3	15：1	0.02	0
2	0.4	0.3	15：1	0.02	0.3
3	0.4	0.3	15：1	0.02	0.5
4	0.4	0.3	20：1	0.015	0
5	0.5	0.3	20：1	0.015	0.3
6	0.5	0.3	20：1	0.015	0.5

实验发现，未加纳米颗粒稳定剂的体系，在 65℃ 下老化 10 天后脱水率达到 20%，且其强度较弱；加入 0.3% 的纳米颗粒稳定剂老化 30 天后脱水率小于 4%。随着纳米颗粒用量的增加，体系性能变化较小，因此本研究选用的纳米颗粒用量控制在 0.3% 左右。

4）小结

（1）封堵弱连通裂缝的有机铬冻胶，采用丙二酸缓交联剂延长体系的成胶时间，该缓交联剂对体系成胶后性能影响较小。

（2）筛选了聚丙烯酰胺 7136，相对分子质量 800 万～900 万，水解度 3%～5%，该聚合物成胶后强度较高、稳定性好。

（3）在体系中加入纳米颗粒稳定剂可以大大提高体系的稳定性。

（4）形成了以聚合物 7136 为主体、乙酸铬为交联剂、丙二酸为缓交联剂、酸性纳米颗粒（SW－30）为稳定剂的有机铬缓交联冻胶体系。

3. 有机铬冻胶性能评价

使用7136聚合物、乙酸铬交联剂、酸性纳米颗粒(SW-30)稳定剂、丙二酸缓交联剂来制备冻胶。实验过程中通过改变聚合物以及缓交联剂的用量，研究成胶液在不同温度(65~80℃)下的成胶时间、成胶强度及稳定性。

1)成胶时间

控制乙酸铬质量分数为0.3%，酸性纳米颗粒质量分数为0.3%，改变聚合物用量(0.4%~0.8%)和丙二酸用量[乙酸铬与丙二酸比例范围为(20:1)~(12:1)]，所用配方见表3-76。

表3-76 7136成胶液实验配方

序号	w(7136)/%	w(乙酸铬)/%	w(丙二酸)/% *	w(SW-30)/%
1	0.4	0.3	0.025(12:1)	0.3
2	0.4	0.3	0.02(15:1)	0.3
3	0.4	0.3	0.017(17.6:1)	0.3
4	0.4	0.3	0.015(20:1)	0.3
5	0.5	0.3	0.025(12:1)	0.3
6	0.5	0.3	0.02(15:1)	0.3
7	0.5	0.3	0.017(17.6:1)	0.3
8	0.5	0.3	0.015(20:1)	0.3
9	0.6	0.3	0.025(12:1)	0.3
10	0.6	0.3	0.02(15:1)	0.3
11	0.6	0.3	0.017(17.6:1)	0.3
12	0.6	0.3	0.015(20:1)	0.3
13	0.7	0.3	0.025(12:1)	0.3
14	0.7	0.3	0.02(15:1)	0.3
15	0.7	0.3	0.017(17.6:1)	0.3
16	0.7	0.3	0.015(20:1)	0.3
17	0.8	0.3	0.025(12:1)	0.3
18	0.8	0.3	0.02(15:1)	0.3
19	0.8	0.3	0.017(17.6:1)	0.3
20	0.8	0.3	0.015(20:1)	0.3

注：* 列括号中为乙酸铬和丙二酸的比例。

按表3-76中所示配方配制成胶液，放置于不同温度下老化，以成胶强度达到E级为成胶时间，建立了不同温度(65~80℃)下的成胶时间图版(其中65℃条件下丙二酸用量为12:1时成胶时间过慢或不成胶，因此未放入图版)，如图3-192至图3-195所示。

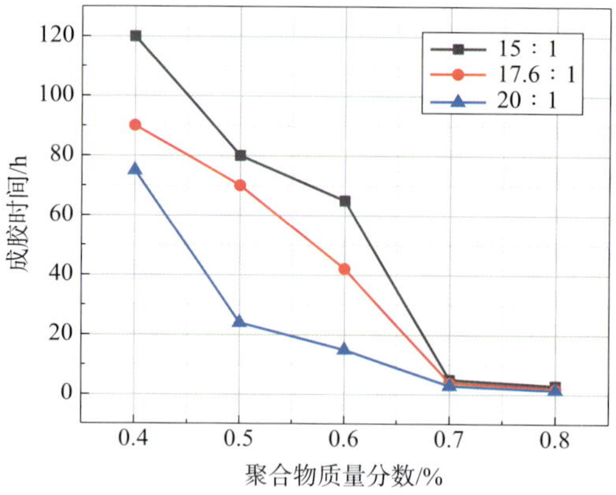

图 3－192　65℃条件下成胶时间

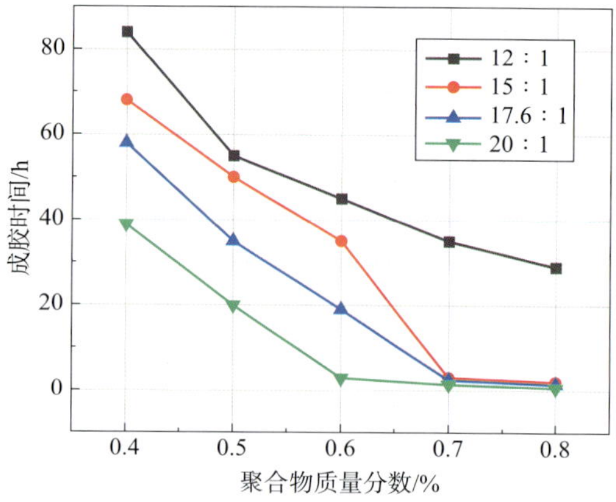

图 3－193　70℃条件下成胶时间

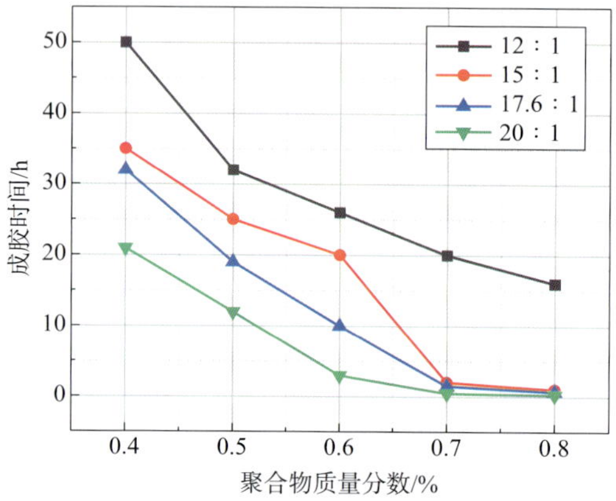

图 3－194　75℃条件下成胶时间

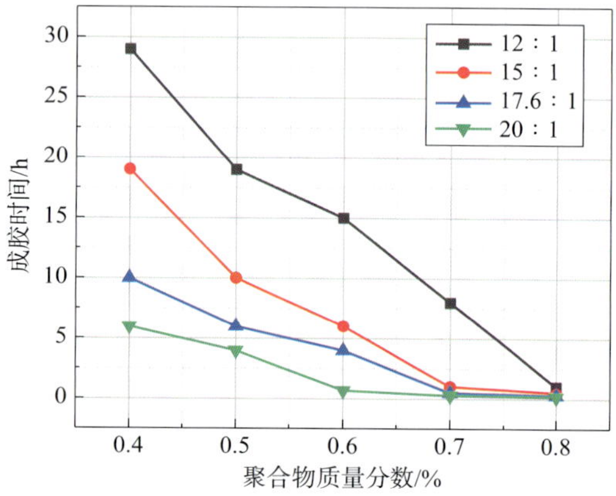

图 3－195　80℃条件下成胶时间

从图 3－192 至图 3－195 中可以看出，对于某一特定地层温度，成胶时间随着聚合物质量分数的增加而减小，随着缓交联比例的增加（丙二酸用量的减小）而减小。因此对于不同的地层温度，可根据成胶时间的需要选取合适的配方。

2）成胶强度

通过 Syndansk 冻胶强度表以及测定冻胶弹性模量来评价体系的成胶强度，实验如下。

（1）冻胶代码表法。

温度为 65℃、缓交联比例为 15：1、聚合物质量分数为 0.4%～0.8%、老化不同时间的成胶图片如图 3－196 至图 3－202 所示（图中聚合物质量分数从左至右依次为 0.4%、0.5%、0.6%、0.7%、0.8%）。

由图 3－196 至图 3－202 不同老化时间成胶图片可以看出，当温度为 65℃、缓交联比例为 15：1 时，含 0.4%～0.8% 聚合物形成的冻胶最终强度均可达到 G 级（聚合物为 0.4% 时稍弱）。

（2）弹性模量法。

以温度为 65℃为例，测量了所用不同配方形成的冻胶的弹性模量。选取缓交联比例为 15：1，测量不同聚合物用量形成的冻胶的弹性模量，结果如图 3－203 所示；选取聚合物质量分数为 0.6%，测量不同缓交联剂用量形成的冻胶的弹性模量，结果如图 3－204 所示。

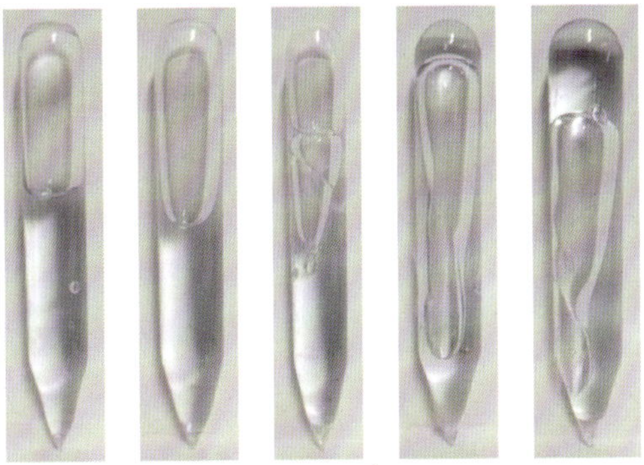
图 3－196　不同聚合物用量放置 1d 图片

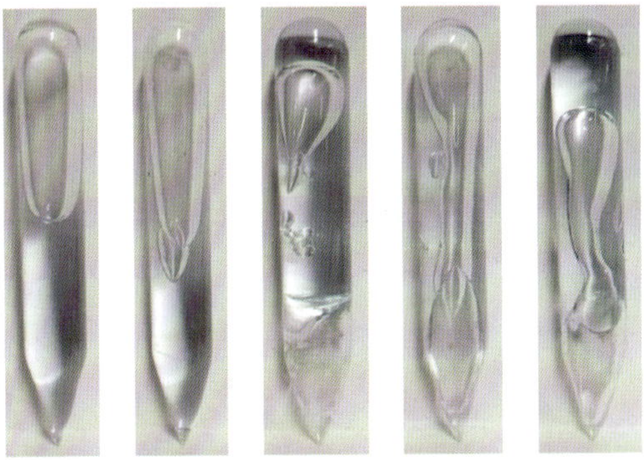
图 3－197　不同聚合物用量放置 2d 图片

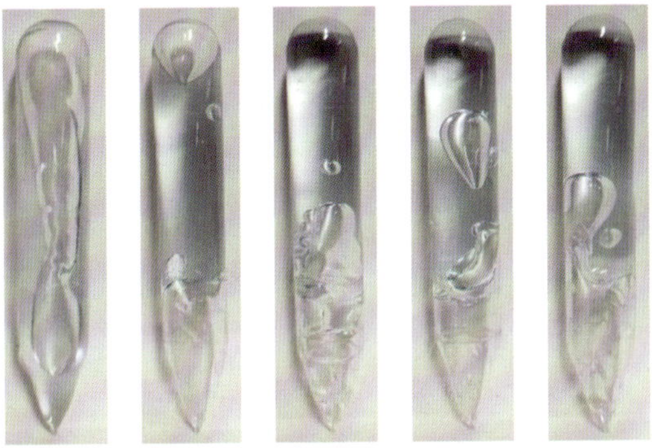
图 3－198　不同聚合物用量放置 5d 图片

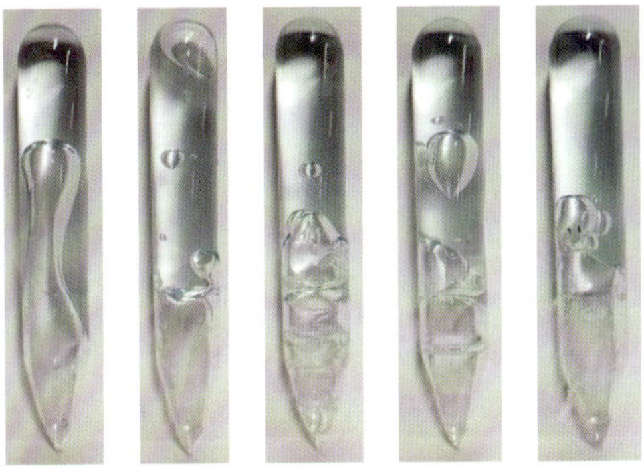
图 3－199　不同聚合物用量放置 10d 图片

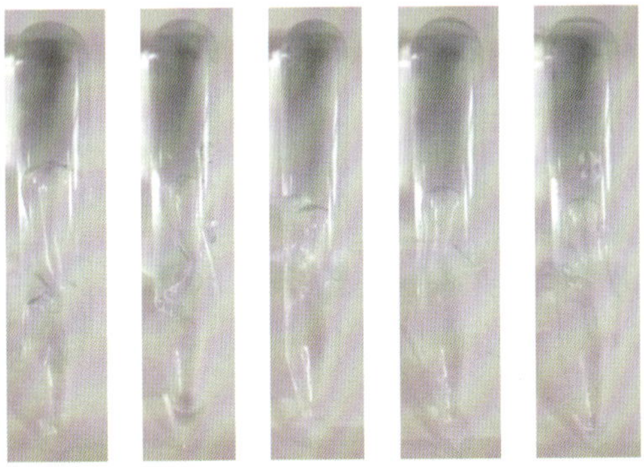
图 3－200　不同聚合物用量放置 30d 图片

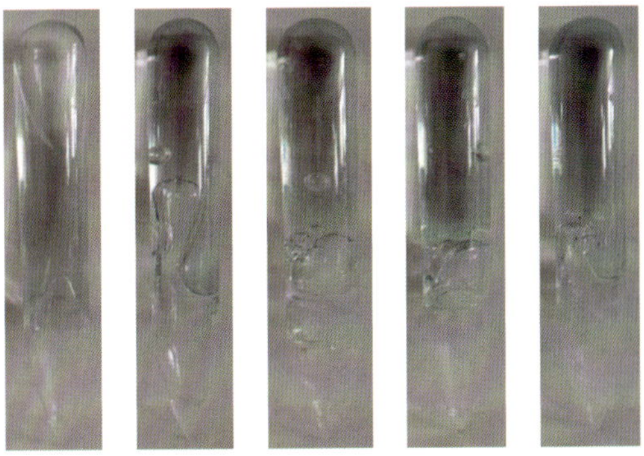
图 3－201　不同聚合物用量放置 50d 图片

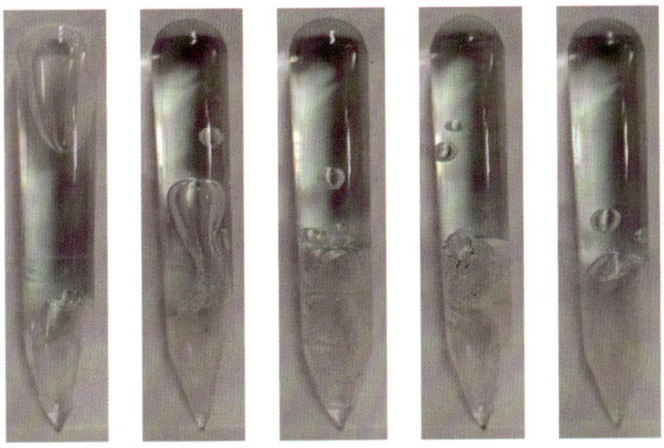
图 3－202　不同聚合物用量放置 80d 图片

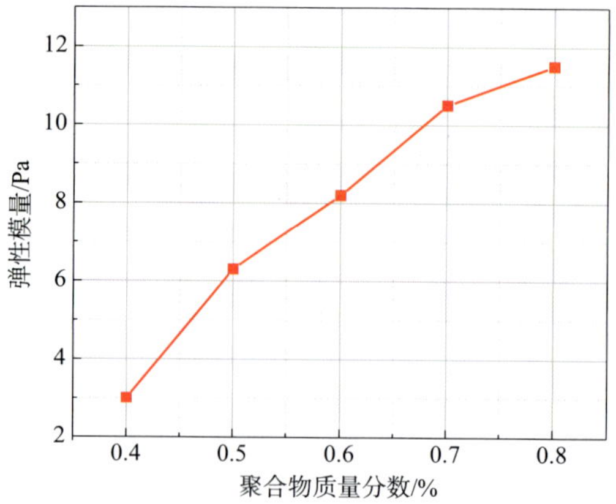

图 3-203　不同聚合物用量冻胶强度(30d)

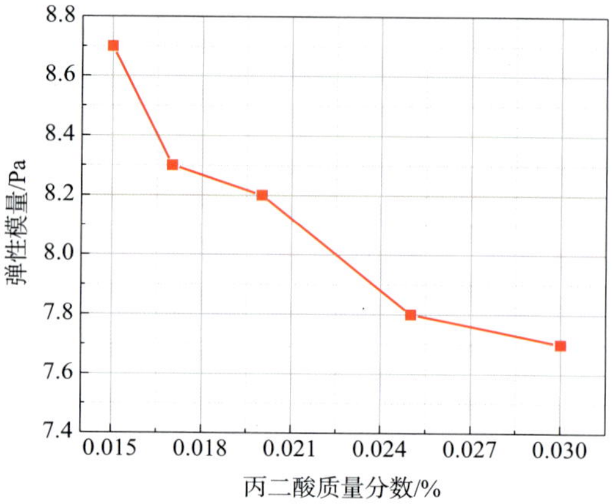

图 3-204　不同缓交联剂用量冻胶强度(30d)

由图 3-203 和图 3-204 可以看出，缓交联比例为 15∶1 情况下，当聚合物质量分数大于 0.6% 时形成的冻胶弹性模量可达 8Pa 以上，接近高强度冻胶的判别标准(≥10Pa)；聚合物质量分数为 0.6% 时，不同缓交联剂用量对冻胶最终强度仅有较小的影响。

综合考虑冻胶的成胶时间和成胶强度，当缓交联比例为 15∶1、聚合物质量分数为 0.6% 时，成胶强度可达 8Pa 以上，且成胶时间可控制在 20h 及以上(80℃除外)，因此可确定基本配方为 0.6% 7136 +0.3% 乙酸铬 +0.3% 酸性纳米颗粒 +0.02% 丙二酸。

4. 小结

(1)有机铬成胶液中加入丙二酸后成胶时间可调，体系具有较好地流变性。

(2)通过控制聚合物的用量可以提高体系的强度，当聚合物用量达到 0.6% 时成胶强度达到 8Pa，属于中强度冻胶。

(二)水溶性酚醛树脂冻胶研究

水溶性酚醛树脂冻胶体系是通过水溶性酚醛树脂中的—CH_2OH 与 HPAM 上的—$CONH_2$ 发生交联反应而形成的三维网络结构体系，如图 3-205 所示。

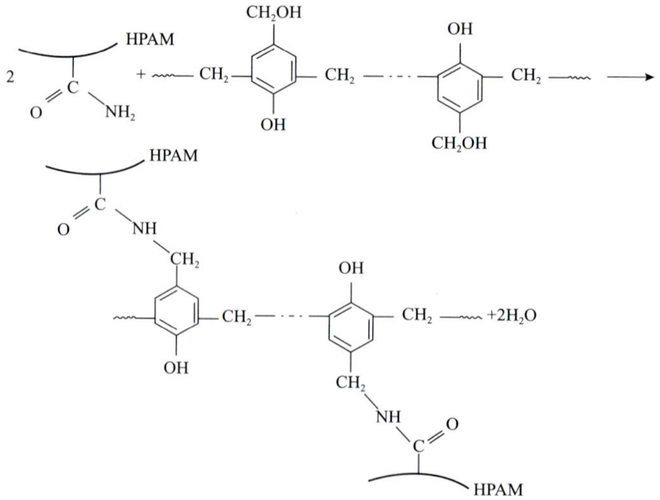

图 3-205　酚醛树脂与聚丙烯酰胺的交联反应方程

在该体系中通常加入 NH_4Cl 来控制交联速度，加入颗粒物质提高冻胶的稳定性，因此构建的冻胶性能主要由聚合物、酚醛树脂、NH_4Cl、纳米颗粒的用量决定。

1. 实验材料与仪器设备

实验中所使用的材料见表 3－77；实验用聚合物见表 3－78。

表 3－77 实验用材料

实验材料	有效含量/%	性能参数	厂家
水溶性酚醛树脂	30	—	济南
间苯二酚	99	—	安诺化学
氯化铵	99	—	山东济宁三元化工
SW－30	30	—	青岛

表 3－78 实验用聚合物

聚合物品牌	分子量	水解度/%	阳离子度/%	聚合物来源
G3508	1800 万	25	—	安徽巨成
C5	700 万	—	5	安徽巨成
N632	800 万～900 万	3－5	—	安徽巨成
G3515	1400 万～1500 万	12－14	—	安徽巨成

配制冻胶所用的模拟注入水见表 3－68，实验仪器见表 3－69。

2. 水溶性酚醛树脂冻胶体系构建

水溶性酚醛树脂冻胶堵剂体系属于高强度冻胶（弹性模量 >10Pa），可用于封堵弱连通裂缝。该体系主要由聚合物、水溶性酚醛树脂交联剂、催化剂以及稳定剂组成。

1）催化剂

用作交联剂的水溶性酚醛树脂是由甲醛和苯酚制备而成。制备时甲醛加量高的产品对聚丙烯酰胺的交联作用强，但本身也易发生交联反应而失效，因而不易存放。制备时甲醛加量低的产品可存放较长的时间，该类产品温度高时易与酰胺基团发生交联反应，但温度低时反应慢甚至不反应，此时可通过加入酸、多酚以及强酸弱碱盐等来调节交联反应。本研究主要使用 NH_4Cl 作催化剂。

催化剂的加量对体系的成胶时间有很大的影响，对体系成胶后的强度和稳定性也有一定的影响。以下主要通过调节催化剂的加量来调节体系的成胶时间。初步选择聚合物 G3515 质量分数为 0.5%，水溶性酚醛树脂质量分数为 0.5%，考察催化剂用量对成胶时间影响，结果如表 3－79 所示。

表 3－79 不同催化剂用量下冻胶体系的成胶时间（70℃）

编号	$w(NH_4Cl)$/%	成胶时间/h
1	0.1	60
2	0.2	36

续表

编号	$w(NH_4Cl)/\%$	成胶时间/h
3	0.4	30
4	0.6	24
5	0.8	24
6	1.0	22

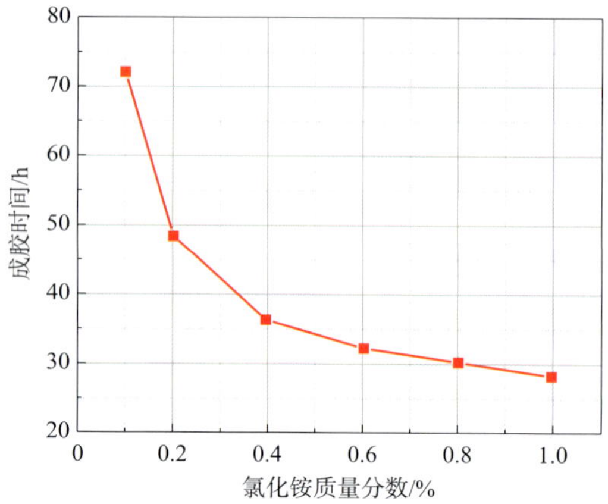

图 3-206　NH_4Cl 含量对成胶时间影响

由表 3-79 可以看出，NH_4Cl 质量分数低于 0.4% 时，成胶时间对催化剂用量变化较为敏感；随着 NH_4Cl 的加入量增大（>0.4%），成胶时间减小趋势变缓，NH_4Cl 对体系成胶时间的影响如图 3-206 所示。

将上述冻胶放置于 70℃恒温水浴锅中观察冻胶稳定性，结果如图 3-207 至图 3-210 所示。

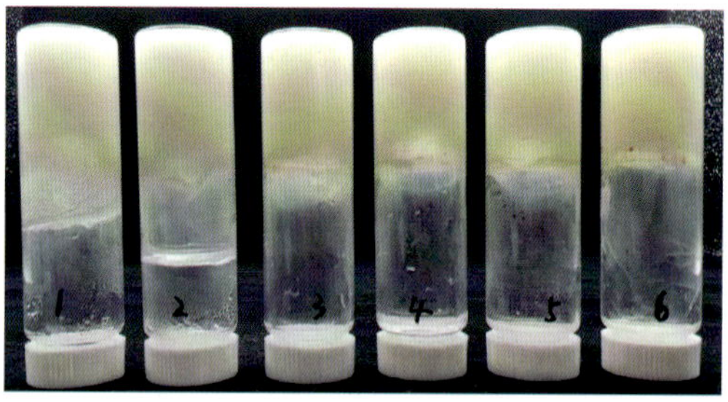

图 3-207　成胶时间(10d)

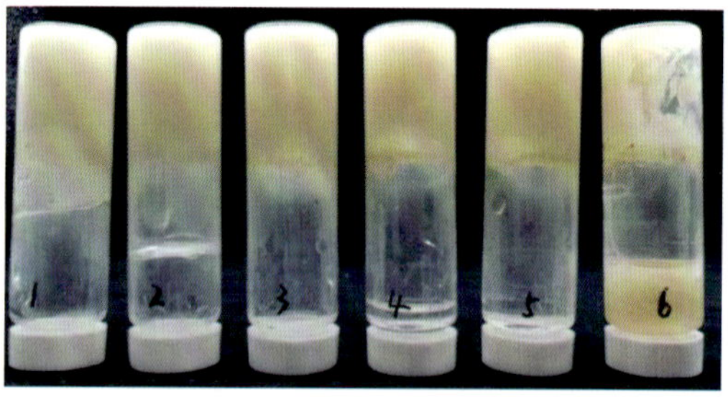

图 3-208　成胶时间(30d)

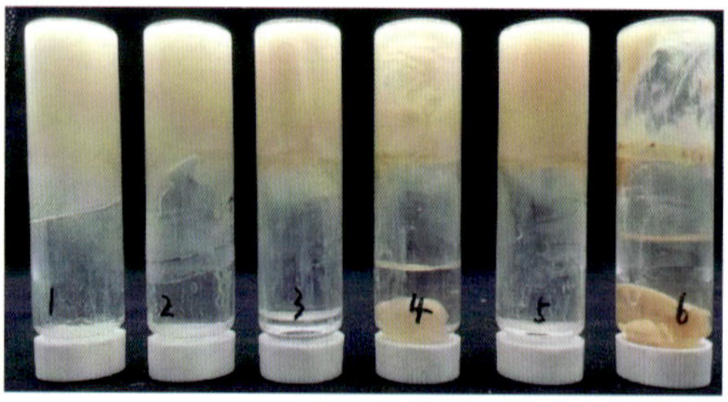

图 3-209　成胶时间(40d)

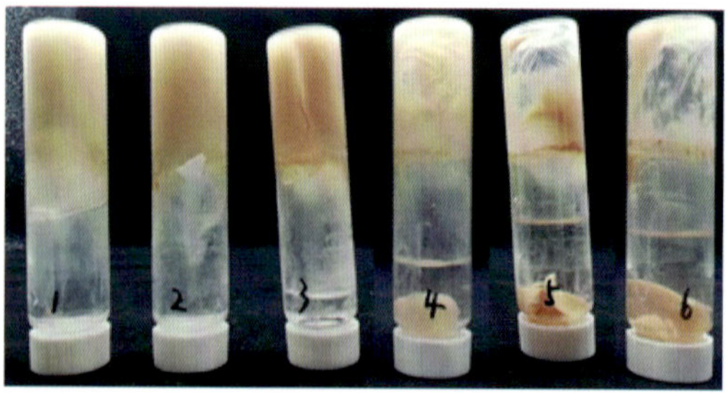

图 3-210　成胶时间(70d)

可以看出，当 NH_4Cl 质量分数大于 0.4% 时，冻胶在 70℃老化 40 天后出现严重的脱水现象，稳定性较差；当 NH_4Cl 质量分数小于 0.4% 时，成胶时间大于 30h，冻胶稳定性较好。

根据《QSH1020 1493—2014 冻胶类堵水调剖剂性能指标及实验方法》，当堵剂的弹性模量≥10Pa 时，为强冻胶。测定 70℃ 老化 10d 的冻胶的弹性模量，结果如图 3－211 所示。

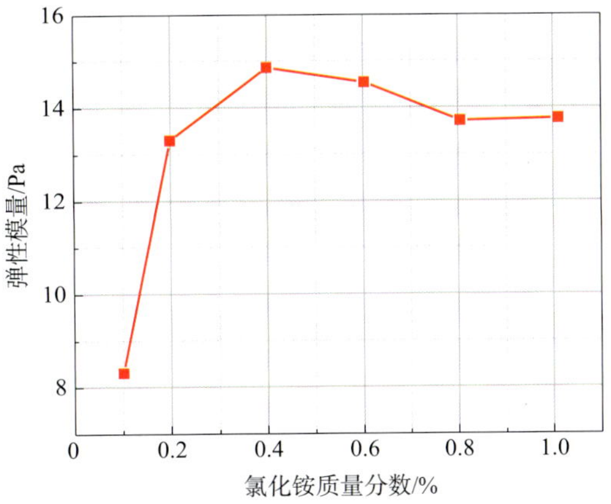

图 3－211　NH_4Cl 含量对冻胶弹性模量的影响

当 NH_4Cl 质量分数为 0.1% 时，冻胶弹性模量较低为 8.3Pa；当 NH_4Cl 质量分数大于 0.2% 后，形成的冻胶弹性模量均大于 10Pa，表现为强冻胶。综合上述实验结果，建议催化剂 NH_4Cl 含量选择 0.2%～0.4%，由此构建的体系成胶时间合适，形成的冻胶长期稳定性较好、弹性模量满足强冻胶要求。

2）交联剂

本研究使用的交联剂为水溶性酚醛树脂（商品含量 30%），其用量对冻胶的成胶时间、成胶强度均有较大影响，实验结果如表 3－80 所示。

表 3－80　水溶性酚醛树脂冻胶（70℃）

编号	w（聚合物）/%	w（酚醛树脂）/%	w（NH_4Cl）/%	成胶时间/h	终胶强度
1	0.5	0.3	0.2	60	G
2	0.5	0.4	0.2	52	G
3	0.5	0.5	0.2	48	G
4	0.5	0.6	0.2	44	G
5	0.5	0.8	0.2	40	G
6	0.5	1.0	0.2	36	G

当交联剂的量大于 0.3% 时，冻胶成胶后的强度均达到 G 级以上，不同含量水溶性酚醛树脂所形成的冻胶强度都比较高，如图 3－212 所示。

使用流变仪 PP25 转子测定冻胶的弹性模量，实验结果如图 3－213 所示。

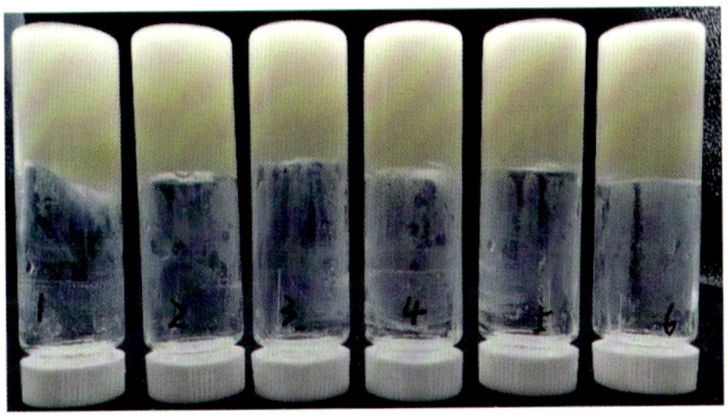

图 3－212　水溶性酚醛树脂含量对冻胶的影响（10d）

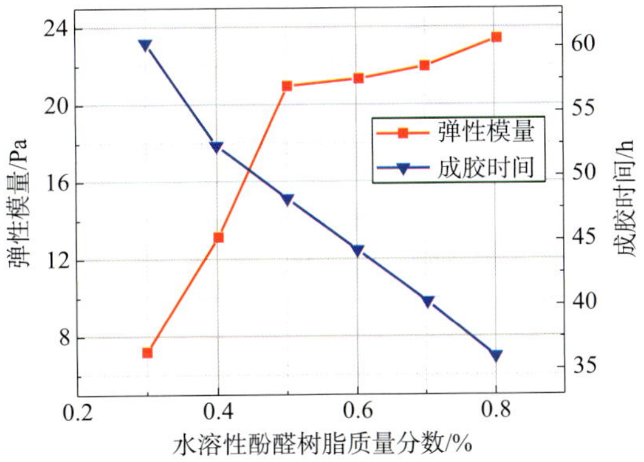

图 3－213　水溶性酚醛树脂含量对冻胶性能的影响

由图3－213可知，水溶性酚醛树脂质量分数为0.3%时，形成的冻胶弹性模量为7.23Pa；而水溶性酚醛树脂质量分数为0.4%时，形成的冻胶强度达到13.16Pa，已超过10Pa达到强冻胶标准；树脂含量为0.5%～0.8%时，冻胶强度在20Pa左右，仅成胶时间不同。另外从图3－213中可以看出，冻胶的成胶时间与水溶性酚醛树脂含量呈线性关系，0.5%水溶性酚醛树脂成胶时间为48h。

3）稳定剂

SW－30是一种纳米颗粒，其粒度分布如图3－214所示，主要用作冻胶稳定剂。

在体系中加入纳米颗粒可以显著提高体系的长期稳定性，实验结果如图3－215所示。

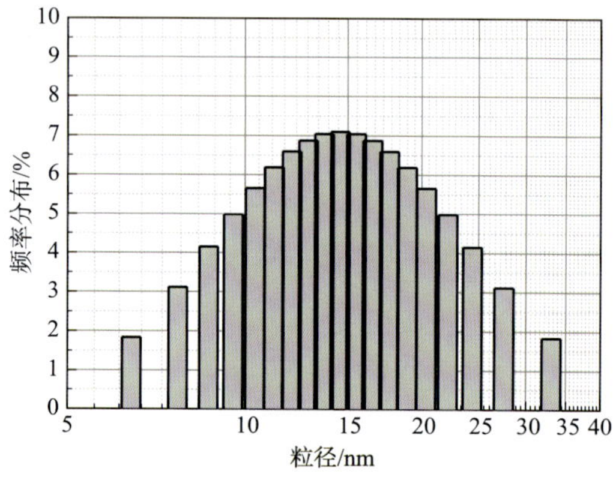

图3－214　颗粒稳定剂SW－30粒度分布

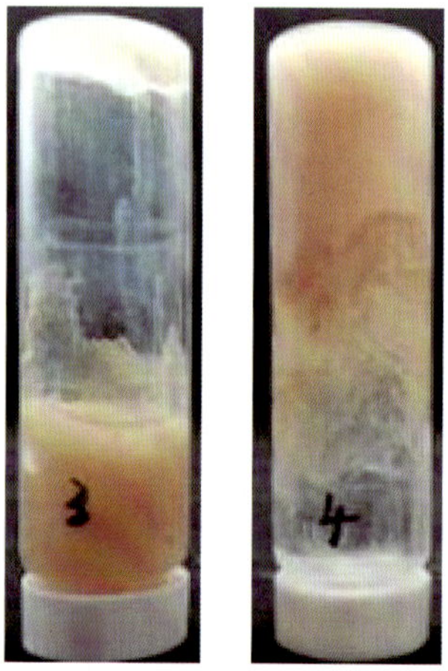

图3－215　冻胶长期稳定性的影响(120d)
（G3515－0.5%，树脂－0.5%，NH_4Cl－0.2%）

在图3－215中，左侧冻胶未加入稳定剂，冻胶出现脱顶现象，强度明显降低；右侧冻胶加入了0.3%的稳定剂，在120d仍能保持较高的强度而不减弱。说明冻胶在地层中能够保持稳定性，满足后续调剖堵水的要求。

4）聚合物

聚合物是冻胶体系的主体部分，对体系成胶时间、成胶强度以及稳定性等均有很大的影响。根据前期研究，选择0.2% NH_4Cl、0.5%水溶性酚醛树脂、0.3%稳定剂、0.3%～1.0%聚合物来配制成胶液，将这些成胶液70℃老化10天，然后用流变仪测定冻胶强度，结果如图3－216所示。

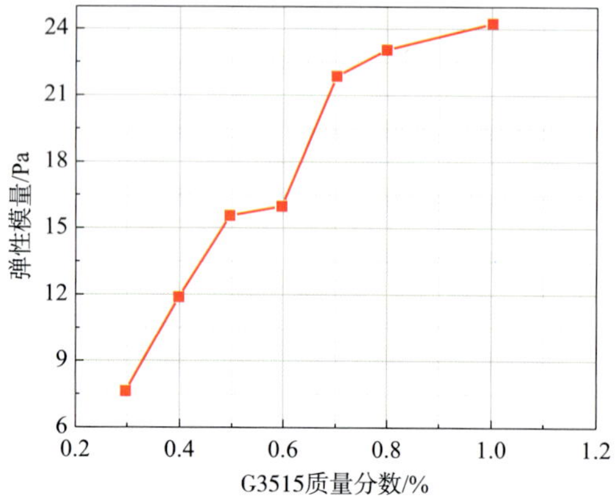

图3－216　不同质量分数G3515的冻胶弹性模量
（树脂－0.5%，NH_4Cl－0.2%，SW－30－0.3%）

在图3－216中，G3515质量分数为0.3%时，冻胶的弹性模量为7.5Pa，低于10Pa，属于中等强度冻胶；G3515质量分数为0.4%时，冻胶的弹性模量为12Pa，为强冻胶；G3515质量分数为0.5%和0.6%时，冻胶的弹性模量分别为15.5Pa和16Pa，明显高于前者；G3515质量分数为0.7%、0.8%和

1.0%时，冻胶的弹性模量分别为21.9Pa、23Pa和24.3Pa，均高于20Pa。

3. 水溶性酚醛树脂冻胶性能评价

1)水溶性酚醛树脂冻胶成胶性能影响因素

调研发现，温度、矿化度以及成胶过程中的运移对水溶性酚醛树脂冻胶的成胶性能均有较大的影响，为此对以下因素进行评价。

(1)温度。温度对体系的成胶时间和冻胶强度影响较大，如图3-217所示。

可以看出，成胶液在65℃下成胶时间为68h，在70℃下成胶时间为48h，在75℃下成胶时间为40h。为达到现场施工时间要求，可适当调整体系配方组成用量来改变体系成胶时间。

(2)矿化度。现场应用中主要采用注入水配制成胶液(矿化度920mg/L，图3-218至图3-223)。由于成胶液注入地层后，会与地层水混合，因此需考察不同矿化度盐水配制的成胶液对成胶性能的影响。

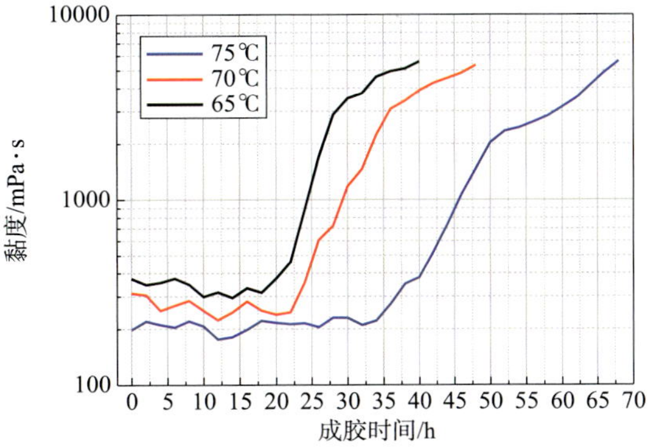

图3-217 水溶性酚醛树脂的交联时间
(G3515-0.5%，树脂-0.5%，NH_4Cl-0.2%，SW-30-0.3%)

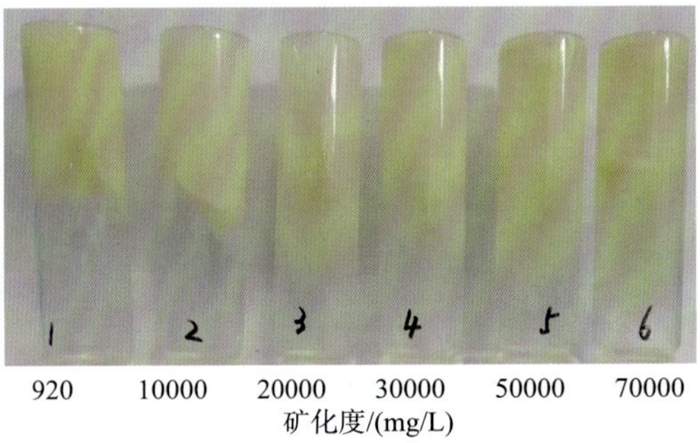

图3-218 在不同矿化度盐水中形成的水溶性酚醛树脂冻胶(5d)

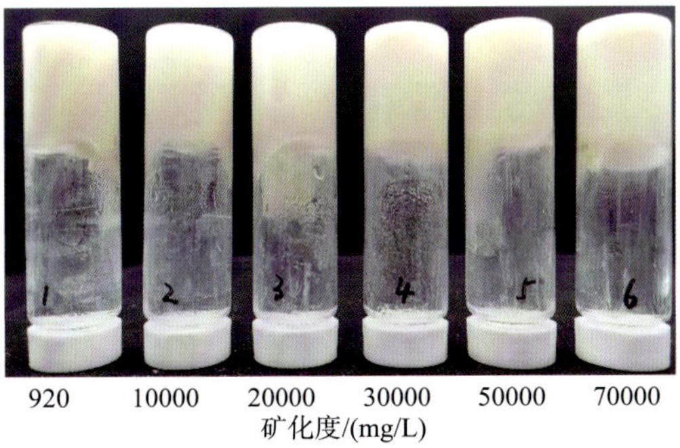

图3-219 在不同矿化度盐水中形成的水溶性酚醛树脂冻胶(30d)

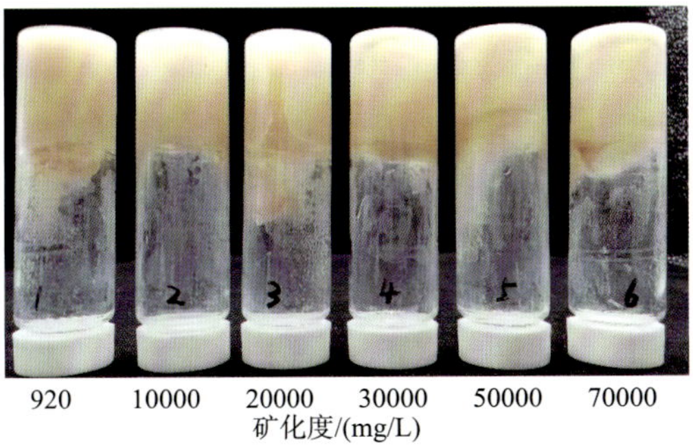

图3-220 在不同矿化度盐水中形成的水溶性酚醛树脂冻胶(60d)

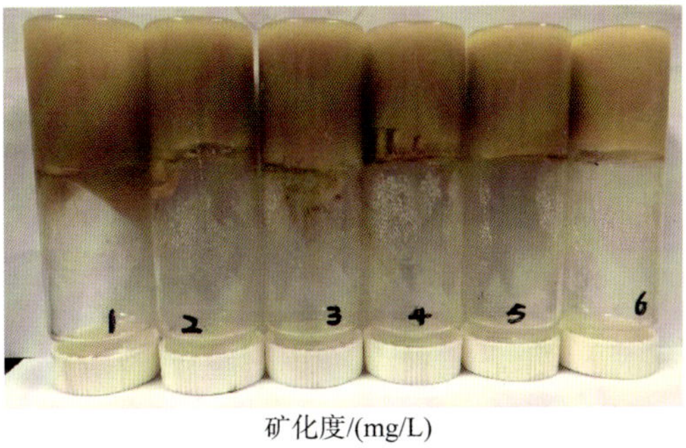

图3-221 在不同矿化度盐水中形成的水溶性酚醛树脂冻胶(100d)

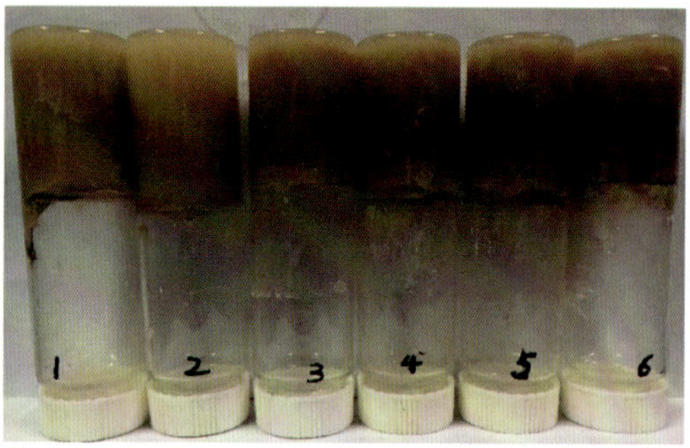

矿化度/(mg/L)

图 3-222　在不同矿化度盐水中形成的水溶性酚醛树脂冻胶(150d)

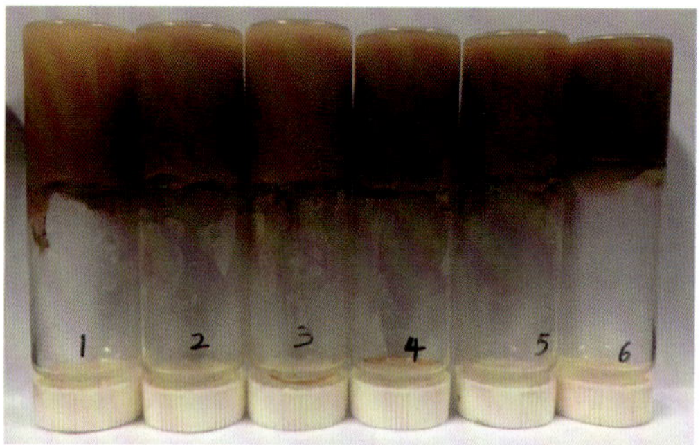

矿化度/(mg/L)

图 3-223　在不同矿化度盐水中形成的水溶性酚醛树脂冻胶(180d)

分别配制盐含量为 10000mg/L、20000mg/L、30000mg/L、50000mg/L 和 70000mg/L 的模拟水，用这 5 种模拟地层水和注入水配制成胶液。体系配方见表 3-81。分别取 20g 成胶液放于丝扣瓶中，70℃定期观察成胶情况。

表 3-81　水溶性酚醛树脂冻胶堵剂配方

w(G3515)/%	w(树脂)/%	w(催化剂)/%	w(颗粒稳定剂)/%
0.5	0.5	0.2	0.3

使用注入水(920mg/L)配制的成胶液其成胶时间为 48h，当矿化度高达 70000mg/L 时，其成胶时间延长至 72h，成胶强度降低。

从图中可以看出，6 种含不同矿化度盐水的冻胶在 180d 时均能保持较高的强度。

(3)振荡成胶液对成胶的影响。为模拟成胶液在地层中的运移，将成胶液(配方见表 3-76)放置于振荡水浴中振荡(70℃)，以此来考察振荡和静置两种操作对成胶行为影响，结果如图 3-224 所示。

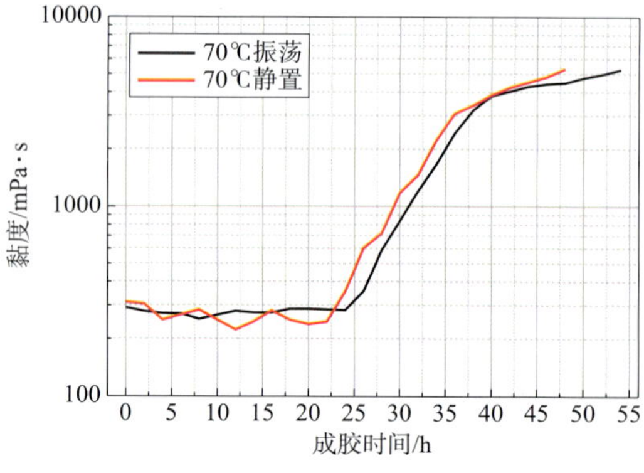

图 3-224　水溶性酚醛树脂成胶曲线

从图中可以看出，相比于静置情况，振荡会延长成胶液的成胶时间，成胶时间由原来的 48h 延缓为 54h。

2)不同强度冻胶体系的制备

根据前面的研究可知，聚合物、交联剂以及催化剂的用量对体系的强度均有影响。控制其他用量不变，调高交联剂用量，体系的强度增加，当其用量达到 0.5% 后强度变化较小(实验结果如图 3-225 所示)；另外，当交联剂的量较少时体系成胶性能差、易脱水破胶，当交联剂过量时体系则出现过交联现象，形成的冻胶也易脱水。控制其他用量不变，调节催化剂的用量，当催化剂的用量大于 0.2% 时，体系的强度变化较小(实验结果如图 3-226 所示)，但当催化剂用量小于 0.2% 时，体系成胶时间过长(60~70h)。调节聚合物用量，可以均匀地调整体系的强度(实验结果如图 3－227 所示)，且对体系的成胶时间以及稳定性影响较小。因此，制备不同强度的水溶性酚醛树脂冻胶主要通过调节聚合物的量来实现。

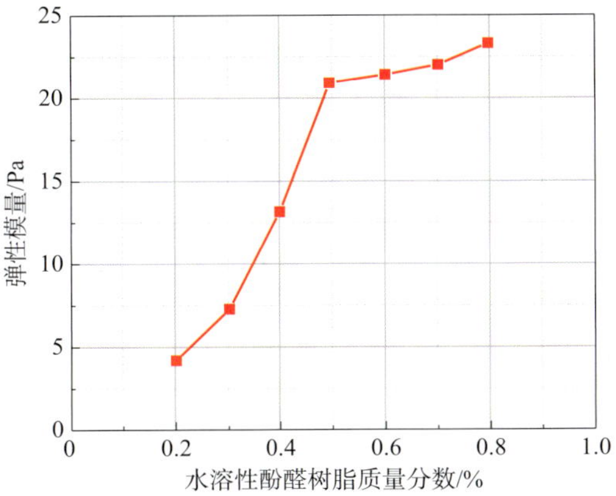

图 3－225 水溶性酚醛树脂含量对冻胶性能的影响

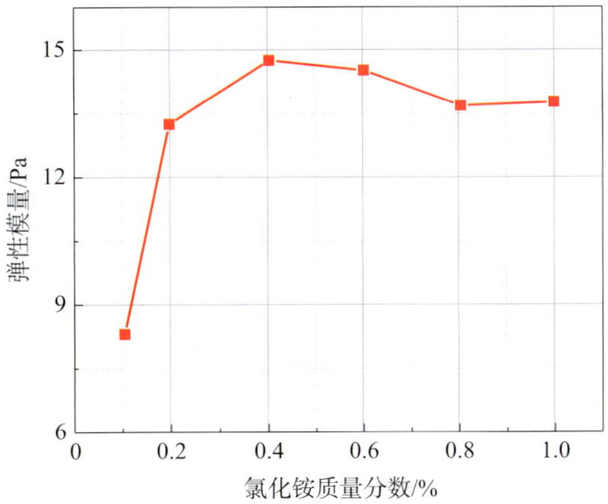

图 3－226 NH_4Cl 含量对冻胶弹性模量的影响

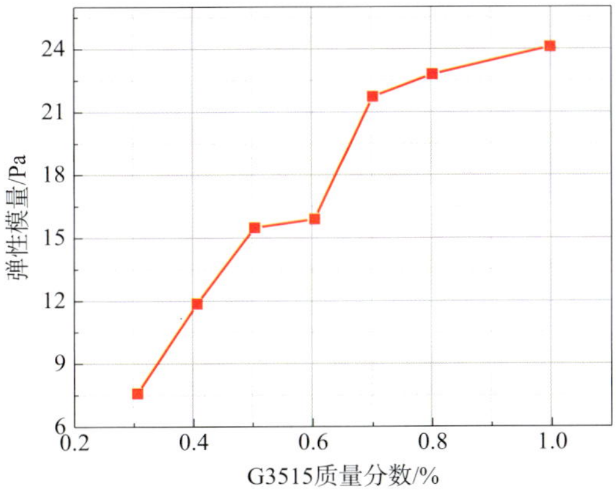

图 3－227 不同质量分数 G3515 的冻胶弹性模量

图 3－228 至图 3－232 给出了表 3－82 中 5 种配方在 70℃形成的冻胶 4～70d 的状态。

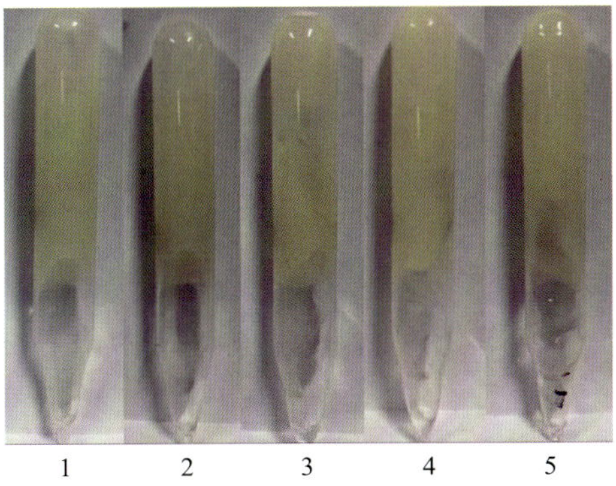

图 3－228 不同质量分数 G3515 的冻胶老化 4d(70℃)

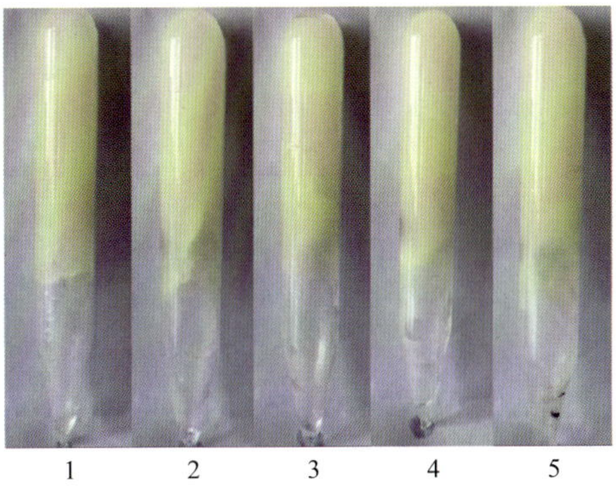

图 3－229 不同质量分数 G3515 的冻胶老化 10d(70℃)

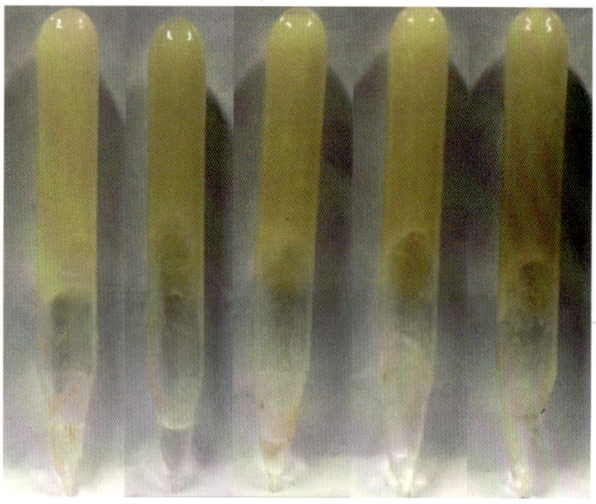

图 3－230　不同质量分数 G3515 的冻胶老化 50d(70℃)

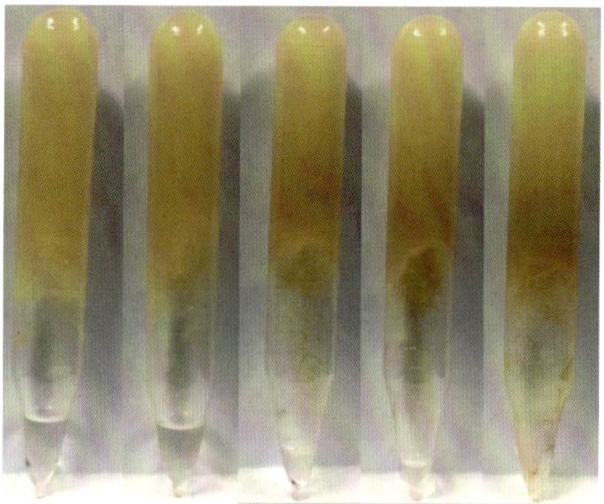

图 3－231　不同质量分数 G3515 的冻胶老化 100d(70℃)

表 3－82　水溶性酚醛树脂冻胶堵剂配方

序号	w(G3515)/%	w(树脂)/%	w(催化剂)/%	w(颗粒稳定剂)/%
1	0. 3	0. 5	0. 2	0. 3
2	0. 4	0. 5	0. 2	0. 3
3	0. 5	0. 5	0. 2	0. 3
4	0. 6	0. 5	0. 2	0. 3
5	0. 7	0. 5	0. 2	0. 3

可以看出，当聚合物质量分数较低时，形成的冻胶脱水率较大，但 70℃放置 100 天脱水率仍小于 4%，具有较好地稳定性。

测量 70℃放置 10 天冻胶的弹性模量，结果如图 3－232 所示。

测量 70℃放置 80 天冻胶的弹性模量，结果如图 3－233 所示。

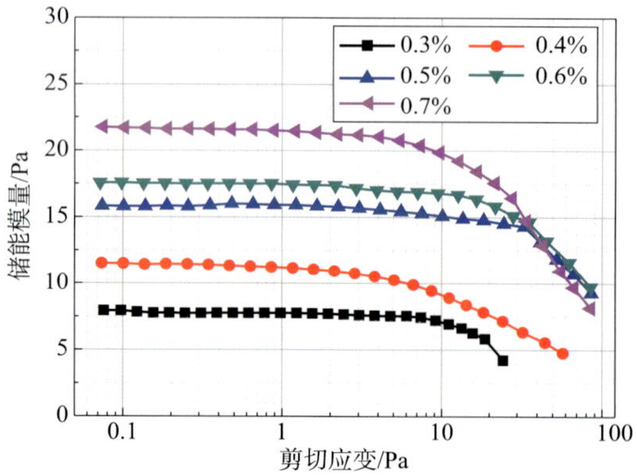

图 3－232　不同质量分数 G3515 的冻胶弹性模量(10d)

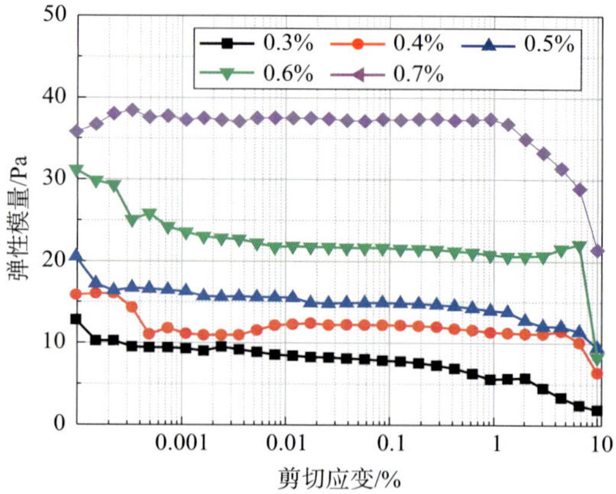

图 3－233　不同质量分数 G3515 的冻胶弹性模量(80d)

可以看出，聚合物用量越多，形成的冻胶弹性模量越大，因此可以通过改变聚合物的量来制备不同强度的冻胶。

3) 流变性评价

不同质量分数聚合物配制的成胶液黏度不同。为适应不同油田的注入和封堵要求，需要考察不同质量分数聚合物成胶液的流变性以及地层条件下的黏度曲线，测定结果如图 3－234 所示。

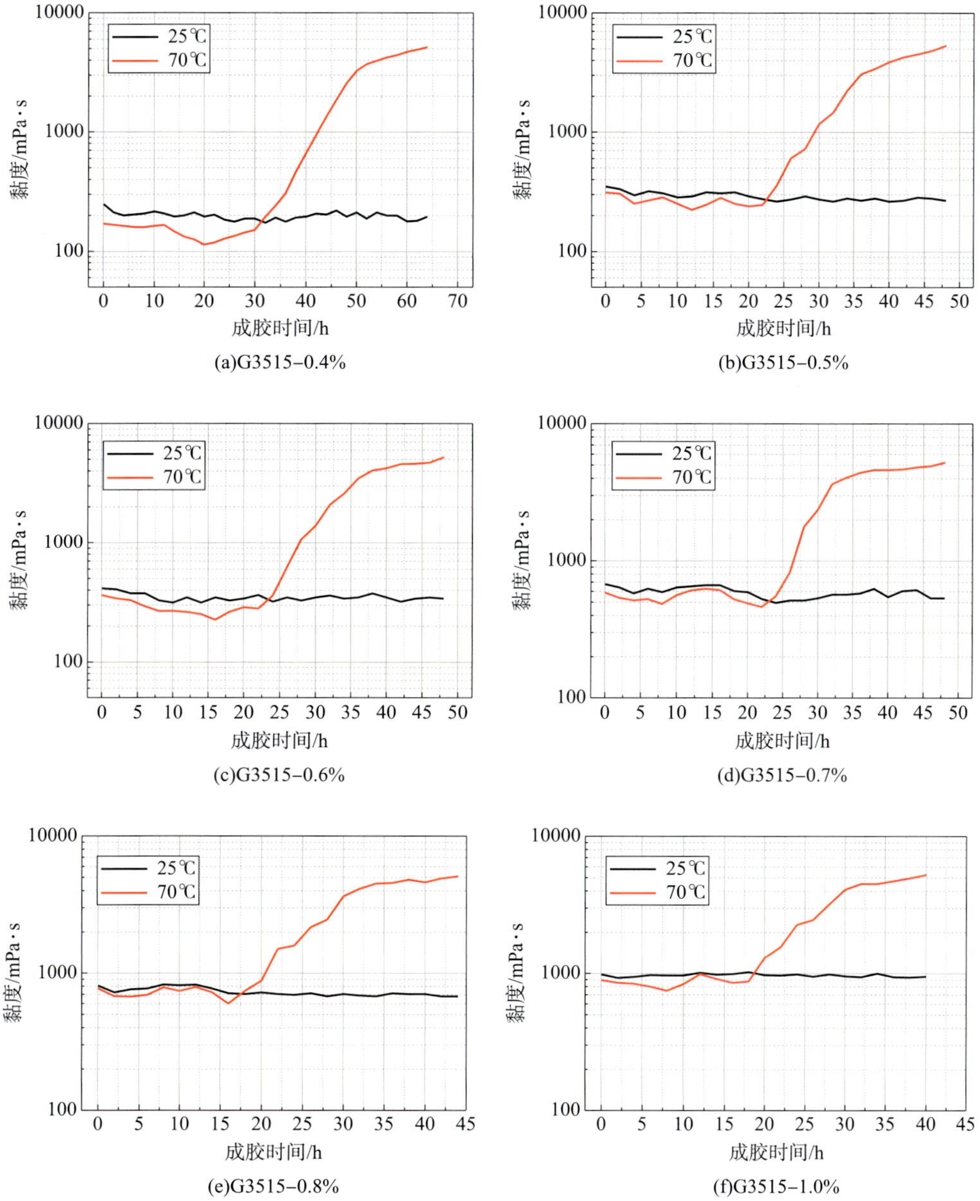

图 3－234　水溶性酚醛树脂成胶曲线

可以看出，成胶液中聚合物质量分数越大，成胶液黏度越高，成胶越快，但 8 种成胶液在室温下放置 2 天黏度基本不变。

取成胶 10 天的冻胶，使用流变仪测定冻胶的弹性模量，如图 3－235 所示。

综合上述结果可以看出，G3515 质量分数大于 0.4% 时冻胶的弹性模量大于 10Pa，为强冻胶。随着聚合物用量的增多，体系的黏度大大增加，流变性变差。因此，可根据现场注入条件筛选不同质量分数的聚合物配制冻胶。

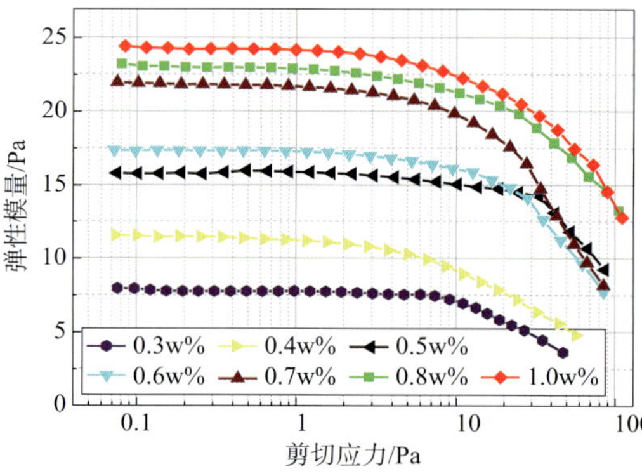

图 3-235　不同质量分数 G3515 的冻胶弹性模量

4) 稳定性评价

堵剂的稳定性对封堵有效期起着重要的作用。可通过筛选聚合物、交联剂以及稳定剂等来提高体系的稳定性。下面主要评价水溶性酚醛冻胶体系在地层条件下长期放置的稳定性以及在浸泡在不同矿化度中冻胶的稳定性。

(1) 冻胶长期稳定性。

按照表 3-83 制备水溶性酚醛树脂冻胶，然后评价这些冻胶在 70℃的稳定性，如图 3-236 所示。

表 3-83　水溶性酚醛树脂冻胶堵剂配方

w(G3515)/%	w(树脂)/%	w(催化剂)/%	w(颗粒稳定剂)/%
0.5	0.5	0.2	0.3

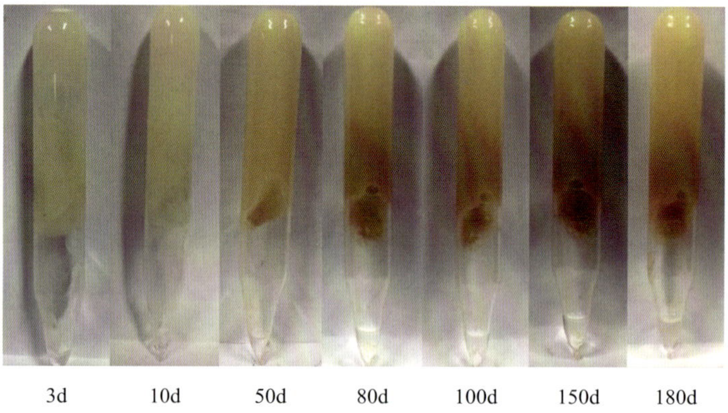

图 3-236　水溶性酚醛树脂冻胶(70℃)

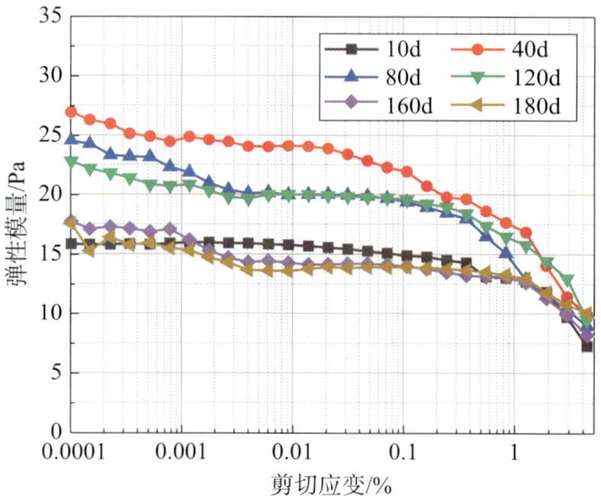

图 3-237　水溶性酚醛树脂老化不同时间的弹性模量

可以看出，制备的冻胶在 70℃老化 100 天，堵剂脱水率小于 2%，无破胶现象；老化达 180 天，无破胶现象，脱水率小于 4%。

测定水溶性酚醛树脂冻胶的弹性模量，结果如图 3-237 所示。

可以看出，水溶性酚醛树脂冻胶老化 10 天时弹性模量约为 15Pa；随着时间的推移，弹性模量逐渐升高，其中老化 40 天时弹性模量最高，随后随老化时间延长弹性模量降低，老化 160 天后冻胶弹性模量与老化 10 天冻胶弹性模量相当。

(2)冻胶在不同矿化度模拟水中浸泡。

将制备好的冻胶放在盐含量 920mg/L、1×10^{4}mg/L、3×10^{4}mg/L、5×10^{4}mg/L、7×10^{4}mg/L、1×10^{5}mg/L 的模拟水中浸泡，如图 3－238 至图 3－241 所示。

图 3－238　刚浸泡

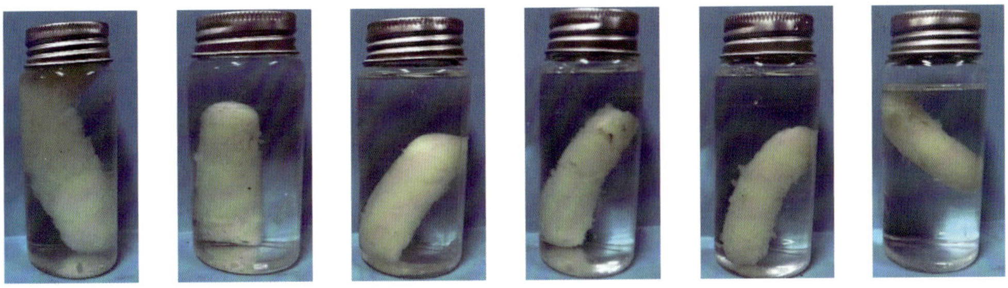

图 3－239　浸泡 5d

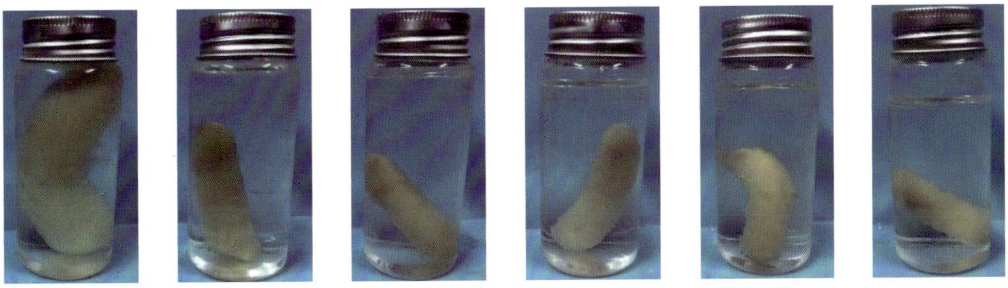

图 3－240　浸泡 30d

图 3－241　浸泡 60d

可以看出，当地层水矿化度低于 30000mg/L 时，冻胶存在一定的吸水膨胀现象；当模拟水盐含量高于 30000mg/L 时，冻胶存在脱水收缩现象。由于红河油藏地层长期受注入水的冲刷，裂缝中存水矿化度较小，因此对体系的性能影响较小。

5）注入性评价

堵剂需要一定压力才能注入地层。堵剂黏度越高，注入压力越大。由于过高的注入压力会导致裂缝重张甚至地层破裂，所以需要合理控制注入压力。以细管模拟裂缝，成胶液除了聚合物外，均加入0.5%水溶性酚醛树脂、0.2%氯化铵、0.3%颗粒稳定剂。

在70℃将成胶液以0.1mL/min、0.3mL/min、0.5mL/min、1.0mL/min、2.0mL/min、3.0mL/min、5.0mL/min、8.0mL/min和10.0mL/min的流量注入0.5mm和1.0mm内径的管线中，测得注入压力梯度如图3－242和图3－243所示。

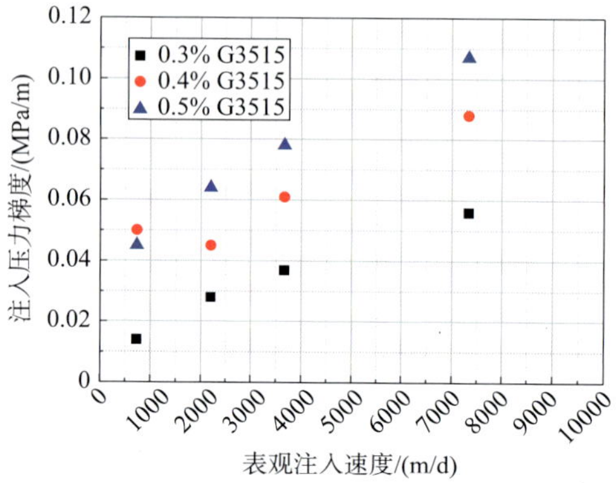

图3－242　成胶液在内径0.5mm细管裂缝中注入压力

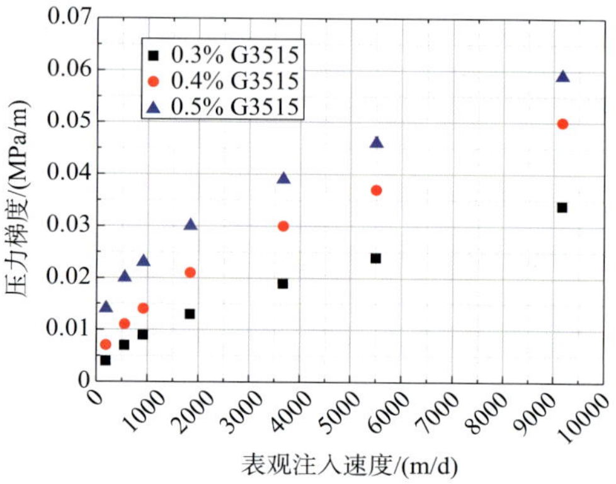

图3－243　成胶液在内径1.0mm细管裂缝中注入压力

通常注入压力梯度为1psi/ft，即0.023MPa/m。依此考虑，注堵剂压力可更高些。由图可看出，在通常表观注入速度下（<500m/d），即使含0.5%聚合物的成胶液注入压力梯度也不超过0.05MPa/m，说明成胶液具有较好地注入性能。

6）突破压力梯度测定

按照表3－84中各物质的含量配制成胶液，在70℃成胶、老化后测定突破压力梯度，考察注入速度、细管直径对突破压力梯度影响。

表3－84　水溶性酚醛树脂冻胶成分

成分	含量（w）/%
G3515	0.5
水溶性酚醛树脂	0.5
NH_4Cl	0.2
SW－30	0.3

（1）不同注水速度下冻胶突破压力梯度。

设计的实验方案及测定结果如表3－85所示，实验过程中采集的压力曲线如图3－244所示。

表 3-85 实验方案及测得突破压力梯度

实验编号	细管直径/mm	细管长度/m	70℃堵剂老化时间/d	注水体积流速/(mL/min)	注水表观速度/(mL/min)	最大突破压力梯度/(MPa/m)
1	0.8	0.5	6	0.25	717	2.6
2	0.8	0.5	6	0.5	1434	2.1
3	0.8	0.5	6	1.0	2868	2.8

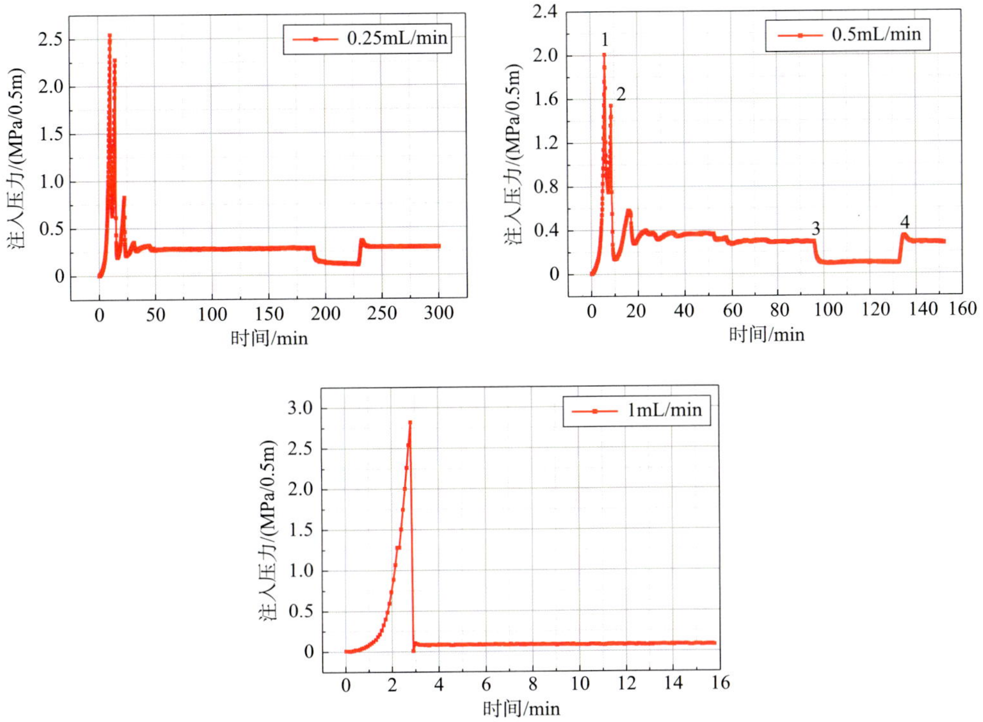

图 3-244 不同注水速度下水溶性酚醛树脂冻胶突破压力

可以看出，注入表观速度对突破压力梯度影响不大。通常水窜速度不超过 1000m/d，在这样的注水速度下冻胶突破压力梯度高于 2MPa/m，表现出强冻胶行为。

(2)不同缝宽下的封堵能力。

设计的实验方案及测定结果见表 3-86，实验过程中采集的压力曲线如图 3-245 所示。

表 3-86 实验方案及测得突破压力梯度

实验编号	细管直径/mm	细管长度/m	70℃堵剂老化时间/d	注水体积流速/(mL/min)	注水表观速度/(mL/min)	最大突破压力梯度/(MPa/m)
1	1.5	0.5	8	0.5	408	1.42
2	1.0	0.5	8	0.5	920	2.3
3	0.8	0.5	8	0.5	1434	3
4	0.5	0.5	8	0.5	3600	5
5	0.3	0.5	8	0.5	10184	6

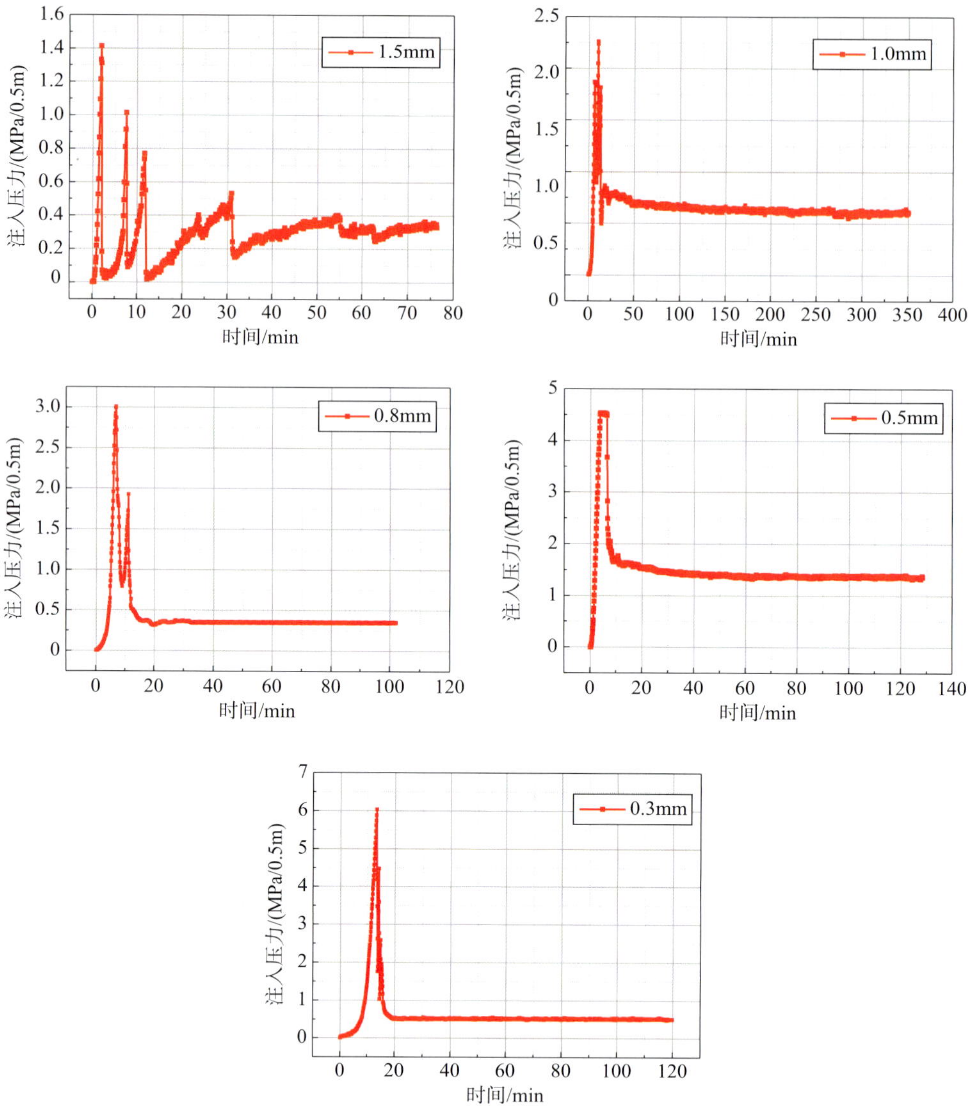

图 3－245　不同管径的突破压力

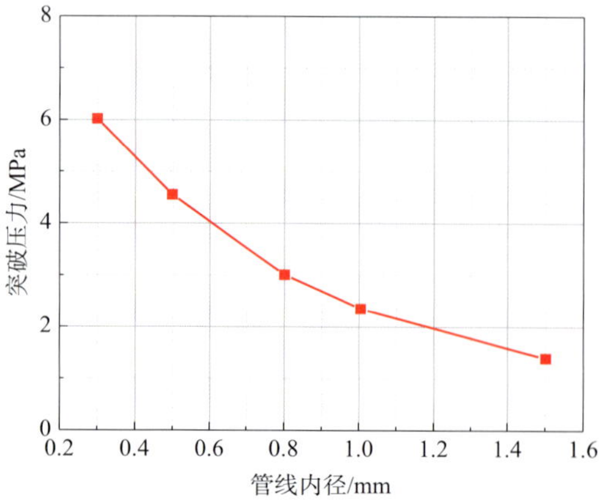

图 3－246　封堵强度随管径的变化关系

可以看出，细管直径越小，突破压力梯度越高，如图 3－246 所示。

7）冻胶稳压能力评价

通过稳压实验来评价水溶性酚醛树脂冻胶在某一压力下的长期封堵能力。设计的实验方案及测定结果如表 3－87 所示，实验过程中采集的压力曲线如图 3－247 所示。可以看出，低于突破压力时冻胶具有较好地稳压能力。

表3-87 实验方案及测得突破压力梯度

实验编号	细管直径/mm	细管长度/m	70℃堵剂老化时间/d	注水体积流速/(mL/min)	注水表观速度/(mL/min)	最大突破压力梯度/(MPa/m)
1	1.2	0.5	8	0.5	640	5.6
2	1.0	0.5	8	0.5	920	5
3	0.8	0.5	8	0.5	1434	6
4	0.3	0.5	8	0.5	10184	9

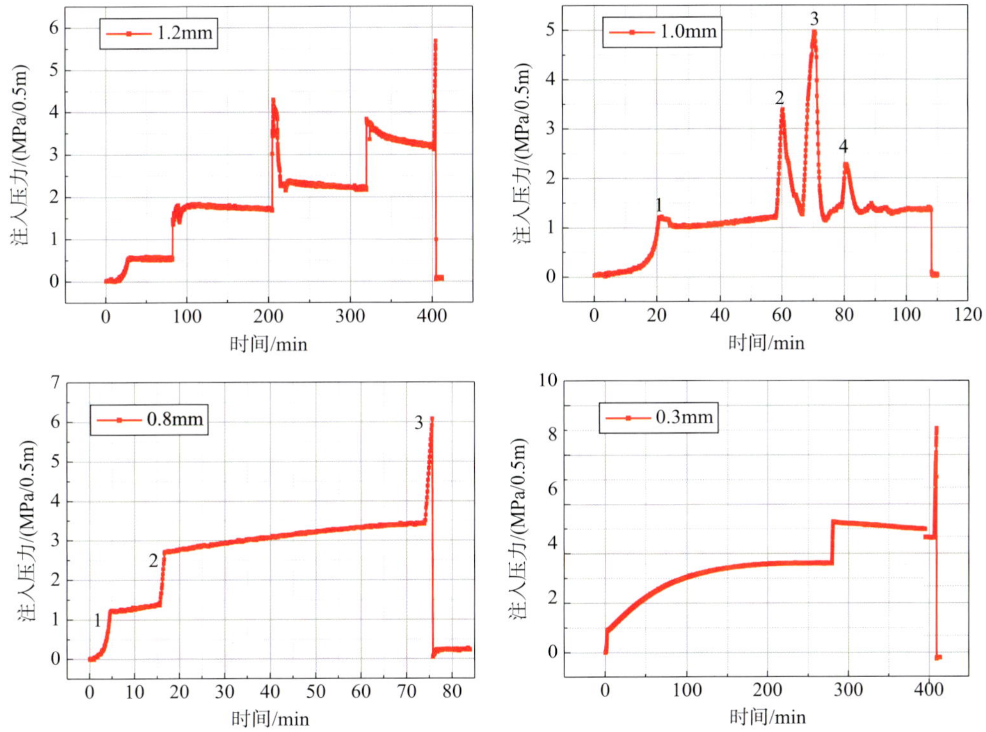

图3-247 稳压实验

(三)本节小结

(1)研制了有机铬缓交联冻胶和水溶性酚醛树脂冻胶两套封堵弱连通裂缝的堵剂。

(2)有机铬缓交联冻胶主要由聚合物7136、醋酸铬交联剂、丙二酸缓交联剂以及纳米颗粒稳定剂组成，基本配方为0.6% 7136 +0.3%乙酸铬 +0.3%酸性纳米颗粒 +0.02%丙二酸。根据使用温度，通过调节乙酸铬与丙二酸比例来控制体系成胶时间，通过调节成胶液中聚合物用量来调整体系强度。

(3)在65～75℃，有机铬冻胶成胶时间在20～70h可调；当聚合物用量达到0.6%时其成胶强度达到8Pa，属于中强度冻胶。缓交联有机铬冻胶可与高强度堵剂体系组合使用。

(4)水溶性酚醛树脂冻胶主要由聚合物3515、水溶性酚醛树脂交联剂、氯化铵催化剂以及纳米颗粒稳定剂组成，基本配方为0.5% G3515 +0.5%水溶性酚醛树脂 +0.2%氯化

铵 +0.3% SW -30。调节聚合物和水溶性酚醛树脂用量可调节成胶时间、冻胶强度。

(5)在65 ~75℃，水溶性酚醛树脂冻胶成胶时间为24 ~70h，弹性模量7.5 ~25Pa，在内径小于1mm的细管中突破压力梯度大于2MPa/m，且具有较好稳压能力。当体系中聚合物质量分数高于0.3%时即可形成强冻胶。冻胶具有较好地稳定性，70℃老化六个月脱水率低于10%、弹性模量大于10Pa。

(6)流动状态下水溶性酚醛树脂冻胶成胶时间略微延长。已成胶的酚醛树脂冻胶遇低盐含量的注入水会膨胀，但遇盐含量大于10000mg/L模拟水会收缩。

第三节　堵剂在裂缝中的运移规律

地层中往往存在多重裂缝，此时既要有效封堵大裂缝，又要抑制注入水在小裂缝中窜进，同时尽量不伤害微裂缝。多重裂缝模式下封堵水窜关键是堵剂及其注入方式的选择。

一、裂缝模型的设计

模拟多重裂缝的设计图如图3 -248所示。图中三种粗度的褐色线分别代表直通大裂缝、小裂缝和微裂缝，绿线代表井筒，红点代表出入口，蓝点代表固定螺丝。

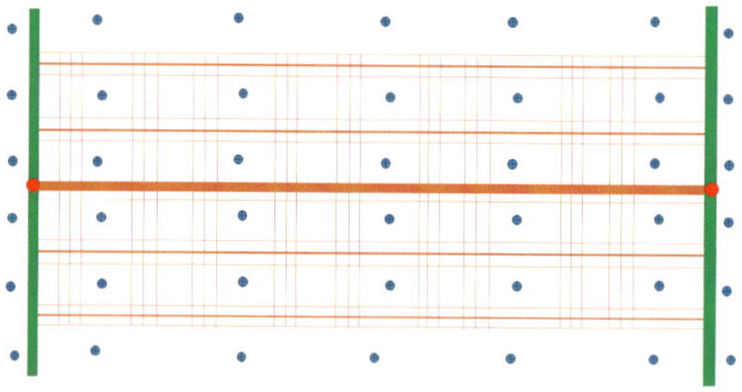

图3 -248　多重裂缝模型示意图

实物图如图3 -249所示。

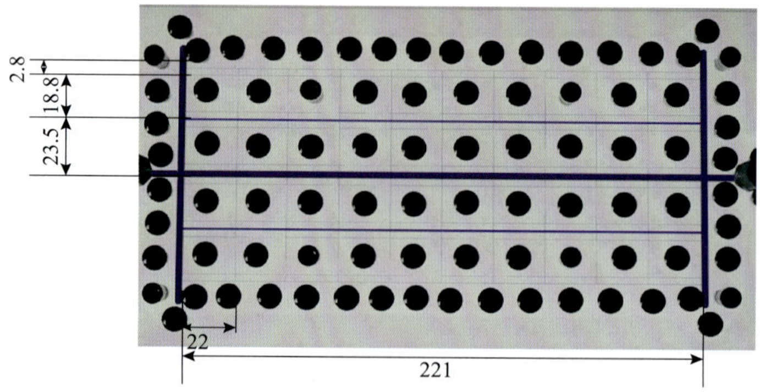

图3 -249　多重裂缝模型实物图(饱和染色模拟水)(单位：mm)

大裂缝、小裂缝和微裂缝的横截面分别是边长为3mm、1mm和0.2mm的正方形，裂缝从注入端到产出端的长度为 22cm。模型有一条大裂缝，两条小裂缝，微裂缝横向 10 条、纵向 9 条，且连通大小裂缝。

二、两重裂缝模型运移规律研究

1. 实验试剂与仪器

实验中所用试剂与仪器见表 3－88 和表 3－89。

表 3－88　实验试剂

实验试剂	性能参数	厂家
聚合物 G3515	有效含量 98%	安徽巨成
聚合物微球	有效含量 98%	山东同力
乙酸铬	有效含量 40%	东营达维
无影胶	—	

表 3－89　实验仪器

实验仪器	厂家
ME403 电子天平	梅特勒－托利多公司
柱塞泵	保定申辰泵业
JJ－3A 六连数显电动搅拌器	江苏金怡仪器科技有限公司
恒温水浴锅	常州申光仪器有限公司
驱替装置	海安石油科研仪器有限公司

2. 实验方法

（1）进行实验前，向大裂缝中注入一定体积的无影胶，并通过紫外光照射固化，以封死大裂缝从而模拟双重裂缝。实验流程图如图 3－250 所示。

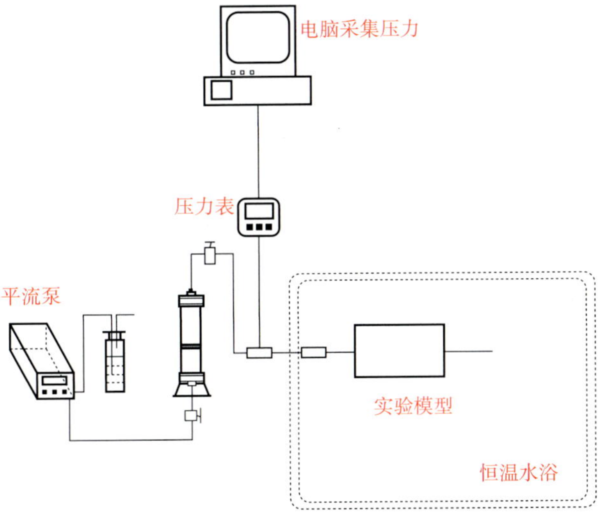

图 3－250　物理模拟实验流程图

（2）按比例配制具有不同浓度聚合物的成胶液，其中聚合物质量分数分别为 0.3%、0.5%、0.8%，乙酸铬质量分数均为 0.3%，并添加一定量的染色剂使得成胶液呈红色。配制好的成胶液在 100r/min 转速下搅拌 30min。

（3）调节流量为 40μL/min，向裂缝模型中注入模拟地层水。当模拟地层水充满裂缝后停止注入。

(4)调节流量为100μL/min，向裂缝模型中注入冻胶成胶液。成胶液首先流入小裂缝，当成胶液体积占小裂缝体积的30%时停止注入，并将模拟井筒处的成胶液用清水冲出。

(5)将模型放入水浴中老化12h后取出，冷却至室温。

(6)将染色盐水(蓝色)注入裂缝模型，观察冻胶封堵后注入水在裂缝模型中的波及情况。

(7)注入成胶液及染色盐水的过程均由数码相机记录。

3. 结果与讨论

聚合物质量分数是影响冻胶封堵的重要因素，表现为对冻胶体系的成胶时间、机械强度以及在不同宽度裂缝中渗流特征等方面的影响。本部分内容设计了低、中、高三个聚合物浓度梯度，分别为0.3%、0.5%、0.8%，并考察其在小裂缝、微裂缝中的封堵特征。

1)低质量分数聚合物冻胶封堵特征

当压力较低时，注入的成胶液首先进入小裂缝中，随后有少量成胶液进入微裂缝[图3-251(a)]；随着压力升高，小裂缝中的成胶液逐渐流入与其相连的微裂缝中，同时在主流道中进一步延伸；成胶液从小裂缝向微裂缝处的渗流现象主要出现在模型入口端处[图3-251(b)]；当小裂缝体积的30%被成胶液占据后停止注入，此时模型轴线附近的微裂缝中也充满成胶液，而两端的微裂缝中仅有少量成胶液。

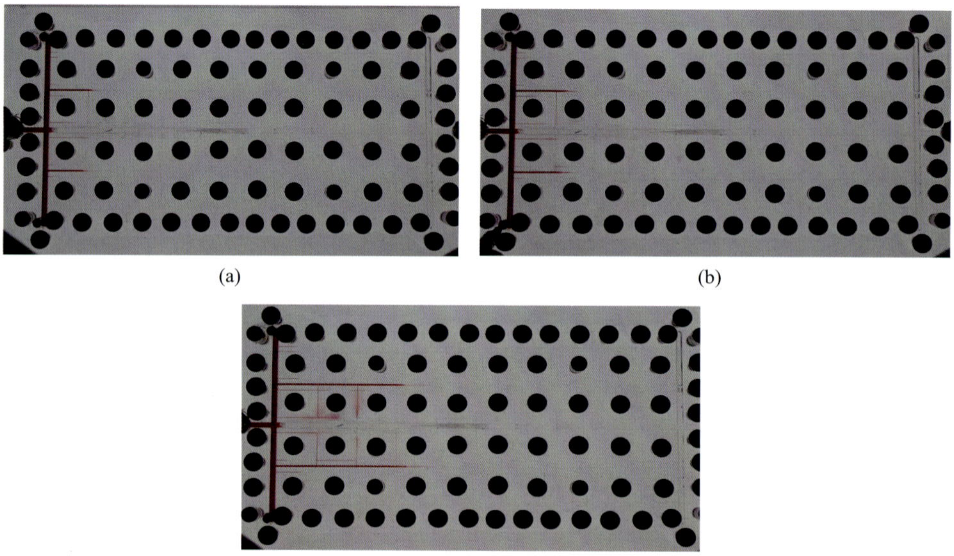

(a) (b) (c)

图3-251 低质量分数聚合物成胶液注入特征

冻胶在水浴中完全成胶后，向裂缝模型中注入染色盐水。由图3-252可以看出，虽然小裂缝中的冻胶长度远大于微裂缝中的，染色盐水仍然从小裂缝中突破，并将其中的冻胶顶替。在较低的冻胶强度下，裂缝宽度对突破压力起主导作用。最终，小裂缝处形成水窜通道，而微裂缝没有被波及。

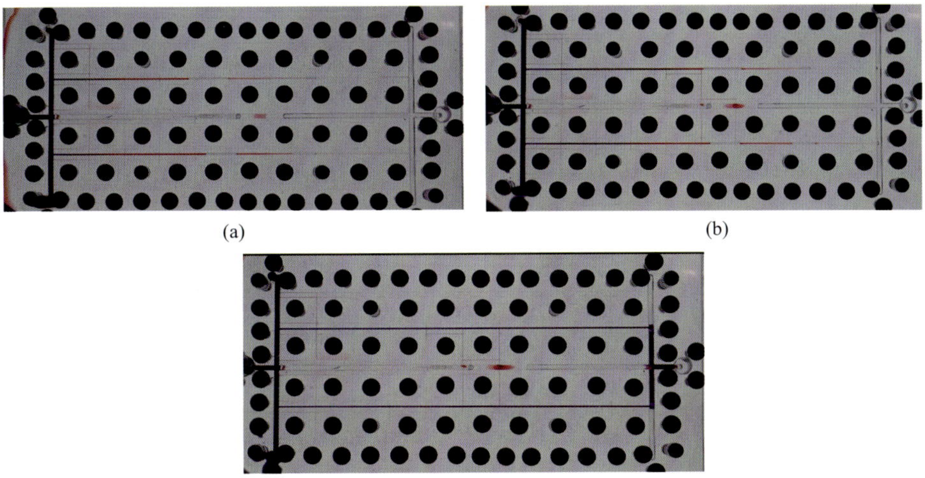

(a)　　(b)

(c)

图 3－252　低质量分数聚合物冻胶突破特征

2）中质量分数聚合物冻胶封堵特征

将聚合物质量分数由 0.3% 提高至 0.5% 后，成胶液在双重裂缝中的渗流规律没有明显变化：随着注入体积不断增大，注入的成胶液主要流入小裂缝中，而微裂缝中进入的成胶液较少，如图 3－253 所示。

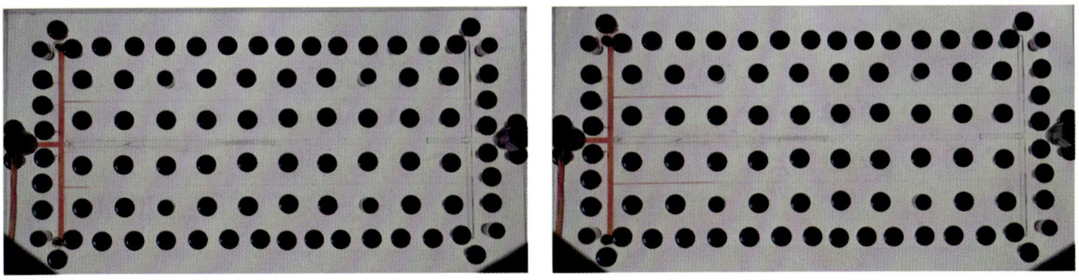

(a)　　(b)

图 3－253　中质量分数聚合物成胶液注入特征

冻胶在水浴中完全成胶后，向裂缝模型中注入染色盐水。此时，冻胶突破仍然发生在小裂缝中。当注入的染色盐水突破模型底部的小裂缝后，形成水窜通道，注入压力急剧降低。后续注入的染色盐水不再突破模型顶部的小裂缝，而是沿底部水窜通道流出模型，如图 3－254 所示。

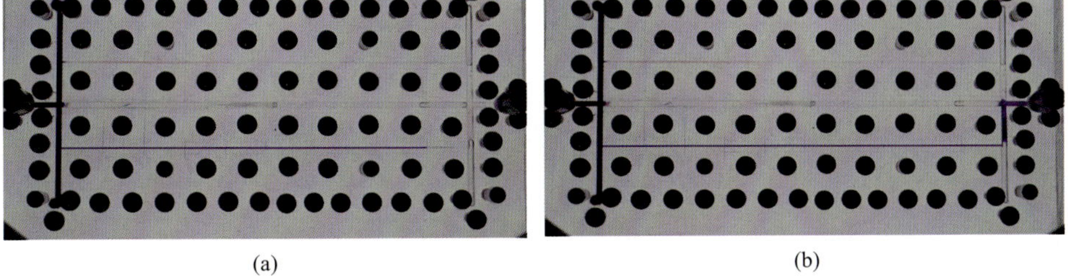

(a)　　(b)

图 3－254　中质量分数聚合物冻胶突破特征

随着成胶液中聚合物质量分数增大，冻胶的强度提高，使得相同裂缝宽度下冻胶具有更高的突破压力。此时，小裂缝中冻胶的长度对突破压力的影响占主导作用。当注入压力达到模型底部小裂缝的突破压力后，冻胶被注入水顶替后形成水窜通道，而盐水在裂缝中流动的压差不再能突破顶部的小裂缝及其他微裂缝。

3)高质量分数聚合物冻胶封堵特征

以0.8%质量分数聚合物配制冻胶成胶液，并注入模型。高黏度的成胶液仍然主要沿小裂缝流入模型中，并在小裂缝与微裂缝交汇处进入微裂缝中。与低质量分数的成胶液不同的是，上述的渗流现象发生在模型顶部与底部的微裂缝中，而模型轴线处的微裂缝中进入的成胶液相对较少，如图3-255所示。

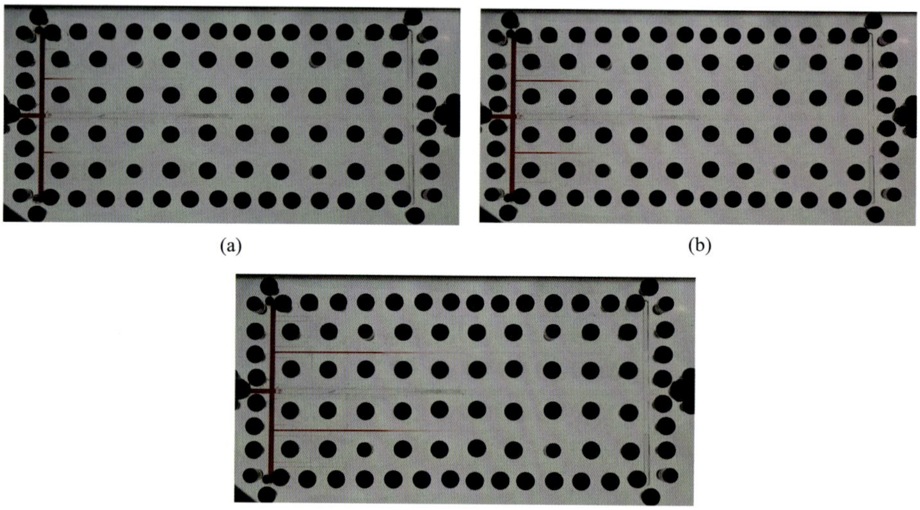

(a) (b) (c)

图3-255 高质量分数聚合物成胶液注入特征

冻胶在水浴中完全成胶后，向裂缝模型中注入染色盐水。注入的染色盐水首先突破模型轴线处微裂缝中的冻胶，并在微裂缝中形成水窜通道。随后注入的染色盐水进入未被冻胶占据的微裂缝以及小裂缝中[图3-256(a)，图3-256(b)]。虽然形成了水窜通道，盐水在微裂缝中的渗流压力仍然较大，注入压力不断上升，随后注入水沿模型底部的小裂缝突破，并形成新的水窜通道，注入压力迅速降低[图3-256(c)]。最终，模型下半部分的小裂缝和微裂缝均被染色盐水占据，而上半部分的裂缝则未被波及[图3-256(d)]。

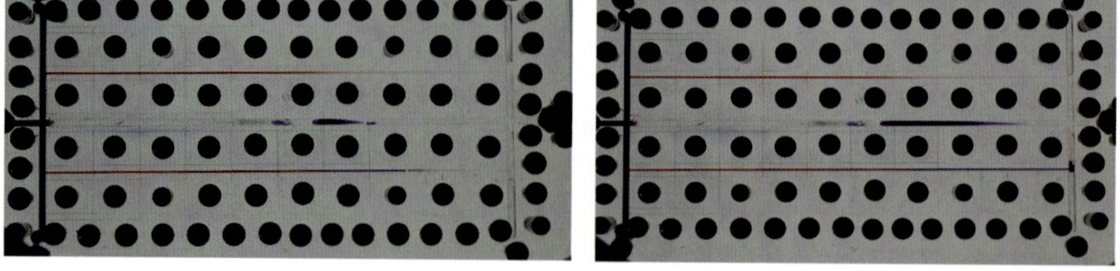

(a) (b)

图3-256 高质量分数聚合物冻胶突破特征

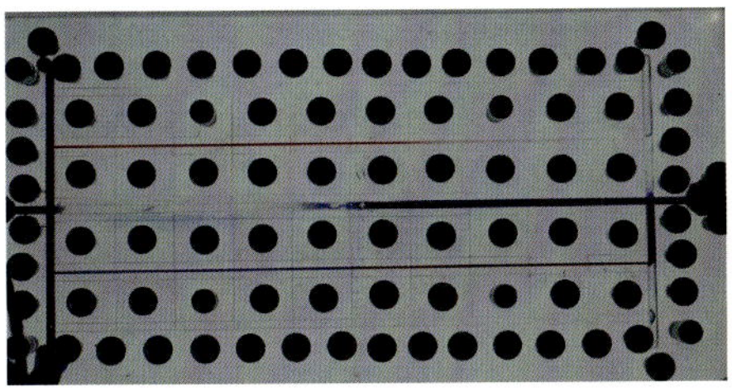
(c)

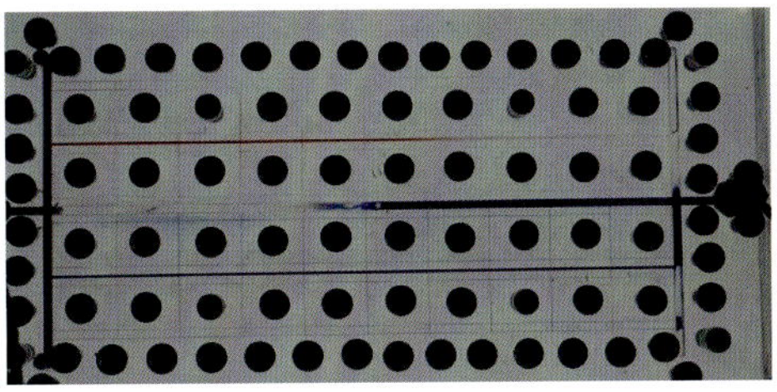
(d)

图 3-256 高质量分数聚合物冻胶突破特征(续)

当冻胶强度较高时，裂缝宽度对冻胶突破压力的影响不足以弥补冻胶长度的影响。在压力作用下，注入水首先突破冻胶长度较短的微裂缝。而在一定的注入速度下，注入水在微裂缝中流动的压差较大，足以突破小裂缝中的冻胶。而小裂缝中形成水窜通道后，注入压力迅速降低，其他裂缝中的冻胶不再被注入水突破。

4)聚合物颗粒复配冻胶封堵特征

鉴于在聚合物质量分数较高时成胶液不易进入微裂缝中，向成胶液中添加聚合物微球进一步削弱成胶液在微裂缝中的渗流能力。配制成胶液，其中聚合物质量分数为 0.8%，乙酸铬质量分数为 0.3%，聚合物微球质量分数为 3%。相比于常规冻胶的成胶液，该体系成胶液黏度大幅上升。向裂缝模型中注入成胶液，可以看出在微裂缝中成胶液的体积进一步减少，并且小裂缝由少量垂直微裂缝连通，如图 3-257 所示。

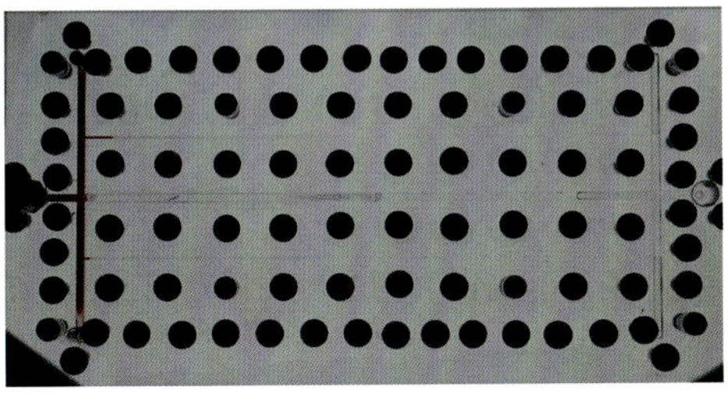
(a)

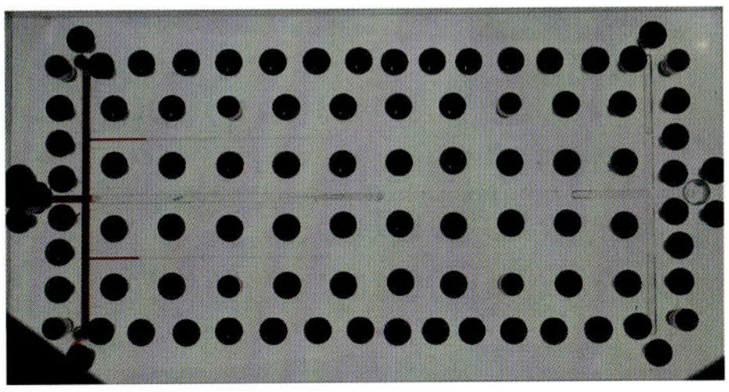
(b)

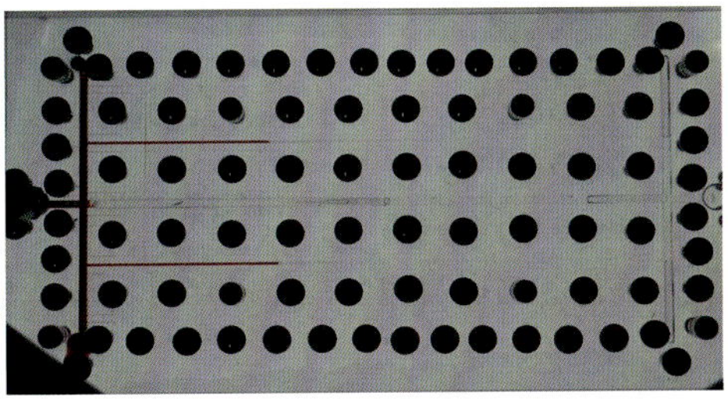
(c)

图 3-257 聚合物微球复配成胶液注入特征

冻胶在水浴中完全成胶后，向裂缝模型中注入染色盐水。随着注入压力不断增大，注入的染色盐水首先在模型顶部小裂缝中突破[图 3-258(a)]。随后，染色盐水通过与小裂缝连通的垂直微裂缝进入水平微裂缝中，最终波及模型上半部分的所有裂缝[图 3-258(b)]，而模型下半部分的裂缝则未被波及[图 3-258(c)]。

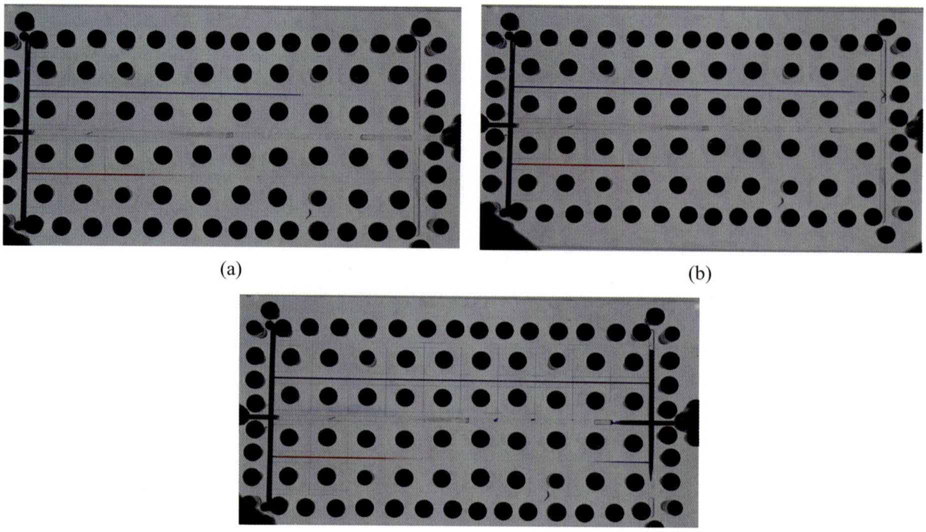

(a) (b) (c)

图 3－258 聚合物微球复配冻胶突破特征

三、多重裂缝模型运移规律研究

1. 实验部分

实验所用仪器见表 3－90。

表 3－90 仪器设备

仪器名称	型号	生产厂家
电子天平	AL204	梅特勒－托利多仪器（上海）有限公司
单孔水浴锅	HH	江苏金坛市金城国胜实验仪器厂
流变仪	NDJ－8S	Anton Paar
恒温箱	—	江苏海安
平流泵	2PB00C 系列	北京卫星制造厂

实验中所使用的材料见表 3－91。

表 3－91 实验用材料

实验材料	有效含量/%	主要作用	厂家
水溶性酚醛树脂	30	冻胶交联剂	济南
氯化铵	99	冻胶催化剂	山东济宁三元化工
QC－W	30	冻胶稳定剂	青岛
G3515	1400 万～1500 万，水解度 12%～14%	冻胶成胶剂	安徽巨成

配制聚合物和交联剂所用模拟注入水盐含量 920mg/L、pH 值 6.5，具体离子组成见表 3－92。

表 3-92 注入水离子含量分析表

离子名称	Na^+	K^+	Mg^{2+}	Ca^{2+}	F^-	Cl^-	SO_4^{2-}	HCO_3^-
离子含量/(mg/L)	228	3	5	9	3	123	175	375

冻胶成胶液按表 3-93 来配制。

表 3-93 成胶液配方

成分	G3515	水溶性酚醛树脂	QC-W	氯化铵
含量/%	0.6~1.0	1	0.3	0.3

该实验的一般步骤为：

1)模型饱和水

首先将模型用澄清模拟水饱和，使模型裂缝中尽量不留空气，可采用抽真空的方式进行饱和。

2)注成胶液

为方便观察，配好的成胶液用水溶性染色剂染色，搅拌均匀，注入模型中。为保护成胶液，可在注成胶液之前注入适量前置保护段塞。

3)注顶替液

注完成胶液后，为避免冻胶堵塞井筒，需要注入一定量顶替液，顶替液一般选取相似黏度的聚合物溶液，顶替液的注入量视情况而定，根据封堵位置的要求来设定。

4)老化成胶

将注好堵剂(成胶液)的玻璃模型出入口分别封死，放在70℃水浴中加热1~2天，等待成胶。

5)成胶后注水

待成胶液成胶后，注入染色的模拟水，观察封堵后的波及范围，并采集压力。

2. 实验结果

1)封堵位置的影响

模型左端模拟注入井，右边模拟采出井。冻胶注入地层的位置将决定封堵后的水流通道，为此考察了注入位置对封堵效果的影响。

(1)封堵注入端，在注入端注入堵剂，采集的图像如图 3-259 所示。

图中红色部分为成胶液。成胶液在大裂缝中长度为 5 格，在大裂缝两侧上下小裂缝中堵剂约为 2 格，最上面和最下面微裂缝中没有成胶液。

模型放置在水浴中，让成胶液变成冻胶，然后注水，观察水流方向，结果如图 3-260 所示(图中用箭头标出水流通道)。可以看出，水沿最上面和最下面的微裂缝绕过小裂缝的封堵区域，进入小裂缝。波及的微裂缝上面为 2 格，下面为 3 格(水稳定流动通道包围起来的区域)，模型总共40 格，可粗略估计波及系数5/40。该注入方式封堵后的波及系数取决于小裂缝中的堵剂长度。小裂缝中堵剂越长，波及系数越大。

注水通道影响较大，是影响波及系数的决定因素。

(1)堵剂位于注入端。图 3－268 中注入顺序依次为：蓝色前置段塞→红色成胶液→蓝色后置段塞。模型中饱和的水未染色。

图 3－268 中红色堵剂在大裂缝中有 5 格，小裂缝中有 2 格。老化后注水，水沿微裂缝进入无堵剂的小裂缝，并排出至采出端，如图 3－269 所示。

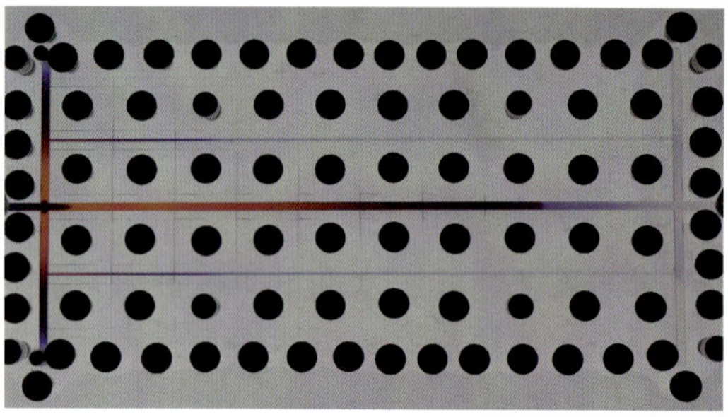

图 3－268　注入成胶液后

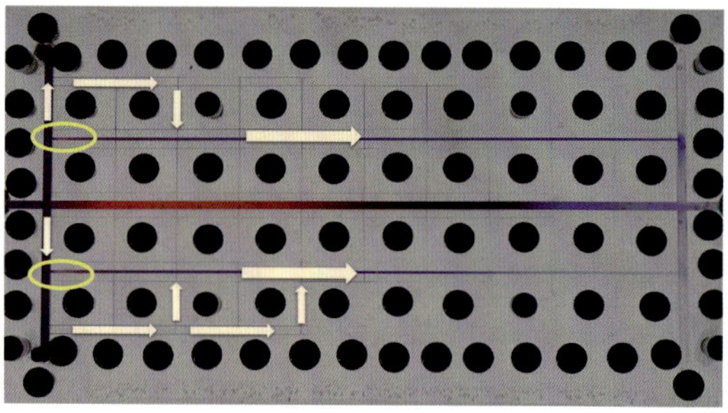

图 3－269　堵剂老化后注水

(2)堵剂随注水前进。当小裂缝中堵剂量较少时，封堵强度较低，当小裂缝封堵无法平衡微裂缝中流动阻力时，小裂缝中的堵剂随着注水往前移动，具体情况如图 3－270 至图 3－272 所示。

刚开始注水时，水沿微裂缝前进。随着注水的进行，微裂缝可能被污染，注入压力升高，当图中上面小裂缝中的堵剂强度不能平衡注入压力后，堵剂被冲走，随着水流前进。

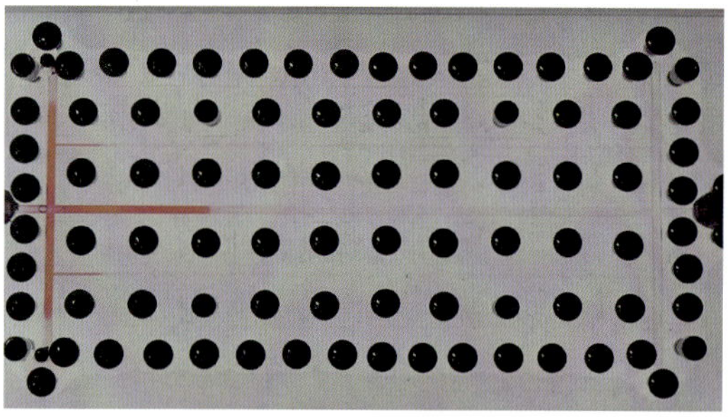

图 3－270　注入成胶液后

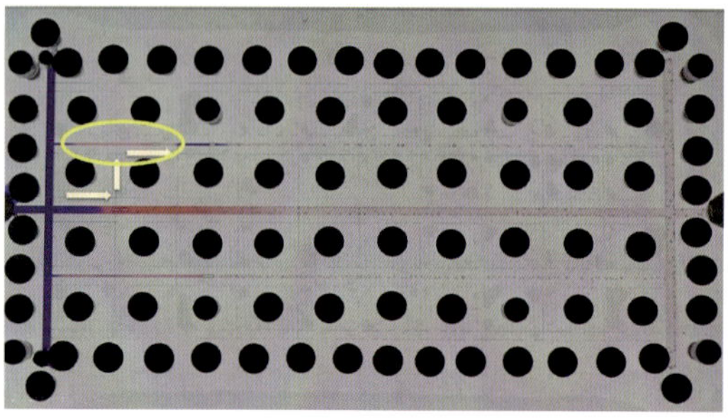

图 3－271　开始注水时小裂缝中堵剂初始位置及水流通道

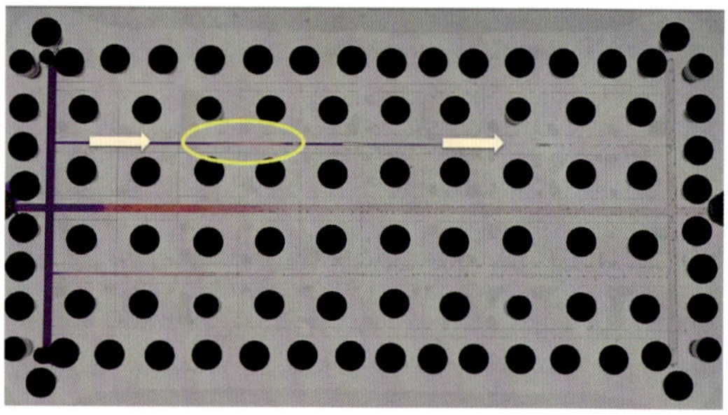

图 3－272　注水一段时间后小裂缝中堵剂位置及水流通道

随着注水的进行，小裂缝中堵剂向右迁移，启动了旁边的小裂缝，并且由于小裂缝中压力较高，水通过相互连通微裂缝进入大裂缝。从采出端可以看出，图 3－273 上半区的微裂缝中都有流动，波及系数大，接近 20/40。所以，当小裂缝中压力较大且又没有污染微裂缝时，波及系数可显著提高。

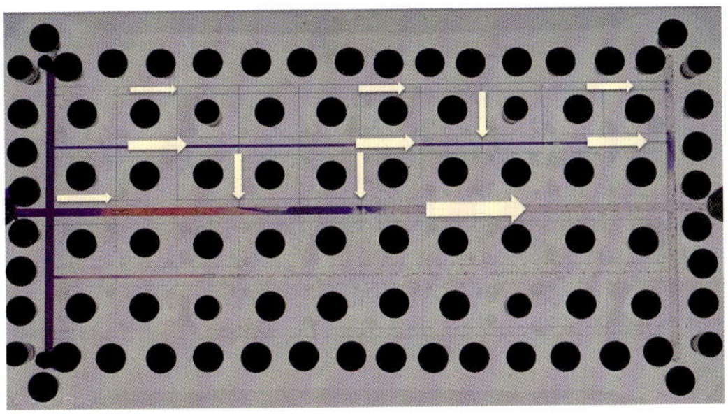

图 3－273　继续注水一段时间后水流通道

4）堵剂黏度、注入速度的影响

为了考察不同堵剂注入速度、不同堵剂黏度下，堵剂进入大、小裂缝的难易程度，配制了不同浓度的聚合物溶液，并进行注入实验，结果如图 3－274 至图 3－276 所示。

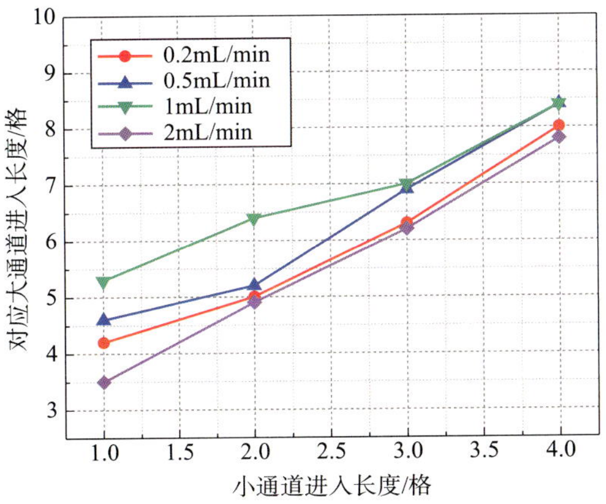

图 3－274　不同流速下堵剂在大、小裂缝中前进距离（聚合物浓度 0.4%）

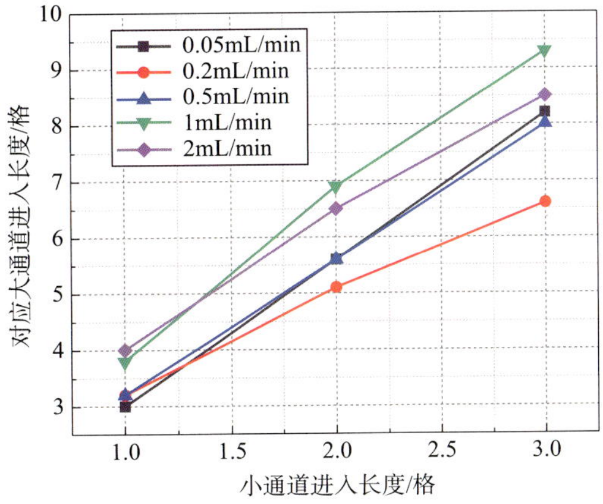

图 3－275　不同流速下堵剂在大、小裂缝中前进距离（聚合物浓度 0.6%）

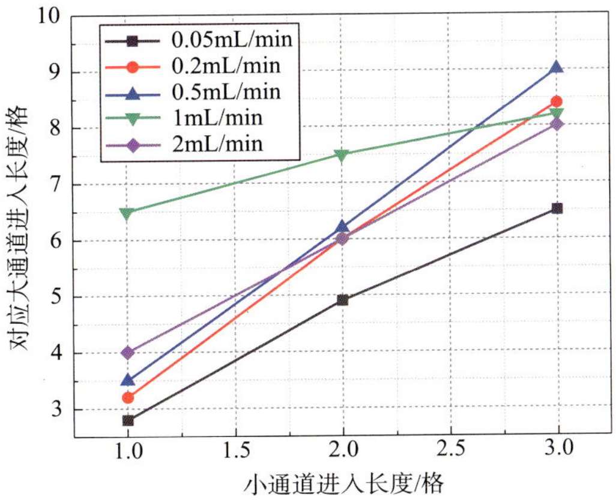

图 3－276　不同流速下堵剂在大、小裂缝中前进距离（聚合物浓度 0.8%）

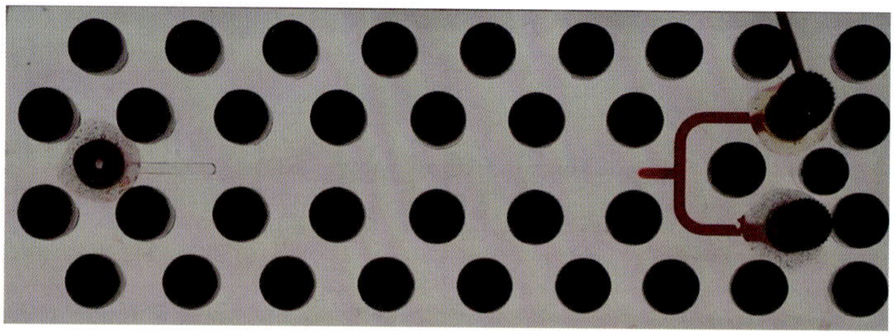

图 3-278　冻胶与染色盐水界面示意图

(5)通过软件设置压力程序参数，染色盐水在气压作用下被泵入模型中。本部分实验升压速率恒定为0.1kPa/s。

(6)染色盐水突破冻胶的过程由数码相机拍摄记录，并通过压力传感器记录突破过程中的压差，记压力传感器测得的最高压差为突破压力。

3. 结果与讨论

1)不同直径通道中注入水突破冻胶方式

在有机玻璃板上刻蚀宽1mm、2mm、3mm的正方形通道，以此来模拟裂缝。在这些通道中预置冻胶后，向这些通道中恒压注入，考察通道宽度对注入水突破冻胶方式的影响。实验过程中采集的图像如图3-279至图3-281所示。

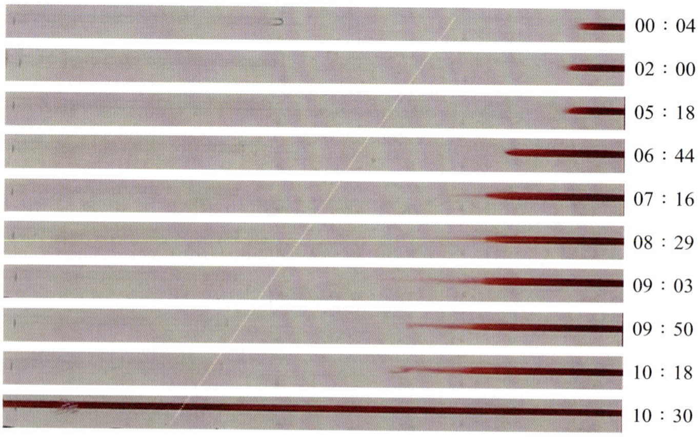

图 3-279　直径1mm通道中注入水突破冻胶的机制

图 3-280　直径2mm通道中注入水突破冻胶的机制

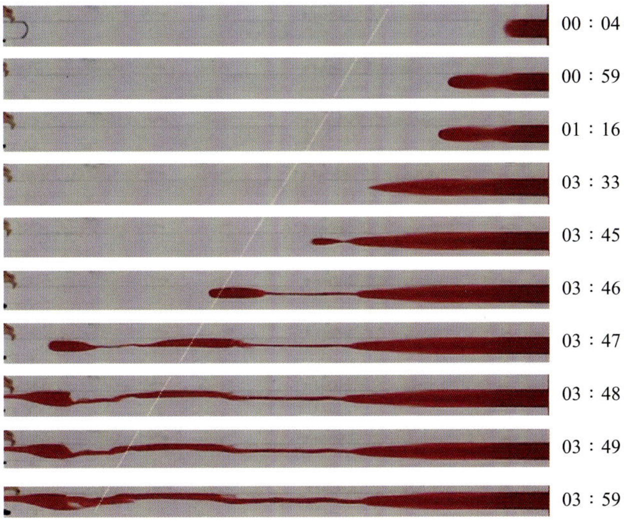

图 3－281　直径 3mm 通道中注入水突破冻胶的机制

整体上看，注入水突破冻胶主要包括两个过程，一个是冻胶受压变形的过程，该过程经历时间相对较长，伴随注入压力不断升高、冻胶有横向位移等现象；另一个是通道中的冻胶被注入水快速突破，伴随注入压力急剧降低。通道大小不同，通道中冻胶被注入水突破的方式也不同：在宽度为 1mm 的孔道中，冻胶被注入水以段塞的方式快速顶替出；在宽度为 2mm、3mm 的孔道中，冻胶被注入水从中部突破。

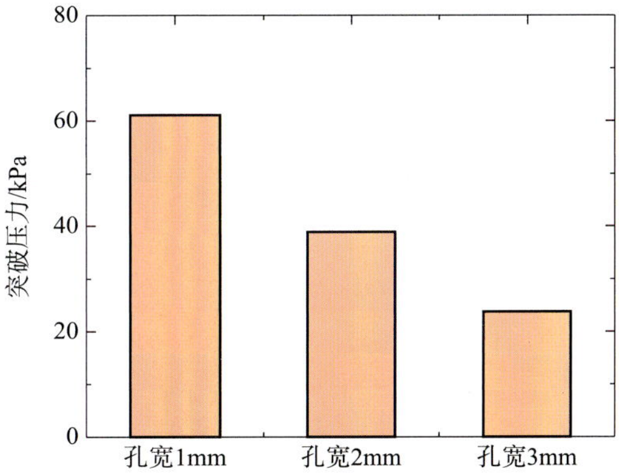

图 3－282　孔道宽度对突破压力影响

孔道宽度越小，突破压力越高，如图 3－282 所示。

2) 注入速度和细管直径对突破压力影响

以细管模拟裂缝，详细研究了细管直径、注水速度对冻胶突破压力的影响。

实验中细管直径为 0.4～2.2mm，细管长度为 1m。实验使用的冻胶为酚醛冻胶，成胶液按照 0.5% G3515、0.5% 树脂、0.2% 催化剂、0.3% 颗粒稳定剂配制。细管中注入成胶液后在 70℃ 老化 8 天，然后注水测突破压力梯度。

实验结果如图 3－283 所示。

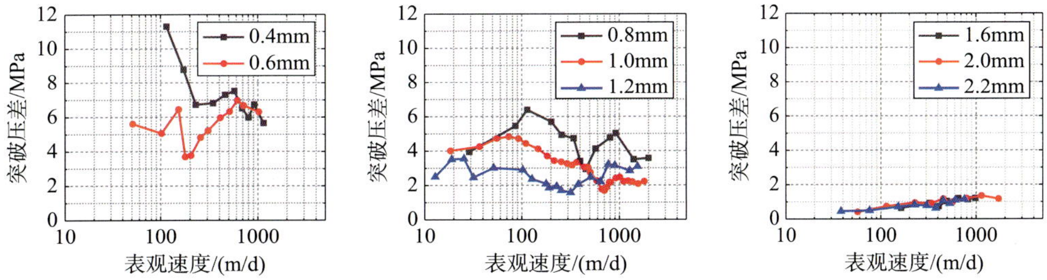

图 3－283　细管中酚醛冻胶的突破压力

从图中可以看出，细管直径越小，冻胶的突破压力值相应越高。对注水速度来说，该因素对冻胶突破压力的影响并不呈单调变化，其中直径为0.4～1.2mm的细管，在表观速度100m/d附近存在突破压力峰值；对于直径为0.4～1.2mm的细管，表观速度变化对突破压力影响不大。

综合上述研究可以看出，模拟裂缝宽度、注水表观速度对冻胶的突破方式以及突破压力有明显影响，因此考察冻胶和交联聚合物颗粒、冻胶和纤维、冻胶和单体聚合体系组合时，需要固定模拟裂缝宽度、注水表观速度。

(二)冻胶与交联聚合物颗粒、纤维组合体系评价

据报道，用冻胶和交联聚合物、冻胶和纤维的复合体系可以提高封堵能力，但相关实验研究不多，导致应用时对如何组合冻胶和颗粒体系显得混乱。针对这一问题，本文对酚醛冻胶和交联聚合物颗粒、纤维的组合进行了考察。

1. 实验试剂与仪器

实验中所用试剂见表3－97，使用的仪器见表3－90。

表3－97　实验试剂

实验试剂	性能参数	厂家
水溶性酚醛树脂	有效含量30%	济南
聚合物G3515	有效含量98%	安徽巨成
QC－W	有效含量30%	东营达维
颗粒	粒径0.2～1mm	—
纤维	长度3mm	—

2. 实验方法

1)细管实验法

冻胶及其与颗粒、纤维组合封堵效果评价由突破压力梯度物模实验得出。驱替装置如图3－284所示。以下是具体操作步骤。

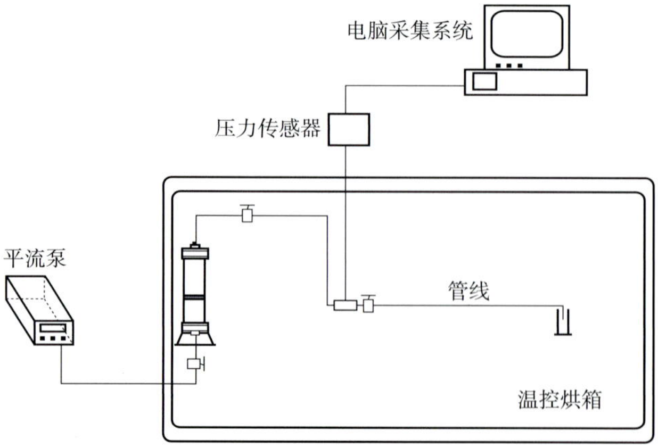

图3－284　驱替装置示意图

(1)管线清洗。

由于管线中可能有油污，会影响冻胶的黏附，因此注成胶液前需将管线清洗干净。将乙醇注入管线并浸泡，然后用水冲洗，最后用成胶液润洗，保证管线中无油污、无堵塞性物质。

(2)管线中注成胶液和交联聚合物颗粒(或纤维)的组合体系。

分别将成胶液、成胶液与颗粒组合体系、成胶液与纤维的组合体

系注入清洗后的管线中，封口后放置于恒温水浴中老化成胶。

(3)向管线中注水测突破压力。

待成胶液充分成胶后，向管线中以不同的速度注水，记录流体突破时的压力梯度。

2)可视化单通道实验

用细管研究冻胶和交联聚合物颗粒以及冻胶和纤维的组合，虽然操作简单，但注入过程中难以保证颗粒或纤维的均匀注入，甚至大部分颗粒或纤维不能被成胶液携带进入细管，另外若颗粒或纤维表面含有气泡，也会降低组合体系的耐压能力。鉴于这些影响，用单通道模型来研究颗粒类物质对冻胶突破方式以及突破压力的影响。

3. 结果与讨论

1)冻胶性能评价

本实验选用的聚合物为 G3515，交联剂为水溶性酚醛树脂，其用量对冻胶的成胶时间、成胶强度均有较大影响，70℃条件下实验结果如表 3－98 所示。

表 3－98　水溶性酚醛树脂用量对成胶的影响

编号	w(G3515)/%	w(水溶性酚醛树脂)/%	$w(NH_4Cl)$/%	成胶时间/h	终胶强度
1	0.5	0.3	0.2	60	G
2	0.5	0.4	0.2	52	G
3	0.5	0.5	0.2	48	G
4	0.5	0.6	0.2	44	G
5	0.5	0.7	0.2	40	G
6	0.5	0.8	0.2	36	G

由表 3－98 可知，当交联剂用量大于 0.3% 时，冻胶成胶后的强度均可达到 G 级以上，其成胶后图片如图 3－285 所示。

使用流变仪测量不同交联剂用量冻胶成胶后的弹性模量，结果如图 3－286 所示。

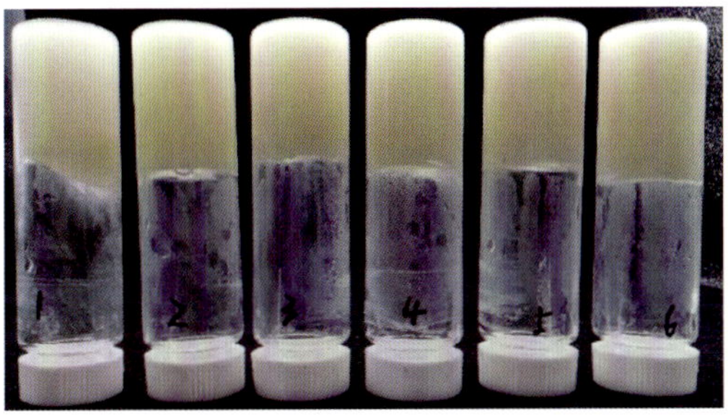

图 3－285　不同交联剂用量成胶图片

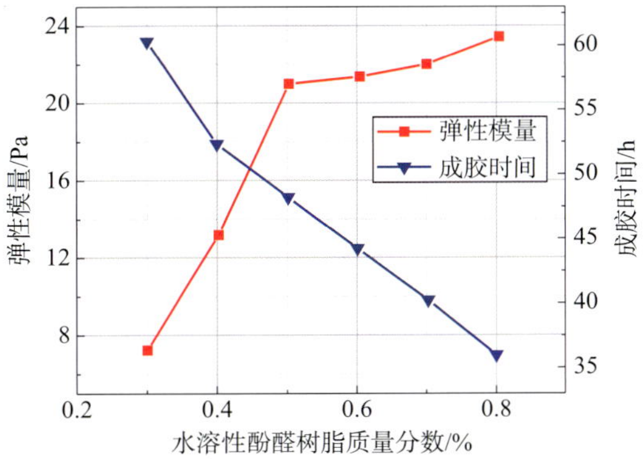

图 3－286　不同交联剂用量成胶性能

由图 3－286 可知，当水溶性酚醛树脂质量分数为 0.3% 时，形成的冻胶弹性模量为 7.23Pa；当水溶性酚醛树脂质量分数为 0.4% 时，形成的冻胶强度达到 13.16Pa，达到高强度冻胶标准(≥10Pa);当水溶性酚醛树脂含量为0.5%~0.8%时,冻胶强度均在20Pa以上,仅成胶时间不同。

综合考虑冻胶的成胶强度和成胶时间,本实验选用交联剂用量为0.5%,由此构成的基础成胶液配方为0.5% G3515、0.5%水溶性酚醛树脂、0.2%氯化铵、0.3% QC-W,该体系在70℃成胶时间为48h、成胶强度可达20Pa以上。

2)细管中组合体系的突破压力

(1)直径1.5mm细管封堵性能评价。

在基础成胶液中分别加入2%颗粒、4%颗粒或0.4%纤维,配制成胶液与颗粒组合体系、成胶液与纤维组合体系,注入到内径1.5mm、长度0.5m管线中,密封放置于70℃恒温水浴中老化20天。每种配方的成胶液分别注入三根管线,成胶后分别以0.1mL/min、0.2mL/min、0.4mL/min的体积流速[对应的线速度分别为81m/d、163m/d、326m/d(线速度等于体积流速除以管线截面积)]注水测定突破压力,实验结果如图3-287至图3-289所示。由第1个峰值压力计算突破压力,可以看出:

①当冻胶中不加颗粒或纤维时,不同注水速度下突破压力基本为0.95~1.1MPa,即突破压力梯度为1.9~2.2MPa/m。在线速度为81~326m/d,注水速度对突破压力影响不大。

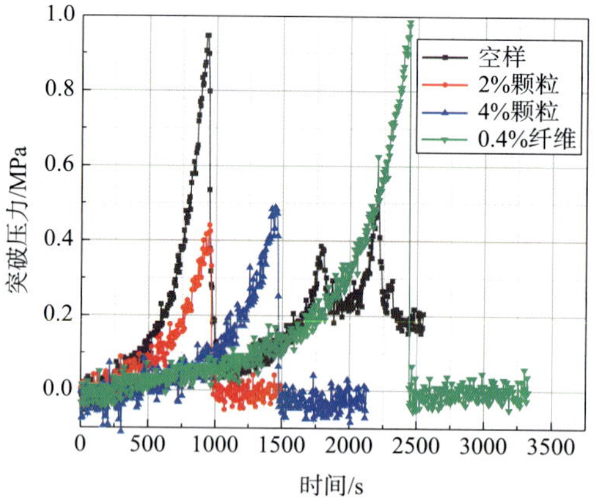

图3-287 线速度为81m/d时突破压力

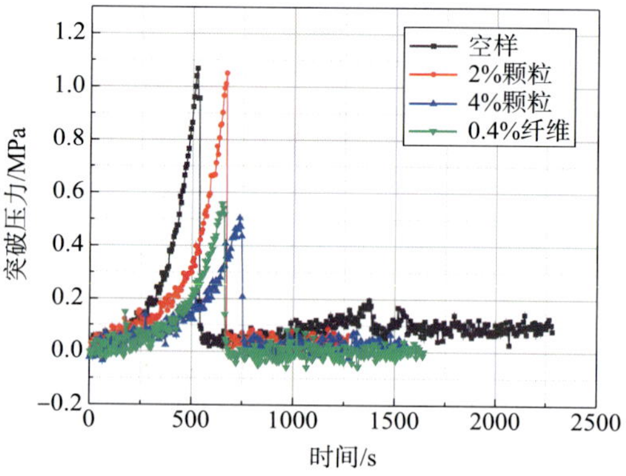

图3-288 线速度为163m/d时突破压力

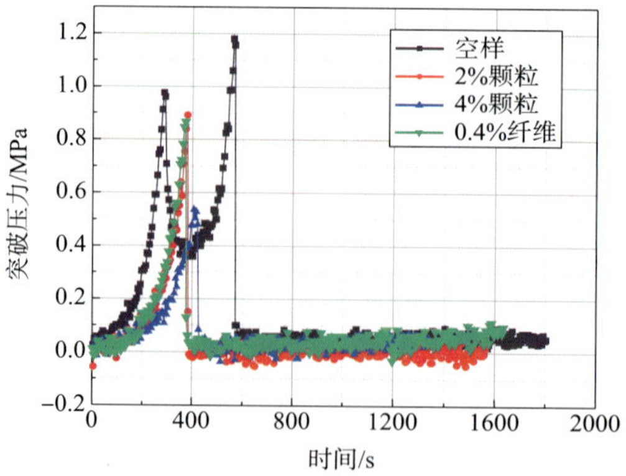

图3-289 线速度为326m/d时突破压力

②冻胶中加入2%～4%交联聚合物颗粒或0.4%纤维，突破压力没有明显升高，即颗粒和纤维的存在没有起到提高突破压力梯度的作用。

(2)直径4.0mm细管封堵性能评价。

在基础成胶液中分别加入4%颗粒或0.4%纤维，配制成胶液与颗粒组合体系、成胶液与纤维组合体系，注入到内径4.0mm、长度0.5m管线中，密封放置于70℃恒温水浴中老化20天。每种配方成胶液分别注入四根管线，成胶后分别以0.4mL/min、0.8mL/min、1.2mL/min、2.0mL/min的体积流速[(对应的线速度分别为46m/d、92m/d、138m/d、229m/d(线速度等于体积流速除以管线截面积)]注水测定突破压力，实验结果如图3-290至图3-293所示。

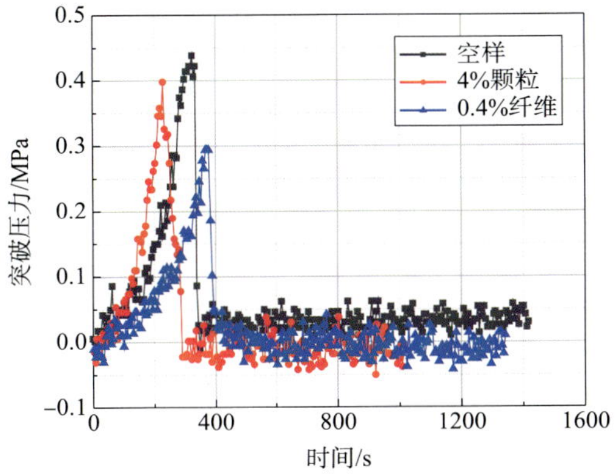

图3-290　线速度为46m/d时突破压力

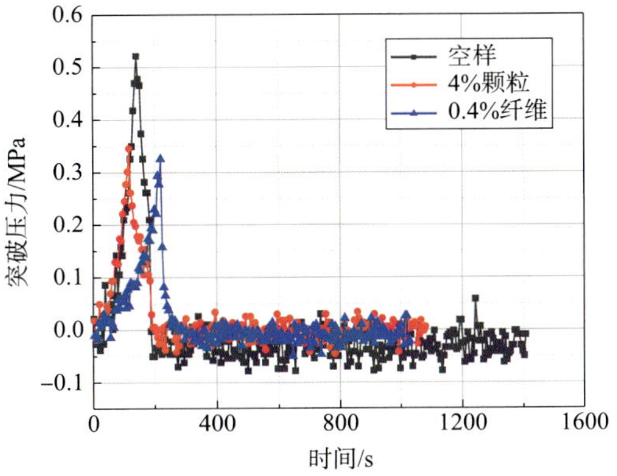

图3-291　线速度为92m/d时突破压力

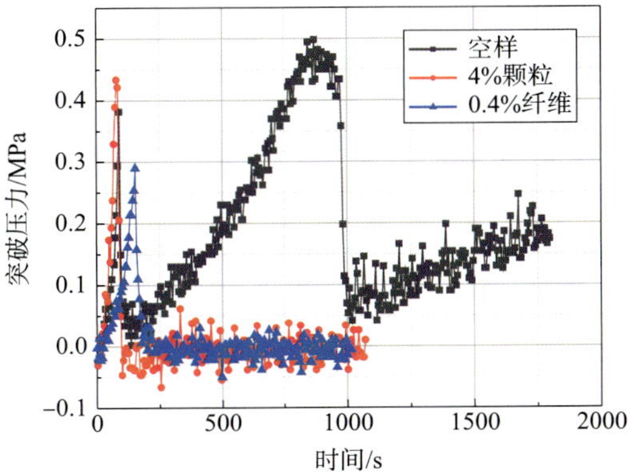

图3-292　线速度为138m/d时突破压力

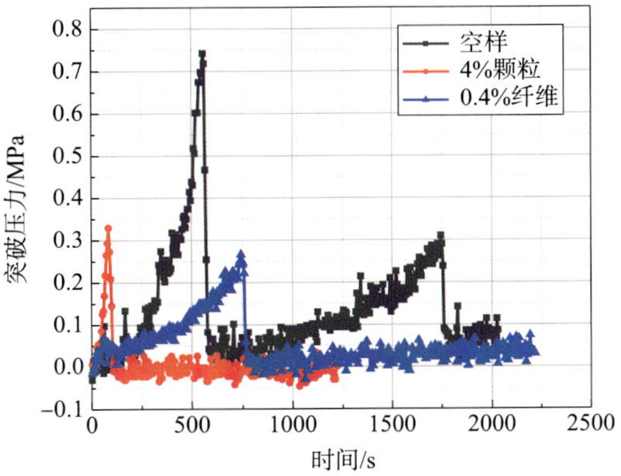

图3-293　线速度为229m/d时突破压力

由图3-290至图3-293可以看出：①在内径为4.0mm管线中，不加颗粒或纤维的冻胶突破压力平均可达0.4～0.75MPa，即突破压力梯度为0.8～1.5MPa/m，突破压力梯度数据明显低于内径为1.5mm管线数据；②在冻胶中加入颗粒或纤维后，突破压力梯度有所下降。

(3)不同粒径颗粒封堵性评价。

在基础成胶液中分别加入不同粒径颗粒，注入到内径1.5mm、长度0.5m管线中，密封放置于70℃恒温水浴锅中老化20天，然后注水测定突破压力，实验结果如图3-294和

图 3－295 所示。

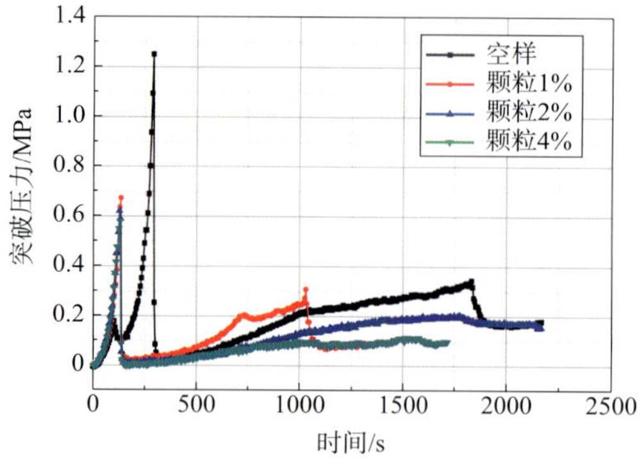

图 3－294　不同用量 0.2～0.5mm 粒径颗粒突破压力

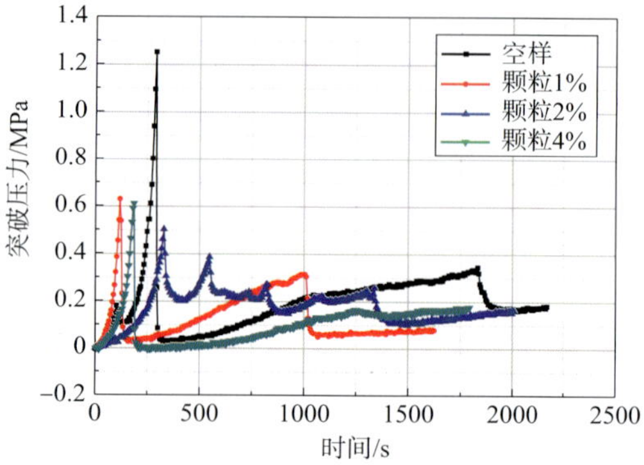

图 3－295　不同用量 0.5～0.8mm 粒径颗粒突破压力

可以看出，加入不同用量 0.2～0.5mm 粒径颗粒与 0.5～0.8mm 粒径颗粒时突破压力大致相同，其突破压力皆比基础冻胶突破压力数据低。

3）可视化单通道中组合体系的突破压力

为了避免成胶液携带颗粒会存在注入不均匀的问题，课题通过在可视化单通道中预置颗粒后再注成胶液的方式，来研究颗粒和冻胶的组合体系与单纯的冻胶相比在被注入水突破机制方面有何差异。

实验过程中使用的通道宽度为 3mm。实验过程中采集的图像如图 3－296 至图 3－298 所示，其中图 3－296 是对照实验，通道中只有冻胶、没有颗粒；图 3－297 和图 3－298 的通道中分别有少量颗粒和大量颗粒。图 3－299 是相应的突破压力。

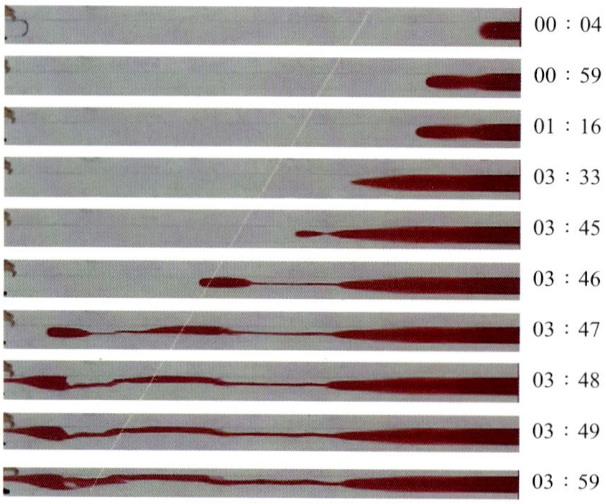

图 3－296　通道中没有颗粒时注入水突破冻胶的方式

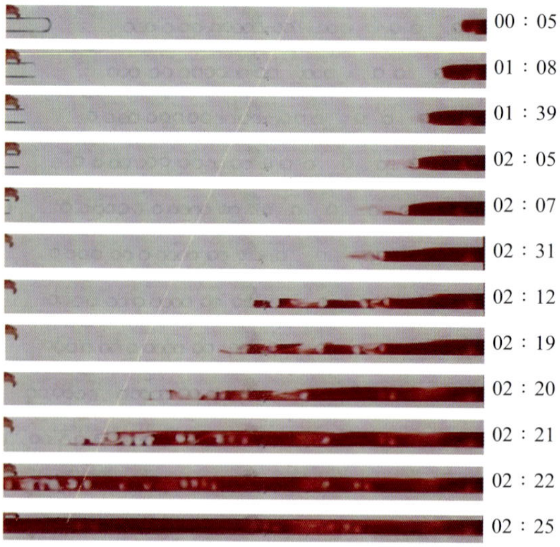

图 3－297　通道预置少量颗粒时注入水突破冻胶的方式

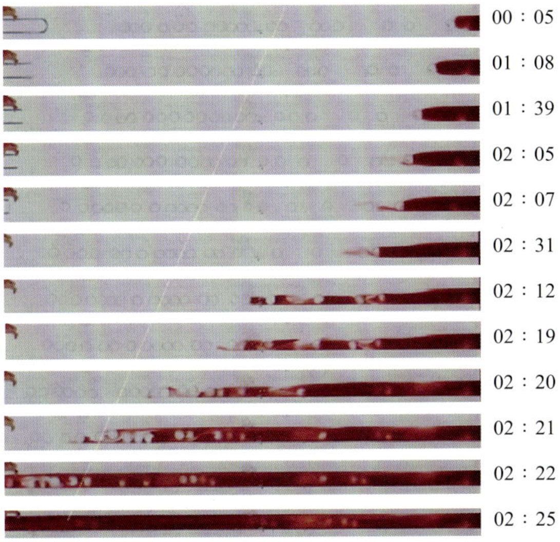

图 3－298 通道布满颗粒时注入水突破冻胶的方式

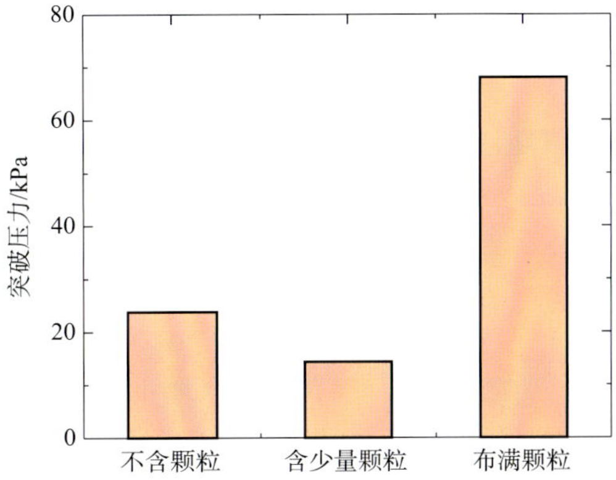

图 3－299 通道中颗粒对注入水突破冻胶影响

对照图 3－296 至图 3－298 和图 3－299 可看出，通道中的颗粒对冻胶突破有明显影响：

(1)通道中没有颗粒时，注入水首先使冻胶挤压变形，同时部分注入水会缓慢挤进冻胶，该过程中注入压力不断升高。当冻胶被挤压到一定程度后，注入水会从孔道中部突破，快速达到出口端，伴随注入压力下降。

(2)当通道有少量颗粒时，开始注水时也出现冻胶挤压的过程，但实验发现，可能冻胶中的颗粒影响了冻胶整体强度和黏附性，冻胶挤压变形过程中整体移动明显(通过颗粒的移动可明显判断冻胶的移动)；另外，冻胶被注入水挤压变形到一定程度后沿通道中部的窜进受到抑制，时而沿中部窜进，时而沿颗粒和通道之间的狭缝窜进，表现出段塞式顶替冻胶的特点，且该过程中一直伴随颗粒的移动。从突破压力上看，通道中有少量颗粒时冻胶的突破压力也明显低于单纯冻胶的突破压力，这与前面的细管物理模拟结果是对应的。

(3)当通道中布满颗粒时，颗粒和通道之间的狭缝成为注入水突破冻胶的主要通道。这种情况下，狭缝中的冻胶被注入水以段塞的方式顶替出。由于狭缝的横截面积明显小于可视化模型中单通道的横截面积，因此冻胶的突破压力也明显提高。

综合上述结果可以看出，冻胶和少量颗粒形成的组合体系对模拟裂缝的封堵效果不如单纯的冻胶；只有当冻胶中的颗粒能明显降低模拟裂缝的横截面积时，冻胶和裂缝的组合才会产生优于单纯冻胶的封堵效果，但达到该条件需要注入大量颗粒，受限于注入能力，现场实施时较难实现。基于上述研究结果，建议现场慎重选择冻胶和颗粒的组合来封堵裂缝。

(三)强弱冻胶组合评价

降低成胶剂的用量可有效降低油田开发成本，为此研究了不同强度冻胶组合对突破压力的影响。

1. 实验试剂与仪器

(1)实验中所用试剂与仪器同上。

(2)实验用模拟注入水：配制聚合物和交联剂所用模拟注入水盐含量920mg/L、pH值6.5，具体离子组成见表3－99。

表3－99 注入水离子含量分析表

离子名称	Na^+	K^+	Mg^{2+}	Ca^{2+}	F^-	Cl^-	SO_4^{2-}	HCO_3^-
离子含量/(mg/L)	228	3	5	9	3	123	175	375

(3)本实验选用的聚合物为G3515，不同强度冻胶按表3－100来配制。

表3－100 成胶液配方

组分	G3515	水溶性酚醛树脂	QC－W	氯化铵
强冻胶/%	0.8	0.5	0.3	0.2
弱冻胶/%	0.3	0.5	0.3	0.2

上述成胶液不同时间成胶状态如图3－300和图3－301所示。

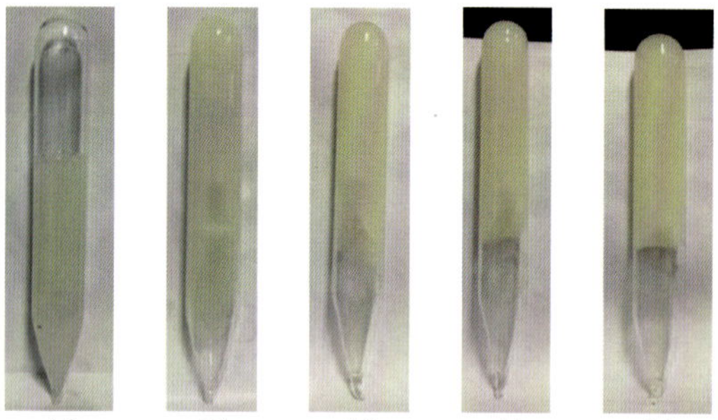

图3－300 弱冻胶状态随时间变化

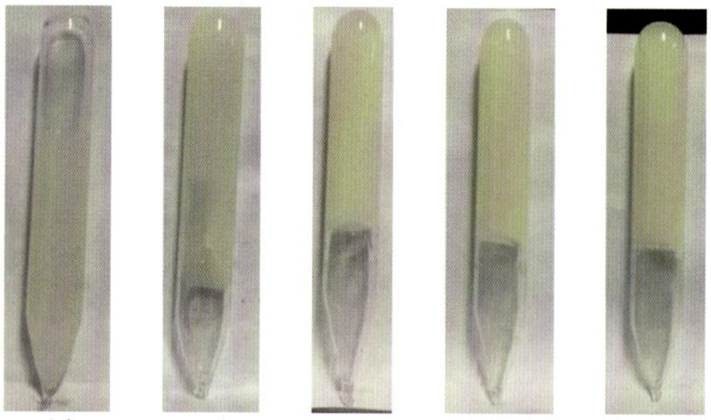

图3－301 强冻胶状态随时间变化

由于冻胶24h未成胶，从第二天开始测冻胶的储能模量，测得两种强度冻胶的储能模量如图3－302和图3－303所示。

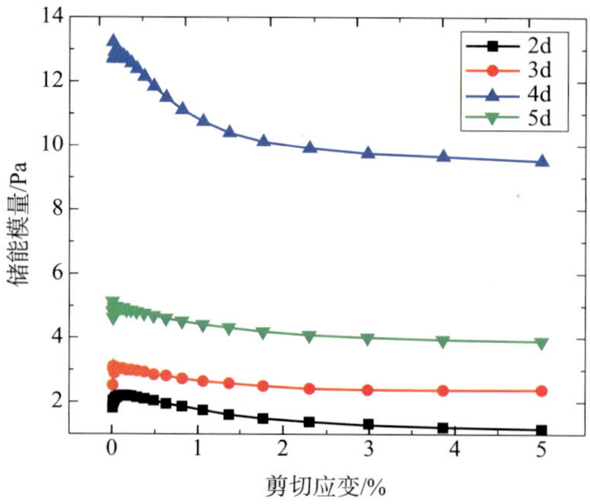

图3－302 弱冻胶储能模量随时间变化

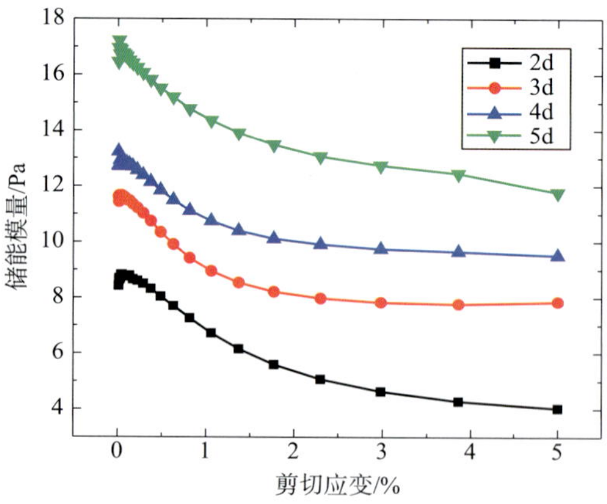

图3－303 强冻胶储能模量随时间变化

2. 实验方法

实验用管线长度均为1m，内径分别为0.7mm、1.2mm、1.5mm、1.8mm。同种尺寸的管线内填充不同强度的冻胶，分别为：全部注弱冻胶；全部注强冻胶；先注一半弱冻胶，后注一半强冻胶；先注一半强冻胶，后注一半弱冻胶。为排除偶然因素影响，每组重复3~5次。以下为具体操作步骤。

(1)管线的清洗。为防止管线内壁残留油污，将酒精注入管线中浸泡，然后用水反复冲洗，最后用成胶液润洗，保证管线中无堵塞性物质，降低管壁对实验结果的影响。

(2)注入成胶液。将成胶液抽真空处理后(避免成胶液气泡的影响)，用注射泵恒速将成胶液注入管线。当管线中注入两种不同强度冻胶时，比如先注弱冻胶，后注强冻胶，注意更换注入液时不要让气泡进入管线。

(3)冻胶老化。分别将不同强度的冻胶成胶液注入不锈钢管线中，两端封口后放置于70℃恒温水浴锅中老化5天左右，待成胶液充分成胶后取出待用。

(4)注水驱替。待成胶液充分成胶后，将准备好的管线连接到如图3-304所示的实验装置中，注水测突破压力，突破压力以第1滴冻胶从管线中流出为准，注水速度取10~200m/d不等，根据内径换算体积流速。

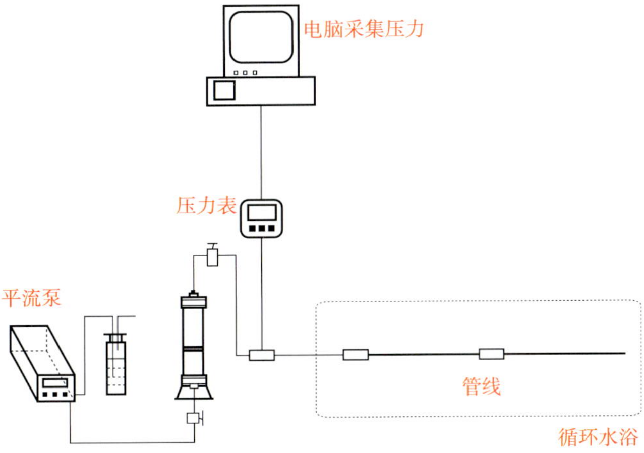

图3-304 突破压力测量装置示意图

3. 结果与讨论

鉴于细管直径、注水速度都会影响突破压力的测定，因此在内径0.7mm、1.5mm、1.8mm的细管中预置冻胶后，以10~200m/d的速度注水，考察冻胶组合对突破压力的影响，结果如图3-305至图3-307所示。

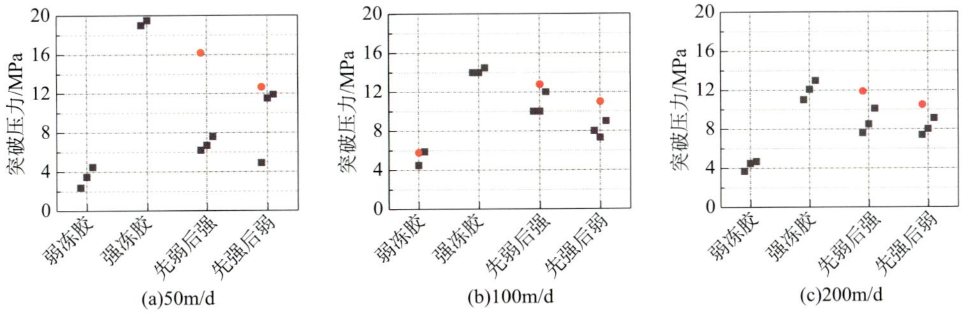

图3-305 在内径为0.7mm、管线长1m的细管中冻胶突破压力

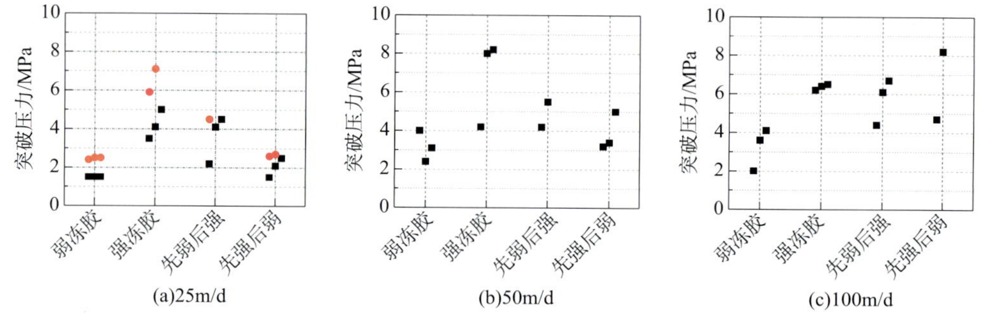

图 3-306　在内径为 1.5mm、管线长 1m 的细管中冻胶突破压力

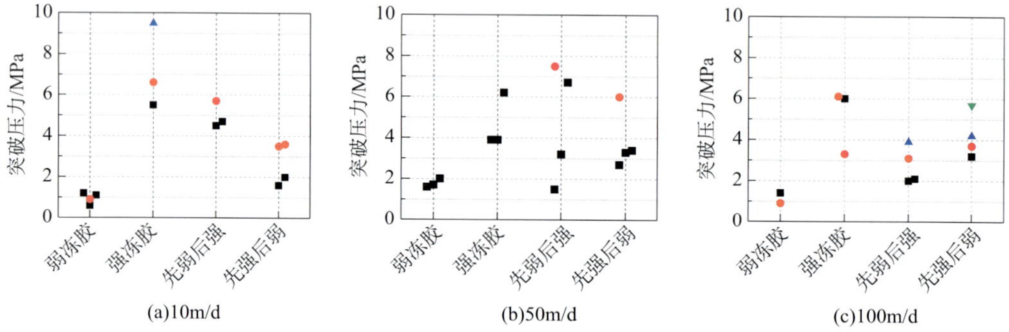

图 3-307　在内径为 1.8mm、管线长 1m 的细管中冻胶突破压力

综合图 3-305 至图 3-307 可以看出以下规律：

(1)相同条件下，强冻胶的突破压力高于弱冻胶，强冻胶和弱冻胶的组合体系突破压力介于强冻胶和弱冻胶之间。

(2)虽然现场上注入水在裂缝中的窜进速度达到每天几十～几百米，但裂缝被堵剂封堵后，水窜速度会大幅度下降，因此低注水表观速度下的突破压力更有参考价值。比较低注水表观速度下先弱后强(先注弱冻胶，后注强冻胶)和先强后弱(先注强冻胶，后注弱冻胶)两种组合方法可以看出，先弱后强组合方法突破压力更接近于强冻胶。

(四)单体聚合高强度堵剂和冻胶组合评价

高强度堵剂较常规冻胶体系的成本要高很多，且其成胶时间短，成胶后强度高，不利于后期注水开发。筛选高低强度冻胶组合有利于降低高强度成胶剂的用量，可有效降低油田开发成本以及后期注水开发费用。为此，研究了不同强度冻胶组合对突破压力的影响。

1. 实验试剂与仪器

本研究主要筛选了单体地下聚合体系与铬冻胶的组合体系。实验中所用试剂与仪器见表 3-101 和表 3-102。

表 3-101　实验试剂

实验试剂	性能参数	厂家
AM 单体	有效含量 99%	国药集团
引发剂 V501	有效含量 99%	阿拉丁试剂

续表

实验试剂	性能参数	厂家
MBA	有效含量99%	上海试剂二厂
缓聚剂	有效含量98%	山东优索化工
聚合物 G3515	有效含量98%	安徽巨成
乙酸铬	有效含量40%	东营达维
黏土	钠基膨润土	东营达维
QC－W	有效含量30%	东营达维

表 3－102 实验仪器

实验仪器	厂家
ME403 电子天平	梅特勒－托利多公司
MCR 92 流变仪	奥地利安东帕中国有限公司
DV－Ⅱ旋转黏度计	德国哈克公司
JJ－3A 六连数显电动搅拌器	江苏金怡仪器科技有限公司
恒温水浴锅	常州申光仪器有限公司
GJ－3S 数显高速搅拌机	济南唯品试验机有限公司
驱替装置	海安石油科研仪器有限公司

本实验筛选的高强度单体自聚体系与铬冻胶体系配方见表 3－103、表 3－104，单体自聚体系配方强度如图 3－308 所示。

表 3－103 单体自聚体系配方 %

AM	V501	MBA	缓聚剂	G3515	有机铬	黏土
5	0.05	0.1	0.04	0.2	0.1	1.5

表 3－104 铬冻胶体系配方 %

G3515	有机铬	QC－W
0.5	0.3	0.3

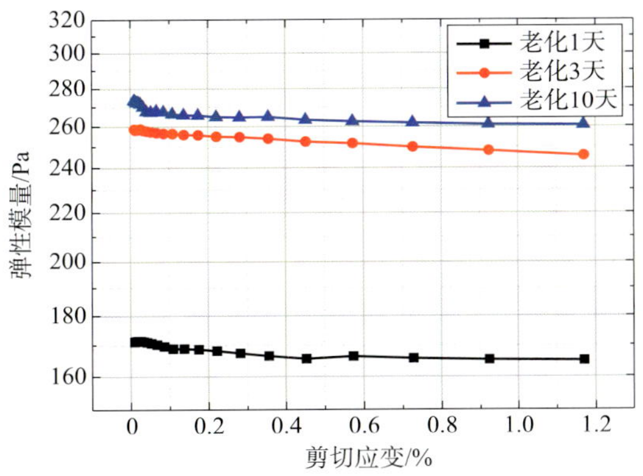

图 3－308 单体自聚体系的弹性模量

2. 实验方法

实验用长度为1m、内径为1.6mm的不锈钢管模拟裂缝封堵实验。在管线内注入不同强度的冻胶段塞组合，在70℃下老化3天，然后水驱测其封堵强度。

实验步骤：

(1)管线的清洗。为防止管线内壁残留油污，将酒精注入管线中浸泡，然后用水反复冲洗，最后用成胶液润洗，保证管线中无堵塞性物质，降低管壁对实验结果的影响。

(2)配制成胶液。按照表3－103、表3－104的体系配方分别配制一定量的成胶液。

(3)注入成胶液。将成胶液抽真空处理后(避免成胶液气泡的影响)，用注射泵恒速将成胶液注入管线。

注：当管线中注入两种不同强度冻胶时，如先注入单体自聚强冻胶体系，让其充满管线，然后注铬冻胶顶替，事先测定管线的注入体积，然后按段塞比分别顶替不同体积的铬冻胶。

(4)冻胶老化。分别将不同强度的冻胶成胶液注入不锈钢管线中，两端封口后放置于70℃恒温水浴锅中老化3天，待成胶液充分成胶后取出待用。

(5)测定封堵强度。待成胶液充分成胶后，连接实验装置，注水测突破压力以及长期冲刷性能。注水速度为0.5mL/min，即360m/d。

3. 结果与讨论

将堵剂注入到内径为1.6mm、长为1m的不锈钢管中，老化3天，水驱速度为0.5mL/min，测其封堵强度。

图3－309和图3－310分别是单体自聚体系和单纯铬冻胶的突破压力曲线。

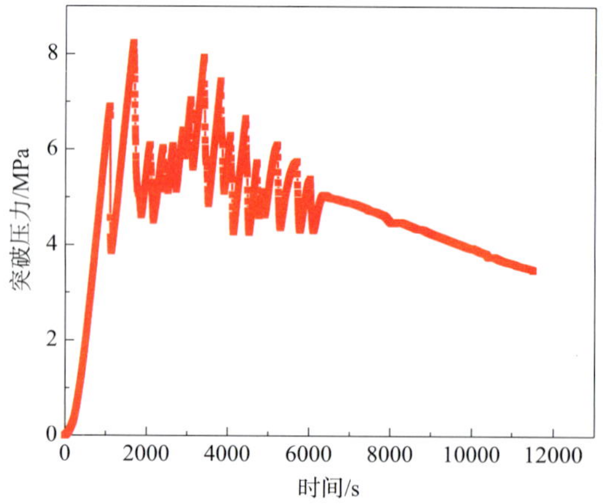

图3－309　单体自聚体系的封堵强度

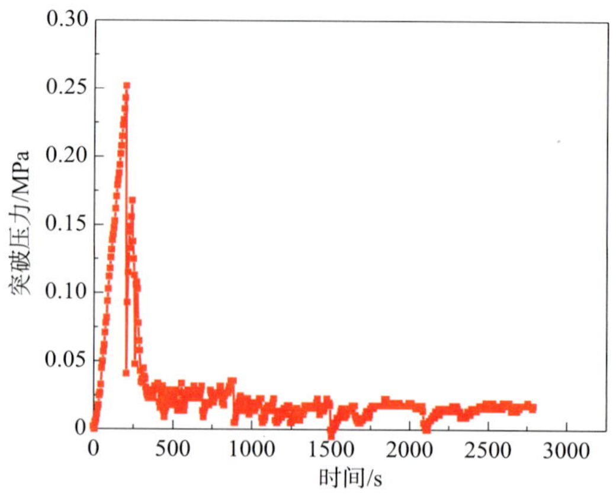

图3－310　铬冻胶体系的封堵强度

对比图3－309和图3－310可以看出：①单体自聚体系的强度较高，当其压力达到7MPa时，部分堵剂被顶替出来，压力降低，随着注水的继续，压力再次升高，达到8.5MPa左右再次降低且压力一直波动，残余阻力也较大；②铬冻胶体系的强度较弱，当其压力达到0.25MPa时，部分堵剂被顶替出来，压力降低，且其残余阻力也较小。

图3－311至图3－314分别是单体聚合堵剂和冻胶堵剂以3∶2和1∶1组合形成的体

系突破压力曲线，可以看出：①单体自聚与铬冻胶组合体系的封堵强度在单体单独封堵和铬冻胶单独封堵强度之间，且高强度堵剂段塞越大，封堵强度越高；②从高强度端注水（封堵压力 2.5MPa），其封堵强度明显大于从弱强度端注水（封堵压力 2.2MPa）的封堵强度。

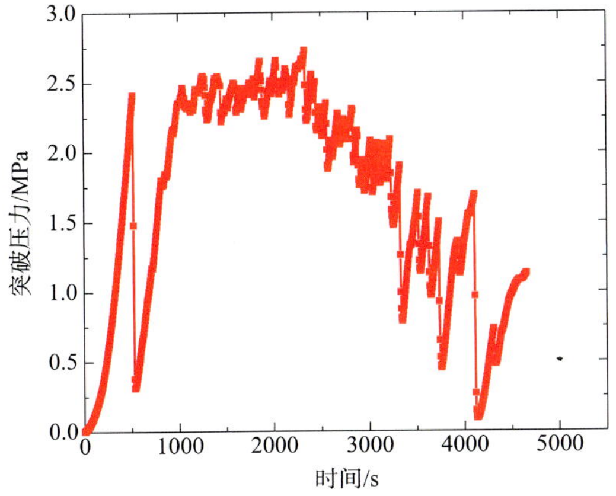

图 3－311 单体自聚与铬冻胶以 3∶2 组合形成的体系封堵强度（从高强度端注水）

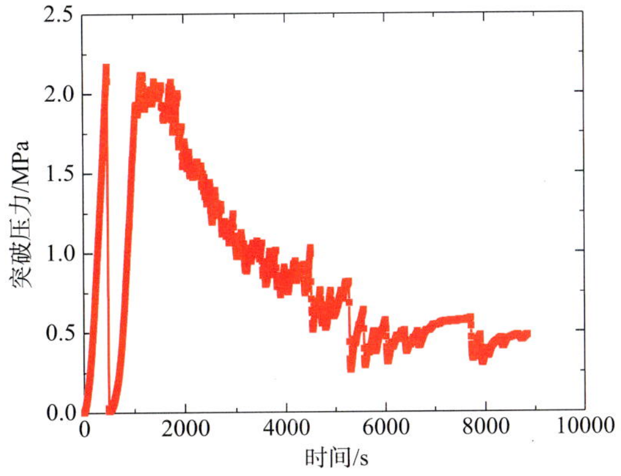

图 3－312 单体自聚与铬冻胶以 3∶2 组合形成的体系封堵强度（从低强度端注水）

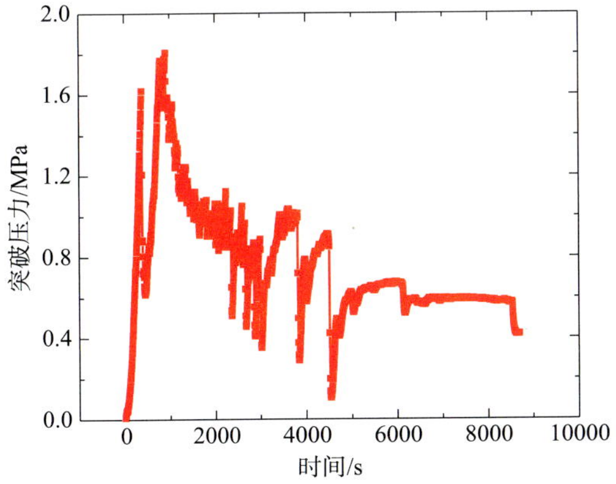

图 3－313 单体自聚与铬冻胶以 1∶1 组合形成的体系封堵强度（从高强度端注水）

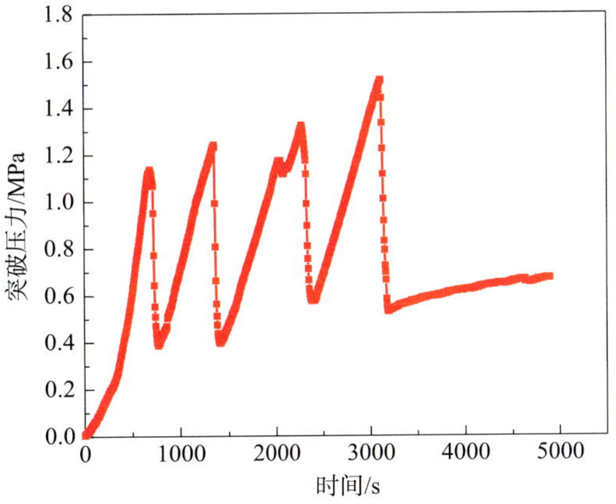

图 3－314 单体自聚与铬冻胶以 1∶1 组合形成的体系封堵强度（从低强度端注水）

二、弱连通裂缝封堵水窜研究

封堵弱连通裂缝要求堵剂注入量大、注入性能好。拟以非均质填砂管（填砂管中间渗透率高，填砂管其余部分渗透率低），模拟弱连通裂缝，进而模拟弱连通油藏。以注入性、采收率增值为指标，对冻胶、微米冻胶颗粒、冻胶与微米冻胶颗粒组合体系进行评价，探索经济有效地封窜体系。

（一）仪器、药品与材料

实验所用仪器见表 3－105。

表 3-105　仪器设备

仪器名称	型号	生产厂家
电子天平	AL204	梅特勒-托利多仪器(上海)有限公司
单孔水浴锅	HH	江苏金坛市金城国胜实验仪器厂
电动搅拌器	JJ-1	江苏金坛市金城国胜实验仪器厂
pH 值计	E-201-C	上海仪电科学仪器股份有限公司
流变仪	NDJ-8S	Anton Paar
恒温箱	—	江苏海安
平流泵	2PB00C 系列	北京卫星制造厂

实验中所使用的材料见表 3-106。

表 3-106　实验材料

实验材料	有效含量/%	主要作用	厂家
水溶性酚醛树脂	30	冻胶交联剂	济南
氯化铵	99	冻胶催化剂	山东济宁三元化工
QC-W	30	冻胶稳定剂	青岛
G3515	1400 万~1500 万，水解度 12%~14%	冻胶成胶剂	安徽巨成

配制聚合物和交联剂所用模拟注入水盐含量 920mg/L、pH 值 6.5，具体离子组成见表 3-107。

表 3-107　注入水离子含量分析表

离子名称	Na^+	K^+	Mg^{2+}	Ca^{2+}	F^-	Cl^-	SO_4^{2-}	HCO_3^-
离子含量/(mg/L)	228	3	5	9	3	123	175	375

成胶液由成胶剂、交联剂、催化剂以及稳定剂组成，配制时先将药品稀释成低浓度母液，再将成胶液各个组分按照比例进行配制，搅拌均匀后注入填砂管老化，具体的成分组成见表 3-108。

表 3-108　成胶液配方

成分	G3515	水溶性酚醛树脂	QC-W	氯化铵
含量/%	0.6	1	0.3	0.3

(二)实验方法

将平流泵、中间容器罐、填砂管、压力表以及电脑压力采集系统按照实验流程图进行连接，物理模拟流程图如图 3-315 所示。

实验用的填砂管长 20cm、内径为 8cm，如图 3-316 所示。

为模拟不同渗透率储层条件，填砂管填砂时中间加一段长 20cm、内径 4cm 的滤网来分隔高渗区和低渗区，其中填砂管内部填充粗的石英砂来模拟高渗区，外围填充细的石英砂来模拟低渗区，如图 3－317 所示。

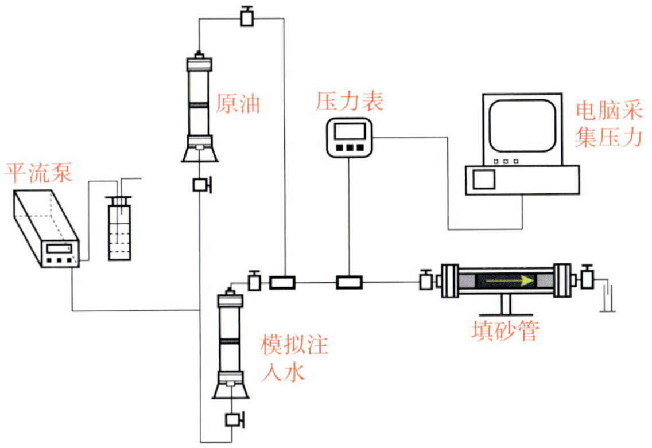

图 3－315　物理模拟实验流程图

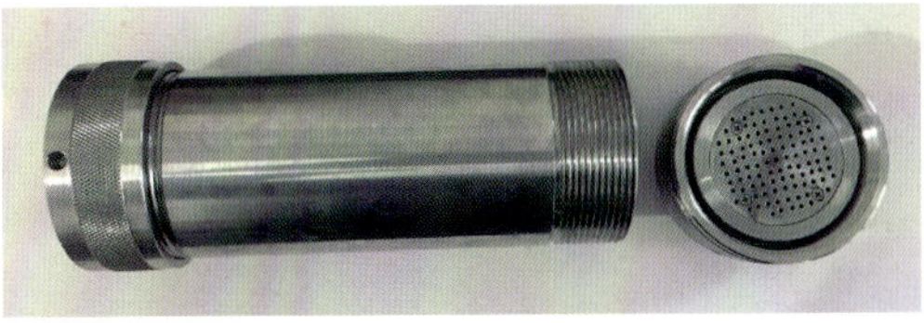

图 3－316　填砂管

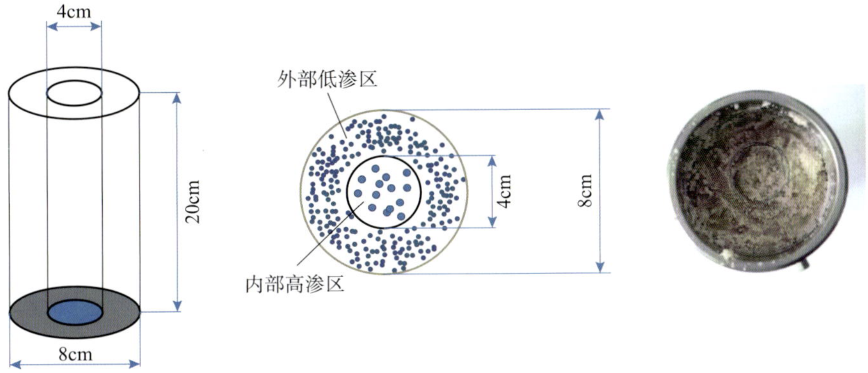

图 3－317　填砂管尺寸、装填砂示意图和装填砂实物图

高渗区填充部分用 40～80 目或 60～80 目碳酸盐岩颗粒，低渗区填充部分用 100～120 目的碳酸盐岩颗粒。经实验测试，上述不同粒径碳酸盐颗粒制备的填砂管渗透率分别为 $7000\times10^{-3}\mu m^2$、$4000\times10^{-3}\mu m^2$、$1200\times10^{-3}\mu m^2$。

具体实验步骤如下：

1）填砂管填制

对于非均质的填砂管来说，若采用常规的方法先饱和水再饱和油，油一般只进入高渗透层，难以进入低渗透层，从而达不到模拟不同渗透率储层的效果。因此本文采用下面方法来制备非均质填砂管：首先准备两种不同粒度的碳酸盐岩颗粒，用模拟水浸泡 24h 后将水滤掉，称量颗粒质量。然后在已知质量的填砂管（含滤网）中装入少量砂子，其中大颗粒装入中部，小颗粒装入四周，同时滴入模拟油，保持模拟油能浸没砂粒。按照此方法边填砂边注油直至填满填砂管。通过称量砂子、模拟油以及填砂管的质量，计算填砂管中的油量以及高渗透层和低渗透层的相对体积。

2）水驱

填砂管制备好后进行第一次水驱。

注水速度根据现场注水线速度折算，折算公式如下：

$$V = V_0 \times S \times \varphi \times 100/24/60 \tag{3-101}$$

式中，V 为实验室注入速度，mL/min；V_0为现场注入线速度，m/d；S 为填砂管横截面积，cm^2；φ 为孔隙度，%。

取现场注水线速度为 3m/d，，通过计算，得到实验合理注水速度 5mL/min。

以 5mL/min 速度注水驱油，记录注水压力，同时用量筒接取产出液，如图 3－318 所示，记录油水体积及计算含水率。

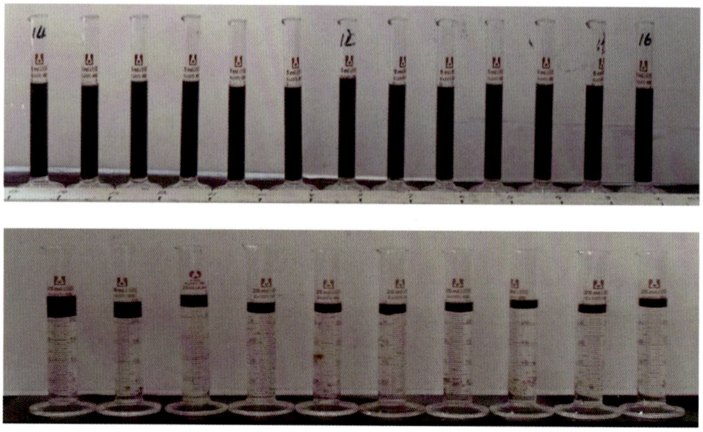

图 3－318　一次水驱产出液

3)注堵剂

水驱后向高渗区注入堵剂，注入量以中间高渗区孔隙体积为参照(如注入 0.5PV 即中间高渗区一半的孔隙体积)，注入速度根据现场线速度折算。接着注入 0.2PV 聚合物顶替液，密封后放入 70℃的烘箱中老化 24h。

4)老化后水驱

将在烘箱中高温老化 24h 后的填砂管取出，进行二次水驱，测试堵剂的封堵效果以及增产增油效果。

以 5mL/min 速度注水驱油，记录注水压力，同时用量筒接取产出液，记录油水体积、计算含水率，水驱过程中的二次产出液如图 3－319 所示。

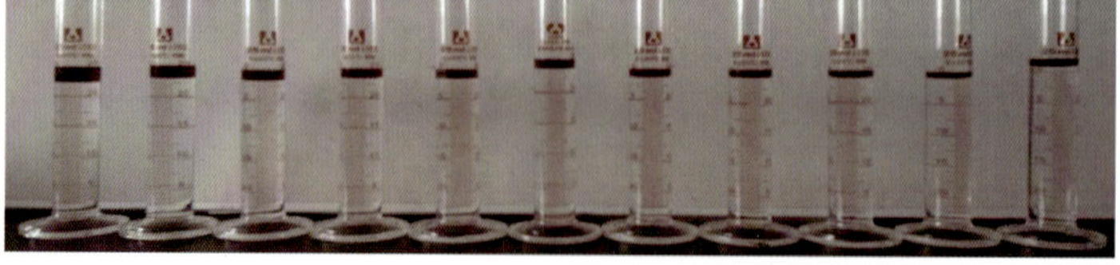

图 3－319　二次水驱产出液

(三)结果与讨论

为探究堵剂注入量、地层内外渗透率以及堵剂类型的差异对非均质填砂管水驱效果的影响，设计了以下实验方案，见表3－109。

表3－109 实验方案

序号	内部渗透率/$10^{-3}\mu m^2$	外部渗透率/$10^{-3}\mu m^2$	水驱速度/(mL/min)	注入量/PV	堵剂注入速度/(mL/min)	堵剂(冻胶/颗粒)
1	7000	1200	5	0.5	5.0	冻胶
2	7000	1200	5	0.25	5.0	冻胶
3	4000	1200	5	0.5	5.0	冻胶
4	4000	1200	5	0.25	5.0	冻胶
5	7000	1200	5	0.25	5.0	2%微米颗粒
6	7000	1200	5	0.25	5.0	4%微米颗粒
7	7000	1200	5	0.25	5.0	冻胶+2%颗粒
8	7000	1200	5	0.25	5.0	冻胶+4%颗粒

按上述实验方法对方案进行模型实验，并绘制采油曲线，如图3－320至图3－327所示。

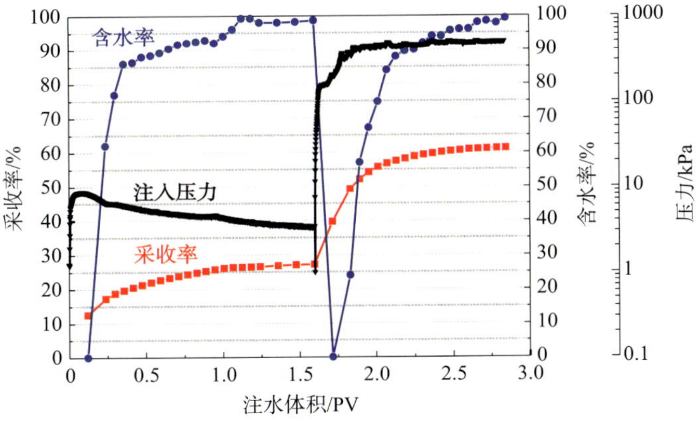

图3－320 内部渗透率为$7000\times10^{-3}\mu m^2$填砂管注0.5PV冻胶前后的采油曲线

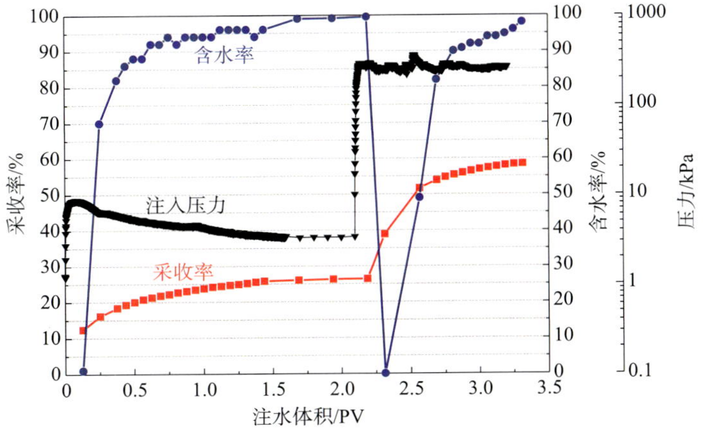

图3－321 内部渗透率为$7000\times10^{-3}\mu m^2$填砂管注0.25PV冻胶前后的采油曲线

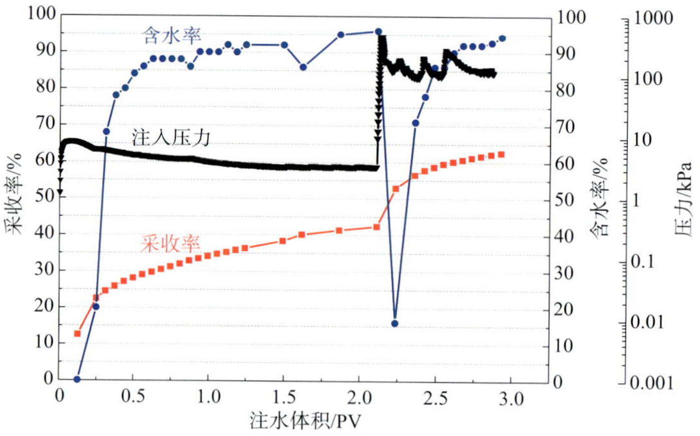

图 3－322　内部渗透率为 4000 ×10^{-3}μm^2 填砂管注 0. 5PV 冻胶前后的采油曲线

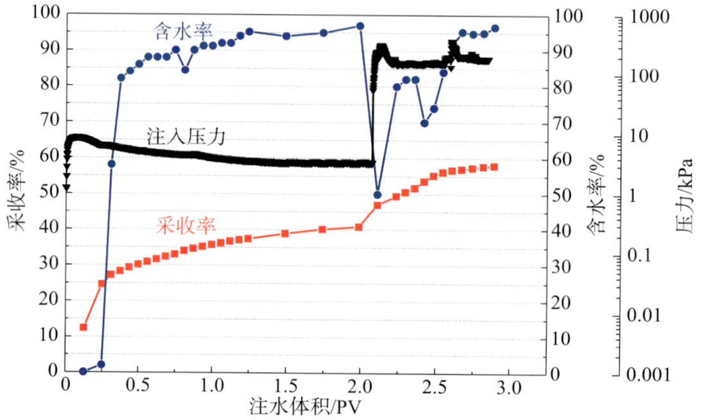

图 3－323　内部渗透率为 4000 ×10^{-3}μm^2 填砂管注 0. 25PV 冻胶前后的采油曲线

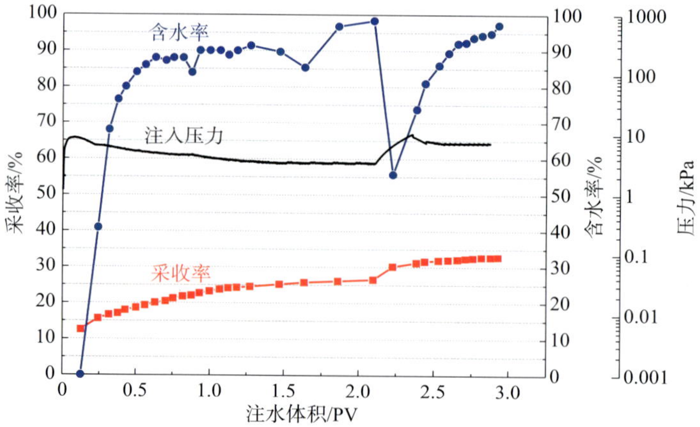

图 3－324　注 2% 颗粒前后的采油曲线

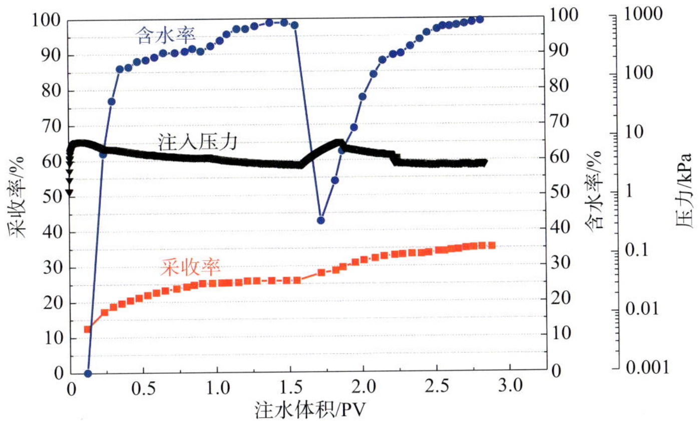

图 3-325　注 4% 颗粒前后的采油曲线

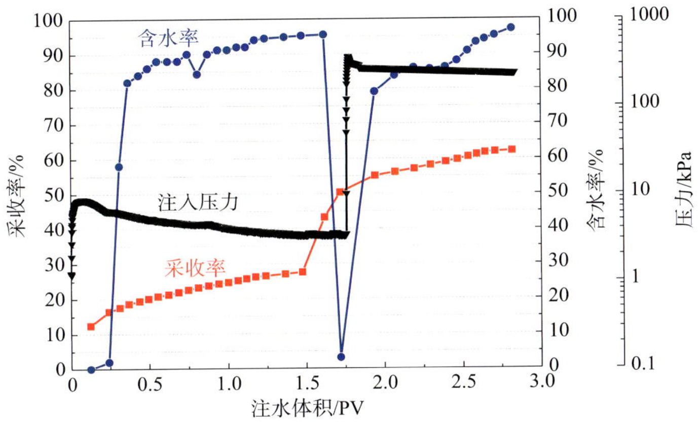

图 3-326　注 0.25PV 冻胶和 2% 颗粒组合堵剂采油曲线

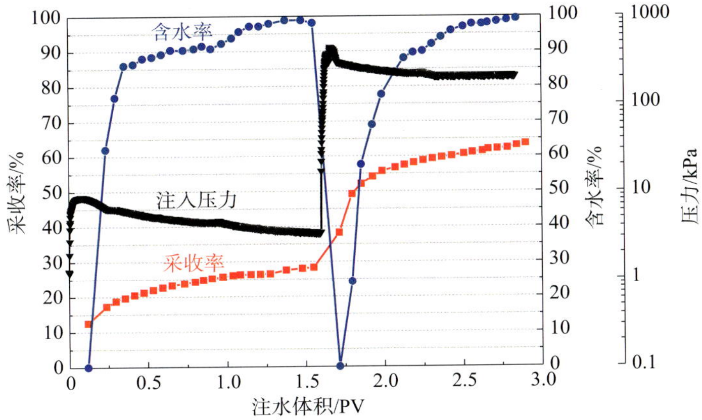

图 3-327　注 0.52PV 冻胶和 4% 颗粒组合堵剂采油曲线

从上述图中读出封堵前后的采收率，见表 3-110。

表3-110　非均质填砂管封堵前后采收率变化

序号	高渗部分渗透率/$10^{-3}\mu m^2$	注入量/PV	堵剂（冻胶/颗粒）	堵前水驱采收率/%	堵后水驱采收率/%	采收率增值/%
1	7000	0.50	冻胶	27.2	61.2	34.0
2	7000	0.25	冻胶	26.4	58.4	32.0
3	4000	0.50	冻胶	42.4	62.6	20.2
4	4000	0.25	冻胶	40.0	58.8	18.8
5	7000	0.25	2%微米颗粒	26.5	32.8	6.3
6	7000	0.25	4%微米颗粒	25.9	33.4	7.5
7	7000	0.25	冻胶+2%颗粒	27.5	62.1	34.6
8	7000	0.25	冻胶+4%颗粒	28.3	63.5	35.2

可以看出：

（1）高渗透层和低渗透层渗透率差异越大，储层非均质性越强，水驱采收率越低，但在进行封堵措施后，高渗透层采收率增值越大。驱替剖面及胶结情况如图3-328和图3-329所示。

（2）高渗透层用0.25PV冻胶和0.5PV冻胶封堵对采收率影响不大，因此建议一次封堵体积为0.25PV。图3-328和图3-329分别是1#和2#实验后注入端高渗透层胶结情况，前者约为高渗透段1/2，后者约为高渗透段1/4。

（3）注入0.5PV的冻胶微米颗粒，与冻胶相比，封堵效果不好，采收率没有明显提高。

（4）在成胶液中加入冻胶微米颗粒，堵剂注入压力有所升高，但封堵后水驱压力没有明显升高，其采收率与未添加颗粒相差并不明显。

图3-328　驱替后剖面图（由左边注入）

图3-329　中间高渗区胶结情况

三、本节小结

（1）在直径0.4~1.2mm的模拟裂缝中，冻胶的突破压力梯度可达2MPa/m，具有较强的封堵裂缝的能力。

（2）冻胶中加入少量交联聚合物颗粒或纤维，形成的复合体系强度没有增加，其突破压力反而比单纯的冻胶低。

（3）强弱冻胶组合后突破压力介于纯强冻胶和纯弱冻胶两者之间。当注水表观速度较低时，先弱后强（先注弱冻胶，后注强冻胶）的突破压力稍高于先强后弱。

（4）在直径 1.6mm 的模拟裂缝中，单体聚合堵剂突破压力梯度大于 6MPa/m，封堵性能明显强于高强度冻胶。少量单体聚合堵剂和冻胶组合，形成的复合体系突破压力梯度明显升高。

（5）高渗透层用 0.25PV 冻胶和 0.5PV 冻胶封堵采收率差别不大。

（6）单独使用微米颗粒或者在成胶液中加入微米冻胶颗粒，均对采收率的增值效果不明显。

（7）渗透率差异越大，堵剂封堵后采收率的增值效果越明显。

第五节　调剖封窜技术现场应用效果

结合鄂南油藏开发动态，优选 HH55P57 及 HH55P25 等 5 个井组，根据井组间水窜通道模型优选堵剂体积，编制调剖封窜工艺设计，开展 6 井次调剖封窜现场试验，注水压力平均上升 7.9MPa，水井有效率 100%，对应油井增油 5 口，阶段增油 528.5t。红河 55 井区通过调剖治理，水窜井由 5 口减少到 2 口，水窜率由 33.3% 下降到 13.3%（表 3－111）。

表 3－111　现场试验效果统计表

序号	注水井	施工日期	调剖前	调剖后	对应油井	水窜时			调剖后			阶段增油量/t	备注
			注水压力/MPa	注水压力/MPa		日产液/t	日产油/t	含水率/%	日产液/t	日产油/t	含水率/%		
1	HH55P57	2019.4.18	9.9	19.2	HH55P56	8.53	0.32	96.25	8.34	0.76	90.89	97.7	
					HH55P58	5.24	0.07	98.66	5.18	0.42	91.89	42.4	
2	HH55P25	2019.6.29	0	3.7	HH55P24	9.43	1.75	81.44	12.43	2.74	77.96	189.3	
3	HH55P25	2020.6.27	3.5	17.2	HH55P24	12.38	1.76	85.78	13.27	3.21	75.81	176.1	
4	HH55P51	2020.9.11	7.5	19.5	HH55P52	5.17	1.04	79.88	4.47	1.7	61.97	23	调剖后由于水源紧张，未恢复注水
					HH12P19	5.72	0	100	未生产				
5	HH12P7	2020.8.30	13.9	19.2	HH12P6	15.36	0	100	未生产				
					HH12P11	8.16	0	100	3.18	0.11	96.54		
6	HH12P9	2020.7.8	12.5	16.1	HH55P132	18.5	0	100	2.41	1.06	56.02		
					HH12P11	6.86	0	100	3.18	0.11	96.54		
合计/平均			7.88	15.82								528.5	

一、典型井组介绍

结合开发动态，优选出 HH55P57 井组及 HH55P25 井组开展现场试验，根据注水动态分析，两个井组的水窜通道类型均属于非贯通性裂缝。其中 HH55P57 井前期大排量注水开发时对应油井均有水窜迹象，下调排量后油井恢复正常生产，目前井组内对应油井含水不断升高，需要调剖封堵井组间水窜通道，扩大波及体积；HH55P25 井一注一采，油水井间对应性好，HH55P24 井生产较为稳定，累注水 14831m³ 时，HH55P24 井氯根由 36336mg/L 下降至 30310mg/L，有见水趋势，需调剖封堵水窜通道，扩大波及体积(图 3－330、图 3－331、表 3－112、表 3－113)。

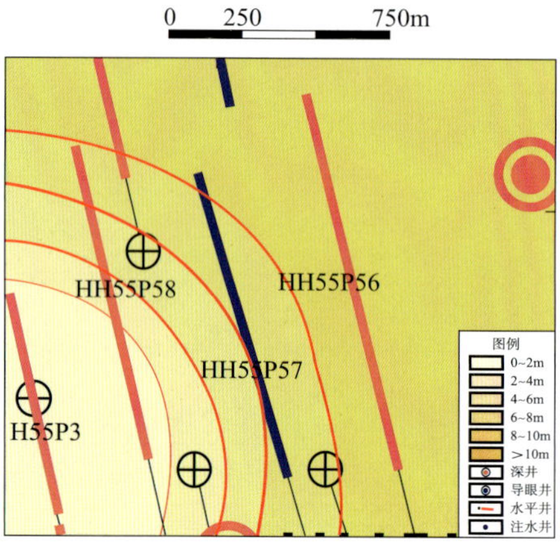

图 3－330　H55P57 井组示意图

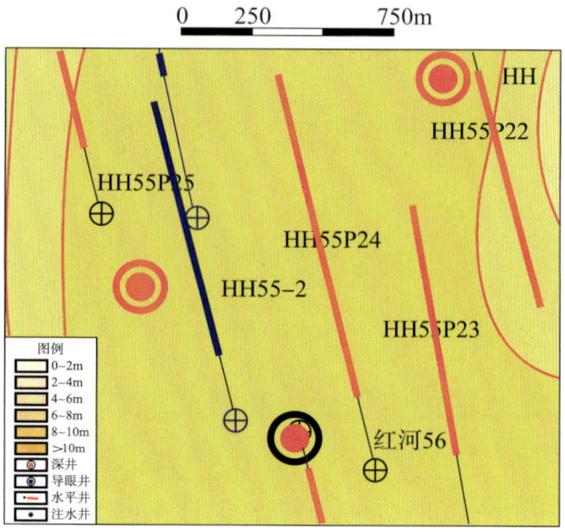

图 3－331　H55P25 井组示意图

表 3－112　现场试验井组水窜情况

水井井号	油井井号	井距/m	水窜前			水窜后			水窜时日注量/m³	水窜时注入压力/MPa	水窜时累注量/m³	水窜通道类型	备注
			液/(t/d)	油/(t/d)	含水率/%	液/(t/d)	油/(t/d)	含水率/%					
HH55P57	HH55P56	410	6.4	0.9	86	10.6	0.5	95	95	14.5	6570	非贯通缝	复产后含水持续上升
	HH55P58	390	8.4	1.7	80	7.3	0.6	92	95	14.5	6029	非贯通缝	
HH55P25	HH55P24	538	11.5	2.0	82	10.0	2.2	78	关井	14831	非贯通缝	氯根下降	

表 3－113　现场试验井组调剖前生产情况

水井井号	油井井号	井距/m	油井生产情况					水井生产情况		
			液/(t/d)	油/(t/d)	含水率/%	氯根/(mg/L)	动液面/m	注入压力/MPa	日注量/m³	累注水量/m³
HH55P57	HH55P56	410	10.92	0.56	94.9	35096	1301	20	9.9	37928
	HH55P58	390	10.93	0.28	97.4	30310	1632			
HH55P25	HH55P24	538	9.72	1.93	80.1	29832	1027	0	10	20318

二、调剖封窜方案的制定

HH55P57 井组及 HH55P25 井组均以封堵井间非贯通性裂缝为目标，堵剂体系选择酚醛树脂冻胶体系，调剖封窜目标为“封得住、注得进”，采用“多段塞、深部堵”的思路。根据连通性模型或油水井动态响应情况量化裂缝体积，设计堵剂用量。

典型井例：HH55P57 井组调剖封窜方案。

1. 堵剂用量设计

HH55P57 井连通性模型如图 3－332、图 3－333 所示，模型模拟可得 HH55P56 井方向传导率大、连通体积小，该方向注水动态响应更为明显。井组裂缝体积为 839.167m^3，微裂缝体积为 2219.667m^3（表 3－114）。

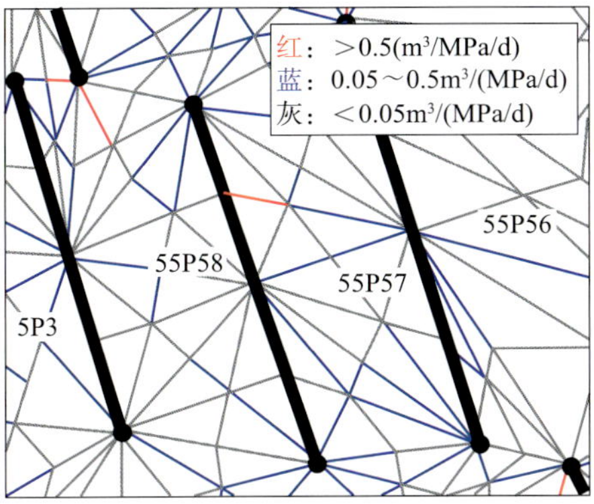

图 3－332　H55P57 井组传导率模型

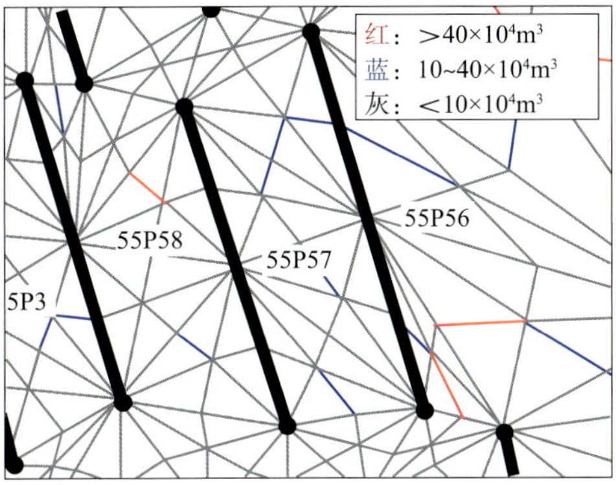

图 3－333　H55P57 井组连通体积模型

表 3－114　HH55P57 井组裂缝体积

	HH55P58		HH55P56		总计	
	传导率均值/（m^3/MPa/d）	体积/m^3	传导率均值/（m^3/MPa/d）	体积/m^3	传导率均值/（m^3/MPa/d）	体积/m^3
微裂缝区	0.047043	1387.126	0.05387	832.541	0.05046	2219.667
裂缝区	0.25581	460.05	0.29326	379.117	0.274535	839.167

将室内实验所得酚醛树脂冻胶体系的性能导入连通性模型，评价不同堵剂用量情况下油井生产一年的增油量，以此确定堵剂用量为 1000m^3（图 3－334）。

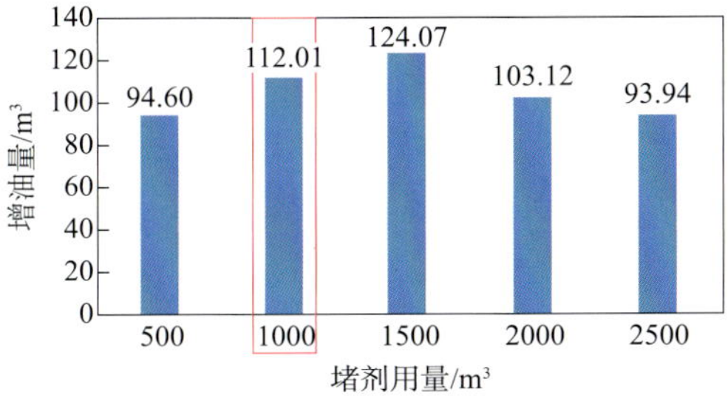

图 3－334　H55P57 井组裂缝体积

2. 段塞组合设计

HH55P57 井共设计四个段塞，其中各段塞堵剂及主要作用为：

（1）前置段塞：对近井和微裂缝进行充填，使后续段塞更好地进入高渗条带；并减小后续段塞在地层中的吸附。

（2）主体段塞：根据所起作用共分为三部分。

①第一部分：以封堵井间裂缝为主，为使注入压力缓慢上升，采用多个段塞实行强弱反复交替注入。

②第二部分：以封堵井间微裂缝为主，堵剂体系为较低浓度的酚醛冻胶体系，为使注入压力平缓上升，采用多个段塞实行强弱反复交替注入。

③第三部分：起封口作用，要求堵剂体系具有较高的强度。

（3）隔离段塞：为不同浓度聚合物溶液。通过不断降低聚合物浓度将主体段塞均匀地推进地层，保护主体段塞不被清水稀释破坏。

（4）顶替段塞：顶替清水将堵剂体系推入地层，以便后续注水。

施工过程中根据压力变化、油井产出液变化动态调整堵剂体系的配方及用量。考虑到堵剂体系的成胶时间，施工后关井候凝 10 天油水井开井生产。

3. 施工压力及排量设计

HH55P57 井前期注水时注入压力上升至 14MPa 对应油井动态反应明显，为封堵井间高渗条带，施工压力高于 14MPa，考虑地面管网承压能力，最高施工压力不高于 20MPa。

以低排量注入为原则，设计施工排量为 $2\sim4m^3/h$，施工过程中根据压力变化情况调整施工排量。

三、现场试验及效果评价

1. 试验目的

（1）封堵水窜井组的水窜通道，降低油井含水率，提高油井产量。

（2）验证堵剂体系在裂缝性致密油藏中的适用性，包括堵剂强度是否满足微裂缝封堵需求，段塞组合是否合理。

（3）验证裂缝性致密油藏调剖封窜决策技术的适应性，包括堵剂用量是否合理，效果预测是否准确等。

2. 施工情况

（1）HH55P57 井现场试验施工情况

2019 年 4 月 18 日至 2019 年 6 月 2 日对 HH55P57 井开展调剖封窜试验，累计注入堵剂 $1096m^3$，顶替液 $332.8m^3$，施工排量 $0.5\sim2.4m^3/h$，施工压力 8～20MPa，如图 3－335 所示。

（2）HH55P25 井现场施工情况

2019 年 6 月 29 日至 2019 年 8 月 16 日进行调剖现场施工，累计注入堵剂 $1705m^3$，顶替液 $227.5m^3$，施工排量 $1.3\sim2.4m^3/h$，施工压力 2～19.8MPa，如图 3－336 所示。

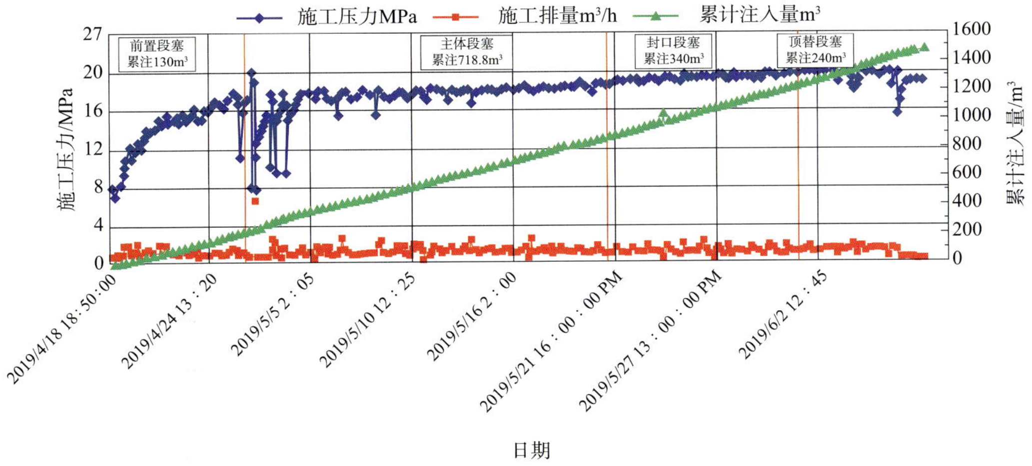

图 3-335 HH55P57 井施工曲线

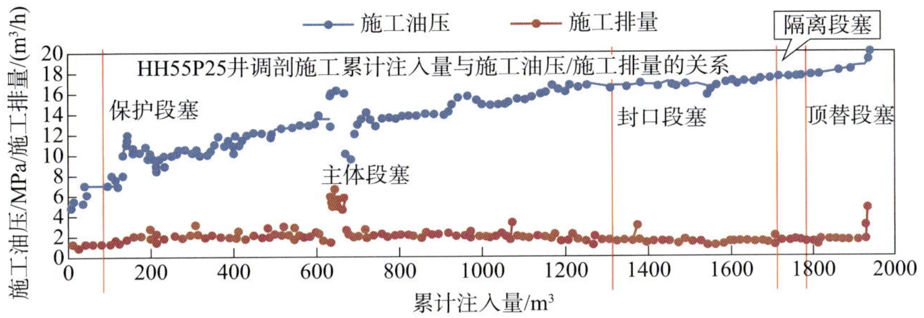

图 3-336 HH55P25 井施工曲线

3. 试验效果

调剖后 HH55P57 井注水压力上升 10MPa，HH55P25 井注水压力上升 3MPa，水窜裂缝得到有效封堵。两个井组对应油井含水下降 2~7 个百分点，日产油增加 1.5~2 倍，有效期平均 243 天，累计增油 189.3t，工艺成功率 100%，措施有效率 100%，增油效果较为显著（表 3-115、图 3-337 和图 3-338）。

表 3-115 调剖井组见效情况表

调剖井	对应油井	调剖前			调剖有效期内			累增油/t	有效期/d
		日产液/t	日产油/t	含水率/%	日产液/t	日产油/t	含水率/%		
HH55P57	HH55P56	8.53	0.36	95.7	8.22	0.73	91.1	97.7	239
	HH55P58	5.3	0.19	96.4	5.2	0.42	91.9	42.4	120
HH55P25	HH55P24	9.72	1.93	80.1	11.9	2.52	78.8	189.3	243

现场实验表明试验井组的水窜通道得到封堵，降低了油井含水率，提高了油井产量。堵剂体系适用于裂缝性致密油藏，堵剂强度满足微裂缝封堵需求，段塞组合合理。

现场施工情况表明裂缝性致密油藏调剖封窜决策技术堵剂用量设计符合率为 86.3%~93.6%，增油效果预测准确率为 96.4%~99.5%，堵剂用量推荐合理，效果预测准确率高，可以为调剖封窜堵剂用量设计及效果预测提供有效参考依据。

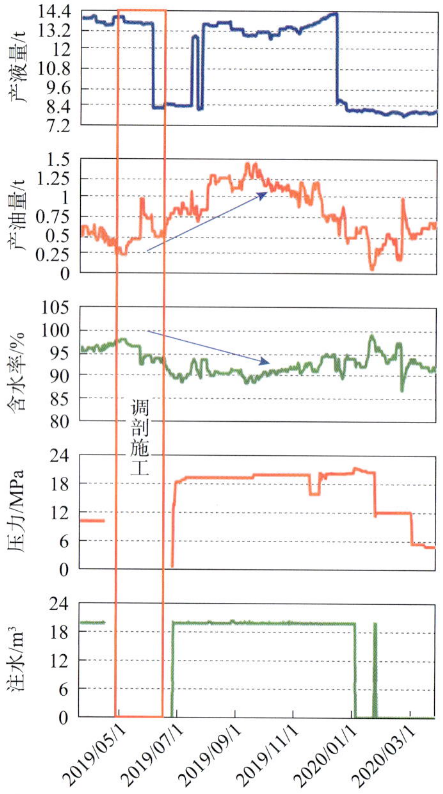

图 3-337 HH55P57 井组调剖前后注采曲线

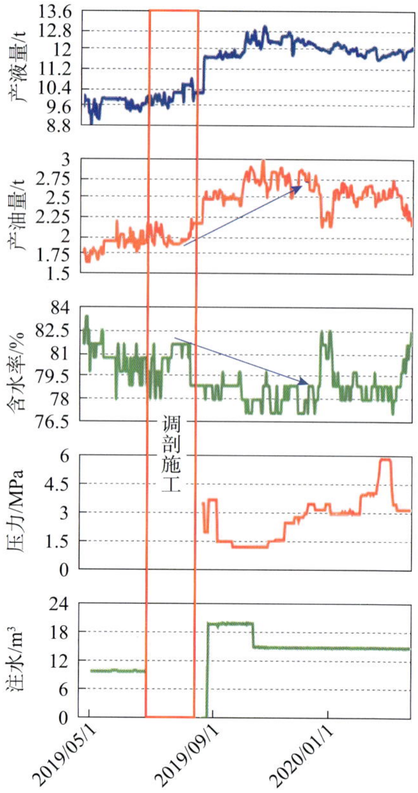

图 3-338 HH55P25 井组调剖前后注采曲线

第四章　致密砂岩油藏渗吸采油技术

第一节　致密低渗油藏渗吸采油基本理论

一、低渗油藏特点

低渗储层的形成与沉积作用、成岩作用和构造作用密切相关。根据不同地质因素在低渗储层形成过程中控制作用的大小，可分为原生、次生和裂缝性低渗储层。

(1)原生低渗储层：主要受沉积作用控制，沉积物粒度细，泥质含量高，岩石脆性较低，裂缝一般不发育。

(2)次生低渗储层：主要受成岩作用控制，由于机械压实作用、自生矿物充填、胶结作用及石英次生降低了孔隙度和渗透率，原生孔隙残留很少，形成致密储层。

(3)裂缝性低渗储层在构造运动产生的外力作用下，易发育裂缝，裂缝的存在提高了储层的渗透率。

中国的低渗透油气资源有着广泛的分布，截至2020年，已探明的低渗透油藏储量占中国总原油地质储量的54%。油藏以岩性油藏和构造岩性油藏为主，储层的物性差、孔隙度小、渗透率低，一半以上的储量存在于渗透率为$(1\sim10)\times10^{-3}\mu m^2$的油藏中。特低渗透油藏孔隙细小，溶蚀孔发育，孔喉半径小于1.5μm，非有效孔隙体积所占比例也很大，极大影响渗透率；同时，还具有储层非均质性强、原始含水饱和度高、储层敏感等特点。

在进行特低渗透油藏开发时，由于特低渗透油藏颗粒粒径非常小，比表面积大，边界层厚度大以及存在润湿性和毛管力等因素的影响，孔隙存在很大的渗流阻力，致使驱替压力梯度增大，产生较大的压力损耗，存在注水压力高、注入困难的问题，常规水驱开采效果差。

二、致密油藏渗吸采油基本理论

低渗透性致密储层包括低渗透油藏(基质渗透率为$0.1\times10^{-3}\sim10\times10^{-3}\mu m^2$)和致密储层(渗透率小于$0.1\times10^{-3}\mu m^2$)。其中，致密油藏储层物性比常规低渗油藏更差，储集层孔喉更加细小，孔隙结构复杂且连通性差，必须借助压裂技术才能实现经济有效开采。压裂后，地层中会形成主裂缝与多级次生裂缝相互交错的复杂裂缝网络系统，裂缝网络将储层基质切割成大小不一的基质岩块。裂缝具有较好地导流能力，但是原油主要储存在基质中，因此如果基质中的原油不能流动到裂缝中，就会出现压裂有效期短、产量迅速下降的现象。渗吸采油方式可以借助毛管力、重力等作用，用水或试剂溶液将基质中的原油置换到裂缝中并采出，致密油藏提高采收率已被广泛认为是最重要的技术。

渗吸是指多孔介质中自发地吸入润湿相流体，并置换出非润湿相流体的过程。微观机理可概括为以下三步：①在润湿相、非润湿相和多孔介质所组成的系统中，在附着张力的作用下，润湿相沿着多孔介质的孔喉向介质内部移动，多孔介质孔喉中的润湿相和非润湿相的界面会形成一个弯液面，随之产生毛管力；②因为毛管力的存在，多孔介质会不断地吸入润湿相，当多孔介质同时从四面吸入润湿相时，多孔介质的孔隙系统就会瞬时封闭，非润湿相被包围挤压，能量增大，具有向介质外部流出的趋势；③随着多孔介质进一步吸入润湿相，吸入能量降低，非润湿相溢出能量增高并开始向多介质外部溢出。由于多孔介质喉道大小分布不均，小的喉道吸入润湿相而大的喉道排出非润湿相的过程可以同时发生。

毛管力表达式如式(4－1)所示：

$$P_c = \frac{2\sigma\cos\theta}{r} \tag{4-1}$$

式中，P_c 为毛管力，MPa；σ 为油水界面张力，N/m；θ 为接触角，°；r 为毛管半径，μm。

由公式(4－1)可知，毛管力与油水界面张力、岩石润湿性、毛管半径有关，其中毛管半径越小，毛管力越大，因此对于喉道狭窄的低渗油藏，毛管力是非常重要的驱替动力。

渗吸过程还会受到重力的影响。水注入地层后，由于小孔道产生的毛管力比大孔道产生的毛管力大，当地层内的毛管力可以克服末端效应的影响时，水会从小孔道进入并驱动大孔道的原油。如果重力作用明显，由于油水密度差异，产生的浮力可以将油滴从岩块上方采出，此时水和油的流动方向相同，发生顺向渗吸，如图4－1中(a)所示。如果重力作用不明显，毛管力为主要驱替动力，则水和油的流动方向相反，发生逆向渗吸，如图4－1中(b)所示。

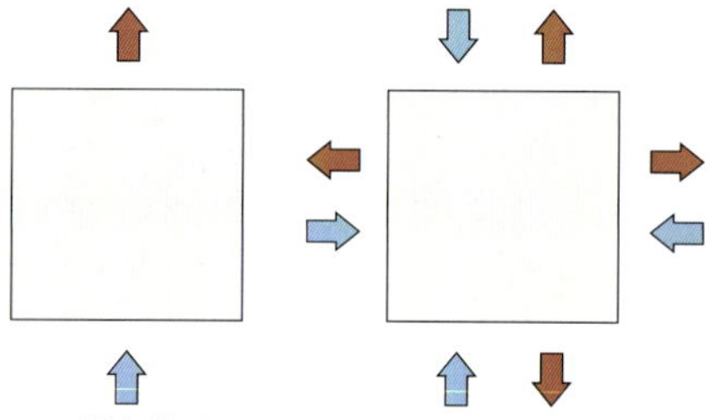

图4－1　顺向渗吸和逆向渗吸示意图

Schechter 等人提出用逆邦德数 N_B^{-1} 来表示岩心渗吸过程中毛管力作用和重力分异作用的影响情况，并判断渗吸的类型，其表达式为：

$$N_B^{-1} = C\frac{\sigma\sqrt{\frac{\phi}{k}}}{H\Delta\rho g} \tag{4-2}$$

式中，C 为岩石的几何尺寸相关的常数，对圆形毛管而言，C 常取0.4；ϕ 为岩心孔隙度，小数；k 为岩心渗透率，$10^{-3}\mu m^2$；H 为岩心高度，cm；$\Delta\rho$ 为水油密度差，g/cm³；g 为重力加速度，cm/s²。

Schechter 同时给出了渗吸类型的判别方法：当 $N_B^{-1}>5$ 时，渗吸类型为毛管力作主导力的逆向渗吸；当 $N_B^{-1}<0.2$ 时，渗吸类型为重力作主导力的顺向渗吸；当 N_B^{-1} 为0.2～5时，渗吸受到毛管力和重力的共同作用。

随着研究的深入，学者们逐渐认识到润湿性对渗吸过程起到重要的影响，并对逆邦德数N_B^{-1}的表达式进行了改进：

$$N_B^{-1} = C\frac{2\sigma\cos\theta\sqrt{\dfrac{\phi}{k}}}{H\Delta\rho g} \tag{4-3}$$

从以上公式可以看出，润湿性和油水界面张力对于岩心渗吸排油效果的影响较大。岩心渗吸排油本质是一个水驱油的过程，对于油湿岩心而言，油相是润湿相，而水相是非润湿相，根据毛管力公式，毛管力是渗吸过程的阻力，不利于渗吸过程的进行；对于水湿岩心而言，水相是润湿相，而油相是非润湿相，根据毛管力公式，毛管力是渗吸过程的动力，且岩石表面亲水性越强，毛管力就越大，排油动力越大，越有利于岩心渗吸排油。要想提高岩心渗吸排油采出程度，需要将中性或油湿的岩心表面转变成水湿表面，并增强其水湿程度。

界面张力对渗吸排油过程的影响具有双面性，界面张力存在一个最优范围，一方面，对于毛管力来说，界面张力越大，毛管力也越大，渗吸的动力越强，越有利于提高渗吸排油采出程度；另一方面，渗吸过程中存在将油滴从岩石表面剥离的过程，这一过程需要克服黏附力，对于黏附力来说，界面张力越低，才越有利于油滴剥离，因此界面张力对岩心渗吸排油过程的影响很复杂。

很多学者认为，除了公式中体现的润湿性、界面张力、渗透率、毛管半径和长度等因素，乳化性、原油黏度、含油饱和度、温度、裂缝条数、外部压差等因素也对渗吸过程有明显影响。因此，为改善渗吸效果，需要进一步搞清渗吸机理和各个因素对渗吸过程的影响，并在此基础上，通过研发针对性的试剂体系，促进渗吸效果。

第二节　致密低渗油藏渗吸采油机理室内研究

致密油藏经过水平井分段多级压裂后，最终会在地层形成主裂缝与多级次生裂缝相互交错的复杂裂缝网络系统。储层基质会被裂缝网络切割成大小不一的基质岩块，会大大增加基质与裂缝的接触面积。基质和裂缝存在孔隙尺度的差异，在基质中存在较强的毛管力，将裂缝中水吸入基质，进而排出基质中的油，即渗吸采油现象。渗吸是指多孔介质中自发地吸入润湿相流体并置换出非润湿相流体的过程。裂缝性致密油藏注水渗吸采油主要是毛管压力、重力(浮力)和外部压差(基质外部流体压力与孔隙压力之差)渗吸动力、黏滞力和贾敏效应等附加阻力效应共同作用的结果。

渗吸采油为红河长8油藏补充地层能量高效开发的重要方式，已经在矿场试验中得到了应用并取得成功。然而，矿场渗吸效果影响因素复杂，存在对规律认识不够明确等问题，因此，深入研究渗吸采油效果影响因素及明确其规律，对于改善红河长8油藏矿场渗吸效果具有重要意义。国内外研究学者针对致密储层渗吸规律，采用质量法和体积法开展了相关研究并取得了一定认识，但目前实验研究主要集中于常压下渗吸置换(自发渗吸)，并未考虑外部流体压差影响下的渗吸置换(高压渗吸)。在矿场渗吸采油模式下，渗吸置换原油过程还受到外部压差(基质外部流体压力与孔隙压力之差)作用影响。典型的压差作用下基质岩块渗吸示意图如图4-2所示。高压渗吸模式下，渗吸作用主导的两相渗流区内，基质周围流体压力普遍高于孔隙压力，该基质岩块在压差（ΔP，基质外部流体压力与孔隙压力的差值）和毛管力作用下发生渗吸置换，Q_w、Q_o 分别代表水相和油相流速。

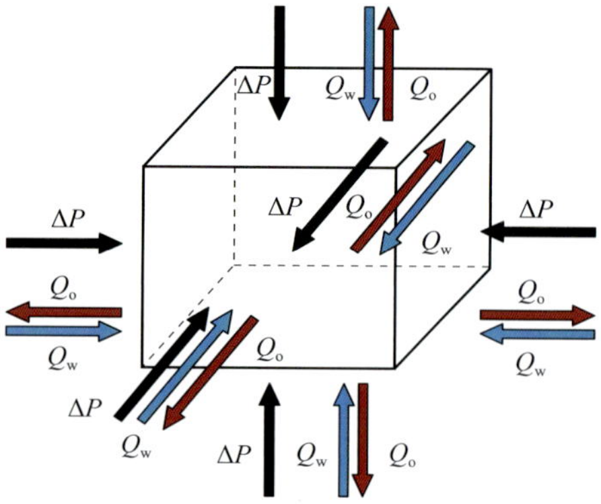

图 4－2　压差 ΔP 作用下岩心渗吸示意图

对于致密岩心高压渗吸规律实验研究，常规的体积法和质量法模拟研究渗吸规律存在以下几个难点问题：①岩心尺度的渗吸置换量少，且物理模拟实验在加压条件下进行，常规的体积法难以实现精确计量，同时传统的体积法渗吸瓶无法模拟施加压差；②传统的质量法渗吸无法模拟外加压差对渗吸效果的影响。

因此，围绕上述渗吸实验研究存在的难点问题，自主设计了高温高压渗吸反应釜，针对红河长 8 裂缝性致密油藏特征条件，开展了增压幅度、油水界面张力、岩石润湿性和渗吸接触条件等因素对渗吸效果影响规律研究，并明确影响渗吸采油的主控因素。基于核磁共振技术和岩心渗吸实验相结合的方法，从微观和宏观角度揭示了不同渗吸主控因素下的增效作用机理。

一、实验材料与仪器

实验用岩心为长 8 天然露头岩心；实验用水为长 8 模拟地层水，地层水矿化度为 65000mg/L（表 4－1）。氯化钠、氯化钾、氯化钙、六水氯化镁或无水氯化镁、碳酸氢钠均为分析纯，用于配制不同矿化度地层水。实验用油为长 8 地层模拟油：脱气原油和煤油以 1：5 比例配制。

表 4－1　模拟地层水离子组成表　　mg/L

Na^+	Ca^{2+}	Mg^{2+}	SO_4^{2-}	HCO_3^-	Cl^-	总矿化度
12900	11370	110	450	170	40000	65000

实验仪器：岩心端面切割机、孔渗联测仪、岩心抽真空加压饱和装置、高温高压反应釜渗吸实验装置（图 4－3）：由 Sartorius 赛多利斯高精度天平（0.001g）、数据自动采集系统、控温系统、烧杯和升降台等组成。

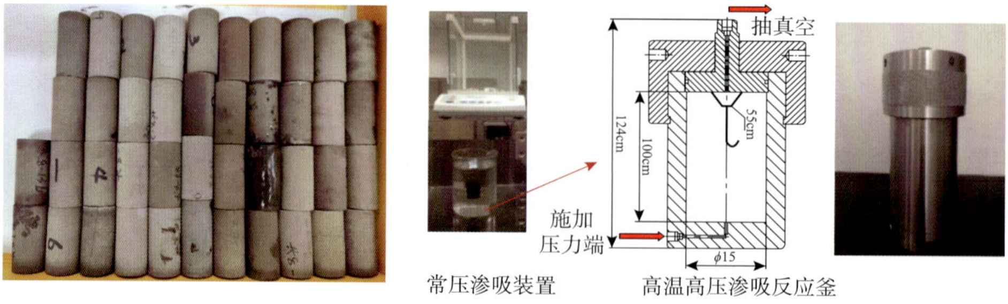

图 4－3　实验用长 8 储层露头岩心与高温高压反应釜渗吸装置

二、岩心渗吸实验方法

（一）常压渗吸实验方法

常压静态渗吸实验是将岩心浸泡在烧杯中，用铜丝钩挂在精密天平下端挂钩上，实时监控岩心质量变化。

根据不同渗吸时刻的吸水排油量，可以计算得到不同时刻的渗吸采收率。渗吸采收率不再发生变化的时间为渗吸平衡时间，此时渗吸采收率为最终渗吸采收率。根据最终渗吸采收率和渗吸平衡时间，可以计算出平均渗吸速率。瞬时渗吸速率为不同时刻的渗吸采收率和渗吸时间的曲线斜率。具体计算过程如下所示：

（1）岩心渗吸采油量 ΔV_o：

$$w_i - w_o = (\rho_w - \rho_o)\Delta V_o \tag{4-4}$$

（2）岩心饱和油量 V_{oi}：

$$V_{oi} = \frac{\phi \pi d^2 L S_{oi}}{4} \tag{4-5}$$

（3）渗吸采收率：

$$R_i = \frac{\Delta V_o}{V_o} = 4\frac{W_i - W_o}{\phi \pi d^2 L S_{oi}(\rho_w - \rho_o)} \times 100\% \tag{4-6}$$

式中，R_i 为不同渗吸时间下的渗吸采收率；w_i 为不同渗吸时间下的岩心质量；w_0 为初始饱和油岩心质量；ϕ，d，L 分别为岩心孔隙度、直径和长度；S_{oi} 为岩心含油饱和度；ρ_w，ρ_o 分别为模拟水和模拟油密度。

（二）高压渗吸实验方法

利用长 8 储层天然露头岩心，采用设计好的高温高压渗吸反应釜装置，通过质量法研究压差对渗吸效果的影响规律，具体高压渗吸实验流程如下：

（1）岩心孔渗数据测定：测定天然露头岩心的长度、直径，烘干称取干重。利用孔渗联测仪测定天然露头岩心的孔隙度和渗透率。

（2）岩心抽真空加压饱和模拟油：①将烘干岩心放入高压反应釜中，再将反应釜裹上加热套，上端连接回压阀与真空泵，下端连接加压饱和装置。②岩心抽真空 1 天：关闭回压阀前端阀门，打开真空泵抽真空 24h（关闭真空泵前先将真空泵前的阀门关上以防止倒吸现象）。③岩心 10MPa 加压饱和 3 天。打开加压饱和装置前端阀门，利用手摇泵给反应釜中的岩心加压饱和，利用反应釜上端接口的手摇泵设置回压阀压力，打开上端回压阀阀门，通过调整两个手摇泵达到预期的压力值。岩心饱和模拟油后，放置油藏温度 65℃下，老化 7 天（图 4－4）。

（3）高压渗吸实验：65℃条件下，将老化 7 天的岩心放入反应釜中进行高压渗吸实验，将岩心用铜丝捆绑，勾挂在高压反应釜上端，加入渗吸剂浸没岩心，用相同方式对反应釜加压渗吸，每隔一段时间卸压将反应釜打开，取出岩心称重，根据不同时间的岩心渗吸后的质量差，计算出高压渗吸采收率。通过改变压差为 0.5MPa、1MPa、3MPa、5MPa、

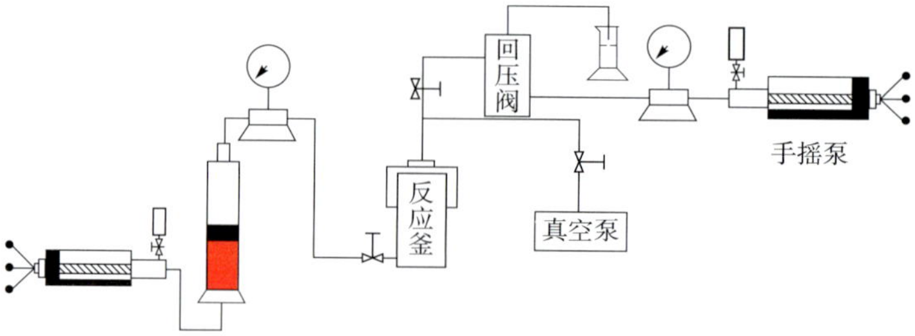

图 4-4 反应釜加压饱和实验装置图

10MPa 得到不同时刻下的高压渗吸采收率。

$$R = \frac{m_t - m_i}{(\rho_w - \rho_o)V} \tag{4-7}$$

式中，m_t、m_i 为渗吸实验过程中岩心的质量和岩心初始质量；ρ_w、ρ_o 为地层水与模拟油的密度；V 为饱和油体积。

根据上述高压渗吸实验方法，分别研究了在恒压差渗吸模式和变压差渗吸模式下，压差对渗吸效果的影响规律。其中：恒压差渗吸模式为固定压差不变，研究压差对渗吸效果的影响，变压差渗吸模式为在恒定某一压差的基础上，当渗吸采收率不再发生变化的时候，通过继续改变压差，研究压差对岩心渗吸效果的影响。

三、岩心渗吸效果影响规律研究

（一）界面张力影响

根据渗吸实验方法，在模拟温度 65℃ 和常压条件下，选取相同渗透率范围物性相近的致密岩心，通过加入不同浓度的表面活性剂来调整油水界面张力，研究油水界面张力对渗吸效果影响的规律。实验用岩心数据见表 4-2。

表 4-2 油水界面张力影响用岩心基本物性数据

油水黏度比	岩心号	直径/cm	长度/cm	孔隙度/%	渗透率/$10^{-3}\mu m^2$
30	12	2.468	4.85	11.35	0.459
1	13	2.465	4.68	12.56	0.510
0.297	14	2.475	4.42	12.87	0.533
0.065	15	2.478	4.53	13.12	0.542

根据不同时刻的不同油水界面张力下岩心渗吸采油量随渗吸时间的变化关系，绘制出渗吸采收率随时间的变化关系（图 4-5），实验结果见表 4-3。

随着油水界面张力降低，渗吸平衡时间缩短，平均渗吸速率增加，渗吸采收率增加（图 4-6）。当界面张力低于 1mN/m 时，采收率增加幅度降低，存在合理的界面张力范围为 0.01～0.1mN/m。

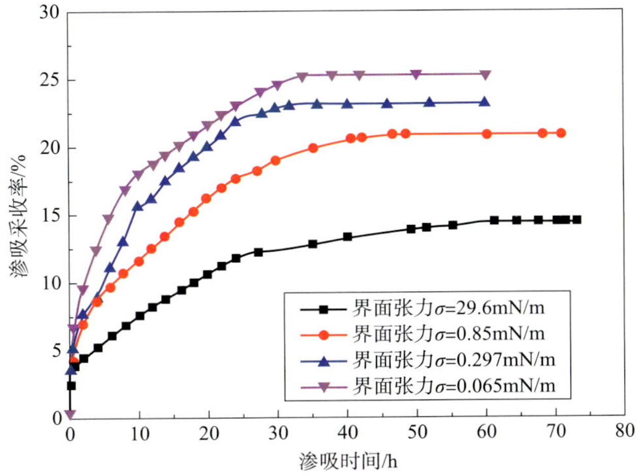

图 4-5　不同界面张力下的渗吸采收率随渗吸时间的变化关系曲线

表 4-3　不同界面张力下岩心的渗吸采收率和平均渗吸速率

界面张力/(mN/m)	孔隙度/%	渗透率/$10^{-3}\mu m^2$	渗吸采收率/%	平均渗吸速率/(%/h)
30	11.35	0.459	14.59	0.228
1	12.56	0.510	20.93	0.450
0.297	12.87	0.533	23.23	0.762
0.065	13.12	0.542	25.32	0.844

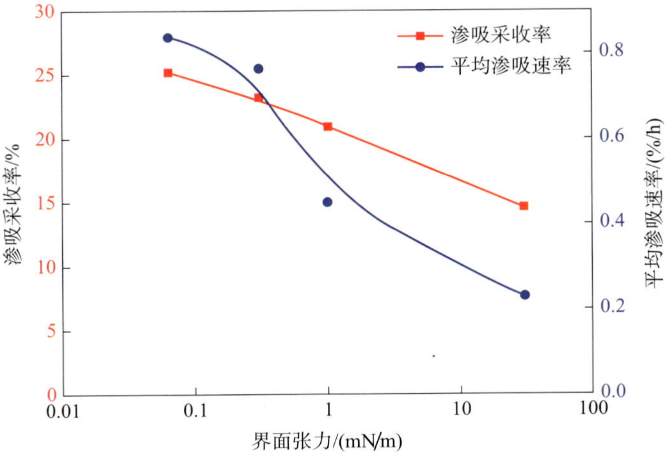

图 4-6　不同界面张力下的渗吸采收率和平均渗吸速率

油水界面张力降低，一方面能够改善油滴流动情况，降低渗吸排油过程油滴通过孔喉的贾敏阻力效应，但另一方面降低渗吸动力毛管力，存在合理的界面张力范围。

(二)润湿性影响

将饱和油的亲水岩心，在模拟地层油中油藏温度条件下老化不同时间，制备不同润湿性的岩心，进行自发渗吸实验研究，研究不同润湿性下渗吸采收率。实验用岩心基本数据见表 4-4。

表 4-4 润湿性影响岩心基本物性数据

岩心号	直径/cm	长度/cm	孔隙度/%	渗透率/$10^{-3}\mu m^2$
16	2.475	4.66	11.75	0.482
17	2.468	4.53	12.34	0.513
18	2.476	4.65	11.65	0.517
19	2.480	4.38	12.32	0.561
20	2.475	4.42	11.85	0.547

根据不同时刻的不同老化时间和润湿性条件下岩心渗吸采油量随渗吸时间的变化关系，绘制出渗吸采收率随时间的变化曲线(图 4-7)，实验结果见表 4-5。

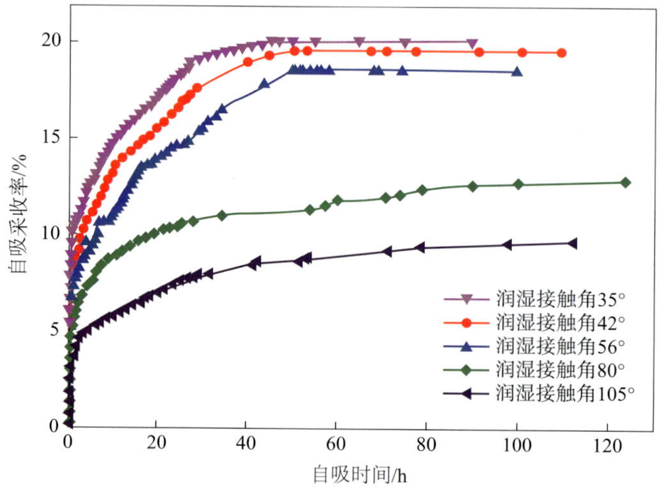

图 4-7 不同润湿岩心的自吸采收率随自吸时间的变化关系曲线

表 4-5 不同润湿岩心的渗吸采收率和平均渗吸速率

老化时间/d	润湿接触角/(°)	孔隙度/%	渗透率/$10^{-3}\mu m^2$	渗吸采收率/%	平均渗吸速率/(%/h)
0	35	11.75	0.482	20.15	0.446
1.0	42	12.34	0.513	19.66	0.432
3.0	56	11.65	0.517	18.63	0.405
5.0	80	12.32	0.561	12.72	0.158
7.0	105	11.85	0.547	9.77	0.120

由图 4-8 可知随着老化时间延长，模拟原油中重质组分极性物质的吸附岩心表面，岩心水湿程度减弱；岩心由于水湿程度减弱，岩心渗吸平衡时间延长，平均渗吸速率降低，渗吸采收率降低。当润湿性调控为中等水湿至强水湿范围(润湿接触角 30°~60°)时，渗吸采收率和渗吸速率均很高。

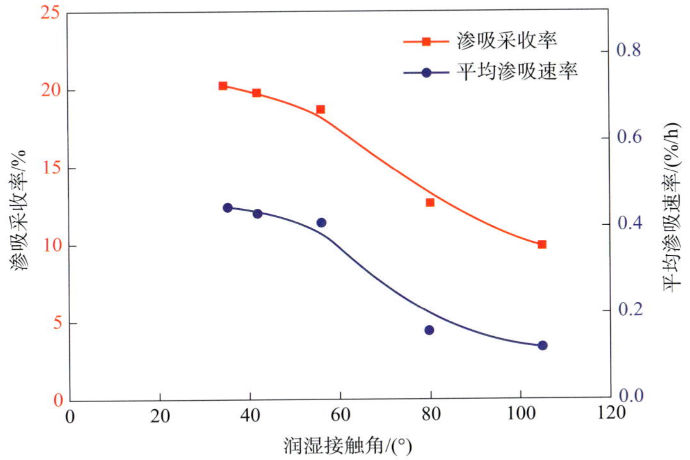

图4－8 不同润湿岩心的渗吸采收率和平均渗吸速率

(三)增压模式及增压幅度影响

红河 HH37 井区油藏平均中深2178m，原始平均地层压力为18.84MPa，目前平均地层压力10.19MPa，地层压力保持水平54.1%。结合前期矿场渗吸试验过程起压情况和多轮次渗吸吞吐实际，前期统计井分析，由于红河长8油藏大部分为天然能量开采，亏空严重，首轮应用渗吸采油的油井注入过程中72.2%的油井不起压；起压油井的渗吸增油明显好于不起压油井，且有效期较长。因此，根据矿场单轮次吞吐和多轮次渗吸吞吐实际，设计恒增压渗吸和变增压渗吸模式实验，研究不同高压渗吸模式的渗吸效果。

1. 恒增压渗吸模式下岩心高压渗吸效果影响研究

1)不同渗吸模式下渗吸效果对比

根据高压渗吸实验方法，采用高温高压渗吸反应釜装置，研究了恒增压渗吸模式下常压渗吸与高压渗吸压差0.5MPa下对岩心渗吸效果的影响规律，实验结果如图4－9至图4－12所示。

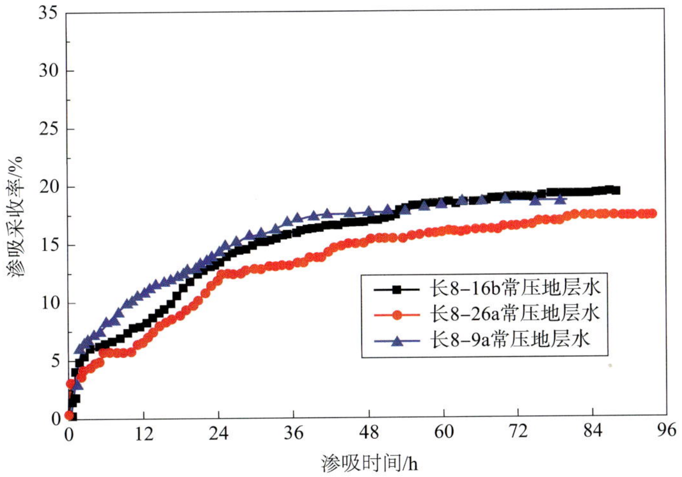

图4－9 常压渗吸模式下地层水渗吸采收率随时间的变化关系

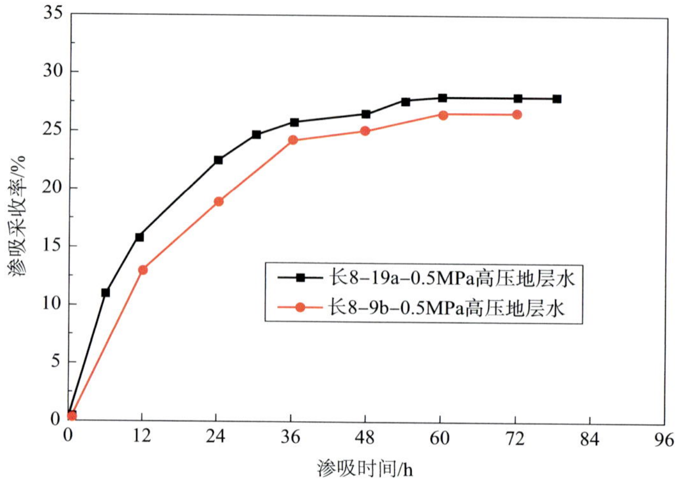

图4-10 高压渗吸模式下地层水渗吸采收率随时间的变化关系

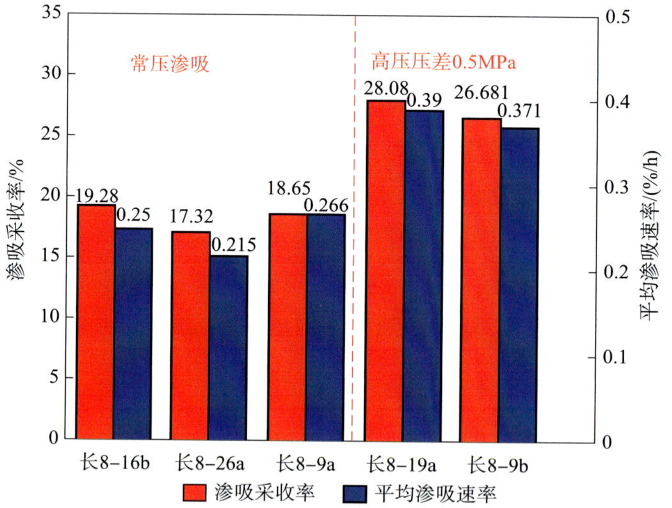

图4-11 常压和高压渗吸模式下岩心地层水渗吸采收率和速率对比

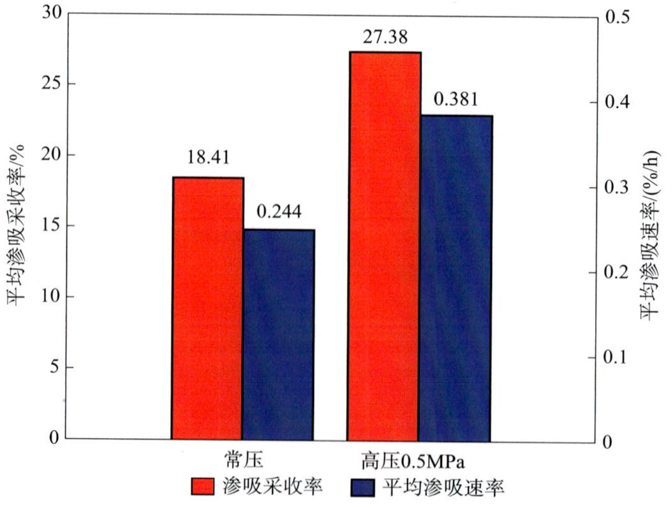

图4-12 不同渗吸模式下平均渗吸采收率与速率对比

结合矿场渗吸试验过程起压情况，对比常压渗吸模式和高压渗吸模式后压差 0.5MPa 条件下渗吸采收率和渗吸速率，由图 4－9 结果分析可知：常压渗吸模式下 3 根岩心渗吸采收率范围为 17.32%～19.28%，平均渗吸速率范围为 0.215%～0.266%/h；高压渗吸模式下压差 0.5MPa 条件下的 2 根岩心渗吸采收率范围为 26.68%～28.08%，平均渗吸速率范围为 0.371%～0.39%/h。相比于常压渗吸模式，高压压差 0.5MPa 条件下岩心渗吸采收率提高 7%～10%，渗吸速率提高 1～2 倍。

由图 4－10 中结果分析可知：常压渗吸模式下的岩心平均渗吸采收率和渗吸速率分别为 18.41% 与 0.244%/h；高压渗吸模式压差 0.5MPa 的岩心平均渗吸采收率和渗吸速率分别为 27.38% 与 0.381%/h。相比于常压渗吸模式，高压渗吸模式压差 0.5MPa 条件下岩心平均渗吸采收率和渗吸速率分别增加了 8.97% 和 0.137%/h。在外加压差作用下，促进了地层水向岩心内部渗吸进入孔隙，加快了油水渗吸置换，提高了渗吸速率。

2）增压幅度影响

在上述常压渗吸模式和高压渗吸模式压差 0.5MPa 渗吸实验结果对比的基础上，为了进一步阐明高压渗吸模式不同增压幅度对压差渗吸及岩心渗吸效果的影响，开展了不同增压幅度下岩心渗吸实验，岩心的基础物性参数见表 4－6，实验结果如图 4－13 所示。

表 4－6 增压幅度影响研究用岩心基本物性参数

增压幅度/MPa	岩心编号	长度/cm	直径/cm	岩心干重/g	岩心湿重/g	含油饱和度/%	孔隙度/%	渗透率/$10^{-3}\mu m^2$
0.5	长 8－9b	4.942	2.524	56.491	59.348	45.85	14.12	1.310
1	长 8－29b	5.040	2.530	56.828	60.875	45.68	13.83	1.265
3	长 8－4a	4.926	2.530	55.946	58.858	48.18	13.41	1.340
5	长 8－3a	4.930	2.540	56.828	59.525	43.89	14.60	1.348
10	长 8－13a	4.940	2.540	56.888	59.618	43.33	14.76	1.330

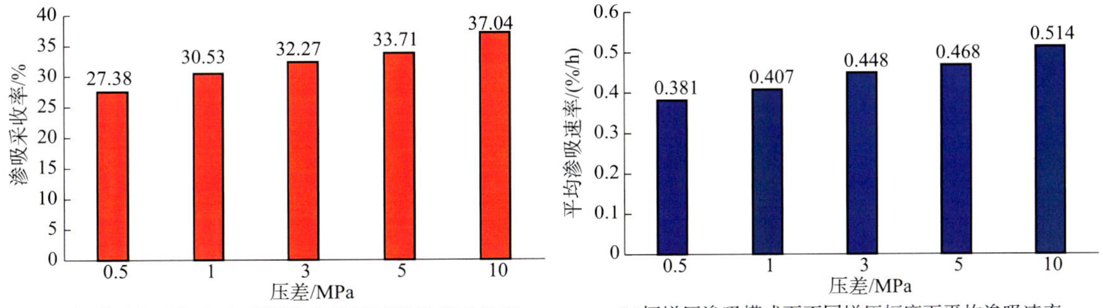

(a)恒增压渗吸模式下不同增压幅度下平均渗吸采收率 (b)恒增压渗吸模式下不同增压幅度下平均渗吸速率

图 4－13 恒增压渗吸模式下不同压差下渗吸采收率与平均渗吸速率柱状图

对图 4－13 中实验结果分析可知：在恒增压渗吸模式下，随着增压幅度（外加压差）增加，渗吸采收率和渗吸速率增加。当压差从 0.5MPa 增加至 10MPa，渗吸采收率由 27.38% 增加至 37.04%，渗吸速率由 0.381%/h 增加至 0.514%/h。表明：施加压差能够

表 4－8　不同因素下渗吸液渗吸采收率数据表

岩心编号	不同边界条件下特征长度	压差/MPa	界面张力/(mN/m)	润湿角/°	渗吸采收率/%
长 8－8a	0.442	0	28.7	119.6	22.03
长 8－13b	0.449	0	28.7	119.6	16.05
长 8－24a	2.495	0	28.7	119.6	14.25
长 8－16b	0.441	0	28.7	119.6	19.28
长 8－26a	0.44	0	28.7	119.6	17.32
长 8－9a	0.441	0	28.7	119.6	18.65
长 8－19a	0.442	0.5	28.7	119.6	28.08
长 8－9b	0.439	0.5	28.7	119.6	26.681
长 8－29b	0.44	1	28.7	119.6	30.53
长 8－4a	0.44	3	28.7	119.6	32.27
长 8－3a	0.442	5	28.7	119.6	33.71
长 8－13a	0.442	10	28.7	119.6	37.04
长 8－28a	0.44	0	0.0078	100.3	27.47
长 8－30b	0.441	0	0.0542	52.1	30.23
长 8－6b	0.44	0	0.0289	95.8	20.63
长 8－30a	0.441	0	0.368	56.7	24.11
长 8－19b	0.443	0.5	0.0542	52.1	38.52
长 8－21b	0.442	0	0.107	69.5	33.75
长 8－5a	0.442	0.5	28.7	119.6	28.91
长 8－12b	0.447	0.5	28.7	119.6	19.42
长 8－29a	2.445	0.5	28.7	119.6	15.81

SPSS 软件统计分析结果中的 R^2 代表了多元线性回归方程的拟合程度，R^2 越高，表明多元线性回归方程拟合度越高；显著性代表了多元线性回归方程的合理性，显著性低于 0.05，即表明该方程有意义；标准化系数代表了自变量经标准化后与因变量的相关程度，标准化系数的绝对值越高，表明这个自变量与因变量的相关性越强，且对因变量的影响程度越大。

(a)导入数据

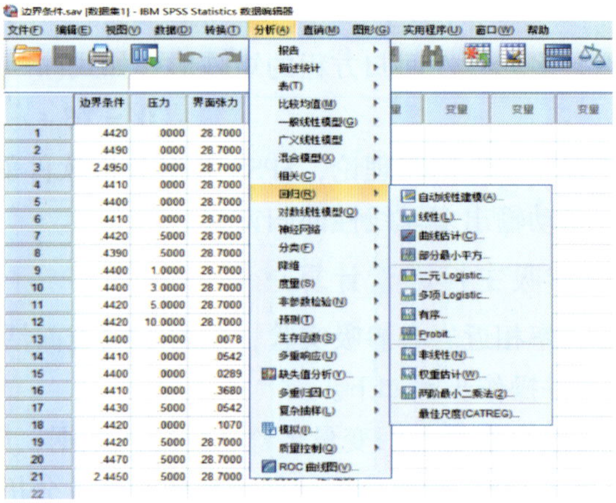

(b)进入多元线性回归分析模式

图 4－18　SPSS 软件分析渗吸主控因素过程

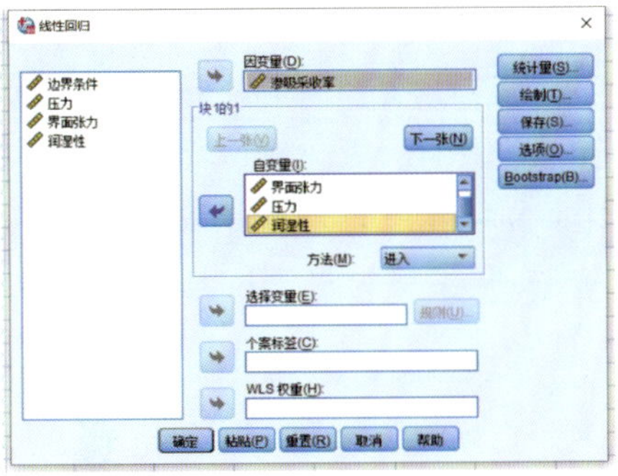

(c)设定自变量与因变量

模型汇总

模型	R	R方	调整R方	标准估计的误差
1	.818a	.669	.586	4.9185008

a.预测变量:(常量)，润湿性，边界条件，压力，界面张力。

Anova[a]

模型		平方和	df	均方	F	Sig.
1	回归	781.470	4	195.368	8.076	.001b
	残差	387.066	16	24.192		
	总计	1168.537	20			

a.因变量:渗吸采收率

b.预测变量:(常量)，润湿性，边界条件，压力，界面张力。

系数[a]

模型		非标准化系数		标准系数	t	Sig.
		B	标准误差	试用版		
1	(常量)	42.098	7.429		5.666	.000
	边界条件	−4.703	1.871	−.375	−2.153	.023
	界面张力	.034	.192	.060	.180	.860
	压力	1.832	.486	.571	3.768	.002
	润湿性	−.155	.100	−.508	−1.554	.140

a.因变量:渗吸采收率

(d)得出结果

图 4－18　SPSS 软件分析渗吸主控因素过程(续)

(三) 统计结果与分析

利用多元线性回归方法，以提高渗吸效果为指标，计算了各影响因素(3 种)的相关系数，评价各影响因素对高压渗吸效果的影响程度。

由图 4－19 可知，增压幅度是影响渗吸效果的主控因素，其次是岩石润湿性调控能力。因此，基于上述主控因素的明确，能够为后续改善矿场的渗吸效果及渗吸剂的选取提供理论依据。

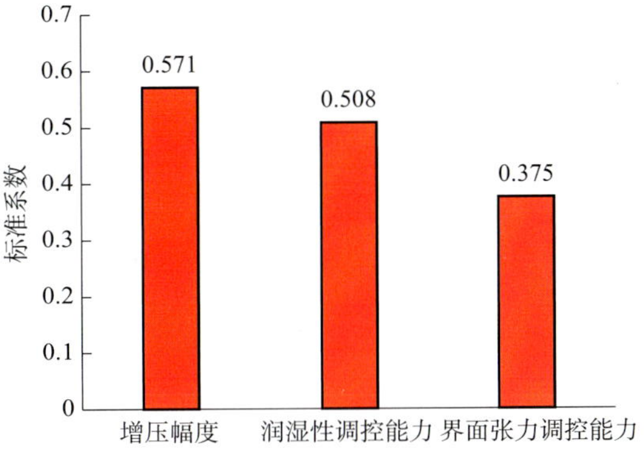

图 4－19　不同因素对渗吸效果影响的相关系数

五、核磁共振微观渗吸作用机理研究

致密油高压下注水渗吸主要受到毛管压力、重力和外部压差(基质外部流体压力与孔隙压力之差)作用影响，渗吸物理模拟实验通常在常压(压差 0MPa)下进行(自发渗吸)，高压压差条件下的渗吸置换特征尚未研究。上一节主要围绕高压渗吸模式，研究了压差、渗吸剂和边界条件对渗吸效果的影响，从岩心尺度明确了高压渗吸效果的影响规律及主控因素，然而微观尺度下高压渗吸过程中不同孔隙尺寸中原油动用特征还不够明确及渗吸作用距离和范围有待研究。

低场核磁共振技术能够定量表征不同孔隙尺寸原油动用程度，因此，以长 8 致密砂岩储层为例，通过核磁共振 T_2 谱测试技术，开展了长 8 油藏常压和高压渗吸模式下地层水和渗吸剂渗吸过程中 T_2 谱的变化规律，基于核磁共振原理和数据处理方法，明确岩心渗吸过程中不同孔喉尺寸中剩余油赋存量的变化特征，微观角度揭示高压渗吸模式下渗吸排驱动用范围。同时设计了岩心单一端面边界模拟裂缝端面渗吸实验，来对比研究常压和高压渗吸模式下地层水的渗吸作用距离和作用范围的差异，进一步明确高压下渗吸的微观作用机理。

（一）实验材料与仪器

（1）实验材料：实验用岩心为长 8 天然露头岩心（表 4－9）；实验用水为长 8 模拟地层水，地层水矿化度为 65000mg/L（表 4－10）。氯化钠、氯化钾、氯化钙、六水氯化镁或无水氯化镁、碳酸氢钠均为分析纯，用于配制不同矿化度地层水。实验用油为长 8 地层模拟油：脱气原油和煤油以 1∶5 比例配制。核磁共振实验为了消除地层水中氢信号使用氯化锰 $MnCl_2$。

表 4－9　岩心基础数据表

岩心编号	长度 L/cm	直径 D/cm	岩心干重/g	岩心湿重/g	含油饱和度/%	孔隙度/%	渗透率/$10^{-3}\mu m^2$
长 8－9a	4.94	2.536	56.368	59.389	47.06	13.63	1.31
长 8－9b	4.94	2.524	56.491	59.348	45.85	13.82	1.31
长 8－10a	4.96	2.53	56.657	59.521	45.47	14.35	1.36
长 8－10b	4.91	2.524	56.217	59.640	46.15	14.12	1.36

表 4－10　模拟地层水离子组成表　mg/L

Na^+	Ca^{2+}	Mg^{2+}	SO_4^{2-}	HCO_3^-	Cl^-	总矿化度
12900	11370	110	450	170	40000	65000

（2）实验设备：岩心端面切割机、孔渗联测仪、岩心抽真空加压饱和装置、常压渗吸实验装置（图 4－20）（由 Sartorius 赛多利斯高精度天平（0.001g）、数据采集系统、控温系统、烧杯和升降台等组成）、高温高压渗吸实验反应釜、高温高压核磁共振分析与成像仪（苏州纽迈分析仪器）（图 4－21）、ISCO 恒速恒压泵、岩心夹持器模型（Φ2.5cm × 10cm）、中间容器、六通阀、烘箱等。

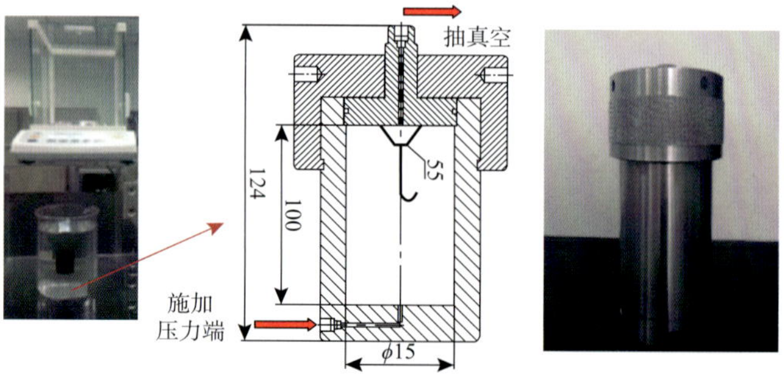

常压渗吸装置　高温高压渗吸反应釜

图 4－20　常压渗吸实验装置图

图 4－21　核磁共振分析与成像仪

（二）微观渗吸机理研究方法

高压下渗吸机理除受到毛管压力、重力（浮力）作用之外，还受到外加压差作用的影响。在岩心宏观渗吸规律研究的基础上，利用核磁共振设备，从微观角度，定量分析高压渗吸模式下，地层水和渗吸剂在渗吸过程中，对不同孔喉尺寸中原油的动用规律及微观排驱机理，且分析不同增压范围和渗吸介质条件下，地层水和渗吸剂影响下不同孔喉尺寸原油动用变化规律差异，从微观角度揭示高压渗吸模式下渗吸排驱动用范围和作用距离。

1. 核磁共振原理

本次研究利用核磁共振扫描仪来研究高压渗吸微观作用机理。核磁共振扫描技术通常将在外加磁场作用下氢核非平衡态磁化矢量的横向分量衰减到零的过程所需的时间，即横向弛豫时间 T_2，作为检测信号开展研究。

横向弛豫时间 T_2 变化主要受表面弛豫时间的影响，即受孔隙尺寸的影响，且表面弛豫时间变化与孔隙尺寸间呈正相关，它们的关系为：

$$\frac{1}{T_2}=\rho_2\frac{S}{V}=C\frac{1}{r} \tag{4-10}$$

式中，T_2 为核磁共振表面弛豫时间，ms；ρ_2 是弛豫率，μm/ms；S/V 为孔隙比表面；C 为转换系数；r 为孔喉半径，μm。

孔隙半径分布是反映岩石孔隙结构的重要参数，通过测量饱和流体在孔隙中液体的弛豫时间 T_2 分布，来表征对应孔隙尺寸大小，通过 T_2 谱的分布可以确定孔径分布。图 4－22 为岩心长 8－9a 饱和油归一化核磁曲线与压汞曲线匹配图。

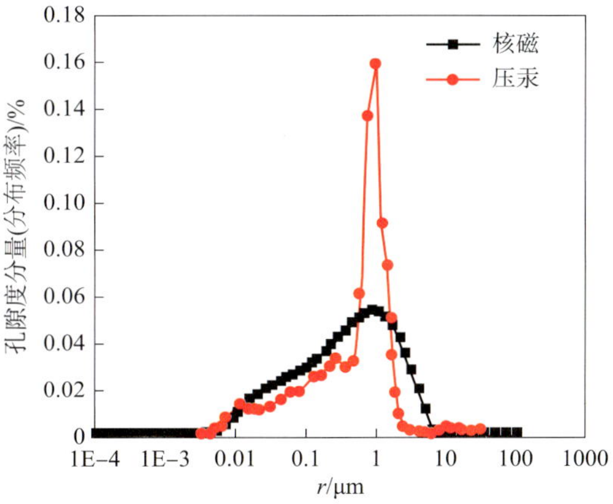

图 4－22　岩心核磁与压汞曲线匹配图(长 8－9a)

根据岩心横向弛豫时间 T_2 和孔喉半径呈正相关关系，得到了岩心弛豫时间 T_2 与实际孔喉尺寸的匹配转化系数 C，为 0.0162μm/ms，即

$$r_c=0.0162T_2 \tag{4-11}$$

因此，得到了不同弛豫时间与岩心孔喉半径的对应关系。为了更精细的表征不同尺寸孔隙半径的渗吸采出程度，将岩心弛豫时间与孔隙进行了划分。通常认为大孔隙对应的 T_2 弛豫时间较长，小孔隙对应的 T_2 弛豫时间较短。对于砂岩储层来说，通常认为 T_2 弛豫时间小于 10ms 所表示的为小孔隙，T_2 弛豫时间 10～100ms 所表示的为中等孔隙，T_2 弛豫时间大于 100ms 所表示的为大孔隙。划分结果见表 4－11。

表 4－11　孔隙划分表

岩心弛豫时间，T_2/ms	孔喉半径/μm	孔隙划分
0.1～10.0	0.00106～0.106	小孔隙
10.0～100.0	0.106～1.06	中孔隙
100.0～1000.0	1.06～10.6	大孔隙

核磁共振测量原理是以氢信号强度为测量对象，氢信号强度越强，说明饱和流体的体积越大。因此，核磁共振测得信号量的多少，可反映出岩心内流体含量的多少，而 T_2 谱

可以反映岩石孔喉半径分布的情况。因此，通过核磁共振技术，得到岩心核磁共振 T_2 谱曲线，即氢信号强度随横向弛豫时间变化曲线。某一弛豫时间条件下的氢信号强度即可表征其对应孔隙尺寸下饱和流体体积，通过积分运算，最终可以得到某一孔隙尺寸范围内饱和流体的饱和度。同一横向弛豫时间氢信号强度变化规律，即可表征渗吸过程渗吸液的动用规律及置换空间，分析高压渗吸模式下不同孔喉尺寸中含油饱和度及渗吸采出程度变化的特征，定量分析不同孔隙区间对渗吸采出程度的贡献。

图 4－23 和图 4－24 分别展示了不同岩心饱和油条件下初始核磁共振 T_2 谱曲线形态及高压渗吸过程中不同阶段下的 T_2 谱曲线变化。

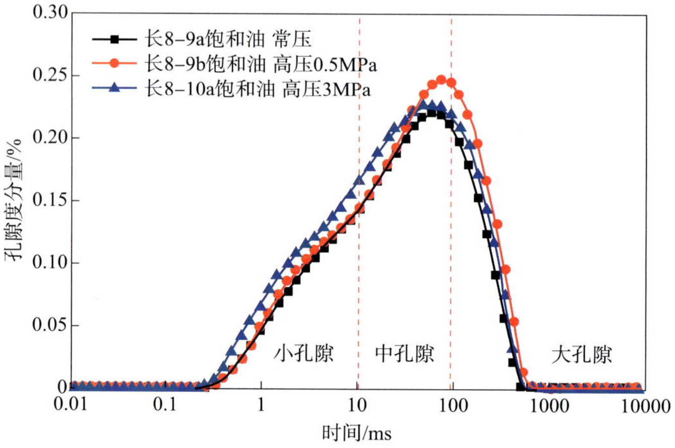

图 4－23　不同岩心饱和油条件下初始核磁共振 T_2 谱曲线形态

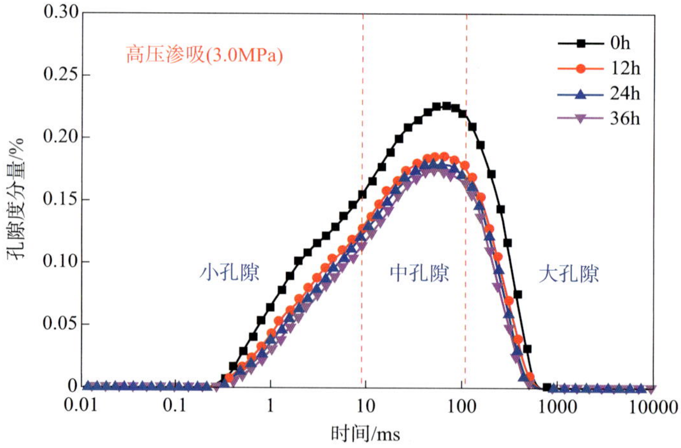

图 4－24　不同渗吸时间下 T_2 谱模拟曲线示意图

如图 4－24 所示，通过计算不同渗吸时间下 T_2 谱曲线下包络面积差值与饱和油条件下 T_2 谱曲线下包络面积的比值，可确定不同渗吸阶段所有孔隙渗吸采收率随时间变化关系。

$$渗吸采收率 = (S_1 - S_2)/S_1 \tag{4-12}$$

根据 T_2 谱分布中每个弛豫时间对应的振幅强度代表了不同孔径孔隙中流体的赋存量，

通过求取 T_2 谱曲线中弛豫时间对应的幅值积分，可以定量表征不同大小孔隙内流体的赋存量。根据岩心在渗吸前后的 T_2 谱分布，即可以计算出某一孔径孔隙的动用程度。

$$E_R = \frac{\sum_{T_{2,\min}}^{T_{2,\max}} A_{i,0} - \sum_{T_{2,\min}}^{T_{2,\max}} A_{i,d}}{\sum_{T_{2,\min}}^{T_{2,\max}} A_{i,0}} \times 100\% \qquad (4-13)$$

式中，E_R 为原油采出程度，%；$T_{2,\min}$、$T_{2,\max}$ 为 T_2 谱分布中不同孔径孔隙对应的最小和最大弛豫时间，ms；$A_{i,0}$ 为初始饱和油 T_2 谱曲线对应的振幅；$A_{i,d}$ 为渗吸后 T_2 谱分布对应的振幅。

根据上述方法，不仅可以获得岩心总孔隙渗吸采收率，还可以得到不同孔隙区间的渗吸采收率，可以定量分析不同大小孔隙对渗吸采收率的贡献，从微观角度揭示高压渗吸模式下不同孔喉尺寸原油的动用程度。

2. 核磁共振实验流程

核磁共振实验使用的核磁共振扫描仪为苏州纽迈分析仪器股份有限公司生产的 MacroMR12－150H－I 型全直径岩心低场核磁共振分析与成像仪器，实验装置和流程如图 4－25 所示。

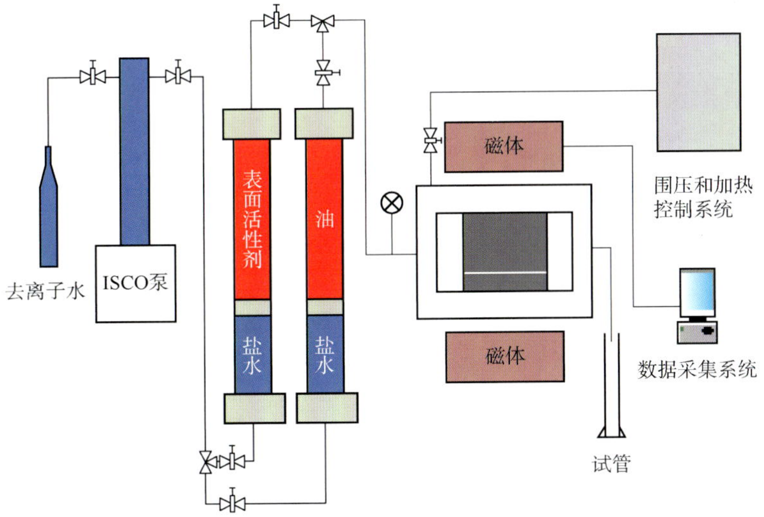

图 4－25　核磁共振扫描分析成像仪和实验流程图

具体核磁共振渗吸实验流程：①将岩心抽真空加压饱和 6% $MnCl_2$ 模拟地层水，消除水中氢信号，油驱水造束缚水饱和度；②利用核磁共振分析系统对岩心进行 T_2 谱分析，得到饱和油岩心 T_2 图谱；③将饱和油的岩心置于配制好的模拟地层水 $MnCl_2$ 中进行渗吸实验；④在不同实验阶段将岩心取出，通过核磁共振扫描仪测定岩心 T_2 图谱。

（三）高压渗吸模式下孔隙动用原油特征研究

1. 增压范围影响

根据上述核磁共振驱替实验方法，以常压地层水渗吸为对比，分别研究了不同增压范围（0.5MPa 和 3.0MPa）下，地层水岩心渗吸过程中的核磁共振 T_2 谱曲线的变化，实验结果如图 4－26 至图 4－28 所示。

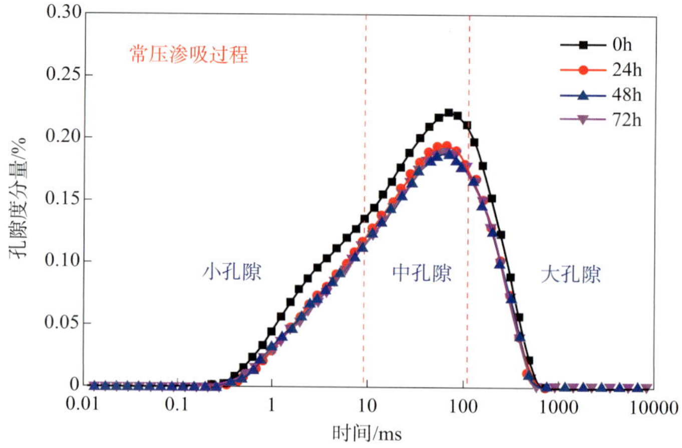

图 4－26　常压下渗吸核磁共振 T_2 谱曲线形态

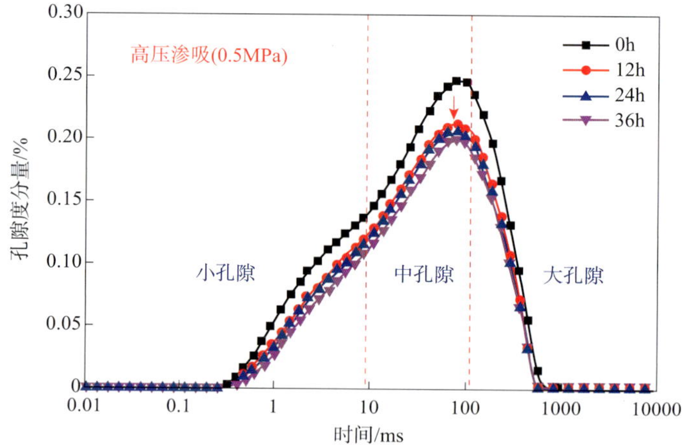

图 4－27　高压 0.5MPa 下渗吸核磁共振 T_2 谱曲线形态

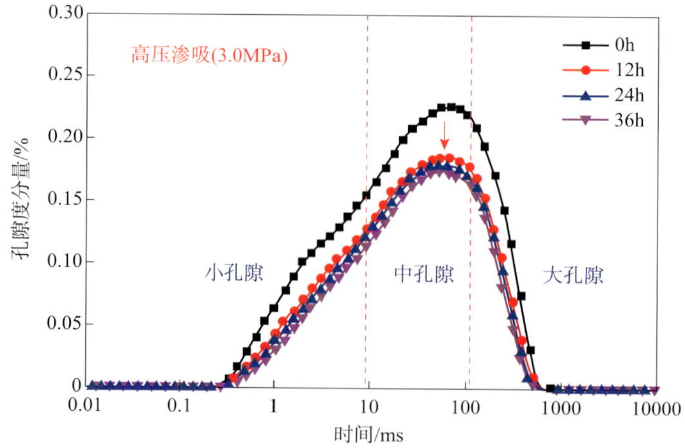

图 4－28　高压 3MPa 下渗吸核磁共振 T_2 谱曲线形态

由图中综合可知，3 块岩块岩心渗吸开始时（$t=0h$），初始饱和油阶段，岩心核磁共振 T_2 谱曲线包络面积最高，随着渗吸的进行，核磁共振 T_2 谱曲线整体形态逐渐下降，曲线包络面积逐渐减少，且左侧中、小孔隙区域下降趋势高于右侧大孔隙。表明致密砂岩岩心在渗吸过程中，随着渗吸作用的不断进行，孔隙中的原油不断被 $MnCl_2$ 溶液配制的地层水置换，岩心中的氢信号强度不断减少，因此，T_2 谱曲线信号幅度不断下降，体现 T_2 谱曲线包络面积不断减少。岩心渗吸结束后，随着压差的增加，信号幅度下降趋势增加，曲线包络面积减少。由此表明，随着压差增加，岩心所有孔隙的总渗吸采出程度增加。

为了进一步明确不同孔喉半径的原油的渗吸采出程度，分别计算了不同增压幅度下的岩心渗吸前后孔隙含油饱和度的变化规律及分析了其渗吸采出程度，其结果见表 4－12 和图 4－29 所示。

表 4－12 岩心渗吸前后不同孔隙含油饱和度变化及渗吸采收率

岩心编号	饱和油束缚水状态				渗吸状态							
	含油饱和度/%				含油饱和度/%				采出程度/%			
	所有孔隙	小孔隙	中孔隙	大孔隙	所有孔隙	小孔隙	中孔隙	大孔隙	所有孔隙	小孔隙	中孔隙	大孔隙
长 8－10a	42.81	13.04	21.02	8.75	29.53	8.10	16.14	5.29	31.03	11.54	11.40	8.09
长 8－9a	46.12	12.44	24.63	9.05	36.54	9.32	20.01	7.22	18.12	7.01	7.00	4.11
长 8－9b	42.08	10.98	20.77	10.33	32.06	7.52	16.79	7.75	23.82	8.22	9.46	6.14

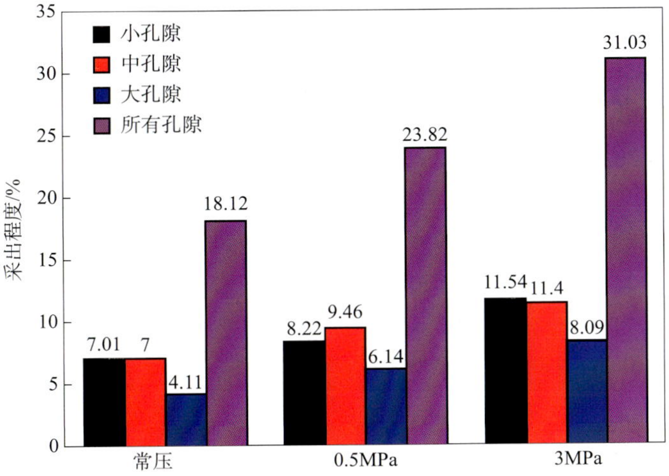

图 4－29 不同增压范围下岩心渗吸过程中不同孔隙渗吸采收率变化

由表 4－12 可知，岩石饱和油束缚水状态下所有孔隙含油饱和度为 42.08%～46.12%，由于根据前期岩心孔喉分布特征，岩心的中小孔隙所占比例高，初始饱和油阶段，岩心中孔隙的含油饱和度最高。岩心渗吸结束后，不同渗吸模式下，由于岩心中小孔隙和中孔隙所占比例高，渗吸采收率贡献主要为岩心中的中、小孔隙。相比常压地层水渗吸，高压渗吸模式下，增压幅度越高，各级孔隙渗吸采收率均大幅提高。但不同增压范围下，相比常压地层水渗吸，各级孔隙的渗吸采收率提高幅度存在差异，结果如图 4－30 所示。

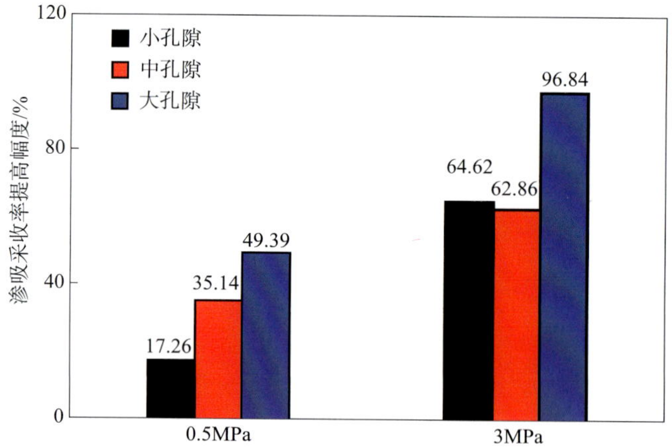

图 4－30　不同增压范围下相比常压地层水渗吸各级孔隙渗吸采收率提高幅度

由图 4－30 可知，当增压幅度为 0.5MPa 时，相比常压地层水渗吸，大、中、小孔隙的渗吸采收率提高幅度分别为 49.39%、35.14% 和 17.26%；当增压幅度为 3.0MPa 时，相比常压地层水渗吸，大、中、小孔隙的渗吸采收率提高幅度相应增加，分别为 96.84%、62.86% 和 64.62%。由此表明：在增压压差的影响作用下，中大孔隙渗吸采收率提高幅度高于小孔隙。提高增压幅度，能够更好地动用中、大孔隙中的原油。

2. 渗吸介质影响

根据上述核磁共振驱替实验方法，以常压地层水渗吸为对比，分别研究了增压范围 0.5MPa 下，不同渗吸介质（地层水和渗吸剂）作用下，岩心渗吸过程中的核磁共振 T_2 谱曲线的变化，实验结果如图 4－31 至图 4－32 所示。

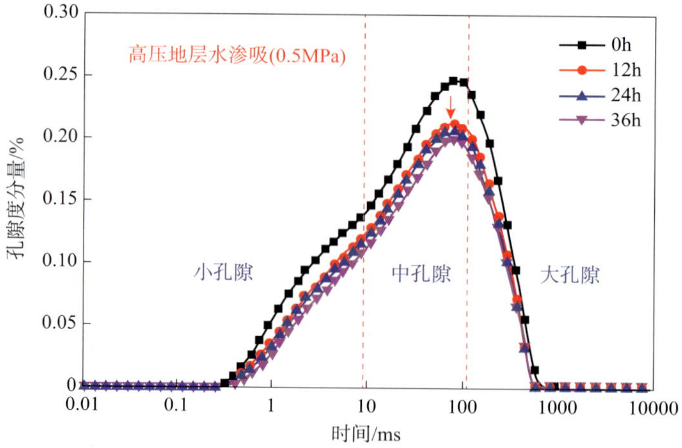

图 4－31　高压 0.5MPa 地层水渗吸下核磁共振渗吸 T_2 谱

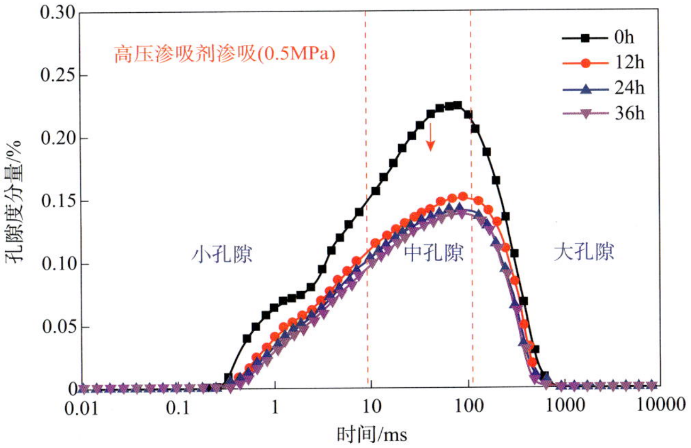

图 4-32 高压 0.5MPa 渗吸剂渗吸下核磁共振渗吸 T_2 谱

由图中可知，岩心初始饱和油阶段，岩心核磁共振 T_2 谱曲线包络面积最大，随着渗吸的进行，核磁共振 T_2 谱曲线整体形态逐渐下降，曲线包络面积逐渐减少，且左侧中、小孔隙区域下降趋势高于右侧大孔隙。对比高压地层水和渗吸剂作用下的岩心核磁共振 T_2 谱曲线图，加入渗吸剂后，信号幅度下降趋势增加，曲线包络面积减少幅度更大。结果表明，渗吸剂的加入，能够提高岩心所有孔隙的总渗吸采出程度。

为了进一步明确不同孔喉半径原油的渗吸采出程度，分别计算了高压下岩心渗吸剂和地层水渗吸前后孔隙含油饱和度的变化规律及分析其渗吸采出程度，结果见表 4-13 和图 4-33 至图 4-34 所示。

表 4-13 高压下岩心渗吸剂和地层水渗吸前后不同孔隙含油饱和度变化及渗吸采收率 %

岩心编号	饱和油束缚水状态				渗吸状态							
	含油饱和度				含油饱和度				采出程度			
	所有孔隙	小孔隙	中孔隙	大孔隙	所有孔隙	小孔隙	中孔隙	大孔隙	所有孔隙	小孔隙	中孔隙	大孔隙
长 8-10b	41.06	12.07	20.58	8.41	25.14	7.05	12.88	5.22	38.86	12.22	18.76	7.88
长 8-9b	42.08	10.98	20.77	10.33	32.06	7.52	16.79	7.75	23.82	8.22	9.46	6.14

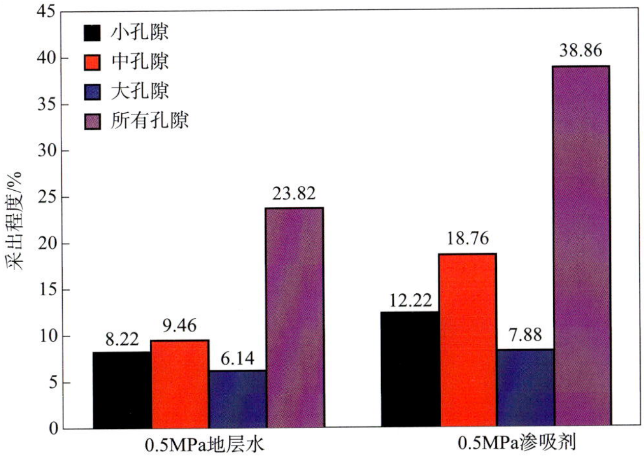

图 4-33 压差和渗吸剂作用下岩心渗吸过程中不同孔隙渗吸采收率

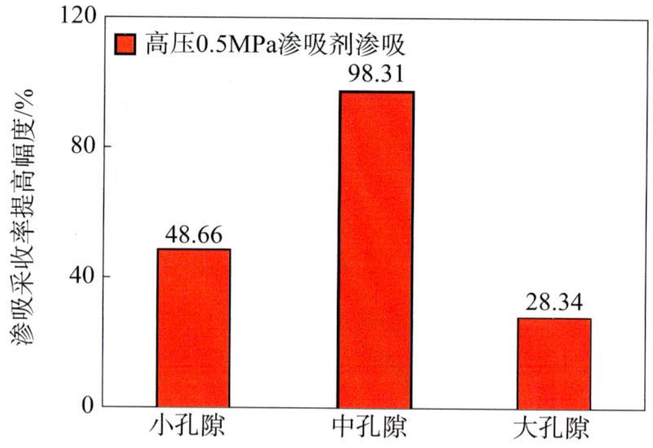

图 4－34 相比高压 0.5MPa 地层水渗吸时渗吸剂作用下岩心渗吸采收率提高幅度

相比地层水高压 0.5MPa 渗吸，加入渗吸剂后，各级孔隙渗吸采收率均增加，中孔隙渗吸采收率提高幅度最高达 98.31%，小孔隙提高幅度次之为 48.65%，大孔隙提高幅度为 28.34%。表明：加入渗吸剂，高压渗吸更有利于动用中、小孔隙原油，有效提高基质岩心的动用程度。

(四) 高压渗吸作用范围研究

为了表征高压和常压模式下地层水由裂缝向基质渗吸的作用距离，设计了单面开启实验，模拟逆向渗吸过程中的油水置换过程，根据渗吸前后的核磁共振成像图，来分析高压渗吸作用距离和作用范围。

核磁共振成像原理为将待测样品分成若干个层面，对某一层面施加射频脉冲，接收该层面的核磁共振信号进行解码，得到该层面各个体素核磁共振信号的大小，根据其与层面各体素编码的对应关系，将体素信号的大小显示在荧光屏对应像素上，信号大小用不同的灰度等级表示。信号大的像素亮度大，信号小的像素亮度小，最后得到反映层面各体素核磁共振信号大小的图像，核磁共振图像。核磁共振图像为三维空间的二维展示，核磁共振扫描局部和整体的含氢流体情况，灰度像素点即对应岩心中含氢流体(油)的空间位置，通过灰度值的大小判定含油相对含量。根据后处理软件对核磁信号添加不同形式的伪彩，增加图像对比度。

因此，基于上述方法，开展了单一开启渗吸接触条件下，初始饱和油、常压渗吸和压差 0.5MPa 下渗吸前后的核磁共振成像伪彩图研究，结果如图 4－35 所示。

常压和高压渗吸过程中，单面开启时，在毛管压力和压差作用下逆向渗吸现象产生，岩心底面发生吸水排油现象，端面附近的信号强度减弱，伪彩图颜色变蓝，含油量降低。相比常压渗吸下，压差 0.5MPa 下信号强度减弱范围扩大。

基于上述核磁共振成像伪彩图颜色变化区域，定量分析对比常压和压差渗吸的作用距离和作用范围，结果如图 4－36 所示。

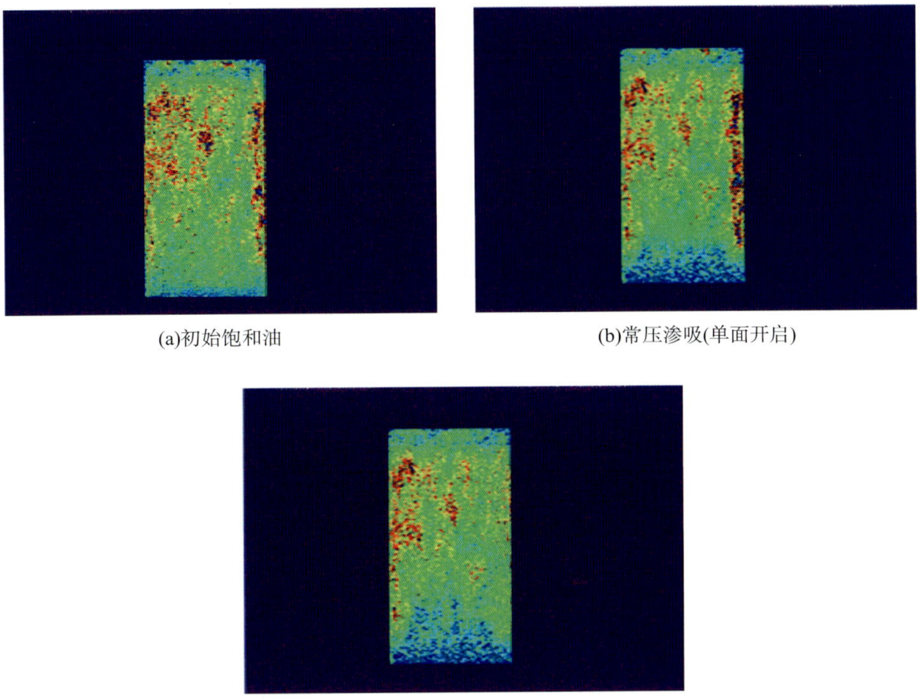

(a)初始饱和油

(b)常压渗吸(单面开启)

(c)0.5MPa单面开启

图4－35　渗吸前后不同压差下岩心的核磁共振成像伪彩图

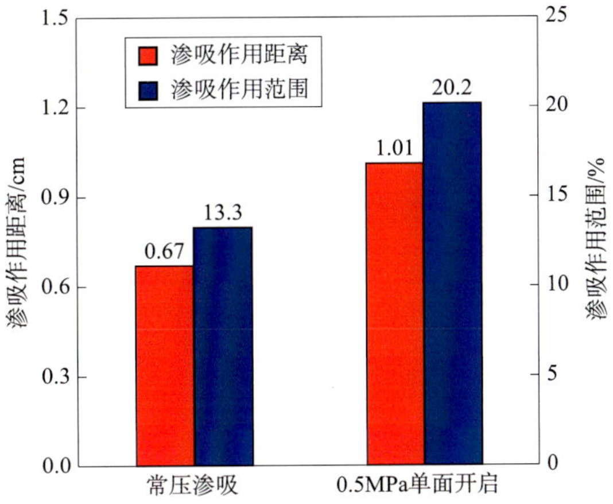

图4－36　常压和压差0.5MPa下岩心的渗吸作用距离和作用范围

由图中可知：单面开启逆向渗吸条件下，岩心长度5cm，常压渗吸作用距离0.67cm，渗吸作用范围为13.3%；增压幅度0.5MPa作用下，促进了地层水向岩心内部渗吸进入孔隙，渗吸作用距离提高至1.01cm(远扩0.34cm，扩幅50.75%)，渗吸作用范围提高至20.2%(提高6.90个百分点，增幅51.88%)。

第三节　渗吸采油增效剂的研制

一、表面活性剂单体的筛选

红河油田长8油藏的降压增注用表面活性剂的筛选主要以表面活性剂的水溶性和油水界面张力作为筛选指标。

（一）表面活性剂的溶解性

根据红河长 8 地层水质分析数据报告，选取注入水（HH55 －1）、模拟地层水（HH12P39）见表 4－14。

表 4－14　红河长 8 模拟水及注入水质分析数据

水样来源	地层水组分							总矿化度/(mg/L)	pH 值	水型
	K^+/(mg/L)	Na^+/(mg/L)	Ca^{2+}/(mg/L)	Mg^{2+}/(mg/L)	SO_4^{2-}/(mg/L)	HCO_3^-/(mg/L)	Cl^-/(mg/L)			
长 8 模拟水	82.69	11638.69	12587.12	114.52	452.51	173.24	40179.42	65010	7.55	$CaCl_2$
红河注入水	2	221	0	4	169	317	81	794	7.00	$NaHCO_3$

根据上述水质分析报告，得到模拟水及注入水配方（1L）见表 4－15。

表 4－15　红河长 8 模拟水及注入水配方

无机盐成分	NaCl/g	KCl/g	$CaCl_2$/g	$MgCl_2\cdot 6H_2O$/g	Na_2SO_4/g	$NaHCO_3$/g
注入水	0.1114	0.0037	0	0.0334	0.2499	0.4365
长 8 模拟水	28.8590	0.1541	34.8595	0.9563	0.6692	0.2385

从 AOS、十二烷基苯磺酸钠、十二烷基二甲基氯化铵、月桂酰胺丙基羟磺基甜菜碱、YFC（一种阴离子表面活性剂和非离子表面活性剂复合体系）、十六烷基磺酸钠、氨基三甲基叉磷酸、椰油基葡糖苷、HB－WB－1、HB－WB－3、UT8－1、辛癸基葡糖苷、OP－10、新 DP、含铵两性表面活性剂 NHD 等 20 多种表面活性剂（或体系）中进行优选，分别用地层水配制 0.5% 的表面活性剂溶液，观察各表面活性剂溶液在常温及地层温度下的溶解性能，具体实验结果见表 4－16。

表 4－16　0.5% 的表面活性剂溶液在常温和低等温度下的溶解性能

表面活性剂溶液（0.5%）	现象	
	常温	71.2℃
AOS	部分不溶	澄清透明
十二烷基苯磺酸钠	全溶、不透明	部分不溶
十二烷基二甲基氯化铵	澄清透明	澄清透明
月桂酰胺丙基羟磺基甜菜碱	澄清透明	澄清透明
YFC	澄清透明	澄清透明
氨基三甲基叉磷酸	澄清透明	澄清透明
椰油基葡糖苷	澄清透明	澄清透明
有机硅 FY－4903	澄清透明	澄清透明
司盘－20	全溶、不透明	全溶、不透明

续表

表面活性剂溶液(0.5%)	现象	
	常温	71.2℃
UT8－1	全溶、不透明	全溶、不透明
辛癸基葡糖苷	澄清透明	澄清透明
含氟表面活性剂 HF	澄清透明	澄清透明
HEG	澄清透明	澄清透明
聚氧乙烯辛基苯酚醚	全溶、不透明	全溶、不透明
含铵两性表面活性剂 NHD	澄清透明	澄清透明
氟碳表面活性剂 WG－2187	澄清透明	澄清透明
吐温－80	部分不溶、不透明	全溶、不透明
十六烷基三甲基氯化铵	澄清透明	澄清透明
十六烷基磺酸钠	澄清透明	澄清透明
十二烷基二苯醚二磺酸钠	全溶、不透明	全溶、不透明
JFC	澄清透明	澄清透明
二磺酸钠	澄清透明	澄清透明
新 DP	澄清透明	澄清透明
HB－WB－1	全溶、不透明	全溶、不透明
HB－WB－2	全溶、不透明	全溶、不透明
HB－WB－3	全溶、不透明	全溶、不透明
硅 BD－3071	澄清透明	澄清透明

实验结果表明，AOS、吐温－80 和十二烷基苯磺酸钠在常温下溶解性能不好，但 AOS 和吐温－80 在地层温度下溶解较好，总的来说以上所测试的表面活性剂在长 8 地层条件下也具有较好地溶解性能。

(二)油水界面张力

根据前述水溶性实验，选出水溶性较好地表面活性剂，测定各表面活性剂与红河油田长 8 油藏地层油的油水界面张力，各表面活性剂浓度及最低油水界面张力见表 4－17。

表 4－17　各表面活性剂在不同浓度下的最低界面张力

类型	浓度/%	最低油水界面张力/(mN/m)	
		注入水	地层水
十二烷基二甲基氯化铵	1	球状	球状
	0.1	0.503	0.431
	0.01	球状	球状
月桂酰胺丙基羟磺基甜菜碱	1	0.567	0.356
	0.1	球状	球状
	0.01	—	—

续表

类型	浓度/%	最低油水界面张力/(mN/m)	
		注入水	地层水
YFC	1	0.126	0.187
	0.1	0.203	0.214
	0.01	0.354	0.453
氨基三甲基叉磷酸	1	0.426	0.345
	0.1	棒状	棒状
	0.01	棒状	棒状
椰油基葡糖苷	1	0.289	0.249
	0.1	0.456	0.387
	0.01	棒状	棒状
有机硅 FY－4903	1	0.385	0.487
	0.1	棒状	棒状
	0.01	棒状	棒状
硅 BD－3071	1	棒状	棒状
	0.1	0.210	0.241
	0.01	球状	球状
SP－20	1	0.368	0.345
	0.1	0.187	0.194
	0.01	球状	球状
UT8－1	1	—	—
	0.1	球状	球状
	0.01	—	—
辛癸基葡糖苷	1	棒状	棒状
	0.1	0.487	0.441
	0.01	棒状	棒状
含氟表面活性剂 HF	1	0.134	0.205
	0.1	0.107	0.151
	0.01	0.304	0.215
聚氧乙烯辛基苯酚醚	1	0.287	0.274
	0.1	棒状	棒状
	0.01	—	—
双子季铵盐型表面活性剂	1	0.324	0.193
	0.1	0.212	0.242

续表

类型	浓度/%	最低油水界面张力/(mN/m)	
		注入水	地层水
含铵两性表面活性剂 NHD	1	0.084	0.102
	0.1	棒状	0.201
	0.01	球状	棒状
氟碳表面活性剂	1	0.267	0.278
	0.1	0.342	0.378
	0.01	棒状	棒状
吐温 -80	1	球状	球状
	0.1	球状	球状
	0.01	—	—
十六烷基三甲基氯化铵	1	0.291	0.396
	0.1	棒状	0.196
	0.01	棒状	棒状
新 DP	1	0.133	0.265
	0.1	1.216	0.182
	0.01	—	0.146
十六烷基磺酸钠	1	0.125	0.167
	0.1	0.103	0.159
	0.01	0.297	0.289
JFC	1	棒状	棒状
	0.1	棒状	棒状
	0.01	—	—
二磺酸钠	1	—	—
	0.1	球状	球状
	0.01	—	—

由表 4-17 可知，YFC(一种阴离子表面活性剂和非离子表面活性剂复合体系)、含氟表面活性剂 HF、新 DP、十六烷基磺酸钠这四种表面活性剂在合适浓度下降低油水界面张力效果较好。通过优化这几种表面活性剂的浓度，发现单一表面活性剂与地层油的油水界面张力都不能达到超低界面张力，因此将上述四种表面活性剂进行复配研究。

二、表面活性剂的复配

将筛选出的 YFC、含氟表面活性剂 HF、新 DP、十六烷基磺酸钠四种表面活性剂进行两两复配研究，复配比 1∶1，复配结果见表 4-18。

表 4－18　不同复配体系与地层油油水界面张力

复配体系	总浓度/%	最低油水界面张力/(mN/m)	
		地层水	注入水
YFC＋含氟表面活性剂 HF	1.0	0.324	0.345
	0.5	0.287	0.336
	0.2	0.341	0.678
YFC＋新 DP	1.0	0.345	0.312
	0.5	0.314	0.210
	0.2	0.214	0.219
YFC＋十六烷基磺酸钠	1.0	0.124	0.135
	0.5	0.245	0.332
	0.2	0.345	0.387
新 DP＋含氟表面活性剂 HF	1.0	0.035	0.029
	0.5	0.024	0.018
	0.2	0.032	0.289
新 DP＋十六烷基磺酸钠	1.0	0.020	0.028
	0.5	0.021	0.124
	0.2	0.212	0.236
十六烷基磺酸钠＋含氟表面活性剂 HF	1.0	0.198	0.201
	0.5	0.257	0.378
	0.2	0.336	0.345

由表 4－18 可以看出，新 DP 与含氟表面活性剂 HF 以及十六烷基磺酸钠复配时，且在地层水和注入水条件下均具有一定的协同作用时，其他复配体系油水界面张力没有明显降低。由于含氟类表面活性剂价格较昂贵，故暂时优先考虑新 DP 与十六烷基磺酸钠的复配，为了找出这组体系的最优配比，将新 DP 与十六烷基磺酸钠的配比分别设置为 8∶1、6∶1、4∶1、2∶1，总浓度分别设置为 1.0%、0.8%、0.5%、0.3%、0.1%，选出最优的配比，具体实验结果见表 4－19。

表 4－19　体系各组分在不同配比下油水界面张力

配比	总浓度/%	最低油水界面张力/(mN/m)	
		地层水	注入水
8∶1	0.1	0.075	0.551
	0.3	0.081	0.212
	0.5	0.062	0.265
	0.8	0.012	0.303
	1.0	0.018	0.352

续表

配比	总浓度/%	最低油水界面张力/(mN/m)	
		地层水	注入水
6：1	0.1	0.051	0.522
	0.3	0.087	0.292
	0.5	0.066	0.218
	0.8	0.032	0.163
	1.0	0.022	0.307
4：1	0.1	0.043	0.384
	0.3	0.051	0.159
	0.5	0.024	0.174
	0.8	0.020	0.091
	1.0	0.025	0.112
2：1	0.1	0.025	0.224
	0.3	0.002	0.075
	0.5	0.001	0.027
	0.8	0.003	0.008
	1.0	0.023	0.056

根据表4-19，分别做出地层水和注入水条件下体系各组分在不同配比下油水界面张力随浓度的变化曲线，结果如图4-37、图4-38所示。

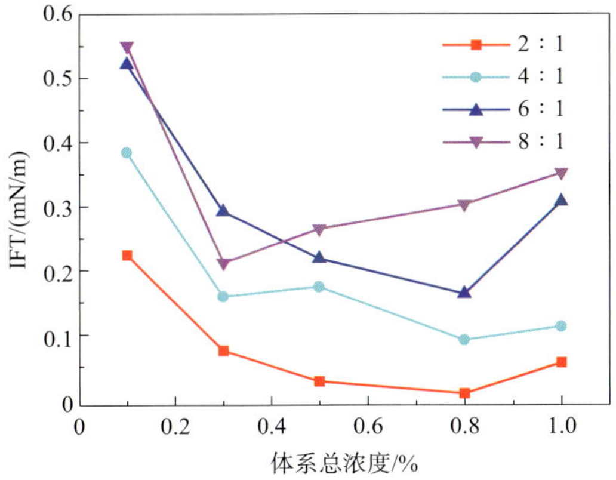

图4-37　注入水下油水界面张力随浓度的变化图

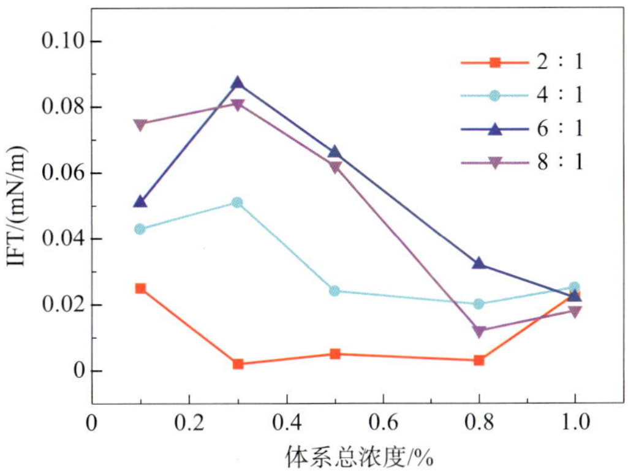

图4-38　地层水下油水界面张力随浓度的变化图

由图4-37和图4-38可以看出，不同配比体系在地层水条件下的油水界面张力都能达到超低值(10^{-2} mN/m)。当体系中新DP与十六烷基磺酸钠配比为2：1时，总浓度0.3%～1.0%的表面活性剂体系在注入水条件下也能表现出较好地降低油水界面张力能力，将此体系(新DP：十六烷基磺酸钠=2：1)命名为AP体系。

由于现场要求表面活性剂使用浓度低于0.50%，故仍需调整表面活性剂配方使得低浓度条件满足超低界面张力要求，由于助剂与表面活性剂体系具有一定的协同作用，能够进一步降低油水界面张力，且成本较低，为此选取四种常用助剂(正丁醇、尿素、三乙胺、甲胺)与 AP 体系(新 DP：十六烷基磺酸钠 = 2：1)进行复配研究，实验温度为 71.2℃。

AP 体系浓度为 0.5%，分别与四种常用助剂(正丁醇、尿素、三乙胺、甲胺)进行复配研究，具体实验结果见表 4－20。

表 4－20　AP 体系与助剂复配油水界面张力

AP 体系	助剂类型	浓度/%	最低油水界面张力/(mN/m)	
			注入水	地层水
0.5%	正丁醇	0.10	0.106	0.024
		0.05	0.123	0.024
		0.02	0.317	0.024
	尿素	0.10	0.017	0.012
		0.05	0.118	0.021
		0.02	0.212	0.012
	三乙胺	0.10	0.012	0.008
		0.05	0.026	0.003
		0.02	0.128	0.014
	甲胺	0.10	0.002	0.0005
		0.05	0.007	0.0008
		0.02	0.053	0.0021

由表 4－20 数据可以看出，加入正丁醇和尿素后 AP 体系与地层油油水界面张力并没有显著降低，反而略有增加，加入三乙胺后，AP 体系与地层油油水界面张力没有显著变化，而加入甲胺后，地层水与注入水条件下油水界面张力均显著降低，表明甲胺与 AP 体系表面具有一定的协同作用，因此，将 AP 体系与甲胺进行复配。

将 AP 体系与甲胺的配比分别设置为 6：1、4：1、3：1、2：1，总浓度分别设置为 1.0%、0.8%、0.5%、0.3%、0.1%，选出最优的配比，具体实验结果见表 4－21。

表 4－21　AP 与甲胺在不同配比下油水界面张力与浓度之间的关系

配比	总浓度/%	最低油水界面张力/(mN/m)	
		地层水	注入水
6：1	0.1	0.0215	0.0159
	0.3	0.0032	0.0005
	0.5	0.0005	0.0008
	0.8	0.0002	0.0032
	1.0	0.0135	0.0106

续表

配比	总浓度/%	最低油水界面张力/(mN/m)	
		地层水	注入水
4：1	0.1	0.0182	0.0258
	0.3	0.0053	0.0068
	0.5	0.0027	0.0032
	0.8	0.0025	0.0074
	1.0	0.0017	0.0098
3：1	0.1	0.0182	0.0298
	0.3	0.0074	0.0082
	0.5	0.0025	0.0103
	0.8	0.0054	0.0123
	1.0	0.0238	0.0171
2：1	0.1	0.0384	0.0397
	0.3	0.0246	0.0152
	0.5	0.0096	0.0134
	0.8	0.0172	0.0271
	1.0	0.0312	0.0271

根据表4－21，分别做出地层水和注入水条件下 AP 体系与甲胺在不同配比下油水界面张力随浓度的变化曲线，结果如图4－39、图4－40所示。

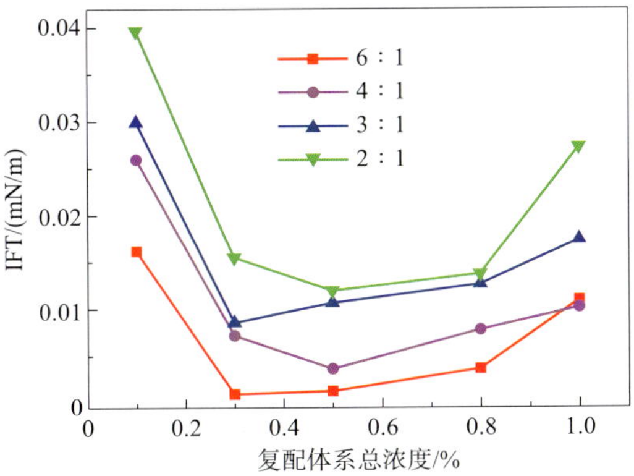

图4－39　注入水下油水界面张力随浓度变化图

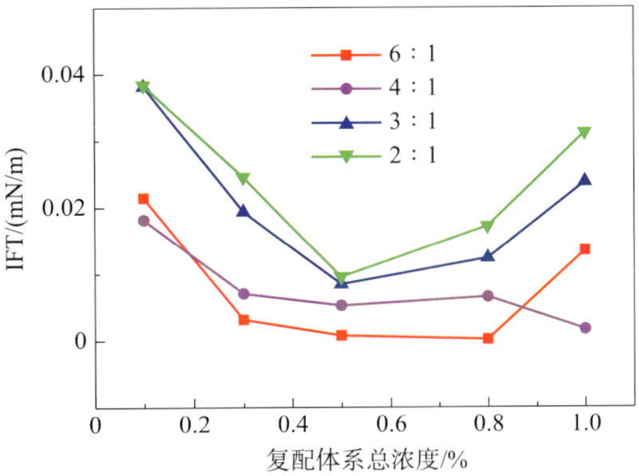

图4－40　地层水下油水界面张力随浓度变化图

由图4－39和图4－40可以看出，当体系总浓度一定时，AP 体系与甲胺在不同配比时与地层油的界面张力不同。当 AP 体系与甲胺浓度配比为6：1时，地层水和注入水条件下0.1%～1.0%的复配体系与地层油的油水界面张力都能达到10^{-3}mN/m。将 AP 体系与甲胺复配，得到一个新的体系，命名为 CDP－1 体系，CDP－1 体系成分组成为：新 DP、十六烷基磺酸钠和甲胺，浓度比为4：2：1，不同浓度 CDP－1 体系油水界面张力见表4－22。

表 4－22　不同浓度下 CDP－1 体系与地层油油水界面张力

浓度/%	最低油水界面张力/(mN/m)	
	地层水	注入水
0.1	0.0215	0.0159
0.3	0.0032	0.0005
0.5	0.0005	0.0008
0.8	0.0002	0.0032
1.0	0.0135	0.0106

由表 4－22，做出不同浓度的 CDP－1 溶液与地层油油水界面张力曲线如图 4－41 所示。

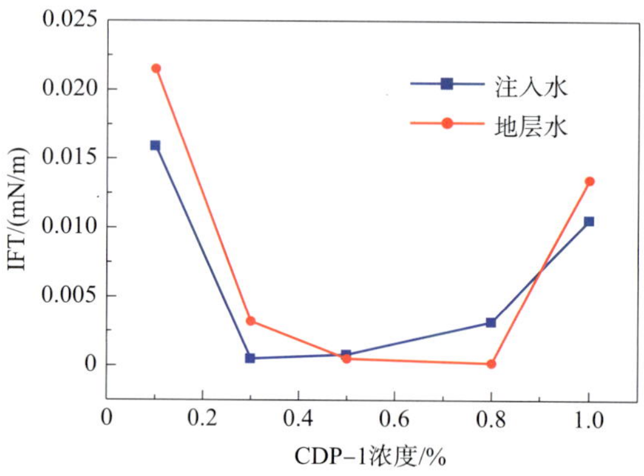

图 4－41　不同浓度的 CDP－1 溶液与地层油油水界面张力关系曲线

如图 4－41 所示，在 0.10%～1.0% 浓度范围内，CDP－1 体系在注入水及地层水条件下均表现出较高的界面活性，与长 8 地层油的界面张力均保持在超低水平（10^{-2}mN/m 及以下），其中注入水条件下浓度低于 0.50% 时也能保持超低界面状态（10^{-3} mN/m），满足现场施工浓度要求。

前述实验筛选出长 8 地层表面活性剂体系为新 DP、甲胺和十六烷基磺酸钠浓度配比 4∶1∶2，该体系具有良好的降低油水界面张力能力且适应目标地层温度及矿化度条件，在此基础上，通过配制总浓度为 0.1%、0.2%、0.4%、0.6%、0.8%、1.0% 的 CDP－1 体系，放置在 71.2℃ 的恒温水浴锅中加热，探究表面活性剂体系的稳定性，放置 3 天后具体实验结果见表 4－23。

表 4－23　不同浓度 CDP－1 的稳定性

浓度/%	稳定性	
	注入水	地层水
0.1	澄清	澄清
0.2	澄清	较澄清
0.4	较澄清	较澄清
0.6	较澄清	少量絮状物
0.8	少量絮状物	微量沉淀
1.0	较多沉淀	较多沉淀

由表 4－23 可以看出，表面活性剂体系 CDP－1 长时间放置时，在注入水和地层水条件下均有一定量的不溶物产生，自身稳定性较差，使用浓度在 0.50% 以下较澄清，通过长

9 油藏体系筛选，可调节甲胺含量来调整体系热稳定性，因此在不影响 CDP－1 体系整体性能基础上，保持新 DP 与十六烷基磺酸钠配比不变，考虑将甲胺的含量降低 1 倍，以提高 CDP－1 体系的稳定性，此体系配比为新 DP：十六烷基磺酸钠：甲胺＝8：4：1，暂时命名为 CDP－2，具体实验结果见表 4－24。

表 4－24 不同浓度 CDP－2 稳定性

浓度/%	稳定性	
	注入水	地层水
0.02	澄清	澄清
0.05	澄清	澄清
0.1	澄清	澄清
0.2	澄清	澄清
0.4	澄清	澄清
0.6	澄清	较澄清
0.8	较澄清	少量絮状物
1.0	少量絮状物	较多沉淀

由上述实验结果可以看出，降低甲胺含量之后表面活性剂体系长期稳定性有一定改善，为降低成本，验证甲胺浓度降低后油水界面张力变化。配制不同浓度的 CDP－2 溶液，分别在注入水和地层水条件下测量油水界面张力，具体实验结果见表 4－25。

表 4－25 不同浓度 CDP－2 体系油水界面张力

体系浓度/%	IFT/(mN/m)	
	注入水	地层水
0.02	—	0.212
0.04	1.302	0.07
0.06	0.358	0.006
0.08	0.147	0.002
0.1	0.03	0.0006
0.15	0.08	0.0005
0.20	0.004	0.0002
0.30	0.005	0.0006
0.40	0.0007	0.0001
0.50	0.05	0.0008

由表 4－25 可以看出，调整后的 CDP－2 体系降低油水界面张力的能力与 CDP－1 相当，CDP－2 体系在使用浓度低于 0.50% 条件下具有良好的稳定性及降低油水界面张力能力，且适应目标地层矿化度条件，故确定长 8 地层最终表面活性剂体系组成为新 DP：十六烷基磺酸钠：甲胺＝8：4：1，并命名为 CDP 体系。

第四节 渗吸采油增效剂性能评价

一、配伍性评价

表面活性剂体系的配伍性包括三方面，一是表面活性剂自身的长期稳定性，二是与模拟地层水的配伍性，三是与地层油的配伍性。分别用红河油田注入水与模拟地层水配制不同浓度梯度的两种表面活性剂溶液，置于目标温度71.2℃下，观察其状态变化。

1. 实验条件

(1)实验用水分别为矿化度794mg/L的红河油田注入水及矿化度为65010mg/L的长8地层模拟水。

(2)实验温度为71.2℃。

(3)实验器材：试管架、具刻度比色管、水浴锅、吸耳球、移液管。

2. 实验步骤

1)表面活性剂体系自身的长期稳定性实验

分别用注入水配制0.10%～0.50%一系列浓度梯度的CDP表面活性剂溶液，充分震荡后，放置在71.2℃的恒温水浴锅中，定期观察体系的状态变化，观察是否有杂物析出。

通过观察30天发现，溶液澄清无沉淀，说明CDP体系的自身稳定性较好。

2)与地层水的配伍性实验

分别用模拟地层水配制出0.10%～0.50%一系列浓度梯度的CDP表面活性剂溶液，充分震荡后，放入71.2℃的恒温水浴锅中，放置24h，观察溶液体系的状态变化。

一天后观察发现，溶液都澄清透明无沉淀，说明CDP体系与地层水的配伍性较好。

3)与地层模拟油的配伍性实验

分别从配制的一系列浓度梯度的表面活性剂溶液取5mL加入到25mL的比色管中，按油水比1:1的比例再分别取5mL的长8地层油加入到比色管中混合，将混合液在71.2℃的恒温水浴锅中加热30min后，再将混合体系人工均匀震荡3min，然后放在71.2℃的恒温水浴锅中加热。通过实验可以发现，这CDP体系与原油在震荡条件下能形成乳状液，加热一段时间后低浓度体系会出现破乳现象，但轻微震荡后重新形成乳状液，说明表面活性剂与地层原油配伍性较好。

二、稳定性评价

表面活性剂溶液在地层条件下长期老化的过程中，可能由于矿化度、温度等条件的变化出现表面活性剂溶液聚沉等情况，影响表面活性剂溶液的性能。

1. 实验条件

(1)实验用水为矿化度为65010mg/L的长8地层模拟水，实验温度为71.2℃。

（2）实验器材：试管架、具刻度比色管、水浴锅、吸耳球、移液管、安瓿管、酒精喷灯、镊子、Texas－500C 型旋转滴界面张力仪。

2. 实验步骤

利用已经配制好的红河地层注入水及长 8 地层模拟水，在模拟水条件下配制一系列浓度梯度的 CDP 表面活性剂溶液，放置在 71.2℃的恒温水浴锅中，定期取出样液测定其油水界面张力并观察表面活性剂体系透明度，评价时间为 3 个月。

3. 实验结果与讨论

（1）针对长 8 油藏 CDP 体系稳定性评价时长为 3 个月，实验结果整理见表 4－26。

表 4－26(a)　注入水条件下 CDP 油水界面张力随时间变化表　mN/m

CDP 浓度	0.05%	0.10%	0.20%	0.30%	0.40%	0.50%
配制完	0.2	0.02	0.003	0.005	0.0008	10^{-2}
15d	0.5	0.03	0.004	0.005	0.0007	10^{-2}
1 个月	0.6	0.04	0.003	0.007	0.0007	10^{-2}
2 个月	0.6	0.04	0.003	0.007	0.0008	10^{-2}
3 个月	0.7	0.04	0.003	0.008	0.001	10^{-2}

表 4－26(b)　1∶1 条件下 CDP 油水界面张力随时间变化表　mN/m

CDP 浓度	0.05%	0.10%	0.20%	0.30%	0.40%	0.50%
配制完	0.09	0.005	0.0006	10^{-4}～10^{-3}	0.0005	0.05
15d	0.08	0.006	0.0006	10^{-4}～10^{-3}	0.0005	0.04
1 个月	0.09	0.005	0.0005	10^{-4}～10^{-3}	0.0004	0.05
2 个月	0.10	0.006	0.0006	10^{-4}～10^{-3}	0.0004	0.06
3 个月	0.10	0.006	0.0006	10^{-4}～10^{-3}	0.0005	0.05

表 4－26(c)　模拟水条件下 CDP 油水界面张力随时间变化表　mN/m

CDP 浓度	0.05%	0.10%	0.20%	0.30%	0.40%	0.50%
配制完	0.006	0.0006	0.0002	0.0006	0.0001	10^{-4}
15d	0.006	10^{-4}	0.0003	10^{-4}	0.0002	10^{-4}
1 个月	0.005	10^{-4}	0.0003	10^{-4}	0.0003	10^{-4}
2 个月	0.006	10^{-4}	0.0004	10^{-4}	0.0002	10^{-4}
3 个月	0.005	10^{-4}	0.0003	10^{-4}	0.0002	10^{-4}

因 CDP 有效使用浓度范围为 0.10%～0.50%，现选取 0.20%与 0.40%，其在不同矿化度条件及放置不同时间条件下油水界面张力如图 4－42 所示。

（2）配制不同浓度 CDP 溶液，加热放置并观察体系状态变化，具体效果如图 4－43 所示。

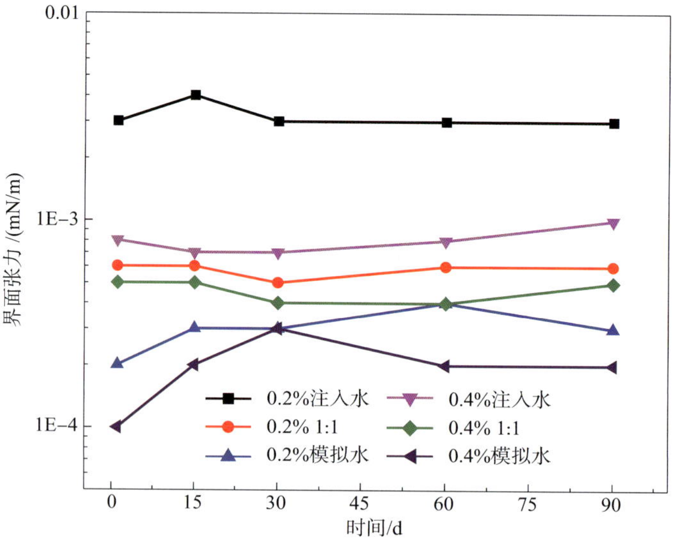

图 4-42　不同矿化度及浓度条件下 CDP 降低界面张力能力随时间变化图

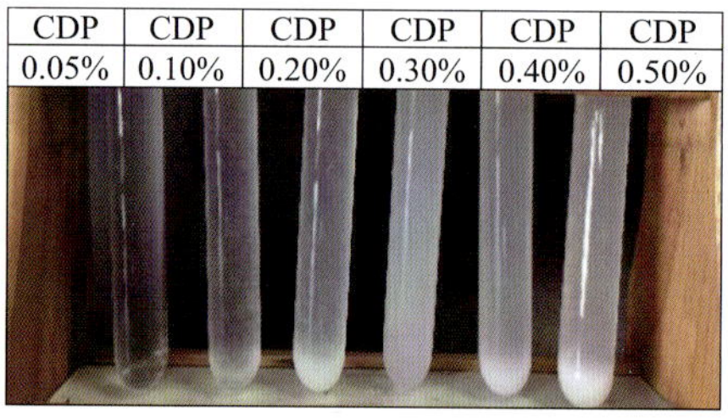

(a)不加热放置1周效果图

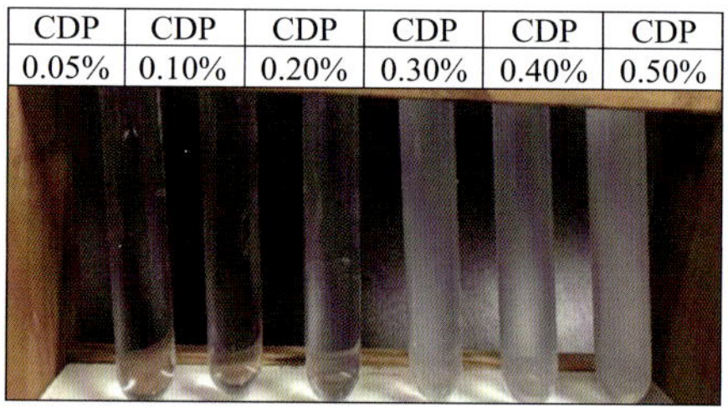

(b)加热1个月CDP效果图

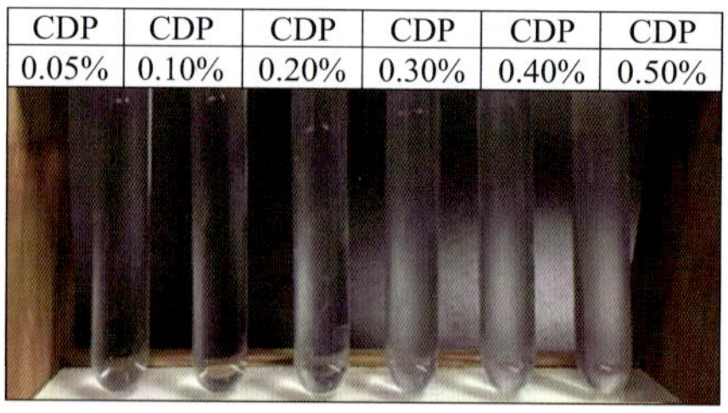

(c)加热2个月CDP效果图

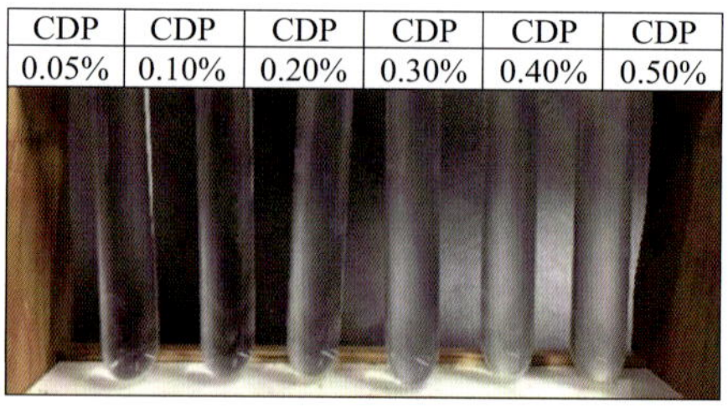

(d)加热3个月CDP效果图

图 4-43　不同浓度 CDP 加热稳定状态效果图

由上述实验结果可知，长 8 油藏 CDP 体系在常温下溶解性较差，常温放置底部出现大量絮状物质，但在地层温度条件下加热摇匀后絮状物质消失，且长期放置 3 个月未见絮状物质沉降。在 0.05% ~0.50% 浓度范围内，三种不同矿化度水质条件下，各浓度 CDP 溶液长期放置期间均能保持相应的降低界面张力能力，在低矿化度条件下，区间端点浓度(0.05%、0.50%)的 CDP 溶液相对中间浓度表面活性剂体系降低油水界面张力能力稍差，但大体保持在超低水平，综上，CDP 体系具有较好地稳定性。

三、耐温性评价

由于目标油田各储层深度不同，储层温度也存在较大的差异，大多数表面活性剂在正常温度范围内具有较好地降低油水界面张力性能，但温度过高或过低时，其性能就不太乐观，甚至有些表面活性剂直接失活，这说明不同表面活性剂对温度的适应性是不同的，为了研制温度适应范围较宽的表面活性剂，需要对优选出的 CDP 体系进行耐温性评价实验。

1. 实验条件

(1)实验用水为矿化度为 65010mg/L 的长 8 地层模拟水。

(2)实验温度为 71.2℃。

(3)实验器材：试管架、具刻度比色管、水浴锅、吸耳球、移液管、安瓿管、酒精喷灯、镊子、Texas－500C 型旋转滴界面张力仪。

2. 实验步骤

利用已经配制好的注入水及地层模拟水，分别在注入水、模拟水两种工况条件下配制 0.3% 的 CDP 表面活性剂溶液，分别放置在 45℃、55℃、65℃、75℃、85℃的恒温水浴锅中加热一周，取出样液测定其油水界面张力。

3. 实验结果与讨论

不同温度下 0.30% 的 CDP 体系与红河油田长 8 模拟油的油水界面张力值见表 4－27。

表 4－27 0.30%CDP 油水界面张力随温度变化表 mN/m

温度/℃	45	55	65	75	85
注入水	0.03	0.002	0.001	0.002	0.001
模拟水	0.001	0.0003	0.0002	0.0003	0.0004

将上述数据整理成曲线图如图 4－44 所示。

由上述实验可以看出，在地层温度条件下，CDP 体系具有良好的降低油水界面张力的表现，当油水界面张力值低于 10^{-2}mN/m 时，且在地层水条件下降低油水界面张力效果优于注入水条件，低于 50℃时，由于 CDP 体系溶解度下降，故降低油水界面张力能力较差，总体来看，CDP 体系具有良好的耐温能力。

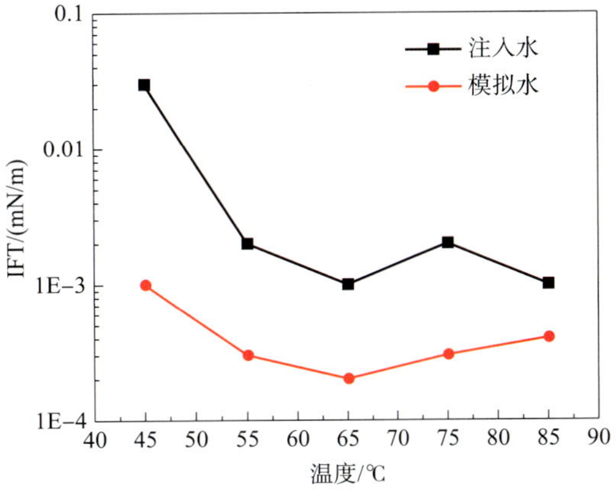

图 4－44 0.30%CDP 油水界面张力随温度变化图

四、耐盐性评价

低渗透储层由于孔喉细小，储层束缚水饱和度较高。三次采油化学驱实践表明，地层水矿化度对表面活性剂的应用效果有较大影响，地层水中的一些离子可以与表面活性剂基团发生化学反应，对表面活性剂溶液和原油之间的界面张力值产生影响，故实际应用过程中必须要考虑地层水矿化度对表面活性剂溶液界面活性的影响。

为了探究矿化度对油水界面张力的影响，我们测量了不同浓度 CDP 体系在不同矿化度水下油水界面张力。

1. 实验条件

(1)实验用水为矿化度为65010mg/L 的长 8 地层模拟水。

(2)实验温度为71.2℃。

(3)实验器材：试管架、具刻度比色管、水浴锅、吸耳球、移液管、安瓿管、酒精喷灯、镊子、Texas－500C 型旋转滴界面张力仪。

2. 实验步骤

利用已经配制好的注入水及地层模拟水调整不同矿化度条件，分别在注入水、模拟水两种工况条件下配制一系列浓度梯度的 CDP 表面活性剂溶液，测定其油水界面张力。

3. 实验结果与讨论

利用红河长 8 注入水及模拟水配制不同浓度的 CDP 溶液，分别在注入水和地层水条件下测量体系油水界面张力，具体实验结果见表 4－28。

表 4－28　不同浓度表面活性剂体系的油水界面张力

体系浓度/%	IFT/(mN/m)	
	注入水(794)	模拟水(65010)
0.05	0.2	0.006
0.08	0.07	0.002
0.1	0.02	0.0006
0.15	0.006	0.0005
0.20	0.003	0.0002
0.25	0.005	10^{-4}
0.40	0.0008	0.0001
0.50	0.02	10^{-4}

由上述实验结果可知，在所探究浓度的范围内，模拟水条件下均能达到超低油水界面张力值，注入水在 0.15%～0.4% 条件下可达到超低界面张力，注入水条件为 0.1% 和 0.5% 是过渡点，故选取以上三种浓度，继续细化矿化度探究体系降低油水界面张力效果(表 4－29)。

表 4－29　不同矿化度下表面活性剂体系的油水界面张力

注入水：模拟水	矿化度/(mg/L)	三种 CDP 浓度下 IFT/(mN/m)		
		0.05	0.1	0.5
10：0	794	0.4	0.06	0.02

续表

注入水：模拟水	矿化度/(mg/L)	三种 CDP 浓度下 IFT/(mN/m)		
		0.05	0.1	0.5
9：1	7215.6	0.3	0.03	0.05
8：2	13637.2	0.4	0.02	0.04
7：3	20058.8	0.4	0.006～0.01	0.02
6：4	26480.4	0.08	10^{-3}	0.03
5：5	32902	0.09	10^{-3}	0.05
4：6	39323.6	0.05	10^{-3}	0.007
3：7	45745.2	0.04	0.003	0.005
2：8	52166.8	0.02	10^{-3}	10^{-4}～10^{-3}
1：9	58588.4	0.005	10^{-4}～10^{-3}	10^{-4}
0：10	65010	0.006	10^{-4}	10^{-4}

结合表4－28及表4－29实验数据可知，注入水进入地层不断与地层水接触混合加大矿化度，以上三种浓度条件下 CDP 降低界面张力能力随着矿化度增大而增大，说明该体系具有良好的耐盐性。同时，0.05% CDP 要到58588.4左右的矿化度才能达到超低界面张力水平，0.5% CDP 要达到4万矿化度才能达到超低界面张力水平，故暂定长8表面活性剂体系最低使用浓度为0.1%，上限浓度为0.4%～0.5%。

五、乳化性能评价

乳化机理：表面活性剂在油水界面上的吸附可以形成稳定的 O/W 乳状液，由于表面活性剂的吸附使油滴带有负电荷，不易重新黏附回岩石表面，可提高洗油效率，同时，乳化后的原油在高渗透层可产生叠加的 Jamin 效应，使水较均匀地向地层推进，提高波及系数。

在众多的表面活性剂驱油机理中，作用较为显著的一般为降低油水界面张力、乳化原油等，针对所筛选出的 CDP 体系，由于前期筛选是以超低界面张力为指标，所以后续需要针对乳化、润湿性等各种常规可能影响到驱油效果的指标进行一一评价，为后续驱替实验做准备。

对于原油乳化而言，一般认为乳化效果越好，越有利于驱油，但是油水乳化效果太好，也会为后期油水分离和污水处理带来新的困难。根据文献调研，不同研究团队针对乳化的评价指标都不太统一，大多自行定义标准，其中比较常用的评价方法为震荡乳化或采用高速搅拌剪切乳化评价，根据乳状液是否容易形成及乳状液稳定性，评价指标一般有乳状液析水情况、下层颜色透明度、乳状液分散度、粒径等。本次实验采用震荡乳化的方法，从析水情况、乳状液结构两方面进行评价。

1. 实验原理

乳化是一种液体以极微小液滴均匀地分散在互不相溶的另一种液体中的作用。乳化是液－液界面现象，两种不相溶的液体，在容器中分成两层，密度小的油在上层，密度大的表面活性剂溶液在下层，在强烈的搅拌下，使得油被分散在水中，或者水分散在油中，便形成乳状液。这两个互不相溶的液相所形成的乳状液是不稳定的，其稳定性与温度、时间、搅拌速度等有一定关联，本实验采用震荡的方式，控制相同的反应时间及温度，以此探究各不同浓度及矿化度下表面活性剂对原油的乳化效果。

2. 实验条件

（1）本实验表面活性剂体系设置0.10%～0.50%一系列浓度梯度，调整矿化度用水为注入水（HH55－1）、长8模拟水（HH12P39），所用原油为长8地层油（HH12P34），长8地层模拟温度为71.2℃。

（2）仪器：带刻度比色管（25mL）、胶头滴管（2mL）、移液管（1～10mL）、吸耳球、针管（1mL）。

（3）实验步骤：

①配制CDP体系：分别在注入水（矿化度794mg/L）、注入水与地层水体积比1：1（矿化度32902mg/L）、地层水（矿化度65010mg/L）三种矿化度条件下，配制0.10%、0.15%、0.20%、0.30%、0.40%、0.50%六种浓度的CDP溶液，同种矿化度为一组实验，不同浓度梯度条件下表面活性剂体系进行对照，不同矿化度条件下油水体系之间进行对照。

②将配制好的CDP溶液与长8地层原油按1：1体积比（CDP溶液与原油各5mL）注入含刻度的比色管中，放入71.2℃水浴锅中加热。

③震荡乳化：三组不同浓度矿化度的比色管竖直放置在71.2℃水浴锅中保温0.5h，然后均匀震荡100次，取样观察乳状液结构、分散度及粒径，然后置于水浴锅中保温，观察记录不同时间乳状液的析水情况。

3. 实验结果与讨论

分别在注入水（矿化度794mg/L）、注入水与地层水体积比1：1（矿化度32902mg/L）、地层水（矿化度65010mg/L）三种条件下，配制0.10%、0.15%、0.20%、0.30%、0.40%、0.50%六种浓度的CDP溶液各5mL，按油水比为1：1加入5mL原油，放置于71.2℃水浴锅中加热0.5h，取出震荡，取乳状液测量粒径并重新放置于71.2℃水浴锅中保温，析水情况随时间变化如图4－45至图4－47所示。

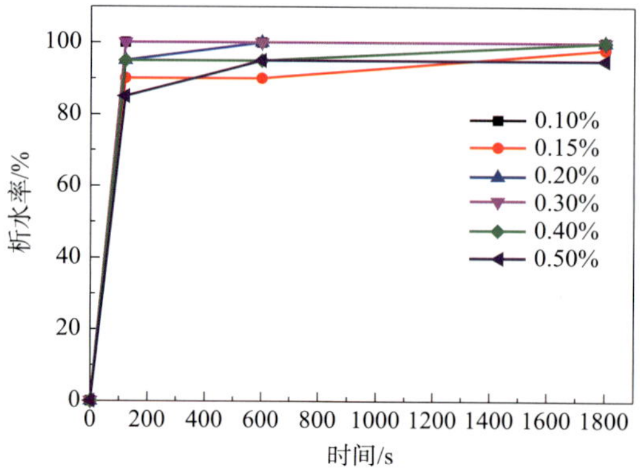

图4－45　注入水条件下乳状液析水情况变化图

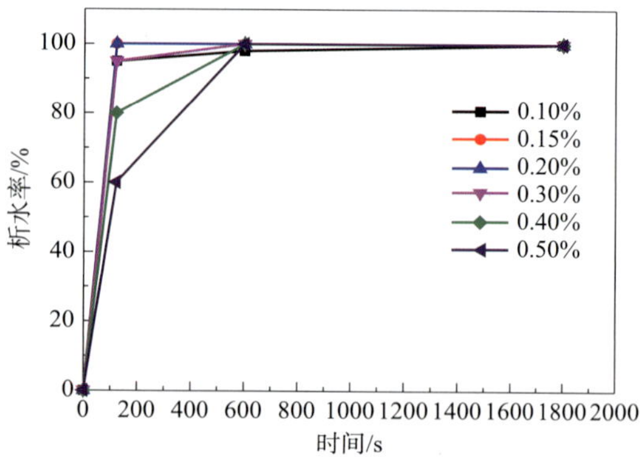

图4－46　1：1条件下乳状液析水情况变化图

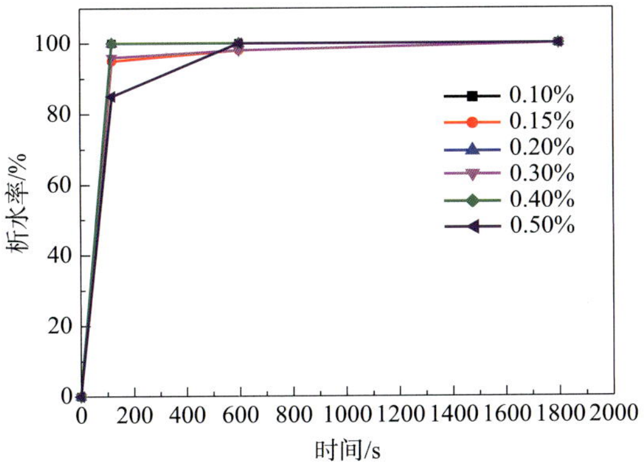

图 4－47　地层模拟水条件下乳状液析水情况变化图

由上述实验结果对比分析可知，低浓度 CDP 体系震荡乳化 0.5h 后，整体乳状液析水较为明显，析水率达到 90% 以上，下层液体变透明较为迅速，矿化度变化对低浓度 CDP 体系影响较小。同一矿化度条件下，CDP 浓度越高，析水越不明显，乳状液稳定性越高，三组不同矿化度实验对比可以看出，当 CDP 浓度大于 0.30% 时，乳化效果相对较好，随着矿化度的增大，乳状液稳定性越来越高，故当注入水配制的 CDP 溶液进入地层与地层水混合后，矿化度的升高将有利于驱油。

4. 震荡乳化乳状液结构

三种不同矿化度条件下 CDP 体系与原油 1：1 混合加热 0.5h 后震荡乳化，取乳状液一滴（2mL 胶头滴管，一滴约 0.02mL）于显微镜下观察其粒径、分散度。

图 4－48 为 0.40% 的 CDP 溶液在三种不同矿化度下的乳状液成像图，由此图可以看出，同一表面活性剂浓度下，随着矿化度的增大，乳状液的分散度变小，乳状液粒径更加均匀，乳状液粒径主要分布在 0.5～4.5μm，同时，随着矿化度的增大，乳状液粒径越小，说明乳状液的稳定性越好。

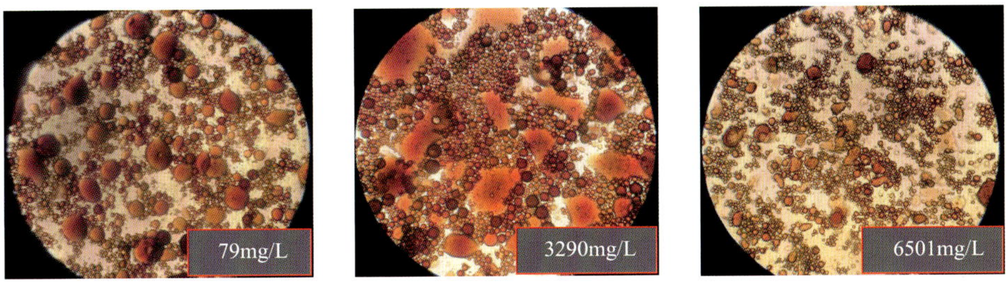

图 4－48　三种不同矿化度条件下 0.40% 的 CDP 乳状液粒径分布图

六、改变润湿性评价

油藏润湿性是影响驱油效果的主要参数之一，对于水驱油藏，水湿比油湿好。长 8 油藏岩石为水湿岩石，对于亲水岩石，水驱时水能很好地润湿岩石孔隙壁面并沿着岩石孔隙壁面前进，毛管力是水驱油的动力，注水压力梯度较小时，小孔隙中的油水界面推进较快，部分大孔隙中的油由于水的绕流作用而成为残余油，增大驱动压力时，大孔隙中的残余油能以油珠的形式不断流出，否则将滞留在大孔隙中，降低采收率。

1. 实验条件

本实验表面活性剂体系设置0.10%～0.50%一系列浓度梯度，调整矿化度用水为红河油田注入水（HH55－1）、长8地层模拟水（HH12P39）；所选用长8地层岩心为HH153－16，洗油后渗透率$0.1053\times10^{-3}\mu m^2$；长8地层模拟温度为71.2℃。

2. 实验步骤

（1）将待测岩心切片后，用砂轮打磨岩心切片两面，使得岩心两面光滑。将岩心切片分别放到模拟地层水、不同浓度CDP溶液（注入水与模拟地层水1∶1配制）中于71.2℃条件下浸泡72h，取出后置于烘箱中烘干表面水分，然后用润湿角测量仪测定各岩心切片与蒸馏水形成的接触角。

（2）将岩心切片打磨光滑后分别放到模拟地层水、不同浓度CDP溶液（注入水、模拟水及1∶1配制三种水质条件）中于71.2℃条件下浸泡72h，取出后于烘箱中烘干表面水分，然后用镊子夹持岩心薄片使底面水平，用注射器弯管针头注入合适大小的油滴上浮于岩心薄片表面，观察润湿情况并记录润湿角。

3. 实验结果与讨论

不同浓度CDP溶液浸泡72h的岩心薄片润湿角测定数据见表4－30及图4－49。

表4－30（a） 水测润湿角测定数据

浸泡溶液	地层水 65010mg/L	CDP（注入水与模拟地层水1∶1配制）				
		0.10%	0.20%	0.30%	0.40%	0.50%
接触角/（°）	22.04	20.28	7.50	12.86	13.00	17.03

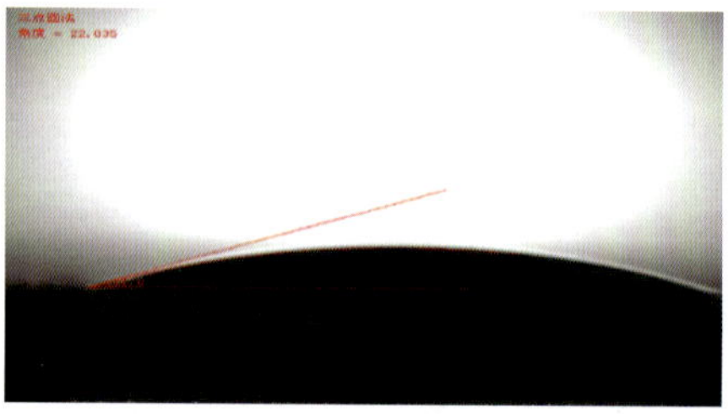
(a)地层水处理润湿角

(b)0.2%CDP处理润湿角

(c)0.3%CDP处理润湿角

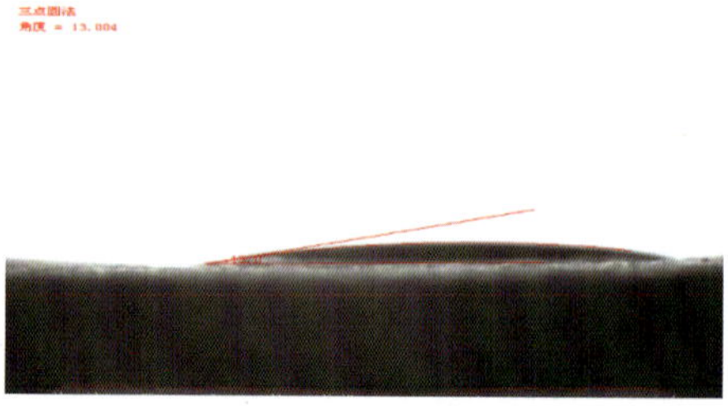
(d)0.4%CDP处理润湿角

图4－49 不同浓度CDP改变润湿性效果图

表 4－30(b) 油测润湿角测定数据

水质	浓度/%	润湿角/(°)	水质	浓度/%	润湿角/(°)	水质	浓度/%	润湿角/(°)
注入水	0.1	124.0	模拟水	0.1	129.0	注入水、模拟水(1∶1)	0.1	124.0
	0.2	137.5		0.2	140.0		0.2	134.0
	0.3	134.0		0.3	136.8		0.3	132.0
	0.4	130.0		0.4	134.5		0.4	128.3
	0.5	125.8		0.5	132.2		0.5	125.5
	0	121.5		0	127.2		0	122.6

部分油测润湿角原始照片如图 4－50 所示。

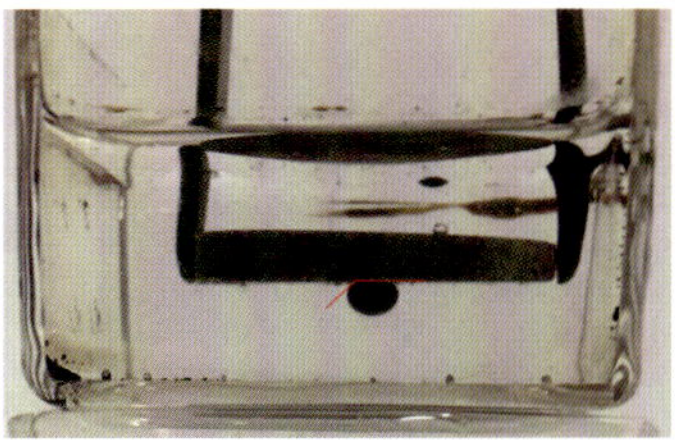
(a)0.2%CDP处理润湿角(注入水)

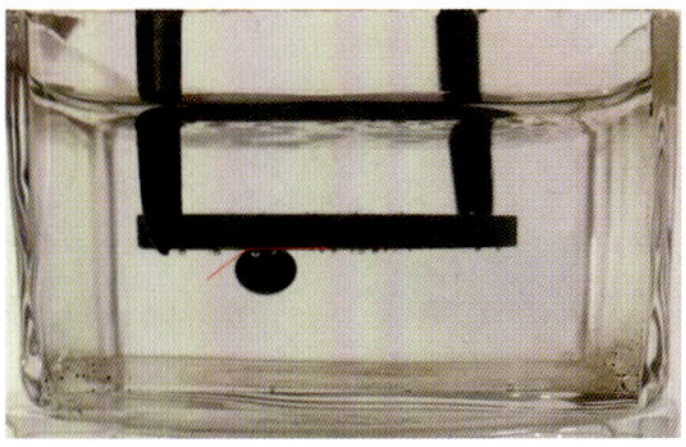
(b)0.4%CDP处理润湿角(注入水)

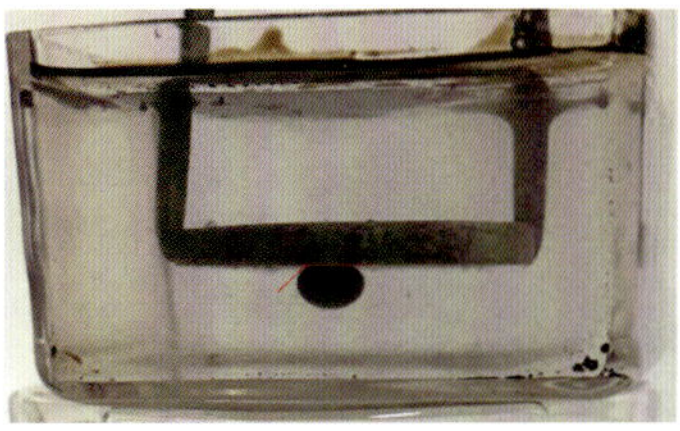
(c)0.1%CDP处理润湿角(模拟水)

(d)0.3%CDP处理润湿角(模拟水)

(e)0.2%CDP处理润湿角(1∶1)

(f)0.3%CDP处理润湿角(1∶1)

图 4－50 不同浓度 CDP 改变润湿性效果图

通过润湿角测定，我们发现，原始地层条件下岩石为水湿，接触角为 22.04°，通过 CDP 体系浸泡 72h 后，岩心薄片润湿角改变程度随表面活性剂浓度变化没有很线性变化的趋势，但是岩心在原始地层条件基础上整体变得更加水湿，在 0.20% ~0.40% 的表面活性剂能让岩心润湿性得到最大限度的改善，表面活性剂在岩心表面作用过后，岩心更加亲水，使得油更容易从岩石表面被剥落下来，从而能提高洗油效率，油测润湿角测量结果表明，不同水质条件对油测润湿角基本没有影响，相较于未经表面活性剂处理过的岩心薄片，经过 CDP 水溶液浸泡 72h 后，油测润湿角变化大，注入水条件下，0.2% 的 CDP 水溶液将油测润湿角从121.5°增大到137.5°，增大了16°，与水测润湿角规律一致，CDP的处理使得长8地层岩心变得更加水湿。

七、吸附性能评价

用于表面活性剂驱替的增油体系，在驱替过程中表面活性剂在油藏中会部分损失，吸附可以导致段塞中表面活性剂的过量损耗，降低驱油效果，同时，表面活性剂中的各组分被选择性吸附还可以造成表面活性剂的色谱分离，色谱分离的结果将会降低溶液体系的稳定性，影响其驱油效率。对提高采收率最优化的配方来说，表面活性剂段塞中含有不同相对分子质量分布的表面活性剂分子，引起表面活性剂滞留损失的物理、化学机理有几种，其中阳离子型表面活性剂在砂岩表面主要为静电吸附。

1. 实验条件

本实验表面活性剂体系设置0.05%～0.50%一系列浓度梯度，调整矿化度用水为红河油田注入水(HH55－1)，长8地层模拟温度为71.2℃。

2. 实验步骤

(1)用注入水配制不同浓度的长8表面活性剂溶液。

(2)将经过洗油抽提的长8岩心粉研磨，过筛至80～100目，烘干至恒重，称重岩心粉$M1$备用。

(3)将表面活性剂溶液与称重的岩心粉按固液比1∶10(g/mL)的比例放入50mL的锥形瓶中，密封好并摇匀，使净砂与表面活性剂溶液充分接触。

(4)将锥形瓶分别放入对应油藏温度的恒温摇床中，连续震荡24h，使表面活性剂体系充分吸附，称量滤纸$M2$备用。

(5)取出锥形瓶将表面活性剂溶液及岩心粉在常温下转移至中速滤纸过滤，锥形瓶中残余液用少量蒸馏水冲洗过滤，静置，过滤完成后烘干，称量吸附后岩心粉及滤纸质量$M3$。

通常的吸附研究均采用岩心饱和吸附时的吸附量作为评价表面活性剂吸附损失的标准，此时液固比值很大，往往高达40～60，然而，饱和吸附量仅能反映地层岩石吸附表面活性剂的极限情况，与实际驱油过程中表面活性剂的吸附损失相差甚远。文献调研发现，固液比为1∶(5～10)时吸附量没有显著的差别，为确保吸附充分，本实验选择固液比为1∶10(g/mL)，固定取岩心粉1.0000g左右，便于计算吸附量A(mg/g)。

$$A = 1000(M3 - M1 - M2)/M1 \tag{4-14}$$

3. 实验结果与讨论

配制质量分数0.10%～0.50%的表面活性剂溶液(另做一组空白对照消除水质影响)，称取约1.000g岩心粉与表面活性剂溶液按固液比1∶10(1g/10mL)混合，对比吸附前后质量变化见表4－31(a)。

表 4－31(a)　不同浓度 CDP 吸附前后质量变化

CDP 浓度	0.10%	0.20%	0.30%	0.40%	0.50%	空白对照
岩心粉质量/g	1.0002	1.0004	1.0007	1.0001	1.0003	1.0002
滤纸质量/g	1.4220	1.4205	1.4259	1.4259	1.4235	1.4249
吸附后质量/g	2.4251	2.4243	2.4304	2.4301	2.4282	2.4276
差值/g	0.0029	0.0034	0.0038	0.0041	0.0044	0.0025
吸附量/(mg/g)	2.8994	3.3986	3.7973	4.0996	4.3987	2.4995
折算吸附量/(mg/g)	0.3999	0.8991	1.2978	1.6001	1.8992	0
吸附损耗/%	8.000	8.993	8.657	8.002	7.600	0

注：其中折算吸附量为减去空白对照后的吸附量。

不同浓度 CDP 体系吸附损耗情况如图 4－51 所示，由图可以看出，随着表面活性剂 CDP 浓度的增加，其在岩心表面的吸附量也逐渐增加，吸附量与表面活性剂浓度之间大致成线性关系，其中 CDP 吸附量在 0.4～1.9mg/g，总体吸附量小于 2.0mg/g。

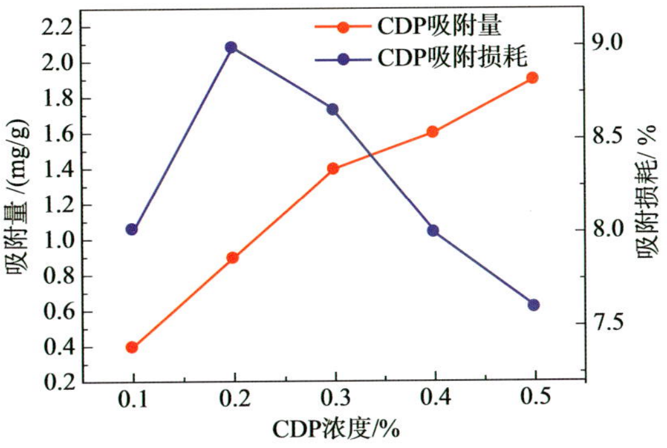

图 4－51　不同浓度 CDP 吸附情况

文明寨油田复合型表面活性剂 0.60% 的 NS 在岩心上平均吸附损耗为 4.24mg/g，低于矿场平均损耗水平，说明表面活性剂溶液在地层岩心中吸附量少，吸附完成后仍然能保持较高的界面活性。按不同浓度体系中表面活性剂实际加量折算出长 8 油藏 CDP 体系的平均吸附损耗为 8.25%，吸附损耗随表面活性剂浓度增加整体呈递减趋势，CDP 吸附损耗略偏离递减趋势，在低浓度时吸附损耗先增加，在 0.20% 达到峰值后再慢慢递减，整体吸附损耗均小于 10%。

在上述实验基础上，选取 0.30% 的 CDP 进行多次吸附试验，此处不进行吸附损耗测定，仅以不同吸附次数下、不同吸附时间离心所分离出的上层清液的降低油水界面张力能力作为评价指标(注：对于多于 1 次吸附的实验，在 1 次吸附完成后，离心分离上层清液，重新加入 0.30% 表面活性剂溶液进行吸附实验，时间点归零；另外做一组空白实验，不加岩心粉，测量表面活性剂溶液降低油水界面张力能力随时间的变化)。

0.30% 的 CDP 体系在注入水条件下界面张力随吸附时间的变化见表 4－31(b)。

表 4－31(b)　0.30% 的 CDP 吸附前后质量变化

吸附时间/h	1	2	3	4	5	6
无岩心粉/(mN/m)	0.005	0.005	0.007	0.007	0.008	0.006
1 次吸附/(mN/m)	0.007	0.02	0.03	0.02	0.02	0.01
2 次吸附/(mN/m)	0.006	0.008	0.01	0.02	0.01	0.01
3 次吸附/(mN/m)	0.007	0.01	0.009	0.01	0.008	0.009

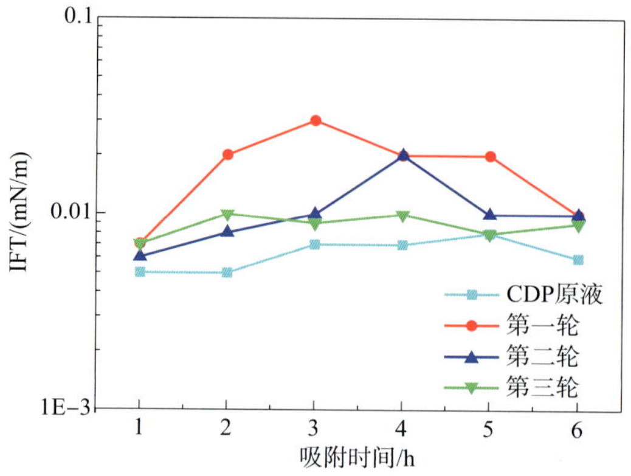

图 4-52　0.30%表面活性剂溶液不同吸附时间下油水界面张力变化图

将0.30%的CDP体系在对应净砂粉、不同吸附时间下油水界面张力值测量数据整理如图4-52所示，由图可以看出，在经过三轮吸附后，0.30%的CDP溶液降低油水界面张力能力基本没有变化，和吸附前相当，仍然处于超低水平，保持着较高的界面活性，且随着吸附轮数的增加，界面张力值越发接近初始值，说明已吸附过表面活性剂的岩心基本不再继续吸附，故CDP体系具有良好的抗吸附能力。

在前述实验的基础上，后续不断更换新岩心粉用同一表面活性剂不断吸附(每隔1d更换一次新岩心粉)，根据分离上清液油水界面张力判断表面活性剂活性，模拟油水前缘表面活性剂的损耗情况。

用红河油田注入水配制不同浓度长8油藏表面活性剂CDP水溶液，每24h更换一次岩心粉，分离出的表面活性剂溶液继续使用，其中不同吸附轮次下CDP的油水界面张力随吸附时间的变化见表4-31(c)。

表4-31(c)　CDP吸附不同次数界面张力变化

吸附时间/h	0	1	2	3	4
0.20% CDP/(mN/m)	0.003	0.008	0.07	0.27	1.12
0.30% CDP/(mN/m)	0.005	0.007	0.03	0.15	0.88
0.40% CDP/(mN/m)	0.0007	0.0009	0.008	0.04	0.32

将长8表面活性剂体系在对应净砂粉、不同吸附时间下油水界面张力值测量数据整理如图4-53所示。

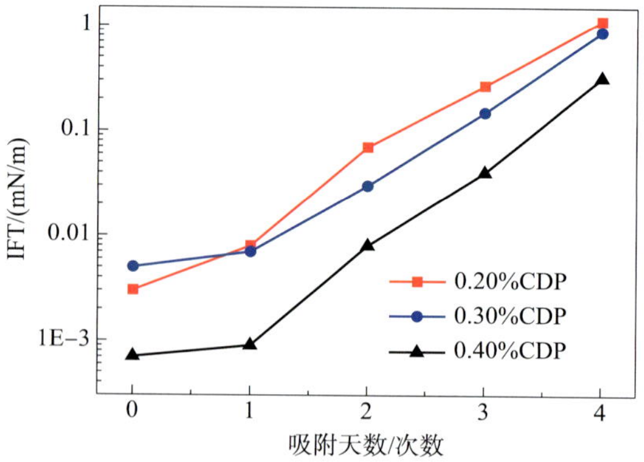

图 4-53　表面活性剂溶液不同吸附次数下油水界面张力变化图

由图4-53可以看出，随着吸附次数的增加，表面活性剂降低油水界面张力能力逐渐变弱，前两次吸附后降低油水界面张力能力变化较小，到第三次吸附时，油水界面张力马上增加到10^{-1}mN/m以上，经过三次吸附表面活性剂溶液基本失效，不再发挥作用，同时，从曲线可以看出，不同浓度表面活性剂溶液抗吸附能力不同，高浓度表面活性剂溶液相对低浓度表面活性剂溶液抗吸附能力更强，0.40%的表面活性剂溶液相对0.20%与0.30%CDP能抗多一轮次吸附，故可以考虑在段塞组合时以高浓度小段塞表面活性剂作为前置牺牲剂。

八、核磁共振分析

核磁共振技术作为一种新兴的岩心分析技术在石油勘探开发中的应用发展很快，它对岩石孔隙中流体所含的氢核^{1}H进行探测，可以反映孔隙大小分布以及不同大小孔隙中的流体分布。低磁场核磁共振T_2谱分布与孔隙结构有直接关系，可以一定程度上反映样品的孔隙分布。基于核磁共振的原理，推导T_2弛豫时间与孔隙半径的关系，由孔喉比将孔隙半径转换为喉道半径，结合压汞喉道半径分布，利用插值和最小二乘法，将岩心100%饱和水的核磁共振T_2谱转换为孔喉半径分布。目前利用核磁共振研究水驱油过程通常采用重水或者$MnCl_2$水溶液屏蔽水的信号的方法，弛豫信号是油贡献，通过分析油的信号的变化反应油在孔隙中分布的变化。通过计算水驱效率、增油率等研究和揭示储层剩余油分布和富集规律，对表面活性剂驱油效率进行定量分析与评价。

1. 实验原理

根据核磁共振理论分析，岩石饱和单相流体的核磁共振T_2谱可以反映其内部孔隙结构，均匀磁场中饱和水的单个孔道内的原子横向弛豫时间可表示为：

$$\frac{1}{T_2}=\frac{1}{T_{2B}}+\frac{1}{T_{2S}}+\frac{1}{T_{2D}} \tag{4-15}$$

式中，T_{2B}、T_{2S}和T_{2D}分别表示孔隙中流体的体积弛豫时间、表面弛豫时间以及扩散弛豫时间，ms。对于固有弛豫时间较长的流体，如水、轻质油，体积弛豫$1/T_{2B}$与表面弛豫$1/T_{2S}$可忽略不计，流体在孔隙中流动主要以扩散弛豫为主，因此式(4-15)可以表示为：

$$\frac{1}{T_2}=\rho_2\cdot\frac{S}{V} \tag{4-16}$$

式中，ρ_2为横向表面弛豫强度，取决于孔隙表面性质、矿物组成的大小和饱和流体性质，μm/ms；S/V为单个孔隙的比表面积，$\mu m^2/\mu m^3$。由式(4-16)可以看出，弛豫时间T_2和多孔介质的比表面有关。对于简化成球状和柱状的孔隙结构，其比表面积与孔径的关系为：

$$\frac{S}{V}=\frac{F_s}{r_c} \tag{4-17}$$

则有

$$T_2=\frac{r_c}{\rho_s F_s} \tag{4-18}$$

式中，F_s为孔隙形状因子(对球形孔隙$F_s=3$；对柱状孔隙$F_s=2$)；r_c为孔隙半径，μm。

依靠目前的设备和研究手段较难测得ρ_2和F_s，无法通过式(4-18)将核磁共振T_2分布转换为孔隙半径分布曲线。由压汞法测毛管力曲线的原理可知，压汞毛管力曲线可以得到储层岩石孔隙喉道的大小及与其联通的孔隙体积分布，而岩心100%饱和水的核磁共振T_2谱可以评价孔隙大小和对应的孔隙体积分布。对于砂岩储层，砂粒粒径决定了孔隙和喉道尺寸。两种测量反映出的孔隙分布的几何形态相同，建立T_2弛豫时间与喉道半径的关系就可以将核磁共振T_2分布曲线转换为孔喉半径分布曲线。

孔隙半径等于喉道半径与孔喉比的乘积，即$r_c=c_t r_t$，代入式(4-18)，可得到T_2弛豫时间与喉道半径的关系为：

$$T_2 = \frac{c_t r_t}{\rho_s F_s} \tag{4-19}$$

式中，c_t 为平均孔喉比；r_t 为喉道半径，μm。

令

$$C = \frac{\rho_s F_s}{c_t} \tag{4-20}$$

则

$$r_t = CT_2 \tag{4-21}$$

求得 C 的值即可将岩心 100% 饱和水的 T_2 分布转换为孔喉半径分布曲线。

利用低磁场核磁共振仪分别测试岩样饱和水状态、饱和油状态、一次水驱阶段及表面活性剂驱状态及后续水驱状态下的 T_2 弛豫时间谱，就可以准确地确定不同驱替阶段采出油和剩余油在不同孔隙中的定量分布，同时根据信号区域下包面积可计算出不同驱替阶段不同大小孔隙内原油动用情况。

为便于定量分析和讨论，将 T_2 弛豫时间为 <1ms、1～10ms 和 >10ms 的 3 个孔隙区间分别定义为小孔隙、中孔隙和大孔隙。将一定孔隙区间的出油量占该孔隙区间总油量和总孔隙区间总油量的比例分别定义为相对驱油效率和绝对驱油效率。

相对水驱效率：

$$E_{rw} = \frac{\sum (M_{1i} - M_{2i})}{\sum M_{1i}} \tag{4-22}$$

绝对水驱效率：

$$E_w = \frac{\sum (M_{1i} - M_{2i})}{\sum M_{1j}} \tag{4-23}$$

表面活性剂驱增油率：

$$E_{ow} = \frac{\sum (M_{2i} - M_{3i})}{\sum (M_{1i} - M_{2i})} \tag{4-24}$$

总相对驱油效率：

$$E = \frac{\sum (M_{1i} - M_{3i})}{\sum M_{1i}} \tag{4-25}$$

总绝对驱油效率：

$$E = \frac{\sum (M_{1i} - M_{3i})}{\sum M_{1j}} \tag{4-26}$$

式中，M_1 表示饱和油状态下的 T_2 信号幅度；M_2 表示一次水驱状态的 T_2 信号幅度；M_3 表示表面活性剂驱状态下的 T_2 信号幅度；下标 i 表示 T_2 弛豫时间在某一区间；下标 j 表示整个 T_2 弛豫时间范围。

注：将孔隙划分为三段，分别对应小、中、大孔隙，则小孔隙的相对水驱效率为小孔隙动用原油量与小孔隙内含油量比值，小孔隙绝对水驱效率为小孔隙动用原油与整块岩心含油量比值。

2. 实验条件

长 8 模拟水（HH12P39），长 8 地层油（HH12P34），长 8 地层模拟温度为 71.2℃，核磁共振用 MacroMR12－150H－VTHP 核磁共振分析系统（苏州纽迈分析仪器股份有限公司），压汞曲线测定使用 PoreMaster 60 高压压汞仪（美国康塔仪器公司），实验岩心为红河长8区块岩心HH44－6、HH372－25，具体岩心参数见表4－32，仪器如图4－54所示。

表4－32 岩心基础数据

岩心	直径/cm	长度/cm	孔隙度/%	渗透率/$10^{-3}\mu m^2$	初始含油饱和度/%	束缚水饱和度/%
HH120－1	2.508	3.768	6.780	10.50	61.54	38.64
HH120－3	2.540	3.038	6.550	7.28	53.57	46.43

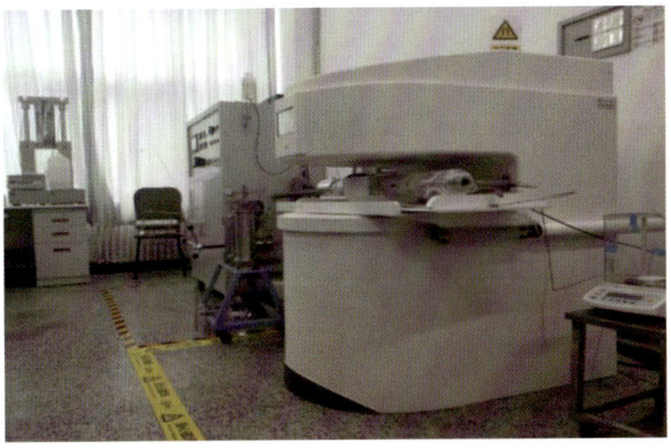

(a)MacroMR12-150H-VTHP核磁共振分析系统

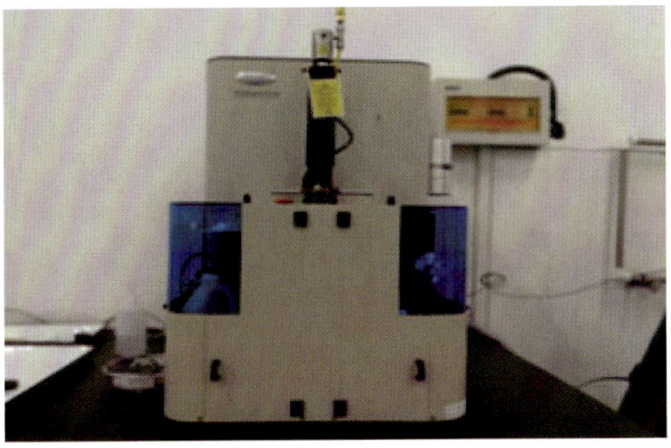

(b)PoreMaster 60高压压汞仪

图4－54 核磁共振分析系统

3. 实验方法

将低场核磁共振和岩心驱替实验结合，得到不同条件下的 T_2 谱图。具体实验过程如下：

(1)岩心经洗油烘干后称干重，测量长度和直径，测定岩心渗透率。

(2)在25℃下将岩心放入真空加压饱和装置中抽真空，在25MPa压力下加压饱和模拟地层水至饱和压力不再下降，取出岩心称湿重，计算孔隙度。

(3)测试岩心饱和水状态的 T_2 谱，主要测试参数为回波间隔 $TE=0.3$ms、等待时间 $TW=3000$ms、回波个数 $NECH=8000$。

(4)将岩心放入岩心夹持器，在0.05mL/min的驱替速度下饱和油直至完全饱和时，测试束缚水状态下岩心内原油的 T_2 谱图。

(5)进行第一次水驱至岩心末端不出油，测试岩心内原油的 T_2 谱图。

(6)注入0.3～0.6PV的CDP溶液，水驱至残余油饱和度，测试岩心内原油的 T_2 谱图。

4. 实验结果与讨论

1)核磁孔喉分布曲线的转化

多孔介质孔喉尺寸大小不一，高压压汞时汞优先进入尺寸最大的孔道，随着压力增加逐渐进入较小的孔道。压汞孔喉分布不能反映小于最大进汞压力对应的喉道所联通的孔隙的信息，而岩心饱和水时的 T_2 谱可以反映岩心内所有的孔喉分布，若将两条曲线直接对比，存在较大误差。在进行计算时，只选取与压汞孔喉半径分布对应的部分 T_2 谱与压汞孔喉半径分布进行对比。

如图4－55所示，分别绘制岩心HH120－1、HH120－3核磁共振 T_2 弛豫时间和压汞孔喉半径的累积分布曲线，任意喉道半径为 r_{ti} 时累积分布频率为 S_i，取 $S = S_i$ 对核磁共振 T_2 累积分布曲线进行插值，得到累积分布频率为 S_i 时的弛豫时间 T_{2i}。

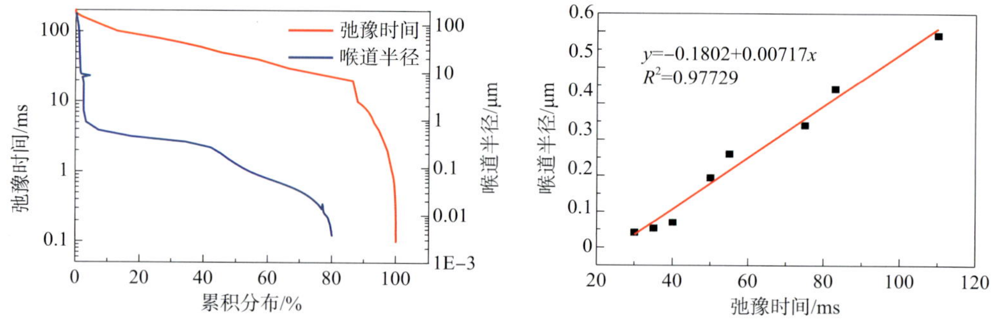

(a)HH120-1核磁共振T_2与孔喉半径转换

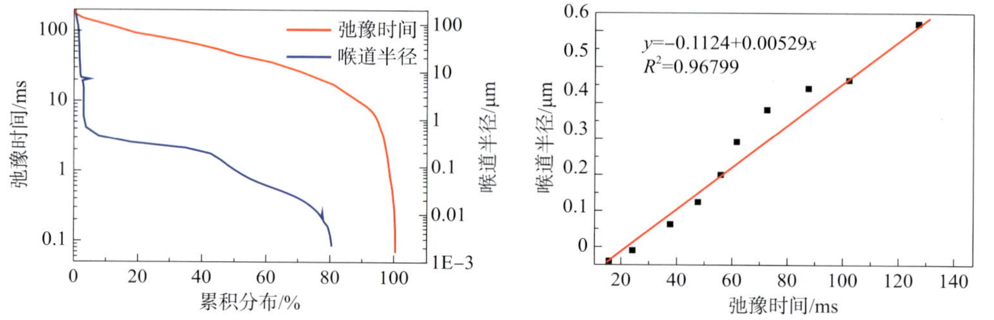

(b)HH120-3核磁共振T_2与孔喉半径转换

图 4-55　核磁共振 T_2 与孔喉半径转换

根据线性最小二乘原理，求解式(4-20)中拟合参数 C 的值，转化为求参数 C 使方程 $L = \sum m_i = \sum (CT_{2i} - r_{ti})^2$ 达到最小值。由拟合参数求得两块岩心的 C 值为0.00717、0.00529。

2)孔隙结构分析

将 HH44-6、HH372-25 岩心饱和水状态下的核磁共振 T_2 谱转换的孔喉半径分布如图 4-56 所示。对比 2 块岩心的核磁孔喉分布发现，HH44-6 孔喉分布主要集中在 0.1～0.5μm，而 HH372-25 孔喉分布主要集中在 0.05～1μm，分布范围更广，分选相对较差。

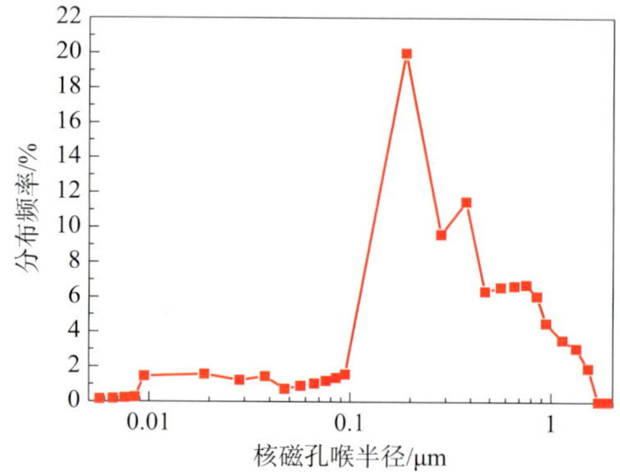

(a)HH44-6

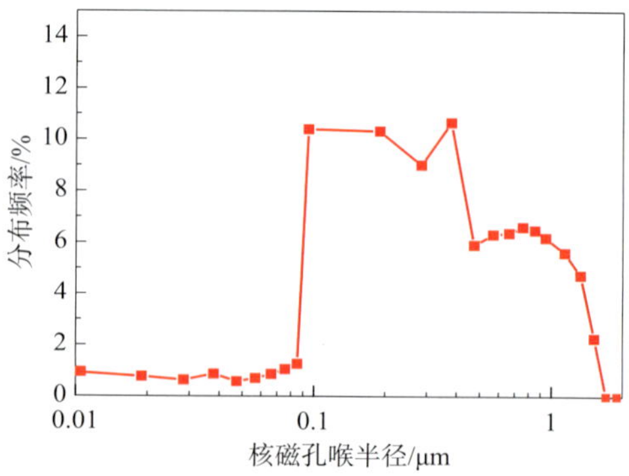

(b)HH372-25

图 4-56　岩心核磁孔喉频率分布

3）不同驱替条件下的可动流体分布

油藏储层中流体按其在多孔介质中的赋存状态分为束缚流体和可动流体。致密储层岩石由于孔隙微细、孔隙比表面积大，束缚流体含量较高，对储层流体渗流性能的影响不容忽视，评价束缚流体（或可动流体）分布对于致密油气藏的开发具有重要意义。在不同驱替状态下，流体在HH44－6、HH372－25岩心孔隙中的分布规律如图4－58（a）和图4－58（b）所示。饱和水和饱和油两条曲线之间代表岩心束缚水。饱和油和水驱后两条曲线之间代表可动油部分，即水驱动用原油。水驱后和表面活性剂驱后两条曲线之间代表表面活性剂增油部分，即表面活性剂驱动用原油。

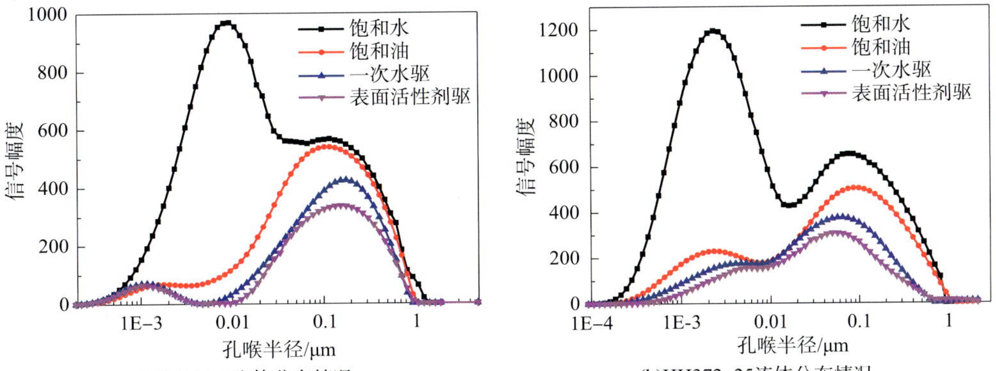

(a)HH44−6流体分布情况　(b)HH372−25流体分布情况

图4－58　不同驱替状态下流体在岩心中的分布

从图中可以看出，HH44－6、HH372－25岩心束缚水与动用油分布特征呈现一定差异。两块岩心束缚水主要集中在直径＜0.005μm孔隙空间内。在尺寸相对较小的孔隙内，水相流体会受到更强的毛管力与黏滞力束缚而难以流动。HH44－6水驱在不同孔隙区间均有较好驱替效果，HH372－25则主要动用了直径＞0.05μm中－大孔隙间原油；表面活性剂驱均主要动用了0.05～0.5μm中间孔隙部分，主要因为大孔隙区间原油被水驱替，残余油剩余较少。

4）驱替效果评价

基于低场核磁不同驱替条件与可动流体分布研究结果，通过T_2谱图的定量分析可以准确评价不同驱替效率与剩余油分布规律，结果见表4－33。

由HH44－6与HH372－25岩心驱替实验结果可见，HH44－6水驱效果较好，＞0.05μm孔隙区间原油采收率达到50%以上，总体水驱效率达到50.11%，水驱主要动用了＞0.05μm中－大孔隙中的可动油。表面活性剂驱也主要动用了＞0.05μm中－大孔隙中的剩余油（以0.05～0.5μm孔隙区间为主），整体增油率为24.69%。一方面是由于水驱后中－大孔隙形成了优势通道，通过降低油水界面张力、改变润湿性等提高原油的洗油效率；而小孔隙中的残余油主要是由于其渗流阻力大，注入水在孔隙空间内绕流形成的。

HH372－25水驱效果相对较差，不同孔隙区间均有油被采出，但＜0.05μm和＞0.5μm孔隙区间初始含油量较少，水驱采出油主要分布在0.05～0.5μm孔隙区间，但0.05～0.5μm孔隙区间水驱效率较低，导致整体水驱效率较低。表面活性剂驱主要动用了

0.05 ~0.5μm 孔隙区间的剩余油，其增油率为 28.86%，整体增油率为 26.45%。这与 HH44 -6 表面活性剂驱结果基本一致，表明表面活性剂驱主要动用是 0.05 ~0.5μm 中间孔隙中的剩余油，主要因为大孔隙区间原油被水驱替，残余油剩余较少，而小孔隙中的残余油主要是由于其渗流阻力大，注入水在孔隙空间内绕流形成的。

表 4 -33　岩心不同孔隙空间驱替效率

岩心编号	孔喉分布/μm	相对水驱效率/%	绝对水驱效率/%	表面活性剂增油率/%	总相对驱油效率/%	总绝对驱油效率/%
HH372 -25	<0.05	49.81	2.08	19.25	59.40	2.52
	0.05 ~0.5	21.22	15.35	28.86	35.84	26.32
	>0.5	37.88	8.89	14.13	43.23	10.30
	综合	26.33		26.45	39.14	
HH44 -6	<0.05	11.95	0.83	23.05	22.65	1.55
	0.05 ~0.5	49.27	34.44	28.43	63.28	44.23
	>0.5	64.09	14.85	10.54	70.84	16.41
	综合	50.11		24.69	62.49	

综上所述，原油及一次水驱后剩余油主要储集在中 -大孔道，水驱及表面活性剂也主要动用中 -大孔道内原油，小孔道含油饱和度偏低，水驱及表面活性剂驱替后动用效果不理想。

第五节　渗吸采油工艺参数优化

一、建立试验井区渗吸数值模型

(一)裂缝 -孔隙双重介质模型的建立

红河油藏缝网发育特征复杂，分尺度、分成因细化裂缝识别与表征，提高裂缝模型与实际裂缝发育及走向的匹配度；建立的双重介质模型，与实钻裂缝发育及压裂裂缝分布的符合率超 90%，可以更贴切地反映实际油藏地质特征(图 4 -58)。

采用 DFN 裂缝建模技术，建立不同尺度裂缝模型，嵌套形成多尺度天然裂缝网格模型。

(1)小、微尺度离散裂缝模型：以神经网络技术建立裂缝密度属性为约束，在基质构造模型中建立裂缝模型。

(2)大、中尺度裂缝模型：在断层识别及蚂蚁体提取的裂缝基础上，建立大、中尺度裂缝模型。

(3)人工压裂裂缝模型：根据研究区各井压裂裂缝监测资料，建立工区人工裂缝模型。

根据裂缝开度、延展长度等参数建立裂缝等效物性参数模型；根据耦合裂缝物性参数模型和储层基质模型，建立研究区裂缝 -孔隙双重介质模型(图 4 -59)。

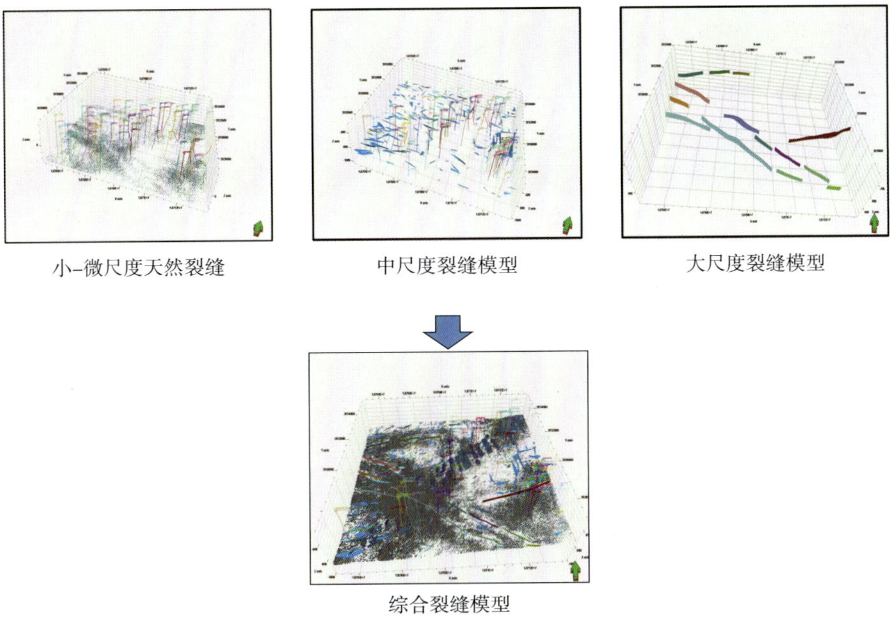

图 4 -58　多尺度天然裂缝网格模型

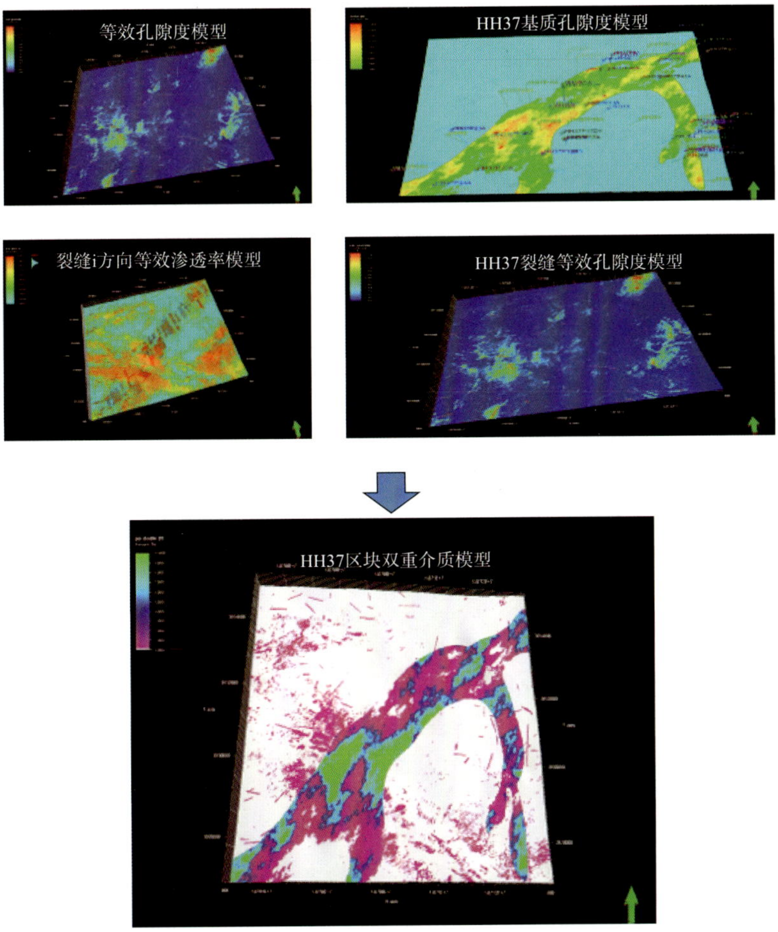

图 4 -59　双重介质模型

(二)双重介质渗吸数值模型的建立

结合地震属性及断层距离对井组选区的多尺度裂缝开展精细刻画，研究表明，目标井区天然裂缝发育程度低，且仅发育微小尺度裂缝，不沟通井间人工裂缝，适合开展渗吸评价(图4－60)。

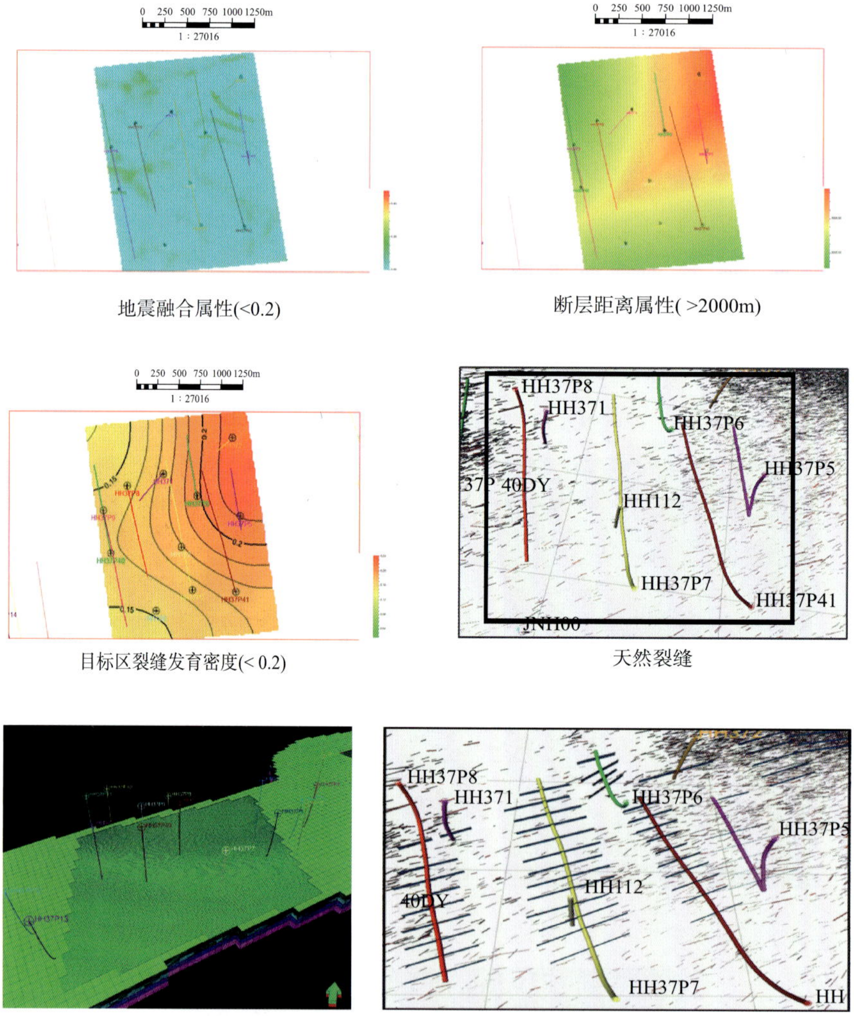

地震融合属性(<0.2)　　断层距离属性(>2000m)

目标区裂缝发育密度(<0.2)　　天然裂缝

优选的HH37P7井组网格模型　　优选的HH37P7井组天然裂缝及人工裂缝三维展布

图4－60　井区渗吸数值模型

储层厚度15～25m，平均有效厚度12m；孔隙度7%～15%，渗透率(0.1～0.7)×$10^{-3}\mu m^2$；裂缝方位NE60°～75°，裂缝半缝长89～159m。井区储量16.5万t；累产液1.48万m^3，地层亏空1.2万m^3。

在建立的双重介质模型的基础上，考虑渗吸作用的影响，在模型中，重点考虑渗吸剂在数值模拟中润湿调控能力及界面张力改善，建立了渗吸数值模型(图4－61)。

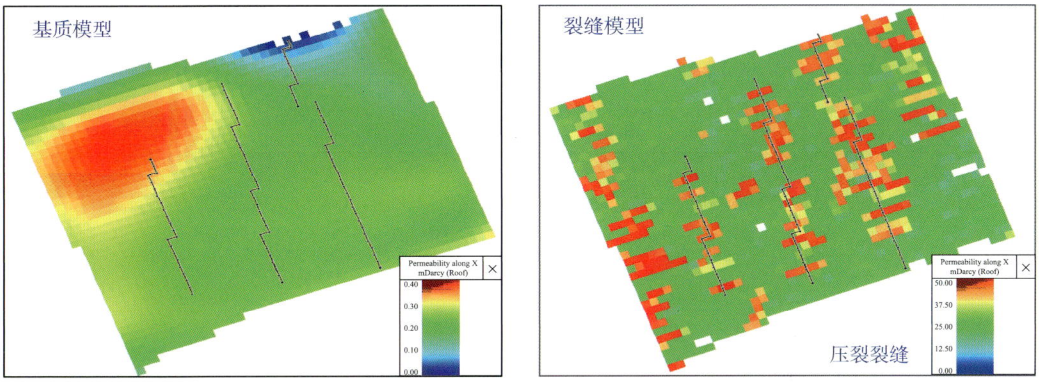

图 4－61　渗吸数值模型的建立

二、渗吸吞吐采油工艺参数优化

充分考虑高压渗吸驱油机理，以红河 37 区块建立的井组双重介质渗吸模型为基础，以数值模拟为主要研究方法，结合现场已开展试验经验总结，开展高压渗吸吞吐参数的优化设计(图 4－62、图 4－63)。

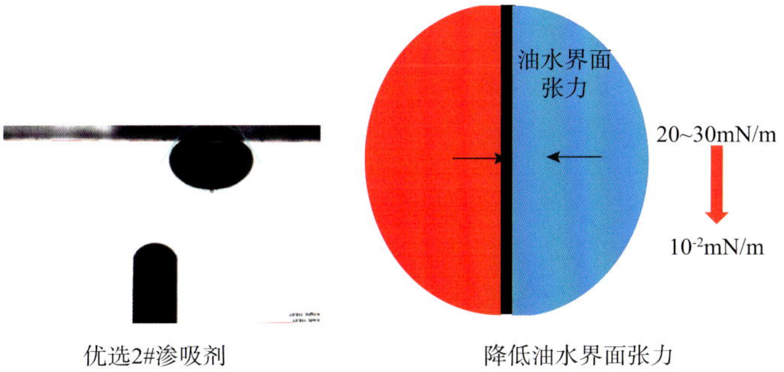

(界面张力10^{-2}mN · m^{-1}，润湿角52.1°)

图 4－62　渗吸剂基础数据

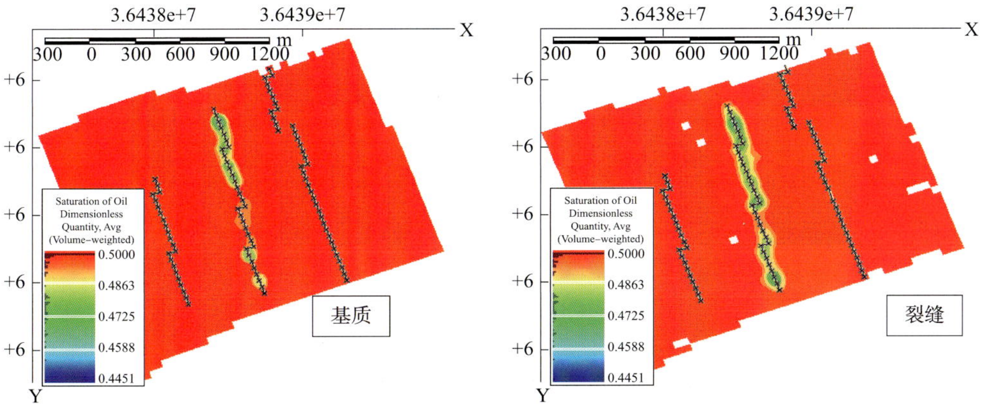

图 4－63　基础模型历史拟合后剩余油分布场

（一）合理的增压范围

从不同增压幅度下增油情况来看，和常压渗吸比，高压渗吸的增油效果随着增压幅度的升高而增加，增压超过8MPa后幅度减缓；随着增压幅度升高，相同注入周期注入地层的总渗吸液增加，和常压渗吸相比，换油率呈现下降趋势，增压幅度3MPa后，换油率下降幅度明显增加（图4－64）。

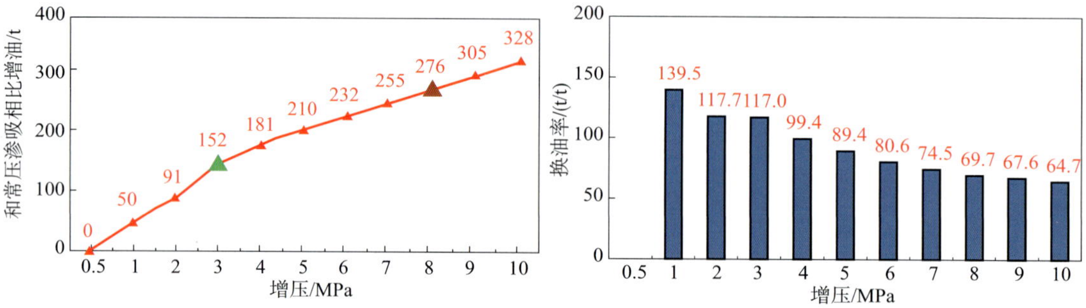

图4－64　不同增压幅度下增油与换油率对比曲线

综合来看，建议增压范围在8MPa以内，首轮保证效果及效益，可控制在1～3MPa。

（二）注入渗吸剂浓度优化

为对红河油田注渗吸剂吞吐开发中渗吸剂浓度进行优化论证，选择HH37P7井应用建立的数值模拟模型进行单井注渗吸剂吞吐优化研究。分别设计注水及注入浓度为0.1%、0.2%、0.3%、0.4%的渗吸剂5套不同的吞吐方案，研究注入渗吸剂的浓度对开发效果的影响。

渗吸剂吞吐较衰竭开采产油量大幅度提高，增油量随渗吸剂浓度的提高而增加，但渗吸剂浓度提高至0.3%后，继续提高注入渗吸剂的浓度，增油幅度较小，但渗吸剂成本升高，注入的渗吸剂浓度优化为0.3%。此时，较衰竭开发累增油1492t，较注水吞吐累增油800t（图4－65、图4－66）。

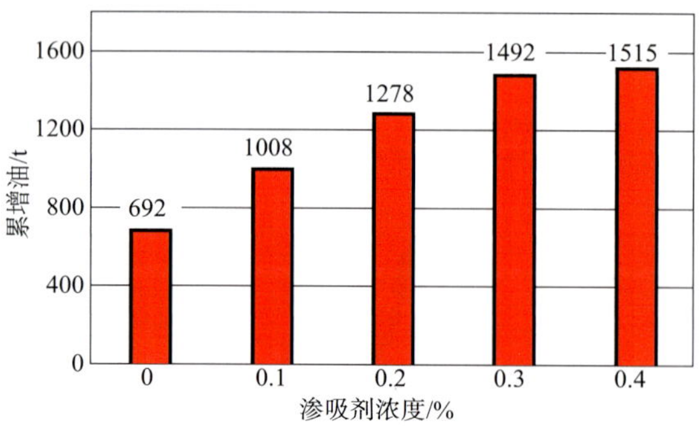

图4－65　不同渗吸剂浓度较衰竭开采累计增油量对比

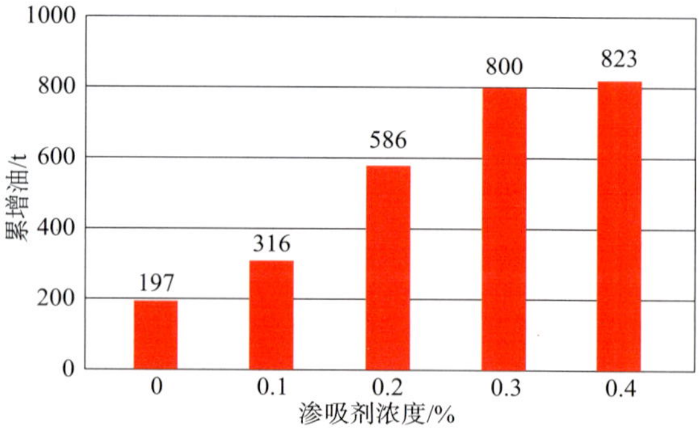

图4－66　不同渗吸剂浓度较注水吞吐累计增油量对比

（三）吞吐周期及注入量优化

渗吸剂吞吐至第6个周期后，地层能量下降，同时，井筒周围含油饱和度降低，含水上升，日产油量大幅度降低；渗吸剂吞吐至第6个周期后，吞吐周期增油幅度减缓，建议渗吸吞吐周期控制在六轮次以内，其中，结合注采比优化结果，优化周期注入量为300m³（图4－67、图4－68及表4－34）。

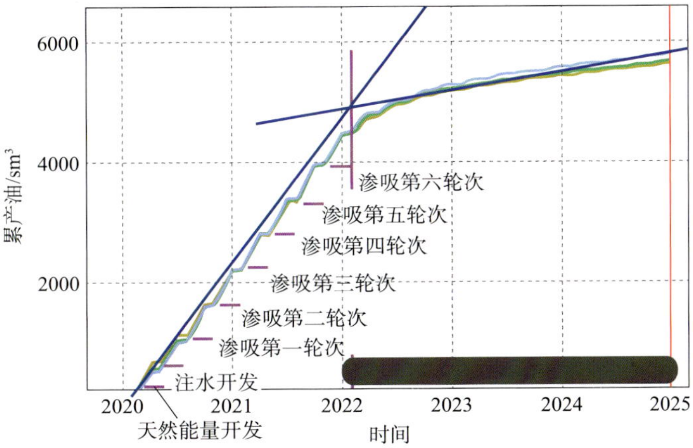

图4－67　累产油量随渗吸剂吞吐周期变化曲线

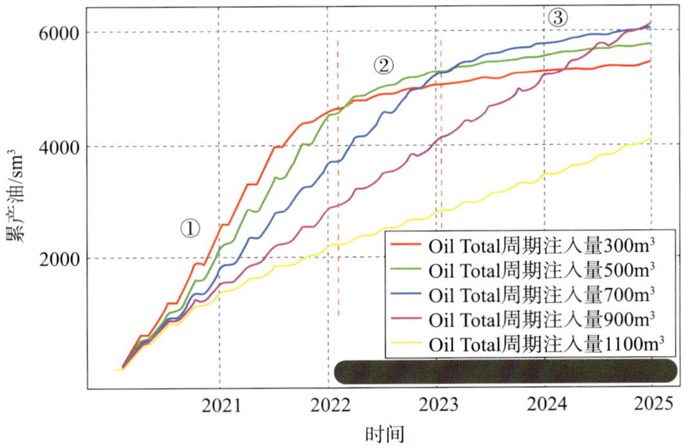

图4－68　累产油量随渗吸剂吞吐周期变化曲线

表4－34　不同吞吐周期下注采比优化结果

序号	实施轮次	最优方案	
		周期注入量/m³	阶段增油/万t
①	1～2轮	300	0.29
②	3～4轮	500	0.49
③	5～6轮	700	0.69

（四）焖井时间优化

应用模型开展注渗吸剂吞吐焖井时间优化数值模拟研究，设计不焖井、10天、20天、30天4组不同焖井时间方案，研究焖井时间对红河油田渗吸剂吞吐开发效果的影响。

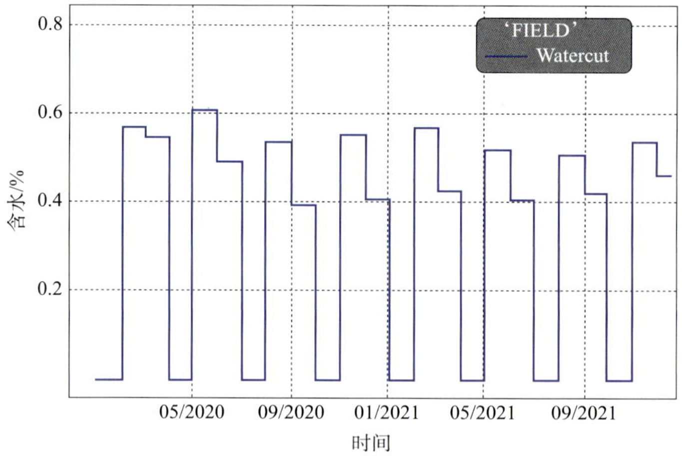

图 4-74　注入速度 50m³/d，含水变化曲线

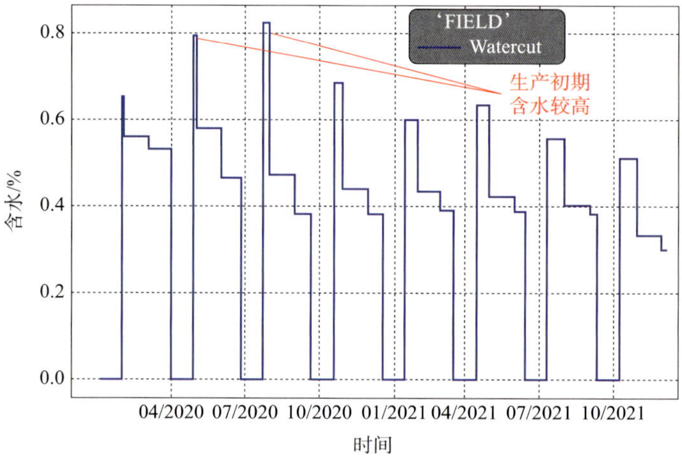

图 4-75　注入速度 60m³/d，含水变化曲线

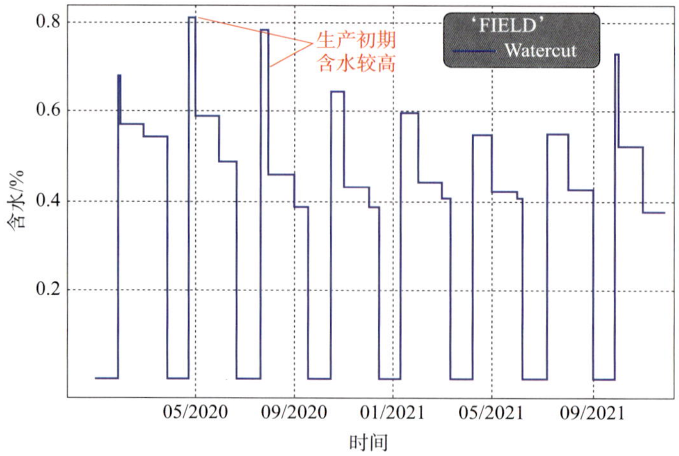

图 4-76　注入速度 70m³/d，含水变化曲线

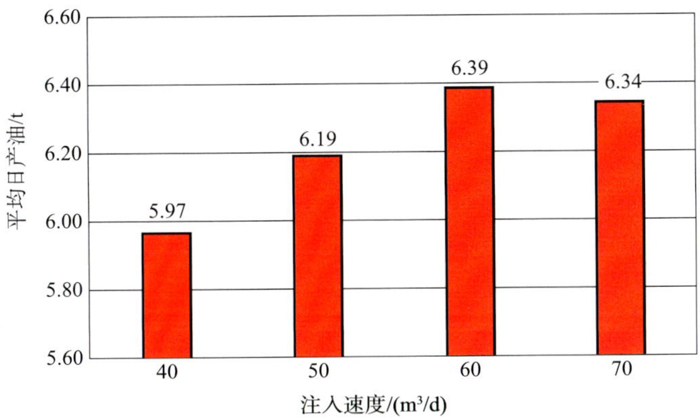

图 4－77　不同注入速度下平均日产油量对比

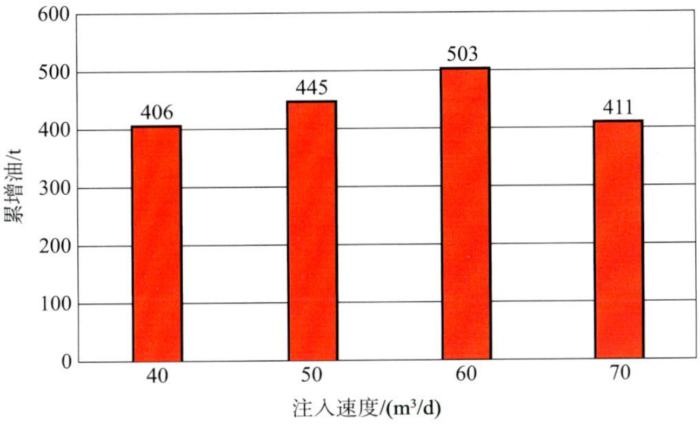

图 4－78　不同注入速度下累增油量对比

渗吸剂吞吐时，提高注入排量有利于提升注入压力，改善渗吸采油效果，综合对比实施期内累增油和平均日产油情况，优化注入速度为 60～70m^3/d。

第六节　渗吸采油技术现场应用效果

针对红河长 8 致密油藏储层矿场渗吸效果，考虑油藏因素、生产因素等综合作用的结果，利用多元线性回归方法计算了各影响因素的相关系数，通过比较相关系数的大小，评价了各影响因素在渗吸过程中的影响程度，在明确矿场渗吸效果主控因素的基础上，指导选井，并结合矿场实验结果优化渗吸采油工艺，对后期红河长 8 油藏改善矿场渗吸效果具有重要意义。

一、明确试验井选井条件

针对红河长 8 致密油藏储层矿场渗吸效果，考虑油藏因素、生产因素等综合作用的结果，为探索渗吸过程中的主控影响因素，通过 SPSS 数据分析软件，利用多元线性回归方法计算了各影响因素的相关系数，通过比较相关系数的大小，评价各影响因素在渗吸过程中的影响程度，在明确矿场渗吸效果主控因素的基础上，指导选井。

红河长8油藏矿场渗吸效果影响主导因素分析，考虑自变量为油藏因素、生产因素和工程因素，因变量为措施日增油、有效期和累增油等3个指标，反映矿场渗吸效果，基于多元线性回归分析理论，采用SPSS数据分析软件分析其主导因素：①修改自变量与因变量名称，并导入数据；②进入SPSS数据分析软件线性回归统计分析模式；③设定数据自变量与因变量；④得出统计分析结果。

（一）油藏因素影响

红河长8油藏矿场渗吸效果油藏因素复杂，考虑了孔隙度、渗透率、含油饱和度和裂缝条数对渗吸效果影响，以有效期、累增油和日增油为矿场渗吸效果，原始数据见表4－56。

表4－56　油藏因素对矿场渗吸效果影响

井号	油藏因素				渗吸效果		
	孔隙度/%	渗透率/$10^{-3}\mu m^2$	含油饱和度/%	裂缝条数/条	有效期/d	累增油/t	日增油/t
HH37P38	14.85	0.36	38.62	2	59	16.88	0.29
HH74	7.40	0.16	44.10	0	308	215.60	0.70
HH74P9	12.14	1.78	49.94	9	133	63.76	0.48
HH51P4	7.39	1.03	37.43	1	82	82.82	1.01
HH74P73	10.23	0.48	43.31	2	85	199.75	2.35
HH1054－8	8.60	0.56	26.16	0	106	19.08	0.18
HH33P1	17.18	70.36	56.81	3	107	98.44	0.92
HH36P101	9.20	0.50	44.60	3	220	286.00	1.30
HH73P4	7.49	0.21	35.76	2	175	52.50	0.30
HH73P64	11.61	5.93	36.52	3	105	49.35	0.47
HH73P83	10.44	0.53	33.14	1	152	147.44	0.97
HH36P24	6.56	0.41	33.60	1	209	148.39	0.71
HH37P14	7.42	0.21	33.61	1	19	26.98	1.42
HH74P9	12.14	1.78	49.94	9	112	42.49	0.38
HH77P20	9.15	0.34	41.24	2	142	32.66	0.23
HH37P17	6.76	0.41	28.69	1	75	114.75	1.53
HH74P73	10.23	0.48	43.31	2	152	164.16	1.08

根据不同矿场渗吸效果指标，计算得到不同的油藏因素关联度，由图 4－79(a)可知，以日增油为渗吸效果指标，油藏因素的相关度依次为含油饱和度 > 裂缝条数 > 孔隙度 > 渗透率；由图 4－79(b)可知，以有效期为渗吸效果指标，油藏因素的相关度依次为含油饱和度 > 孔隙度 > 裂缝条数 > 渗透率；由图 4－79(c)可知，以累增油为渗吸效果指标，油藏因素的相关度依次为含油饱和度 > 裂缝条数 > 孔隙度 > 渗透率。综合上述从不同的渗吸效果指标影响程度分析，可以明确在矿场渗吸效果中，油藏因素含油饱和度为最主要因素，其次为裂缝条数。因此，后续渗吸选井可以优选含油性相对较好区域实施。

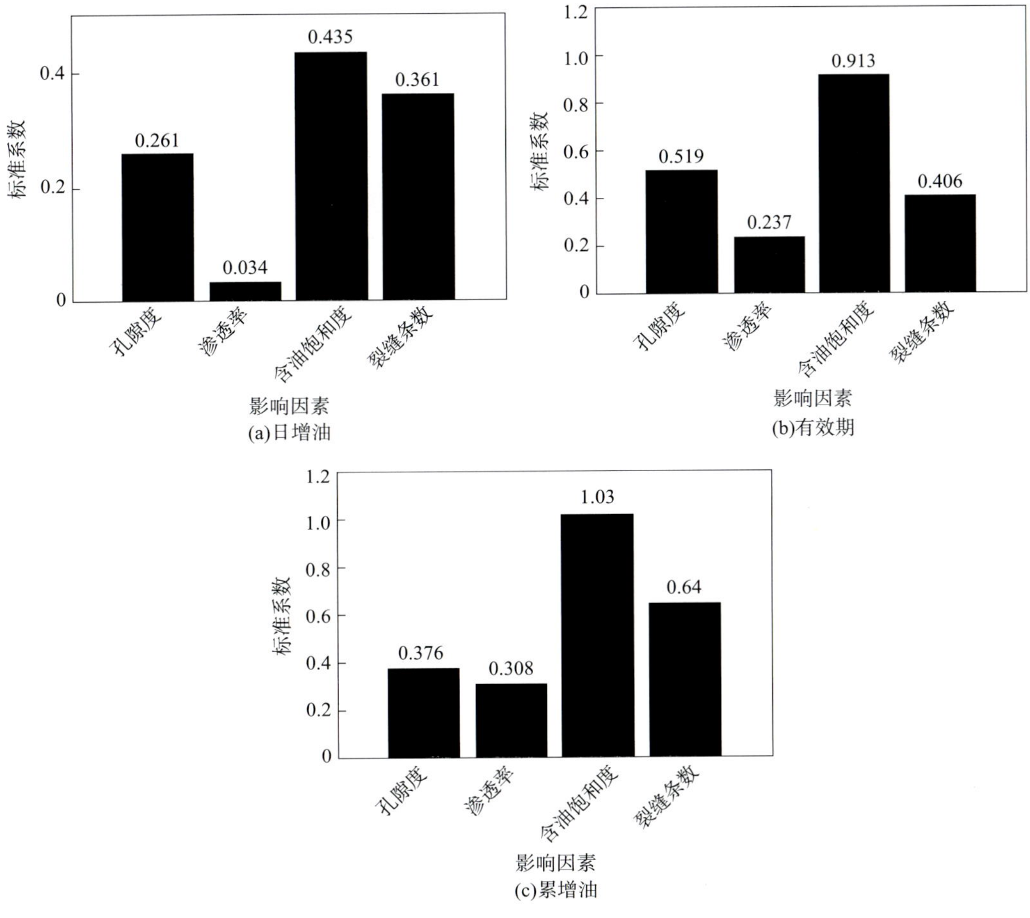

图 4－79 油藏因素主导影响因素分析

油藏含油饱和度是影响注水吞吐开发效果的重要因素之一，油藏含油饱和度越高，储层毛管压力越大，油相有效渗透率越高，渗吸作用越强。裂缝条数增加，增加了裂缝与基质流体交换面积，提高了渗吸采出程度。

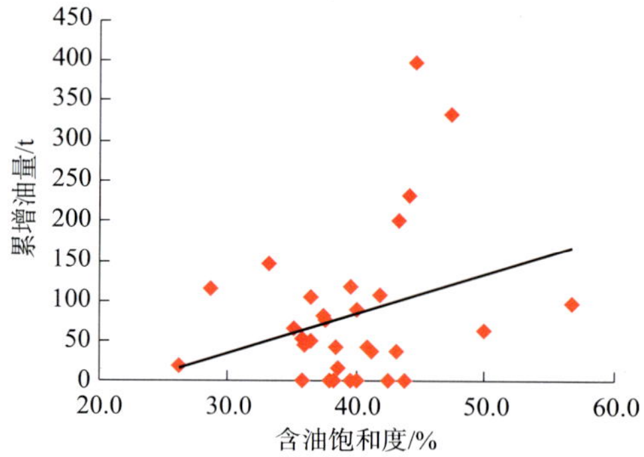

图 4－80　含油饱和度对增油量的影响

矿场实验表明，油井含油饱和度＞40%的油井，渗吸采油效果较好(图 4－80)，可选择含油饱和度＞40%的油井进行试验。

(二)生产动态因素影响

考虑了半年日产油、一年日产油、措施前日产油、含水率等生产因素对渗吸效果的影响，以有效期、累增油和日增油为矿场渗吸效果指标，原始数据见表 4－57。

表 4－57　生产因素对矿场渗吸效果影响

井号	生产动态因素			渗吸效果		
	半年日产油/t	一年日产油/t	含水率/%	有效期/d	累增油/t	日增油/t
HH37P38	1.22	0.35	57.04	59	16.88	0.29
HH74	4	3.59	58.18	308	215.60	0.70
HH74P9	2.72	1.72	49.63	133	63.76	0.48
HH51P4	4.59	4.12	66.91	82	82.82	1.01
HH74P73	3.5	2.8	47.31	85	199.75	2.35
HH1054－8	0.69	0.7	70.56	106	19.08	0.18
HH33P1	7.55	7.59	41.27	107	98.44	0.92
HH36P101	1.49	0.98	40.00	220	286.00	1.30
HH73P4	11.58	3.94	72.43	175	52.50	0.30
HH73P64	2	1.18	80.70	105	49.35	0.47
HH73P83	3.78	2.06	94.86	152	147.44	0.97
HH36P24	3.77	0.65	75.20	209	148.39	0.71
HH37P14	5.06	4.16	92.30	19	26.98	1.42
HH74P9	0.83	1.2	51.10	112	42.49	0.38
HH77P20	1.81	1.3	77.00	142	32.66	0.23
HH37P17	1.81	0.82	42.90	75	114.75	1.53
HH74P73	3.5	2.8	47.31	152	164.16	1.08

根据不同矿场渗吸效果指标，计算得到不同的生产因素关联度，由图 4－81(a)可知，以日增油为渗吸效果指标，生产因素的相关度依次为一年日产油＞措施前日产油＞含水＞半年日产油；由图 4－81(b)可知，以有效期为渗吸效果指标，生产因素对有效期的相关度依次为措施前日产油＞含水＞半年日产油＞一年日产油；由图 4－81(c)可知，以累增

油为渗吸效果指标，生产因素的相关度依次为含水 > 措施前日产油 > 一年日产油 > 半年日产油。

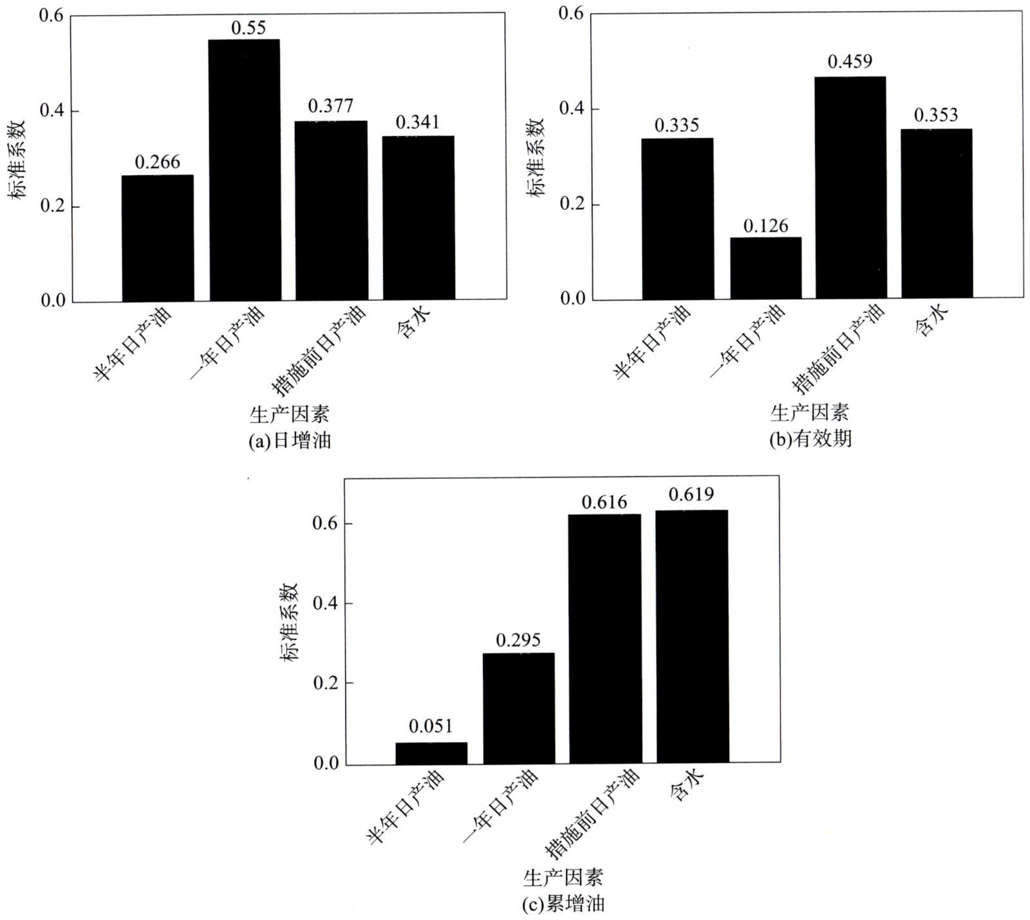

图 4 -81　生产动态因素主导影响因素分析

综合上述从不同的渗吸效果指标影响程度分析，对矿场渗吸可以有明确效果，生产因素主要为含水率。矿场实验表明，油井含水 <60% 的油井，渗吸采油效果较好如图 4 -82 所示。

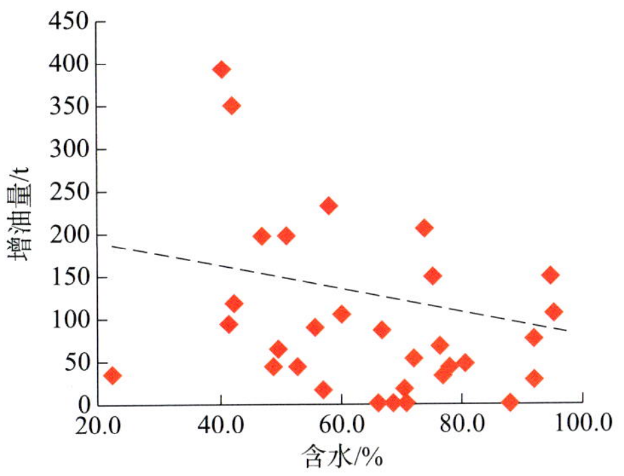

图 4 -82　含水对增油量的影响

二、矿场试验优化渗吸采油工艺

跟踪现场试验效果，对比评价不同吞吐注入量、不同加药浓度、不同焖井时间等参数对前期矿场试验效果的影响，总结不同渗吸采油工艺参数的效果，进一步优化现场试验方案。

(一)优化注入量

以增油量、有效期、日增油为评价指标，评价注入量对渗吸采油矿场试验效果的影响，矿场试验效果表明，注入量为200～300m³时，增油效果较好井比例明显增加(图4-83至图4-85)。

(1)注入量为100～200m³，增油量达到71t，有效期120天，日增油0.5t。

(2)注入量为200～300m³，增油量达到130t，有效期135天，日增油0.9t。

(3)注入量超过300m³，增油量达到51t，有效期86天，日增油0.6t。

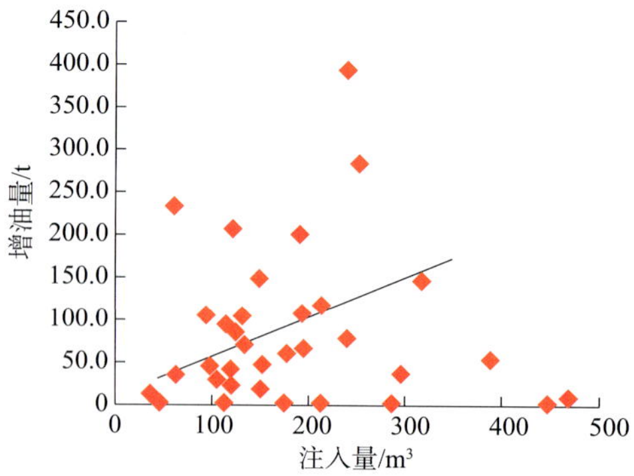

图4-83 注入量对增油量的影响

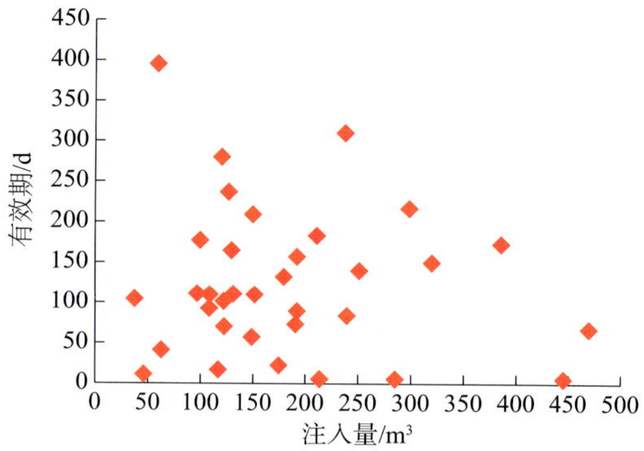

图4-84 注入量对有效期的影响

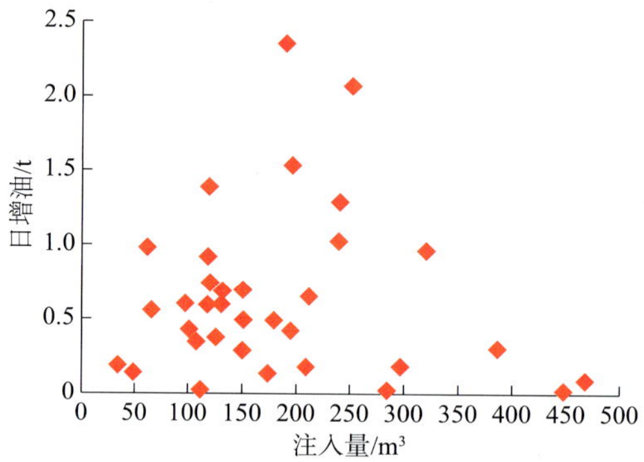

图4-85 注入量对日增油的影响

(二)优化焖井时间

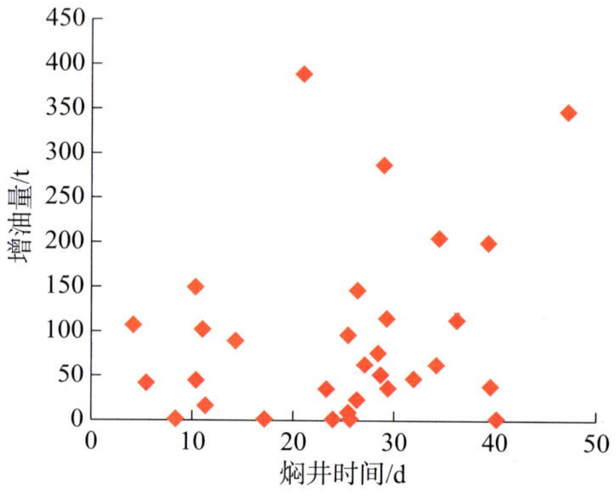

图4-86 焖井时间对增油量的影响

以增油量、有效期、日增油为评价指标，评价焖井时间对渗吸采油矿场试验效果的影响，矿场试验效果表明现场焖井时间为20～40天时，增油效果较好井比例明显增加，适当增加焖井时间有利于增产(图4-86至图4-88)。

(1)焖井时间8～10天，平均增油量达到73t，有效期105天，日增油0.9t。

(2)焖井时间20～40天，平均增油量达到122t，有效期120天，日增油0.7t。

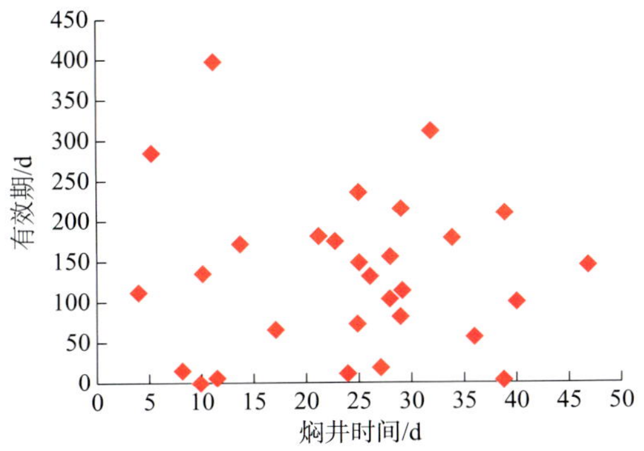

图4-87 焖井时间对有效期的影响

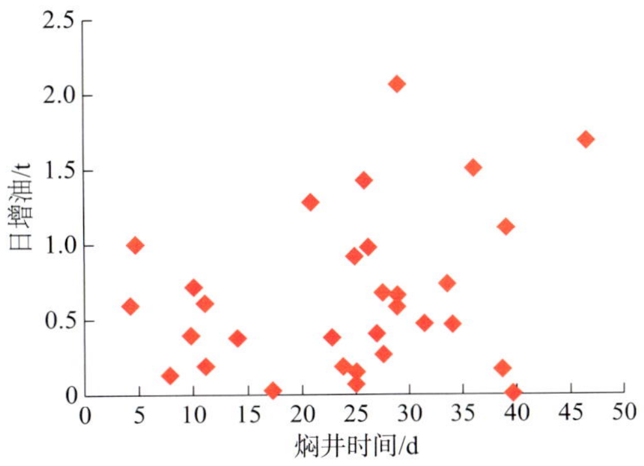

图4-88 焖井时间对日增油的影响

(三)优化注入浓度

以增油量、有效期、日增油评价指标，评价注入浓度对渗吸采油矿场试验效果的影响，矿场试验效果表明，加注浓度0.2%～0.3%能够满足现场应用(图4-89至图4-91)。

(1)加注浓度0.1%，增油量达到46t，有效期75天，平均日增油0.5t。

(2)加注浓度0.2%，增油量达到87t，有效期114天，平均日增油0.6t。

(3)加注浓度0.3%，增油量达到132t，有效期122天，平均日增油0.8t。

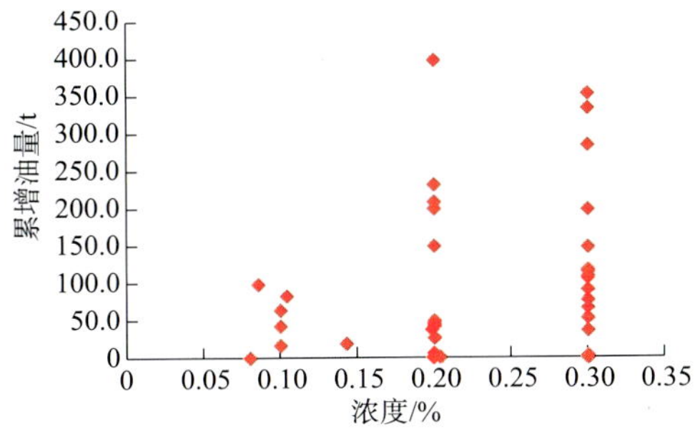

图4-89 浓度对累增油量的影响

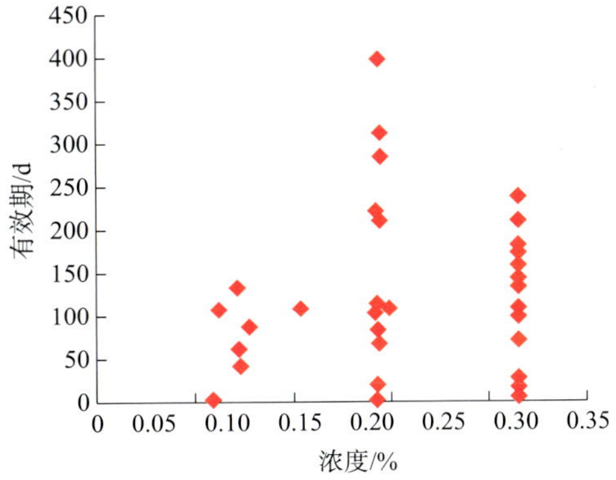

图4-90 浓度对有效期的影响

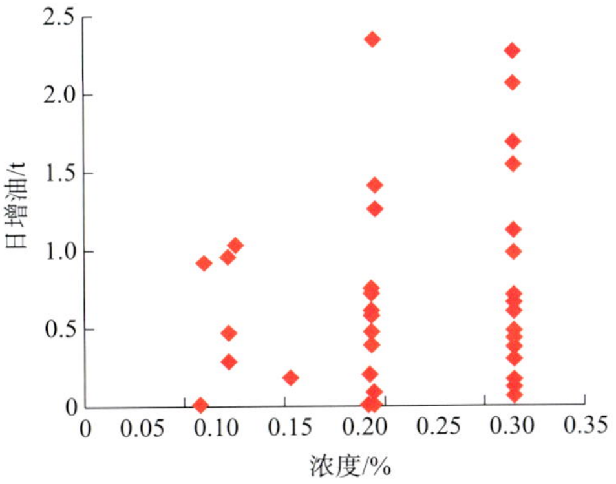

图4-91 浓度对日增油的影响

(四)优化注入压力

以增油量、有效期、日增油为评价指标，评价注入压力对渗吸采油矿场试验效果的影响，矿场试验效果表明，起压的油井整体效果优于不起压油井(图4-92至图4-94)。

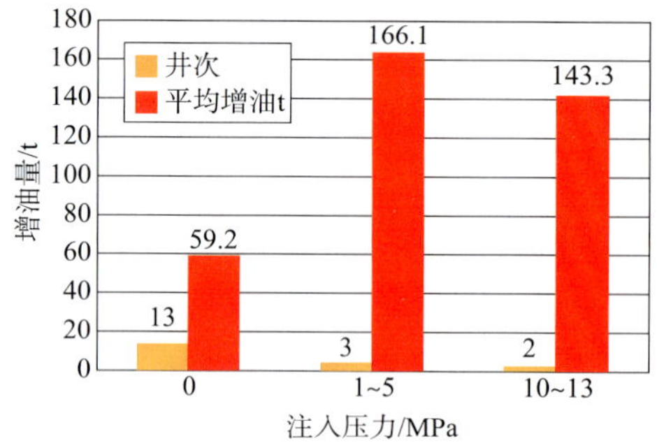

图4-92　注入压力对日增油的影响

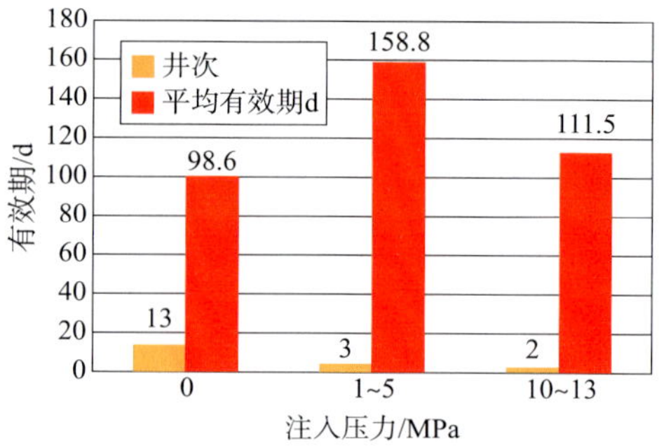

图4-93　注入压力对有效期的影响

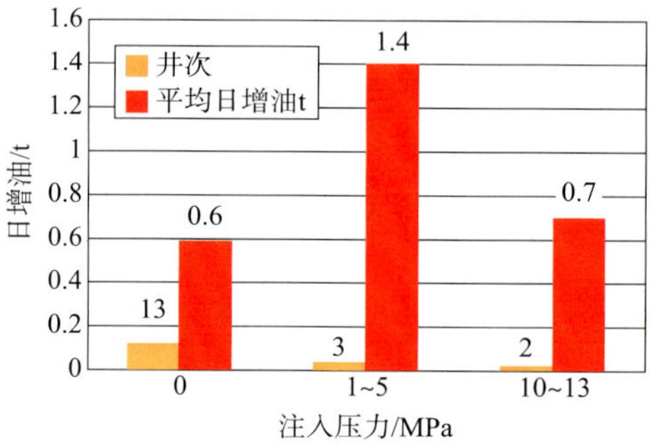

图4-94　注入压力对日增油的影响

三、现场试验及效果评价

根据前期的基质渗吸效果主控因素分析及研发的高效渗吸增效剂和渗吸施工工艺参数进行优化，开展了矿场渗吸试验方案编制，并在矿场完成104井次的渗吸施工。结合矿场渗吸实验数据，分析渗吸效果及产出投入比。

实施渗吸采油104井次，累计增油14390t，共计使用渗吸剂60t，平均单井加注渗吸剂0.6t，注入量283m^3、焖井30天，增油138t，措施有效率93.3%，平均单井日增油率223%，见表4-58、表4-59。

根据现场的投入成本以及产出收益，分析矿场渗吸的产出投入比。

投入：投入药品高效渗吸剂，高效渗吸剂成本为18000元/t，104井次，共计使用渗吸剂60t，平均单井成本1.8万元。

产出：考虑增油量，累增油14390t，平均单井增油138t，按照2020年与2021年原油价格，累计增效1187万元，平均单井增效11.4万元。

产出投入比：6.3∶1。

表 4－58 渗吸采油整体效果

井次	有效井次	有效率/%	累增油/t	平均单井	
				增油/t	有效期/d
104	97	93.3	14390	138	123

表 4－59 措施前后生产效果对比

措施前日产			措施后日产			差值			日增油率/%
液/t	油/t	含水/%	液/t	油/t	含水/%	液/t	油/t	含水/%	
2.7	0.5	80	4.3	1.65	62	－1.6	－1.15	－18	223

参考文献

[1]吉锐. 油田注水系统优化研究与应用[D]. 西南石油大学，2016.

[2]路琳琳，杨作明，孙贺东，等. 动静态资料相结合的气井连通性分析——以克拉美丽气田火山岩气藏为例[J]. 天然气工业，2012(12)：58-61.

[3]钱志，胡心红，杨宏伟，等. 综合利用多种测井曲线进行地层划分与对比[J]. 石油仪器，2008(5)：46-47，52.

[4]刘振宇，张大为，曾昭英，等. 脉冲试井分析方法的改进[J]. 重庆大学学报(自然科学版)，2000(z1)：210-212.

[5]廖红伟，王琛，左代荣. 应用不稳定试井判断井间连通性[J]. 石油勘探与开发，2002(4)：87-89.

[6]万新德，吴逸. 脉冲试井在油田开发中的应用[J]. 特种油气藏，2006(3)：66-69.

[7]苏群英. 井间连通性分析模型及其应用研究[D]. 西安石油大学，2013：2-3.

[8]姜瑞忠，姜汉桥，等. 多种示踪剂井间分析技术[J]. 石油学报，1996，17(3)：85-91.

[9]张毅，姜瑞忠，等. 井间示踪剂分析技术[J]. 石油大学学报(自然科学版)，2001，25(2).

[10]Heifer K J，Fox R J，McGill C A，et al. Novel Techniques Show Links between Reservoir Flow Directionality，Earth Stress，Fault Structure and Geomechanical Changes in Mature Waterfloods [C]. SPE，30711，1995.

[11]赵辉，康志江，张允，等. 表征井间地层参数及油水动态的连通性计算方法[J]. 石油学报，2014(5)：922-927.

[12]Refunjol B T，Lake L W. Reservoir Characterization Based on Tracer Response and Rank Analysis of Production and injection Rates in Reservoir Characterization. Recent Advances[C]. AAPQ，1999.

[13]Jansen E E，Kelkar M G. Non-Stationary Estimation of Reservoir Properties Using Production Data[C]. SPE，38729，1997.

[14]Soeriawinata T，Kelkar M. Reservoir Management Using Production Data[C]. SPE，52224，1999.

[15]Albertoni A.，Lake L. W. Inferring Interwell Connectivity Only From Well-Rate Fluctuations in Waterfloods[J]. SPE，83381，2003.

[16]Dinh A，Tiab D. Inferring Interwell Connectivity From Well Bottomhole-Pressure Fluctuations in Waterfloods[J]. SPEREE，2008，874-881.

[17]Dinh A，Tiab D. Interpretation of Interwell Connectivity Tests in a Waterflood System[C]. SPE，116144，2008.

[18]Yousef A A，Gentil P，et al. A Capacitance Model To Infer Interwell Connectivity From Production and Injection Rate Fluctuations[J]. SPEREE，2006，630-646.

[19]Sayarpour，Morteza. Development and Application of Capacitance-resistive Models to Water/CO_2 flood[D]. The U. of Texas at Austin，2008.

[20]Sayarpour M，Kabir S，Sepehrnoori K，et al. Probabilistic History Matching With the Capacitance Resistance Model in Waterfloods：A Precursor to Numerical Modeling[R]，SPE，129604，2010.

[21]Nguyen A P，Kim J S，Lake L W，et al. Integrated Capacitance Resistive Model for Reservoir Characterization in Primary and Secondary Recovery[R]. SPE，147344，2011.

[22] Salazar M, Gonzalez H, Matringe F, et al. Combining Decline – Curve Analysis and Capacitance Resistance Models To Understand and Predict the Behavior of a Mature Naturally Fractured Carbonate Reservoir Under Gas Injection[R]. SPE, 153252, 2012.

[23] Zhao Hui, Kang Zhijiang, Sun Haitao, et al. An interwell connectivity inversion model for waterflooded multilayer reservoirs. Petroleum Exploration and Development, 2016, 43(1): 106 – 114.

[24] Zhijiang Kang, Hui Zhao, Hui Zhang, et al. Research on Applied Mechanics with Reservoir Interwell Dynamic Connectivity Model and Inversion Method in Case of Shut – In Wells. Applied Mechanics and Materials, 540(2014): 296 – 301.

[25] Panda M N, Chopin A K. An Integrated Approach to Estimate Well Interactions[C]. SPE39563, 1998.

[26] Jerry L. Jensen, Larry W. Lake, Ali Al – Yousef. Interwell Connectivity and Diagnosis Using Correlation of Production and Injection Rate Data in Hydrocarbon Production[C]. Annual report, 2004.

[27] 赵辉，姚军，吕爱民，等．利用注采开发数据反演油藏井间动态连通性[J]．中国石油大学学报(自然科学版)，2010，34(6)：91 – 94.

[28] 赵辉，李阳，高达等．基于系统分析方法的油藏井间动态连通性研究[J]．石油学报，2010，31(4)：633 – 636.

[29] Lee，Kun – Han，et al. A Novel Method for Mapping Fratures and High Permeability Channels in Waterfloods Using Injection and Production Rates. SPE, 121353 – MS, 2009.

[30] Lee AS, Aronofsky J S. A Linear Programming Model for Scheduling Crude Oil Production[J]. Journal of Petroleum Technology, July 1958, Vol. 10(7): 51 – 54.

[31] A. WR. Maximizing Seasonal Withdrawals from Gas Storage Reservoirs[C]. SPE, 2406, 1969.

[32] Asheim H. Optimal Control of Water Drive[C]. SPE, 15978, 1986.

[33] Asheim H. Maximization of Water Sweep Efficiency by Controlling Production and Injection Rates[C]. SPE, 18365, 1988.

[34] Brouwer D R, Jansen J D. Dynamic Optimization of Waterflooding With Smart Wells Using Optimal Control Theory[C]. SPE, 78278, 2002.

[35] Naevdal G, Brouwer D R, Jansen J D. Waterflooding using Closed – loop Control[J]. Computational Geosciences, July 2005.

[36] 张凯，李阳，姚军．油藏生产优化理论研究[J]．石油学报，2010，31(1)：78 – 83.

[37] 刘建军，刘绍轩，裴桂红．遗传算法在油藏数值模拟中的应用[J]．新疆石油学院学报，2003(02)：28 – 31.

[38] Pallav Sarma, Wen H. Chen. Efficient Well Placement Optimization with Gradient – Based Algorithms and Adjoint Models[C]. SPE, 112257, 2008.

[39] 刘华蓥．粒子群优化算法的改进研究及在石油工程中的应用[D]．东北石油大学，2012.

[40] Abeeb Adebowale Awotunde. Genetic Algorithms In Pipeline Optimization[J]. SPE, 159470. 2012.

[41] Jacob M. Pedersen, Peter D. Vestergaard, Theo Zimmerman. Simulated Annealing – Based Seismic Inversion [J]. SEG – 1991 – 0941, 1991.

[42] H. Dariu P Y Granger R J, Garotta. Shear – wave Splitting Analysis Using Simulated Annealing[J]. SEG – 2005 – 0881, 2005.

[43] Spall J C. Multivariate stochastic approximation using a simulataneous perturbation gradient approximation

[J]. IEEI Transactions Automat Control, 1992, 37(3): 332-341.

[44] Spall J C. Implementation of the simultaneous perturbation algorithm for stochastic optimization[J]. IEEI Transactions on Aerospace and Electronic System, 1998, 34(3): 817-823.

[45] Chen Y, Oliver D S, Zhang D. Efficient ensemble - based closed - loop production optimization[J]. SPE, 112873, 2013.

[46] Chen Y, Oliver D S. Ensemble - Based Closed - Loop Optimization Applied to Brugge Field[C]. SPE, 118926, 2010.

[47] Saputelli L, Nikolaou M, Economides M J. Self - Learning Reservoir Management. SPE[J]. 84064 - PA, 2005.

[48] Kaviani D, Valkó P. Inferring Interwell Connectivity Using Multi - well Production Index(MPI)[J]. Journal of Petroleum Science and Engineering, 2010(73): 48-58.

[49] Cardoso M A, Durlofsky L J. Use of reduced - order modeling procedures for production optimization[J]. SPE, 91254, 2010.

[50]李世军. 油田生产系统整体优化理论与方法[D]. 大庆石油学院, 2005.

[51]陆建林, 李国强, 樊中海, 等. 高含水期油田剩余油分布研究[J]. 石油学报, 2001(05): 48-52+3.

[52]赵辉, 曹琳, 李阳, 姚军. 基于改进随机扰动近似算法的油藏生产优化[J]. 石油学报, 2011(06): 1031-1036.

[53]冯其红, 王相, 王波, 等. 非均质水驱油藏开发指标预测方法[J]. 油气地质与采收率, 2014(01): 36-39.

[54]李海鹏. 高含水期剩余油挖潜[D]. 成都理工大学, 2009.

[55]陈林, 彭彩珍, 孙雷, 等. 水驱油藏开发后期提液稳产研究[J]. 石油地质与工程, 2007(06): 47-49.

[56]李从信, 刘贤梅, 陈森鑫. 大型注水系统的优化运行[J]. 石油学报, 2001(06): 69-72.

[57] Spall J C. Multivariate stochastic approximation using a simulataneous perturbation gradient approximation [J]. IEEI Transactions Automat. Control., 1992, 37(3): 332-341.

[58] Juanes R, Patzek T W. Multiscale numerical modeling of three - phase flow[C]. in Proceedings of the SPE Annual Technical Conference and Exhibition, SPE 84369, 2003.

[59]张琪. 采油工程原理与设计[M]. 东营: 石油大学出版社, 2001.

[60]赵福麟, 等. 调剖堵水的潜力、限度和发展趋势[J]. 石油大学学报, 1999(23): 49-54.

[61]刘翔鹗. 油田堵水技术论文集[M]. 北京: 石油工业出版社, 1998.

[62]赵福麟. 调剖剂与驱油剂[J]. 油气采收率技术, 1994(11): 1-5.

[63]白宝君, 刘翔鹗, 李宇乡. 我国油田化学堵水调剖技术新进展[J]. 石油钻采工艺, 1998, 820(3).

[64]白宝君, 江如意, 刘翔鹗. 聚合物冻胶堵水调剖机理[M]. 油田堵水技术论文集. 石油工业出版社, 1998.

[65]唐孝芬, 等. 弱凝胶调驱技术研究和应用[M]. 全国第十一次堵水技术研讨会论文, 2001.

[66]韩明, 白宝君, 等. 冻胶类堵剂对油水不同封堵能力研究[J]. 石油钻采工艺, 1997, 19(6).

[67]王德民, 等. 国外三次采油技术[M]. 上海: 上海交大出版社, 2000.

[68]王志武, 等. 大庆油田稳油控水系统工程[M]. 北京: 石油工业出版社, 2000.

[69]沈平平，等．中国陆上油田提高采收率潜力评价及发展战略研究[J]．石油学报，2001，22(1)：45－48.
[70]刘玉章，等．胜利油田用化学法提高原油采收率的探索与实践[J]．油气采收率技术，1994(1)：25－28.
[71]马自俊，罗建辉，刘继德．国外提高采收率化学剂发展状况[J]．油田化学，1996，13(4)：381－384.
[72]彭朴．采油用表面活性剂[M]．北京：化学工业出版社，2003.
[73]赵福麟．二次采油与三次采油的结合技术及其进展[J]．石油学报，2001，22(5)：38－42.
[74]朱有益，沈平平．三次采油复合驱用表面活性剂合成、性能及应用[M]．北京：石油工业出版社，2002.
[75]刁乔卫红，等．三次采油表面活性剂结构与性能关系的研究[M]．中国石化油田化学品论文集．南京：中国石油化工集团科学技术委员会，2001：299－302.
[76]王业飞，等．高矿化度条件下应用的表面活性剂驱油体系[M]．中国石化油田化学品研讨会论文集．南京：中国石油化工集团科学技术委员会，2001：321－323.
[77]沈平平，俞稼镛．大幅度提高石油采收率的基础研究[M]．石油工业出版社．北京：2001.
[78]俞稼镛，宋万超，李之平．化学复合驱基础及进展[M]．中国石油化工出版社．北京：2002.
[79]陈咏梅，等．化学驱中动态界面张力行为的研究进展[J]．石油学报，2001，22(4)：97－103.
[80]卞锦儒，等．温度和盐度对原油与碱水界面张力的影响[J]．油田化学，1986，3(3)：167－173.
[81]黎晓茸，张营，贾玉琴，等．聚合物微球调驱技术在长庆油田的应用[J]．油田化学，2012，29(4)：419－422.
[82]雷光伦，郑家朋．孔喉尺度聚合物微球的合成及全程调剖驱油新技术研究[J]．中国石油大学学报(自然科学版)，2007，31(1)：87－89.
[83]张增丽，雷光伦，刘兆年．聚合物微球调驱研究[J]．新疆石油地质，2007，28(6)：749－751.
[84]李永太，温哲豪．陕北三叠系特低渗透高矿化度油藏聚合物驱油效果分析[J]．钻采工艺，2007，33(5)：36－39.
[85]李宇乡，刘玉章，白宝君，等．体膨型颗粒类堵水调剖技术的研究[J]．石油钻采工艺，1999，21(3)：65－69.
[86]李明远，林梅钦，郑晓宇，等．交联聚合物溶液深部调剖矿场试验[J]．油田化学，2000，17(2)：44－47.
[87]王健，董汉平，李培武．地下聚合交联成胶的耐酸耐高温凝胶堵剂[J]．油田化学，2004，21(4)：31－33.
[88]唐孝芬，刘玉章，向问陶，等．交联聚合物冻胶调剖性能评价指标及方法[J]．石油钻采工艺，2004，26(1)：49－53.
[89]王平美，罗健辉，白凤鸾，等．调驱用 RSP3 抗盐聚合物弱凝胶研制[J]．油田化学，2001，18(3)：251－254.
[90]罗宪波，蒲万芬，武海燕，等．新型裂缝性低渗透油藏堵水剂的研制[J]．石油钻采工艺，2005，27(1)：54－57.
[91]罗宪波，蒲万芬，武海燕，等．二次交联聚合物凝胶脱水机理的研究[M]．油气藏地质及开发工程国家重点实验室第三次国际学术论文集，四川成都，2004.

[92]唐孝芬，刘戈辉．预交联凝胶颗粒调剖剂性能评价方法[J]．石油钻采工艺，2004，2(64)：72－74.
[93]王正良，肖传敏，余跃惠．高强度吸水膨胀型堵水剂JDB的研制[J]．江汉石油学院学报，2003，2(51)：83－86.
[94]李永太，宋晓峰．安塞油田三叠系延长组特低渗透油藏增产技术[J]．石油勘探与开发，2006，33(5)：638－642.
[95]唐孝芬，吴奇，刘戈辉，等．区块整体弱凝胶调驱矿场试验及效果[J]．石油学报，2003，2(44)：58－61.
[96]傅奎仕．FT－213两性离子聚合物凝胶调剖剂的研究与应用[J]．油田化学，1995，1(22)：129－134.
[97]田鑫，任芳祥，韩树柏，等．可动微凝胶调驱体系室内评价[J]．断块油气田，2011，18(1)：126－129.
[98]张丽勤．裂缝性灰岩油藏堵水酸化机理[J]．断块油气田，2011，18(2)：264－266.
[99]由庆，于海洋，王业飞，等．国内油田深部调剖技术的研究进展[J]．断块油气田，2009，16(4)：68－71.
[100]张运来，卢祥国，孙双，等．高温高矿化度油藏聚合物调驱技术研究[J]．断块油气田，2012，19(1)：133－136.
[101]范志毅，陈利，郝军芳，等．无机凝胶调剖技术在卫22块的应用[J]．石油地质与工程，2011，25(2)：117－119.
[102]杨文军，赵光，刘奎，等．耐温耐盐深部调剖体系研究[J]．断块油气田，2011，18(2)：257－260.
[103]Meyers J J，Pitts M J，Wyatt K. Alkaline－surfactant－polymer of the West Kiehl Unit[J]. SPE，24144，1992.
[104]Tong Z S. A Study of Microscopic Flooding Mechanism of Surfactant－alkali－polymer. SPE，39662，1998.
[105]鄂捷年．油藏岩石润湿性对注水过程中驱油效率的影响[J]．石油大学学报(自然科学版)，1998，7(3)：53－57.
[106]廖锐全，徐永高，胡雪滨．水锁效应对低渗透储层的损害及抑制和解除方法[J]．天然气工业，2002，22(6)：102－104.
[107]崔宝臣，吴景春，贾振歧．非离＋表面活性剂/低碳醇体系的界面活性及应用[J]．油田化学，2003，20(4)：64－73.
[108]王云峰，张春光，候万国，等．表面活性剂及其在油气田中的应用[M]．北京：石油工业出版社，1995.6.
[109]万仁溥．采油工程手册[M]．北京：石油工业出版社，2000.
[110]崔海清．工程流体力学[M]．北京：石油工业出版社，1995.
[111]张勇．水平井注水工艺技术研究与应用[D]．东北石油大学，2012.
[112]崔传智，刘力军，丰雅，等．基于均衡驱替的分段注水层段划分及合理配注方法[J]．油气地质与采收率，2017，24(4)：67－71.
[113]崔传智，盛倩，姜亦栋，等．高含水期多层油藏注水层段划分方法[J]．断块油气田，2016，23(3)：363－366.
[114]耿正玲．特高含水期多层油藏纵向均衡驱替优化研究[D]．青岛：中国石油大学(华东)，2013：66－68.
[115]杨双，李雯静，李楠，等．改进的极差最优分割法在专题数据分级中的应用[J]．地理空间信息，2014，12(2)：152－155.

[116]赵远纲，王禄群，侯高文．分层开采工艺管柱[M]．石油大学出版社，1994.3.
[117]罗汉生，余克让．油田常用封隔器及井下工具手册[M]．北京：石油工业出版社，1997.
[118]袁恩熙．工程流体力学[M]．北京．石油工业出版社，1986.
[119]《井下作业技术数据手册》编写组．井下作业技术数据手册[M]．北京：石油工业出版社，2000.
[120]万仁溥．油水井大修工艺技术．1998.
[121]李长有．胜利油田分层注水工艺技术及发展建议[J]．石油矿场机械，2015，44(11)：18－22.
[122]赵欣．智能配水工艺技术在注水井中的应用[J]．内蒙古石油化工，2013.
[123]晏耿成．桥式同心封层注水测调工艺研究及应用[J]．石油机械，2014，43(8)：92－94.